イギリス化学産業の国際展開

両大戦間期におけるICI社の多国籍化過程

松田 淳

論創社

目　次

図表一覧 …………………………………………………………………… v
凡　例 ……………………………………………………………………… ix

序　章　対象と方法 ──────────────────── 1

  1　両大戦間期の資本主義　2
  2　研究の対象　4
  3　研究の方法　6
  4　本書の構成　7

第1章　両大戦間期の世界化学産業 ────────── 13

第1節　世界化学産業の動向 ……………………………………… 13
  1　世界の化学製品生産　14
  2　世界の化学製品輸出　17

第2節　主要国化学企業の展開──アメリカ ………………… 20
  1　第1次世界大戦とデュポン社　21
  2　デュポン社の多角化　23
  3　デュポン社の研究・開発体制　26

第3節　主要国化学企業の展開──ドイツ …………………… 30
  1　IGファルベン社の設立過程　31
  2　恐慌過程のIGファルベン社　35
  3　IGファルベン社の事業拡大　40

小　括 …………………………………………………………………… 42

第2章　1920年代央までのイギリス化学産業 ────── 55

第1節　イギリス化学産業の展開 ………………………………… 55

1　対外競争力の低下による停滞　56
　　2　第1次世界大戦による回復　59
　　3　戦後恐慌による挫折　62

　第2節　イギリス化学企業の展開 …………………………………… 69
　　1　ブラナー・モンド社　70
　　2　ノーベル・インダストリーズ社　74
　　3　ユナイテッド・アルカリ社　80
　　4　ブリティッシュ・ダイスタッフズ社　82

　小　括 …………………………………………………………………… 86

第3章　ICI社の国内事業展開 ——————————————— 97

　第1節　ICI社の設立と事業再編 ……………………………………… 97
　　1　ICI社の設立　98
　　2　ICI社の事業再編　105
　　3　アンモニア合成事業の拡大　116
　　4　設立・再編過程の経営指標　120

　第2節　恐慌・回復過程の事業展開 ………………………………… 122
　　1　アンモニア合成事業の頓挫　123
　　2　主要事業の困難と回復への過程　128
　　3　恐慌・回復過程の経営指標　133

　第3節　拡大過程の事業展開 ………………………………………… 135
　　1　人造石油事業への参入　135
　　2　染料事業の躍進　139
　　3　新製品の研究・開発と事業化　143
　　4　主要事業の拡大　145
　　5　拡大過程の経営指標　148

　第4節　再軍備期の事業展開 ………………………………………… 150
　　1　再軍備と産業の軍需化　150
　　2　産業の軍需化とICI社　155
　　3　再軍備期の経営指標　161

　小　括 …………………………………………………………………… 163

第4章　ICI社の国際カルテル活動 —— 177

第1節　両大戦間期の国際カルテル —— 177

第2節　旧国際カルテルの継承と強化 —— 183
1　国際アルカリ・カルテル　183
2　国際爆薬カルテル　194

第3節　新国際カルテルの締結と展開 —— 202
1　特許・製法協定　202
2　国際窒素カルテル　206
3　国際染料カルテル　225
4　国際水素添加特許協定　234

小　括 —— 236

第5章　イギリスの化学製品輸出 —— 249

第1節　イギリスの対外経済政策 —— 250

第2節　イギリスの化学製品輸出 —— 253
1　化学製品輸出　253
2　アルカリ（ナトリウム化合物）輸出　256
3　爆薬（高性能爆薬）輸出　261
4　窒素（硫酸アンモニウム）輸出　265
5　合成染料（タール染料）輸出　270

小　括 —— 274

第6章　ICI社の多国籍事業展開 —— 281

第1節　ICI社の国際事業展開 —— 282

第2節　販売子会社による事業展開 —— 288
1　中国および日本　288
2　英領インドおよび英領マラヤ　291
3　レヴァントおよびエジプト　293

第3節　製造子会社による事業展開——オーストラリア ················ 294
　1　ICIANZ社の設立過程　294
　2　ICIANZ社の多角化　296
　3　ICIANZ社の現地生産体制強化　298

第4節　合弁会社による事業展開——南アフリカ ···················· 302
　1　AE＆I社の設立過程　303
　2　AE＆I社の多角化　306
　3　AE＆I社の成長　308

第5節　合弁会社による事業展開——カナダ ······················ 312
　1　カナディアン・エクスプローシヴズ社の設立過程　313
　2　カナディアン・インダストリーズ社の多角化　315
　3　カナディアン・インダストリーズ社の支配力拡大　319

第6節　合弁会社による事業展開——南アメリカ諸国 ················ 326
　1　チリ——南アメリカ爆薬社　327
　2　アルゼンチン——デュペリアル・アルゼンチン社　330
　3　ブラジル——デュペリアル・ブラジル社　335

小　括 ·· 338

終　章　概要と総括 ─────────────────────── 353
　1　本書の概要　353
　2　研究の総括　358

参考文献 ·· 369
あとがき ·· 397
人名索引 ·· 405
企業名索引 ·· 407
事項索引 ·· 414

図表一覧

表1-1	主要国の化学製品生産（1913〜1938年）		15
表1-2	主要国の化学製品輸出（1913〜1938年）		18
表1-3	デュポン社の売上高・純利益・研究開発費（1913〜1921年）		22
表1-4	デュポン社のレーヨン・セロファン事業の平均投資収益率（1922〜1939年）		25
表1-5	デュポン社の研究・開発費（1921〜1941年）		27
表1-6（a）	デュポン社の事業部門別研究・開発費（1923〜1929年）		28
表1-6（b）	デュポン社の事業部門別研究・開発費（1931〜1937年）		28
表1-7	デュポン社の売上高・純利益・利益率（1921〜1939年）		29
表1-8	主要国の窒素生産（1913〜1934年）		33
表1-9	IGファルベン社の国内外売上高（1926〜1939年）		34
表1-10	IGファルベン社の部門別売上比率（1913〜1938年）		36
表1-11	IGファルベン社の部門別利益（1926〜1933年）		36
表1-12	IGファルベン社の国内外染料売上高（1926〜1938年）		37
表1-13	IGファルベン社の国内外窒素売上高・利益（1926〜1939年）		37
表1-14	主要国のタール染料生産（1913〜1938年）		38
表1-15	主要国の染料生産能力・生産（1924年）		38
表1-16	主要国のタール染料輸出（1913〜1929年）		39
表1-17	主要国の染料輸入（1913〜1938年）		39
表1-18	主要国の化学製品輸入依存度（1913〜1927年）		39
表2-1	イギリスの経済成長・化学製品生産（1801〜1935年）		57
表2-2	イギリスの製造業と化学工業の比較（1913〜1938年）		64-65
表2-3	主要国の硫酸生産（1913〜1937年）		66
表2-4	主要国のソーダ灰生産（1904〜1938年）		67
表2-5	主要国の過燐酸肥料（過燐酸石灰）生産（1913〜1938年）		68
表2-6	ブラナー・モンド社の使用資本・利益（1881〜1926年）		74
表2-7（a）	ノーベルズ・エクスプローシヴズ社の使用資本・利益（1877〜1926年）		78
表2-7（b）	ノーベル＝ダイナマイト・トラスト社の使用資本・利益（1887〜1915年）		79
表2-7（c）	ノーベル・インダストリーズ社の使用資本・利益（1919〜1925年）		79
表2-8	ユナイテッド・アルカリ社の使用資本・利益（1891〜1925年）		81
表2-9	ブリティッシュ・ダイスタッフズ社の使用資本・利益（1919〜1923年）		85

表3-1	旧4社とICI社の株式交換比率（1926年）	101
表3-2	ICI社の資本構成（1926年）	101
表3-3	ICI社株保有額50,000ポンド以上の法人（1935年）	102
表3-4	イギリスの製造業最大30社（1930年）	104
表3-5	主要国化学企業の比較（1929年）	105
表3-6	ICI社のグループ・子会社への事業再編（1929～1933年）	107
表3-7	ICI社のグループ別主要製品（1934年）	108
表3-8（a）	ICI社の子会社・関連会社：主要グループ（1935年）	109-111
表3-8（b）	ICI社の子会社・関連会社：その他のグループ（1935年）	112-114
表3-9	ICI社の財務・収益・雇用（1927～1939年）	118-119
表3-10	ICI社の国内グループ別売上高・使用資本・利益（1927～1937年）	121
表3-11	イギリスの窒素生産・輸入・輸出・消費（1913～1934年）	123
表3-12	イギリスの硫酸アンモニウム・硝酸ナトリウムの年平均価格（1913～1939年）	124
表3-13	ICI社の硫酸アンモニウム販売（1927～1929年）	125
表3-14	イギリスのアンモニア合成・窒素工場（1935年）	126
表3-15	ICI社のグループ別業績（1931年）	127
表3-16（a）	イギリスの化学製品貿易：輸出（1927～1939年）	130
表3-16（b）	イギリスの化学製品貿易：輸入（1927～1938年）	131
表3-17	ICI社の肥料関連事業の業績（1935年）	136
表3-18	ICI社のビリンガム人造石油工場の資本・利益（1936～1938年）	138
表3-19	イギリスの染料生産の企業別構成（1930～1938年）	139
表3-20	ICI社染料グループの業績（1930～1936年）	141
表3-21	ICI社の研究関係支出（1931～1937年）	142
表3-22	ICI社のグループ別研究予算（1931～1937年）	142
表3-23	イギリスの軍・工廠別政府支出（1933～1939年）	151
表3-24	イギリスの爆薬生産（1939～1944年）	152
表3-25	イギリスの工場別爆薬生産（1942年1月～1945年6月）	152
表3-26	イギリス陸軍省・供給省の工場別資本支出（1935年4月～1945年9月）	153
表3-27	イギリス供給省代理工場の軍需品目別資本支出（1942年）	154
表3-28	ICI社の代理工場（1940年4月）	156
表3-29	イギリス政府とICI社の代理工場契約（年度別）（1943年9月）	157
表3-30	イギリス政府とICI社の代理工場契約（グループ別）（1943年9月）	157
表3-31	イギリス政府とICI社の代理工場に対する資本支出（1938～1944年）	159
表3-32	ICI社の売上高・利益・純利益の比較（再軍備期と戦時期）	162
表4-1（a）	化学産業の国際カルテル：第1次世界大戦前（1912年）	178
表4-1（b）	化学産業の国際カルテル：第1次世界大戦後（1930年）	179

図4-1		ICI社の主要国際カルテル（1934〜1935年）	182
表4-2		ICI社とALKASSOのアルカリ協定（1924〜1936年）	186-188
表4-3		主要国のソーダ灰生産能力（1939年）	191
表4-4		主要国の苛性ソーダ生産（1935〜1938年）	192
表4-5	(a)	主要国のソーダ貿易：輸出（1935〜1938年）	193
表4-5	(b)	主要国のソーダ貿易：輸入（1935〜1938年）	193
表4-6		世界の窒素生産・生産能力（1913〜1937年）	208
表4-7		主要国の製法別窒素生産能力（1934年）	210-211
表4-8		世界の窒素生産・消費（1928／29〜1935／36年度）	212
表4-9		世界の窒素用途別消費（1926／27〜1936／37年度）	213
表4-10		主要国の窒素生産能力・生産（1931〜1934／35年度）	214
表4-11		主要国の合成アンモニア生産能力（1931〜1935年）	215
表4-12		主要国の窒素輸出入比較（1929〜1934年）	216
表4-13		主要国の窒素生産能力・生産・販売・輸出（1930／31〜1932／33年度）	218-219
表4-14		主要国化学企業の窒素生産能力（1931年）	220
表4-15		主要工場の窒素生産能力（1935年）	220
図4-2		国際窒素カルテル（1939年）	222
表4-16	(a)	主要国の窒素輸出：価額（1929〜1934年）	224
表4-16	(b)	主要国の窒素輸出：数量（1929〜1934年）	224
表4-17		「国際窒素協定」（CIA）の窒素輸出（1930／31〜1934／35年度）	225
表4-18		主要国（主要企業）の染料売上高（1938年）	228
表4-19	(a)	主要国の染料輸出：数量（1924〜1938年）	232
表4-19	(b)	主要国の染料輸出：価額（1929〜1937年）	232
表4-20		主要国のタール染料輸出の地域別構成（1938年）	233
表4-21		主要国の対アジア染料輸出の国別構成（1933〜1938年）	233
表5-1		イギリスの主要化学製品輸出の地域別構成（1927〜1939年）	255
表5-2	(a)	イギリスのアルカリ（ナトリウム化合物）輸出の地域別構成：価額（1927〜1939年）	258
表5-2	(b)	イギリスのアルカリ（ナトリウム化合物）輸出の地域別構成：数量（1927〜1939年）	259
表5-3	(a)	イギリスの爆薬（高性能爆薬）輸出の地域別構成：価額（1927〜1939年）	262
表5-3	(b)	イギリスの爆薬（高性能爆薬）輸出の地域別構成：数量（1927〜1939年）	263
表5-4	(a)	イギリスの窒素（硫酸アンモニウム）輸出の地域別構成：価額（1927〜1939年）	266

表5-4（b）	イギリスの窒素（硫酸アンモニウム）輸出の地域別構成：数量（1927～1939年）	267
表5-5（a）	イギリスの合成染料（タール染料）輸出の地域別構成：価額（1927～1939年）	272
表5-5（b）	イギリスの合成染料（タール染料）輸出の地域別構成：数量（1927～1939年）	273
表6-1（a）	ICI社の主要海外投資：販売子会社（1935年）	283
表6-1（b）	ICI社の主要海外投資：製造子会社（1935年）	284
表6-1（c）	ICI社の主要海外投資：市場性投資・関連会社（1935年）	285
表6-2	ICI社の海外取引における使用資本（1937年）	286
表6-3	ICI社の国内外取引における使用資本利益率（1935／36～1936／37年度）	286
表6-4	ICI社の国内外売上高（1934～1937年度）	287
表6-5	ICI（チャイナ）社の取引（1932／33年と1933／34年度）	289
表6-6	ICIANZ社の事業所・事業内容（1939年）	301
表6-7	AE＆I社の発行資本・利益・配当（1927～1936年）	312
表6-8	カナディアン・インダストリーズ社におけるICI社染料グループの売上高（1927～1936年）	320
表6-9	カナディアン・インダストリーズ社におけるICI社およびデュポン社の染料売上比率（1931～1937年）	320
表6-10	カナディアン・インダストリーズ社の業績（1930～1935年）	324
表6-11	カナディアン・インダストリーズ社の主要製品（1937年）	325
表6-12	チリにおける主要企業の爆薬生産・輸入（1929～1933年）	329
表6-13	ICI社のアルゼンチン投資（1932年）	331
表6-14	アルゼンチンにおけるICI社の売上高（1928～1931年）	333

凡　例

1. 企業名，団体名，協定名，法令名などについては，英語の企業名の場合，冠する人名，地名，製品名などのすべてを片仮名で表記し，英語以外の言語の企業名および英語を含む団体名，協定名，法令名などの場合，人名，地名などを片仮名で，製品名などを日本語に訳出して表記し，いずれの場合も，初出時に原語を，さらに主要企業については，わかる範囲で設立年も併記した。
   例：The British Dyestuffs Co. Ltd.　→　ブリティッシュ・ダイスタッフズ社
   　　Federation of British Industries　→　イギリス産業連盟
   　　Interessengemeinschaft Farben-industrie AG　→　利益共同体染料工業社

2. 人名，地名，国名などの片仮名表記については，一部に慣用に従って表記したものもあるが，原則として現地の発音によっており，初出時に原語を，さらに主要人物については，わかる範囲で生没年も併記した。また，一部の表記を現代的な表現ないし適切な表現に改めた。
   　なお，国名としての「連合王国」（UK, the United Kingdom of Great Britain and Northern Irelandないし Britain）については，たんに「イギリス」と表記した。また「アメリカ合衆国」（USAないし the United States of America）については，たんに「アメリカ」あるいは必要に応じて「アメリカ合衆国」と，また地域名については，「北アメリカ」（North America），「中央アメリカ」（Central America），「南アメリカ」（South America），「ラテン・アメリカ」（Latin America）などと，国名とは区別して表記した。
   例：Vancouver　→　バンクーバー
   　　Glasgow　→　グラスゴウ
   　　加奈陀　→　カナダ

3. 化学製品名，製法名，技術名など，化学工業分野の専門用語の表記については，Aftalion［1988］；Haber［1971］などを参考にして訳出し，主要な用語については，初出時に原語も併記した。

4. 通貨単位については，基本的に「スターリング・ポンド」で表記したが，必要に応じて各国通貨で表記し，可能なかぎり当該時の交換比率に基づいて，「スターリング・ポンド」に換算（端数などは四捨五入）して併記した。その通貨単位としての「スターリング・ポンド」については，たんに「ポンド」（£）と表記した。また，イギリスでは，補助通貨として「シリング」（s.），「ペニー」ないし「ペンス」（p〔略称として 'd.' を用いる場合もある〕）が使用されており，1971年以前には，1ポン

ド = 20 シリング = 240 旧ペンス（1 シリング = 12 旧ペンス）であった．なお，主要国通貨の「スターリング・ポンド」に対する交換比率については，以下の「通貨換算率表」を参照のこと．

例：100万ライヒスマルク（5万ポンド）

通貨換算率表

(各国通貨対スターリング・ポンド)

年	ドル ($)	マルク／ライヒスマルク (RM)	フランス・フラン (Fr.)	カナダ・ドル (C.$)
1900-14	4.9	21	25	—
1919	4.4	—	32	—
1920	3.7	—	53	3.7
1921	3.8	—	52	4.3
1922	4.4	—	55	4.5
1923	4.6	19	76	4.7
1924	4.4	20	85	4.5
1925	4.8	20	103	4.8
1926	4.9	21	152	4.8
1927	4.9	20	124	4.8
1928	4.9	20	124	4.9
1929	4.9	20	124	4.9
1930	4.9	20	124	4.9
1931[1]	3.7	16	94	4.2
1932	3.5	15	89	4.0
1933	4.2	14	85	4.6
1934	5.0	13	77	5.0
1935	4.9	12	74	4.9
1936	5.0	12	83	5.0
1937	4.9	12	125	4.9
1938	4.9	12	171	4.9
1939	4.5	9	177	4.6

註 1：スターリング・ポンド平価切り下げ後．
出所：LCES [1971]：Tab. L；1939 年のマルク／ライヒスマルクのみ，Coleman [2005]：Rates of Exchange より作成．

5. 重量単位については，たんに「トン」と表記した場合，基本的には「ロングトン」（tないしl.t.）を表しており，必要に応じて「メートルトン」（m.t.）や「ショートトン」（s.t.）を用いたが，いずれかが不明な場合は，原典の表記に従った。また，重量単位としての「ポンド」については，通貨単位の「スターリング・ポンド」との混同を避けるために，「重量ポンド」（lb.）と表記した。なお，各重量単位の「キログラム」への換算については，以下の「重量単位換算表」を参照のこと。

重量単位換算表

重量単位	日本語表記	キログラム (kg.)	備考
metric ton	メートルトン	1,000	
long ton	ロングトン	1,016.1	英トン，2,240 lbs.
short ton	ショートトン	907.2	米トン，2,000 lbs.
lb.	重量ポンド	0.454	
cwt.	ハンドレッドウェイト	50.8	112 lbs.；《米》100 lbs. = 45.36 kg.

序　章　対象と方法

　2008年1月，1つの企業の栄光に満ちた歴史に幕が下りた。1926年12月，主要化学企業の大規模合併によって設立され，81年間にわたってイギリス産業界に君臨しつづけた巨大総合化学企業，インペリアル・ケミカル・インダストリーズ社（Imperial Chemical Industries Ltd.：ICI社）が，オランダに本拠を置く総合化学企業，アクゾ・ノーベル社（Akzo Nobel NV）によって買収され，完全にその姿を消したのである。

　本書は，両大戦間期における，このICI社の国際展開としての多国籍化過程に焦点を当てて考究することを課題としている。個別企業を事例とする点では，一面で見れば，「多国籍企業史研究」を視野に入れているといってよい。だが，ICI社は，一化学企業にとどまることなく，イギリス化学産業において，事実上，「独占」的地位を確立するとともに，イギリス産業をも代表する存在であった。したがって，ICI社の多国籍化過程を考究するということは，とりもなおさず，イギリス化学産業の国際展開に関する「国際産業史研究」としての側面も有している。さらに，いささか欲張るならば，ICI社＝イギリス化学産業を「映し鏡」として，帝国主義段階の基軸産業たる重工業の一翼を担うとともに，新産業（new industries）としても台頭しつつあった化学産業の展開について考究することにより，両大戦間期におけるイギリス資本主義の動向を「断片」的にであれ叙述できればと，密かに目論んでもいる。

　本章では，まず資本主義経済の歴史的展開における両大戦間期の位置づけについて触れたあと，なぜイギリス化学産業とその代表的存在であったICI社を研究の対象として取り上げるのか，さらにはいかなる視点からイギリス化学産

業の国際展開としてのICI社の多国籍化過程について考究するのか，その「対象と方法」を明確にする。

1 両大戦間期の資本主義

資本主義の世界史的発展段階にあって，「両大戦間期」——第1次世界大戦が終結した1918年から第2次世界大戦が勃発した1939年までの21年間——と呼ばれる時代は，資本主義の運動に対して，いかなる影響を及ぼしたのであろうか。宇野弘蔵は，「第1次世界大戦後の資本主義の発展は，それによって資本主義の世界史的発展の段階論的規定を与えられるものとしてではなく，社会主義に対立する資本主義として，いいかえれば世界経済論としての現状分析の対象をなすもの」(宇野［1971］: 267頁) と規定している。

宇野の言説[1]が含意するものはきわめて奥深いが，両大戦間期においては，少なくとも「金融資本」[2] (Finanzkapital) を支配的資本とする運動のあり方それ自体に変容はなかったものの，一方で，ロシアにおける社会主義国家の成立にともなう政治的なインパクトが，また他方で，資本主義世界に内在する矛盾として，世界農業問題を端緒とする世界大恐慌の発現や大量失業の発生によって，経済構造に変質が生じていたと理解することができよう。それは，一国資本主義が，世界経済の動向と不可分であったことを意味すると同時に，さらには1929年に発生した世界大恐慌を契機に，国家体制が危機的状況に直面する過程で，国家による経済過程への介入——通貨管理とインフレ政策による資本主義の組織化——が不可避であったことをも意味する。

このように把握される両大戦間期，とりわけ世界大恐慌を経た長期不況下の1930年代には，帝国主義列強によってドラスティックな政策転換[3]が試みられた。当時，世界経済において揺るぎなき地位を確立していたアメリカ資本主義は，国内的にニューディール政策の展開，対外的には互恵通商協定の締結をもって，体制の危機的状況を打開しようとした。また，ドイツ資本主義においては，アドルフ・ヒトラー (Adolf Hitler, 1889-1945) 率いるナチス政権が，経済の軍事化を推し進めつつ，「持たざる国」として，東南ヨーロッパや南アメリカに向けて「広域経済圏」(Großraumwirtschaft) を拡張することで，体制の安

定を企図した。

　一方，19世紀央以降，生産部門におけるその比較優位性を背景に，一貫して自由貿易体制を堅持しつづけ，世界市場を支配していたイギリス資本主義については，1930年代に至って，他の帝国主義列強のような国家独占資本主義政策こそ消極的にとどめつつも（森 [1975]：6頁），一連の保護関税の導入によって，国内市場の「保護・防衛」へと大幅な政策転換を遂げていった。もっとも，こうした傾向は，国内にとどまるものではなかった。イギリス資本主義は，「持てる国」であったがゆえに，「帝国特恵関税」（Imperial Preference Duties）の成立をもって，海外市場としてのイギリス帝国（British Empire，以降，「イギリス帝国」と称した場合，とくに断りのないかぎり，「イギリス本国および自治領，植民地などの諸地域」の総称を意味する）の諸地域を巻き込むかたちで，帝国＝国家体制の「保護・防衛」へと邁進していった。そして，最終的には，イギリスによる帝国ブロックの形成が，他国のブロック化をも助長することで，1930年代の分極化した世界経済を創出することにつながった。

　こうした1930年代という資本主義の運動それ自体の転換期，換言するならば激変する経営環境のもとで，個別企業の事業活動もまた，おのずと変容を迫られた。古典的帝国主義段階の資本主義にあっては，産業の重工業化が進展することにともなって，アメリカ資本主義ではトラスト，ドイツ資本主義ではカルテルないしシンジケートという形態で，企業の大規模化＝「独占体」の形成が一挙に促進された。ところが，かつて「最初の工業国」（first industrial nation）として，世界経済を主導していたイギリス資本主義では，海外投資が重きをなし，レントナー国家的性格が残存しつづけるなどして，企業の大規模化は遅延し，その対外競争力も顕著に低下していた。

　しかし，そのイギリス資本主義ですら，1920年代に至って，旧産業（old industries）ないし旧主要産業（old staple industries）であった鉄鋼，造船，石炭，繊維産業こそ，衰退をつづけてはいたものの，その一方で，新産業としての自動車，電気，レーヨン，そして化学産業が顕著に頭角を現し，産業構造それ自体が大きく転換しはじめていた。くわえて，株式会社制度という金融資本の基本的性格を具備した大規模企業が相次いで登場することで，イギリス資本主義

も，ようやく「大企業経済」[4]（corporate economy）の時代を迎えるに至った。

2　研究の対象

　こうして「大企業経済」が進展するイギリス資本主義にあって，台頭する新産業の一角をなす化学産業——それはまた帝国主義段階における基軸産業としての重工業の一翼をも担う——においては，1926年に，広範な事業分野にわたる主要化学企業の大規模合併によって，巨大総合化学企業，ICI社が設立された。このICI社は，イギリス化学産業の純産出高において，およそ40％の比重を占めるとともに（Hays［1973］：p. 17），1930年のイギリス製造業でも，第3位の規模を有するなど（推定市場価格による，後掲 表3-4），イギリス国内において，まさに揺ぎなき地位を確立することになった。

　一方，海外の化学産業に目を転じれば，ドイツにおいては，1925年に，主要化学企業の大規模合併によって，利益共同体染料工業社（Interessengemeinschaft Farben-industrie AG：IGファルベン社）が設立された。また，アメリカにおいても，火薬企業であったE. I. デュポン・ド・ヌムール社（E. I. du Pont de Nemours & Co. Inc.：デュポン社，1802年）が，第1次世界大戦以降，一挙に多角化を遂げ，総合化学企業へと転身しつつあった。このように，1920年代央以降，大きく地殻変動する世界化学産業にあって，新たに設立されたICI社は，その誕生早々に，国際的にきわめて厳しい「寡占」間競争のもとに置かれることとなった（後掲 表3-5）。

　こうした状況下にあって，ICI社の事業は，「独占」に任せて国内にとどまることなく，イギリス帝国諸地域を基盤とした海外市場に対する輸出や直接投資による現地生産などの形態で，海外に向かって積極的に展開することになった。1930年代には，ICI社の使用資本額ならびに売上高に占める国際事業（輸出および現地生産）の比重が，およそ3分の1にのぼるなど（第6章 第1節），同社におけるその位置づけはきわめて重要なものとなっていた。こうしたICI社の国際事業にあって，とりわけ現地生産事業が，世界大恐慌を経た1930年代に，イギリス帝国内外の諸地域・諸国において，より積極的な展開を遂げることで，同社は，まさしく「多国籍企業」（multinational enterprise）へと発展，あるいは少

なくともその原初的形態を形成するに至った。

　こうしたICI社の事業展開については、ウィリアム・リーダー（William Joseph Reader）の手になるICI社社史（Reader［1970］；Reader［1975］）が、その設立前史から1950年代初頭に至る過程を、豊富な内部資料に基づいて叙述しており、とりわけ本書が対象とする両大戦間期の事業展開に関しては、Reader［1975］がその大半を割いて鳥瞰している。同書は、ICI社研究において、まさに卓越した不可欠の業績といってよい。

　とはいえ、その叙述も、主要部分は、ICI社の国内事業に関するものであり（Reader［1975］：Pts. I, III, IV）、国際事業に関する叙述としては、同社が国際経営戦略の柱として据えていた、IGファルベン社やデュポン社など、海外主要化学企業との間で締結していた「国際カルテル」（international cartel）ないし「国際協定」（international agreement）活動のそれにとどまっている（Reader［1975］：Pts. II, V）。もちろん、国際カルテル活動は、ICI社のみならず、同時期の主要化学企業にとって、必要不可欠かつきわめて重要な経営戦略ではあったが（第4章）、それはあくまでも国内外事業の基盤整備にすぎず、むしろこれを踏まえた事業展開において、その「真価」が試されるのであった。ICI社の事業活動において、大きな比重を占めていた国際事業として、輸出事業に関する叙述はわずかにとどまり、その全容を確認することはできず、また現地生産事業に関しても、国際カルテル活動などの一環として触れられているにすぎない。こうした点から見れば、国内外にわたり、世界的規模で事業を展開していたICI社の全体像を捉えるうえで、リーダーのICI社社史は、依然として補完すべき側面を残しているといわざるをえない。

　本書は、こうしたリーダーの社史が十分に叙述しえなかったICI社の国際事業展開の実態を、国内事業展開および国際カルテル活動の延長線上に置いて明らかにするとともに、さらには両大戦間期という世界経済の転換期にあって、国内的「独占」・国際的「寡占」体制のもとで、いったい何がICI社を積極的な国際事業展開、とりわけ「多国籍化」に駆り立てたのかを考究するものである。

3 研究の方法

こうしたICI社の「多国籍化」過程を考究するうえで，ICI社と競合関係にあったIGファルベン社に関する工藤章の一連の業績（工藤［1992］；工藤［1999a］）が，少なからずその足がかりとなりうる方法を提示している。工藤は，「国際関係企業史」[5]ないし「国際関係経営史」[6]という視点から，「IG〔ファルベン社〕の世界的な競争戦略をいわば立体的に把握することが可能」（工藤［1999a］：10頁）であるとしている。そして，IGファルベン社の対日進出を，ジョン・ダニング（John Harry Dunning）が提示した「折衷理論」（eclectic theory）に基づき，「国際事業展開の3形態」，すなわち「輸出」，「直接投資」，「その他の事業展開＝広義のライセンシング」の相互連関[7]として考察している[8]（工藤［1992］：5, 14-7頁）。

その連関によれば，IGファルベン社は，国際カルテルのもとで，対日輸出を展開するが，相手（日本）市場への参入が困難となれば，それを代位するかたちで，ライセンシング，あるいは可能ならば（現実には不可能であった）直接投資を展開するというものであった（工藤［1992］：291-4頁）。工藤が「3形態」とする国際事業展開について，その連関を見れば，国際カルテルは，輸出を補完する不可欠の手段として，両形態は一体のものであった。また，輸出を代位する，あるいはその延長線上にある手段として直接投資を採用するが，それが不可能な場合に，代替手段としてライセンシングを選択する。すなわちライセンシングは，直接投資を補完する手段として，やはり両形態は一体のものであった。したがって，工藤が採用した国際事業展開の「形態」も，実のところ，「国際カルテル＝輸出」と「ライセンシング＝直接投資」の「2形態」と見ることもできる[9]。

また，工藤は，「国際事業展開の3形態」の1つを，「その他の事業展開＝広義のライセンシング」と，やや幅をもたせて捉えているが，ダニングに至っては，「ライセンシング」をきわめて限定した概念として扱っている。こうしたライセンシングの捉え方もまたさまざまであり，化学産業の，とりわけ両大戦間期における国際事業展開として見るならば，ライセンシング（特許・製法協定）は，販路協定（市場分割協定），価格協定，販売協定，生産協定などととも

に，国際カルテルないし国際協定に包摂される手段であった[10]といえる。そして，その輸出と直接投資も，国際カルテルを基盤に据えて，輸出と直接投資という手段を状況に応じて選択する，あるいは1930年代という時期に限定するなら，輸出の延長線上に位置する手段として，直接投資が置かれるという連関をなしていた。したがって，「国際事業展開の2形態」，すなわち国際カルテルを基礎として，あるいは国際カルテルによって基盤整備を図ったうえで，輸出，さらには直接投資へと推移する，「2形態」として国際事業を展開していたと見ることもできる。

さらに，工藤は，その「国際関係企業史」という試みにおいて（工藤［1992］），IGファルベン社と，輸出，直接投資，ライセンシングを受容する側，すなわち「周辺」(periphery) としての日本の化学企業との諸関係に分析を加えている。もっとも，国際事業が国内事業から分離・独立した，あるいは海外の事業組織が完全に分権化されたそれではないかぎり，国際事業は「中心」(centre) としての国内事業が外延的に拡張した存在であって，国内事業が置かれた状況におのずと制約を受けざるをえない。こうした「中心」としての国内事業について，工藤は，IGファルベン社の「企業規模と競争力」の拡大・強化の過程に焦点を当てて追究しており（工藤［1999a］），さらにはやや控えめながらも，国際事業としての「周辺」への拡張にも考察を加えている[11]。

本書では，こうした工藤の提起を念頭に置きつつ，ICI社が，国際カルテルを締結し，これを基盤として，輸出，直接投資（現地生産＝多国籍事業）を展開するに至ったと把握し，「周辺」としての進出先の状況はもちろんのこと，「中心」としてのイギリス本国におけるICI社の国内事業展開についても考察を加えながら，さらに一歩踏み込んで，国内から海外に向かって拡張するICI社の事業展開——すなわち「中心」と「周辺」との関係性——を総体として考究する。

4 本書の構成

こうした方法に従い，本書では，ICI社が設立され，国内的「独占」・国際的「寡占」体制のもとで，国際事業，とりわけ現地生産体制を強化＝多国籍事業

を展開する過程を，全6章（本章および終章を除く）構成で叙述する。

　まず，第1章では，両大戦間期における主要国の化学製品生産および輸出について検討し，さらに ICI 社とならび称される世界有数の総合化学企業であった，デュポン社および IG ファルベン社の同時期における事業展開を概観する。そして，イギリス化学産業を包囲する国際経営環境が，いかなる様相を呈していたのかを解明することで，ICI 社の設立に至る国際的要因を探る。第2章では，萌芽期から1920年代央までの，イギリス化学産業および ICI 社の設立に結集する主要化学企業4社の事業展開を概観することで，大規模合併＝ICI 社設立に至る国内的要因を探る。第3章では，1920年代央から1930年代末に至る ICI 社の国内事業展開を，同時期のイギリスの景気循環に即して概観することで，「中心」として，輸出ないし対外直接投資を推進する側が置かれていた状況について叙述する。第4章では，ICI 社が国内外事業を展開するにあたって，その基盤をなしていた国際経営戦略としての主要製品全般にわたる国際カルテルないし国際協定の実態を解明する。第5章では，こうした ICI 社による国際カルテル，さらにはイギリス政府による対外経済政策に援護された，イギリス＝ICI 社の化学製品輸出が，いかに推移したのかを概観することで，国際カルテルの「成果」を検討する。第6章では，ICI 社が，イギリス帝国内外の諸地域において積極的に展開していた現地生産を中心とした国際事業について概観することで，「周辺」として，イギリスからの輸出および直接投資を受容する側の置かれていた状況について叙述する。最後に，終章では，こうした国内的「独占」・国際的「寡占」体制下における ICI 社の国際事業が，輸出から現地生産＝多国籍事業へと拡張したことの意義を考察する。

　　註
　1　宇野は，資本主義の世界史的発展段階を，「段階論」として，重商主義段階，自由主義段階，帝国主義段階に分類し，それぞれに支配的資本，基軸産業，典型的経済政策を置いて，その分析を試みようとした。すなわち，重商主義段階については，商人資本，毛織物工業，重商主義政策，自由主義段階については，産業資本，綿工業，自由主義政策，帝国主義段階については，金融資本，重工業，帝国主義政策である。さらに，帝国主義段階については，金融資本の諸相として，ドイツ資本主義

はカルテルないしシンジケート，イギリス資本主義は海外投資，アメリカ資本主義はトラストと，国ごとにその性格の相違を明確にした（宇野［1962］：43-56頁；宇野［1971］）。とりわけ，本書が対象とする帝国主義段階を把握するにあたっては，ドイツ資本主義を典型として，19世紀後半における重工業の発展にともなう固定資本の巨大化，資本の回転期間の長期化，資本移動の流動性の阻害が，おのずと企業形態としての株式会社制度の展開を要請することを解明し，その制度に基づく銀行との強い結合関係に即して，これを支配的資本としての金融資本と規定した（宇野［1971］：157-63頁）。

　ところで，宇野の提示した経済学の方法論を継承する宇野学派内にあって，こうした「宇野段階論」に対して一定の修正を加える動きも見られる。たとえば，加藤榮一は，資本主義の発展段階を，前期資本主義（〜1890年代央），中期資本主義（1890年代央〜1980年代初），後期資本主義（1980年代初〜）に分類し，さらにそれぞれを萌芽期，構造形成期，発展期，解体期に細分化している。本書が対象としている時期は，中期資本主義にあたり，萌芽期としての帝国主義段階（1890年代央〜第1次世界大戦初）につづく，構造形成期としての大戦・戦間期（第1次世界大戦初〜第2次世界大戦末）とされている（加藤［1995］：198-210頁）。三和良一は，経済史学の視点から，資本主義を，形成期（封建社会末期〜），確立期（産業革命〜），第1変質期（世紀末大不況〔1870年代〕〜），第2変質期（社会主義革命〔1910年代〕〜），第3変質期（1980年代〜）と，5段階に区分し，それぞれの段階を3つの位相から分析しようとしている。とくに，本書が対象としている時期は，第2変質期にあたり，この時期の資本主義を「20世紀資本主義」と捉えている（三和［2004］）。さらに，欧米の宇野学派においても，ロバート・アルブリトン（Robert Albritton）が，基本的には「宇野段階論」によりつつも，第4段階としてのコンシュマリズム段階（stage of consumerism）という概念を提示し，同段階の支配的資本を多国籍資本（multinational capital），その資本主義体制をコンシュマリズム資本主義（consumerist capitalism）ないし多国籍資本主義（multinational capitalism）と規定するなど（Albritton［1991］：pp. 225-46, note 18 for Ch. 8. 訳書283-309頁，第8章注18），内外において「宇野段階論」に対する異議申立てがなされている。

　また，「宇野学派」の系譜とはまったく異なるものの，アルフレッド・チャンドラー（Alfred Dupont Chandler, Jr.）も，資本主義の発展段階について，家族資本主義（family capitalism），金融資本主義（financial capitalism），経営者資本主義（managerial capitalism）というステップを描いている（Chandler［1977］）。もっとも，こうしたチャンドラー説については，宇野学派の立場から，馬場宏二が，所有者資本主義から所有と経営を分離したものが経営者資本主義，さらに経営者資本主義が無視した労働者参加を含むものが会社主義であり，その会社主義ですら金融資本の極限形態と位置づけ，経営者資本主義に至るまでの金融資本を「狭義の金融資本」として，経営者資本主義，さらに広義の経営者資本主義に含まれる会社主義という3段階を「広義の金融資本」と捉えている（馬場［1997］：171-2, 320頁）。ま

た．アルブリトンも，家族資本主義，金融資本主義，経営者資本主義というステップが，自由主義段階，金融資本主義段階，コンシュマリズム段階という資本主義の発展段階に照応しているとしながら，その一方で，チャンドラー説は，「資本・賃労働関係」に対立する存在としての「資本自身の組織化と管理の形態」に基づいた関心によっているにすぎないとして，その所説の援用を拒否している（Albritton [1991]：note 18 for Ch. 8. 訳書 第8章 注18）．

なお，近年では，「宇野学派」や「段階論」といった枠組みに捉われることなく，資本主義の歴史的・現代的な展開について，「制度」，「組織」，「進化」といった多角的な視点から議論する動きも見られる．この点については，さしあたり，河村 [1996]；柴田 [2007]；杉浦・他 [2001]；横川・他 [1999] を参照．

2　「金融資本」の規定において「典型」の座に着いたのは，当時の後進国，ドイツ資本主義であり，その一方で，イギリス資本主義自体は，産業企業の個別的蓄積が重きをなしていたことで，株式会社制度の採用が遅れ，むしろ海外投資において「金融資本」化を実現する，「特殊」な形態として規定されている（宇野 [1971]：187, 191, 215頁，傍点は筆者）．とはいえ，森恒夫は，イギリス海外投資を金融資本と位置づけることには無理・不整合があり，さらにシティ=ロンドン国際金融市場が，ドイツ金融資本の帝国主義的進出に脅威を覚えていたとはいえず――むしろ利害を有していたのは鉄鋼などの産業企業――，また海外投資を経済政策として扱うことにも疑問を呈している（森 [1991]：7, 15頁）．

3　宇野は，「世界経済論としての現状分析（現代資本主義論）」について，「世界農業問題」（宇野 [1944]；宇野 [1950]）と「資本主義の組織化」（宇野 [1946]）という視点から分析を試みているが，必ずしも体系的なアプローチではなかった．こうした「宇野現代資本主義論」に対して，宇野学派内では，藤井洋が「ニューディール」（藤井 [1952]），大内力が「国家独占資本主義」（大内 [1970]），加藤が「労資同権化」（加藤 [1974]），渡辺寛が「世界農業問題」（渡辺 [1975]），榎本正敏が「南北問題」（降旗 [1983]：第II部 第1～3章〔榎本正敏執筆〕），馬場が「富裕化（過剰富裕化）」（馬場 [1986]）といったさまざまな視点から，宇野の議論を発展的に継承しようとしている．なお，こうした宇野学派内の「現代資本主義論」については，さしあたり，杉浦 [1980]；長尾 [1990]；降旗 [1983]：第I部；堀 [1983] を参照．

4　イギリス資本主義においても，19世紀末以降，株式会社制度を採用した大規模企業の創出が相次ぎ，ICI社が設立された両大戦間期には，きわめて積極的に企業集中が推進されるなど（Hannah [1983]：pp. 21-2, 91-4, Fig. 7.2. 訳書 26-7, 110-3頁，第7.2図；Hobsbawm [1968]：pp. 214-8. 訳書 261-6頁），金融資本としての基本的条件を備えた企業形態が形成されつつあった．なお，イギリス資本主義における「大企業経済」の展開については，Fitzgerald [1927]（とくに化学産業はChs. VII-IX，企業集中にともなう「独占」の効果・意義はChs. XXV, XXVI）；Hannah [1983]：Chs. 2-9. 訳書 第2-9章；安部 [1997]：第2節を参照．

序　章　対象と方法　11

5　工藤は，「国際関係企業史」の分析視角として，チャンドラーによる「戦略と組織」に関するフレームワークを援用している（工藤［1992］：5頁）。こうしたチャンドラーのアプローチについては，Chandler［1962］；Chandler［1977］；Chandler［1990］を参照。

6　「国際関係経営史」という方法は，1986年の経営史学会第22回大会における中川敬一郎の提起（中川［1986］）などにより，企業経営の国際的連関を論じる視点として，きわめて重要な位置を占めることになった。中川は，アレクサンダー・ガーシェンクロン（Alexander Gerschenkron）が提起した「後進国工業化モデル」としての「ガーシェンクロン・モデル」（Gerschenkron model）を先進国にも援用して，19世紀央，唯一の先進国であったイギリスの企業経営のあり方，産業構造の変化，経済発展の路線ですら，ドイツ，アメリカ，日本といった当時の後進工業国の急速な工業化に大きく規定されていたとしている（中川［1981b］：15-6頁）。なお，「国際関係経営史」については，中川の一連の業績，中川［1981a］：第1部；中川［1981b］；中川［1986］に加えて，角山［1985］；米川［1984］も参照。

7　ダニングは，企業が，直接投資，輸出，ライセンシングという3つの海外進出形態を決定する条件を，企業特殊優位（enterprise-specific advantages）ないし所有特殊優位（ownership-specific advantages），内部化優位（internalisation advantages），立地特殊優位（location-specific advantages）に求めている。このうち，企業特殊優位および内部化優位を強化あるいは抑制する条件に，立地特殊優位を位置づけることで，企業の多国籍化過程を「折衷理論」として理論化しようとした（Dunning［1981］）。こうしたダニングの所説は，多国籍企業論としては，「内部化理論」（internalisation theory）の一種と位置づけられており，この系譜では，ピーター・バックレイ（Peter Jennings Buckley）＝マーク・カソン（Mark Casson）が，内部化優位により力点を置き（Buckley & Casson［1991］），アラン・ラグマン（Alan M. Rugman）が，企業の海外進出を輸出→直接投資→ライセンシングの順で進展するものと捉えている（Rugman［1981］）。なお，こうした多国籍企業論のサーヴェイについては，さしあたり，Buckley & Casson［1991］：Introduction to the Second Edition, Ch. 3. 訳書第2版への序文，第3章；Jones［2005］：pp. 7-14. 訳書8-19を参照。

8　工藤は，さらに第2のアプローチとして，進出企業の戦略（多角化／垂直統合戦略および多国籍化戦略と現地事業戦略）と組織（現地経営戦略），さらに進出先市場における現地企業の戦略，組織，活動，成果，政府の政策的対応も含めて分析しようとしている（工藤［1992］）。

9　工藤が描いた連関は，あくまでもドイツ企業としてのIGファルベン社による対日進出を事例としている。この点，本書が，イギリス企業としてのICI社によるイギリス帝国を中心とした諸地域への輸出および直接投資を事例としていることからすれば，異なった連関が検出されることは十分にありうる。いうまでもなく，両社の置かれた経営環境が異なるかぎり，事業展開のプロセスもおのずと異なってくる。

10　ひとことで「国際カルテル」あるいは「国際協定」といっても，その実態はさま

ざまであり，またその区分も不明確である。この点については，第4章 第1節；UN［1947］：p. 9. 訳書 16 頁を参照。
11 工藤は，工藤［1999a］，工藤［1992］において，とりたてて「中心」や「周辺」という概念は用いておらず，したがって「中心」と「周辺」との連関を考察する議論の組み立て方，それ自体を採用しているわけではない。

第1章　両大戦間期の世界化学産業

　1914年6月のサラエヴォ事件に端を発した帝国主義列強の衝突は、1918年11月の休戦協定成立に至るまで、およそ4年5ヵ月の長きにわたり、ヨーロッパ全土を主戦場として、世界全体を戦渦に巻き込んだ。「帝国主義戦争」としての第1次世界大戦[1]である。この大戦は、資本主義世界というより、むしろ世界経済において、顕著な構造的変化[2]を惹起した。なかんずく、帝国主義段階における基軸産業としての重工業の一角をなす化学産業[3]に対しては、大戦の戦略上——兵器の発達＝巨大化と戦術の近代化——の需要に応えるかたちで、多大かつ多岐にわたる変容を迫った。

　本章では、第1次世界大戦から世界大恐慌をはさんで第2次世界大戦に至る時期の世界化学産業の動向について、イギリス化学産業とともに世界化学産業に君臨し、ときには「競合」、ときには「協調」しながら、イギリス化学産業とも「深い関係」を築いていたアメリカならびにドイツ化学産業と、その主要化学企業に焦点を当てつつ叙述する[4]。

第1節　世界化学産業の動向

　第1次世界大戦が勃発した1914年当時、ドイツは、世界の合成染料[5]の85～90％を供給していた（Svennilson [1954]：p. 163）。このため、火薬・爆薬の製造に不可欠な染料やその中間体などの有機化学製品[6]の生産がまだ萌芽期にすぎなかった、アメリカやイギリスなどの連合国にとって、大戦の勃発にともなうドイツからの染料の輸入途絶が軍備に及ぼす影響は、まさに死活問題となった。

他方，ドイツは，同じく火薬・爆薬の製造に必要な硝酸ナトリウムを調達するにあたり，従来，その原料のおよそ半分を占めていたチリ硝石（Chilean nitrate）を，チリからの輸入で賄っていたが，大戦の勃発によってイギリスが海上封鎖を行ったことで，その輸入が不可能となった。もとより，窒素化合物[7]の備蓄が不十分であったことから，ドイツにとっても，自国でその需要を補うことが急務の課題[8]となった（Aftalion［1988］：pp. 121-3. 訳書 161-3 頁；Haber［1971］：pp. 184, 198. 訳書 285, 304 頁）。

こうして，大戦の勃発により，一方では染料不足，他方では窒素不足と，交戦国がそれぞれまったく異なる事態に直面することになったのである。まさに，第1次世界大戦は，両陣営にとって，こうした問題を克服する過程であったとともに，こと化学産業に限ってみれば，その発展の契機にほかならなかった。

1　世界の化学製品生産

まず，化学製品生産（表1-1）の推移を確認することで，両大戦間期[9]の世界化学産業の動向を概観しよう。第1次世界大戦以降，世界的に見ても，化学産業は急成長し，化学製品の生産も大幅に増大した。大戦をはさんだ1900年から1930年に至る期間の年平均成長率を主要国別に見ると，全産業では，アメリカが4.6％，ドイツが2.3％，イギリスが1.5％であったのに対して，化学産業では，それぞれ6.3％，5.2％，2.1％（Haber［1971］：p. 1. 訳書1頁）と，いずれの国も化学産業の成長率が全産業をしのいでおり，この間の化学産業の成長がいかに顕著なものであったかがうかがえる。もっとも，この点は，たんに量的な問題のみならず，アルカリ，酸，肥料，染料などの従来の製品に加えて，合成アンモニア，合成ゴム，レーヨン，プラスチックといった新製品が登場するなど，化学製品の範囲自体が大幅に広がる「新時代」を迎えたことをも意味する（本章註3）。

あらためて，化学製品生産の推移を見れば，1913年時点での世界全体の生産額が4億7620万ポンドであったのに対して，第1次世界大戦を経た1927年には11億2500万ポンドと，2.4倍にまで増大するとともに，年平均成長率も9.7％を記録した（表1-1より算出）。この間の第1次世界大戦と資本主義経済の

表1-1　主要国の化学製品生産[1]（1913～1938年）

国	1913		1927		1935		1938	
	£100万	%	£100万	%	£100万	%	£100万	%
アメリカ	161.9	34.0	472.5	42.0	566.7	32.3	666.7	29.7
ドイツ	114.3	24.0	180.0	16.0	308.3	17.6	491.7	21.9
イギリス	52.4	11.0	115.0	10.2	162.5	9.3	191.7	8.6
フランス	40.5	8.5	75.0	6.7	133.3	7.6	125.0	5.6
ソヴィエト	14.3	3.0	15.0	3.0	75.0	5.7	91.7	8.2
イタリア	14.3	3.0	35.0	3.1	100.0	4.3	183.3	4.1
ベルギー	11.9	2.5	22.5	2.0	33.3	1.9	37.5	1.7
スイス	9.5	2.0	15.0	1.3	25.0	1.4	16.7	0.7
オランダ	7.1	1.5	17.5	1.6	25.0	1.4	25.0	1.1
日本	7.1	1.5	27.5	2.4	108.3	6.2	125.0	5.6
カナダ	4.8	1.0	25.0	2.2	33.3	1.9	33.3	1.5
スウェーデン	4.8	1.0	10.0	0.9	16.7	1.0	25.0	1.1
ポーランド	—	—	10.0	0.9	16.7	1.0	20.8	0.9
チェコスロヴァキア	—	—	10.0	0.9	16.7	1.0	33.3	1.5
その他	33.3	7.0	70.0	6.2	129.2	7.4	175.0	7.8
合計	476.2	100.0	1,125.0	100.0	1,750.0	100.0	2,241.7	100.0

註1：原資料は，マルク／ライヒスマルクで表記されていたが，「凡例」の「通貨換算率表」に基づいて換算。
出所：*Chem. Ind.*, 1952, S. 890 より算出。

相対的安定という，与えられた2つの好条件を，化学産業が十分に享受していたことがうかがえる。

ついで，こうした動向を主要国について見てみれば，アメリカの場合，1913年から1927年にかけて，その生産額が1億6190万ポンドから4億7250万ポンドへと，およそ3倍の際立った増大を示し，シェアも34.0％から42.0％へと，8ポイント拡大するなど，戦前・戦後を通じて圧倒的な地位を占めていた[10]ことがわかる。もっとも，後述するように（本節2），アメリカの場合，生産に比較して，輸出でのシェアはけっして高くはなかった（後掲 表1-2）。1931年時点での化学製品売上に占める輸出の割合は，ヨーロッパ諸国が27％であったのに対し，アメリカはわずか4％にすぎなかった（Aftalion [1988]：p. 157. 訳書215-6頁）。

アメリカの場合，戦時需要に加えて，1920年代央に相対的安定期を迎えるなか，自動車産業が躍進を遂げ，豊富かつ安価な石油が化学製品の可能性を広げるなど (Aftalion [1988]: p. 128. 訳書169頁)，化学産業を取り巻く状況が大きく変化していた。こうした拡大する化学製品の国内市場が十分な吸収力を有していたことで，むしろ輸出攻勢を仕掛けるまでもなく，旺盛な国内需要に支えられつつ，アメリカ化学産業は急成長を遂げたのである。前述したように，1900年から1930年に至る期間の化学産業の年平均成長率では，アメリカが6.3％と，ドイツの5.2％，イギリスの2.1％を凌駕するなど，他国と比較しても，その躍進には目覚ましいものがあった (Arora & Rosenberg [1998]: p. 79)。

一方，敗戦国として，戦後，経済的に大きな混乱を経験していたドイツの場合，1913年から1927年にかけて，その生産額は，1億1430万ポンドから1億8000万ポンドへと，1.5倍程度の増大にとどまり，シェアも，24.0％から16.0％へと，8ポイントの大幅な低下を示していた。世界第2の地位こそ維持しつづけてはいたものの，ドイツ化学産業の相対的な地位低下は顕著なものとなっていた[11]。

こうしたアメリカ，ドイツに次ぐ地位にあったイギリスは，1913年から1927年にかけて，生産を5240万ポンドから1億1500万ポンドと倍増させたが，シェアについては11.0％から10.2％とやや低下させた。イギリス化学産業の場合，大戦中には，戦時需要に対応して，ある程度，生産を増大させたものの，その後，戦後恐慌の激しい衝撃を受けて，大規模な過剰生産設備を抱え込むなどして，その競争力を弱め，拡大のテンポを鈍化させていたのである。

さらに，主要国が世界大恐慌[12]の洗礼を受けた1930年代についても見ておこう。1935年の世界全体の化学製品生産額は17億5000万ポンドで，1927年から1935年にかけての年平均成長率は6.9％と，やはり大恐慌のあおりを受けたことにより，その成長はいったん鈍化した。しかし，第2次世界大戦に向けて，主要国が再軍備を強化するなか，世界的規模での景気拡大を経た1938年には，22億4170万ポンドと急増して，年平均成長率も9.4％を記録するなど（表1-1より算出)，再度，成長の機会を得たといえる。

これを国別に見れば，世界大恐慌の「震源地」であったアメリカの場合，ま

だ景気回復の途上になかった1935年には,生産額が5億6670万ポンドにとどまり,シェアも32.3％と,恐慌前水準を下回る結果となった。こうした傾向は,1938年に至ってもなお改善されず,生産額が6億6670万ポンドと伸び悩み,シェアに至ってはついに大戦前水準を下回る29.7％にまで低下した。世界第1位の座こそなんとか死守したものの,ドイツとの差は大幅に縮小した。

こうしたアメリカとは対照的に,ドイツの場合,1920年代央以降,着実に競争力を回復しており,恐慌による衝撃を受けながらも,1930年代には顕著に生産を増大させた。その生産額は,1935年の3億830万ポンドから,第2次世界大戦前夜の1938年には,4億9170万ポンドまで増大するなど,大不況下の1935年,さらには恐慌前の1927年を起点にして見ても,主要国のそれをはるかに凌駕するテンポで拡大した。シェアについても,第1次世界大戦前のそれに肉迫する21.9％を記録するなど,アメリカの背中が見えるまでに差を縮小させた。

最後に,厳しい立場にあったイギリスについて見ておこう。イギリスの場合,1935年から1938年にかけて,国内の大幅な景気拡大にも支えられ,生産額は1億6250万ポンドから1億9170万ポンドへと増大はした。だが,シェアについては,9.3％から8.6％へとわずかに低下し,とくにドイツとの差を拡大させた。こうして見ると,たしかにイギリス化学産業の相対的地位の低下は否定しがたい。もっとも,この点は,たんにイギリス化学産業の競争力が低下したという要因だけではなく,他方で,日本やソヴィエト連邦といった,新興国化学産業の台頭が顕著であったという事情も考慮すべきであろう。

2　世界の化学製品輸出

主要国化学産業は,国内のみならず,海外の需要にも大きく依存していた。したがって,つぎに化学製品輸出（表1-2）の推移を確認することで,主要国化学産業の対外競争力について検討しよう。世界全体の輸出額は,1913年の1億5110万ポンドに対して,1925年に2億2730万ポンド,1929年に2億7410万ポンドを記録するなど,第1次世界大戦後,世界経済が回復・拡大する過程で,化学製品の輸出も着実に増大した。

表1-2　主要国の化学製品輸出[1]（1913〜1938年）

国	1913		1925		1929		1933		1936		1938	
	£100万	%	£100万	%	£100万	%	£100万	%	£100万	%	£100万	%
ドイツ	40.4	26.7	47.9	21.1	71.2	26.0	49.8	28.0	57.6	28.1	62.5	24.4
イギリス	24.0	15.9	33.5	14.7	36.3	13.3	24.8	13.9	27.3	13.3	39.9	15.6
アメリカ	14.9	9.8	31.8	14.0	39.0	14.2	22.8	12.8	28.1	13.7	37.7	14.7
フランス	14.2	9.4	23.7	10.4	25.5	9.3	20.4	11.5	19.8	9.6	21.0	8.2
オランダ	8.7	5.8	7.3	3.2	9.3	3.4	8.3	4.7	7.6	3.7	10.1	4.0
ベルギー	8.4	5.6	7.1	3.1	9.0	3.3	8.1	4.6	8.5	4.1	11.8	4.5
イタリア	3.6	2.4	8.1	3.6	11.7	4.3	7.7	4.3	7.3	3.6	12.4	4.8
スイス	2.9	1.9	6.7	2.9	8.8	3.2	8.8	4.9	10.2	4.9	11.0	4.3
日本	2.7	1.8	4.6	2.0	3.5	1.3	3.7	2.1	6.5	3.2	9.3	3.6
カナダ	0.7	0.5	5.2	2.3	6.7	2.5	4.0	2.2	5.9	2.9	9.2	3.6
その他	30.7	20.3	51.2	22.5	53.0	19.3	19.7	11.1	26.3	12.8	31.7	12.4
合　計	151.1	100.0	227.3	100.0	274.1	100.0	178.2	100.0	205.1	100.0	256.1	100.0

註1：原資料は，マルク／ライヒスマルクで表記されていたが，「凡例」の「通貨換算率表」に基づいて換算。
出所：*Chem. Ind.*, 1952, S. 891 より算出。

　これを主要国について見てみれば，ドイツの輸出額は，1913年から1925年にかけて，4040万ポンドから4790万ポンドへとわずかな増大にとどまった。シェアも，26.7％から21.1％へと大幅に縮小させながら，なんとか首位の座を死守しつづけていた。ところが，後述するように（本章 第3節），IGファルベン社の設立を経た1929年に至っては，7120万ポンドと，驚異的な回復を遂げ，シェアも1913年のそれに迫る26.0％を記録した。他国の輸出拡大が比較的遅れていたことに乗じて，産業合理化を背景に，絶大な生産力と技術力を身につけたドイツ化学産業は，その対外競争力を遺憾なく発揮した[13]といってよい（工藤［1978］：(2) 77-8頁）。

　一方，かつては「世界の工場」として君臨し，帝国諸地域を中心として広範な市場を有していたイギリスは，化学製品輸出においても，こうした海外市場に支えられて，1913年の2400万ポンドから，1929年には3630万ポンドと，大幅にその輸出を増大させた。だが，生産と同様に，やはりシェアは低下の一途をたどっており，1913年の15.9％から，世界大恐慌直前の1929年には

13.3％に下落するなど，イギリス化学産業は，ついにアメリカの後塵を拝することになった。

　この点，アメリカは，1920年代後半に向けて，着実に対外競争力を増していた。その輸出額は，1913年の1490万ポンドに対して，1929年にはおよそ2.6倍の3900万ポンドに増大した。シェアも9.8％から14.2％へと大幅に上昇するなど，アメリカ化学産業は，ドイツ，イギリスをしのぐテンポで対外競争力を高めていた。

　さらに，1930年代についても見ておこう。同時期は，世界大恐慌にともなう長期不況に，帝国主義列強によるブロック化も重なり，1930年代を通じて世界貿易それ自体が大幅に縮小していた[14]。化学製品の輸出もまた，こうした時代の「制約」を免れることができず，停滞を余儀なくされた。世界全体の化学製品輸出額を見ても，1929年の2億7410万ポンドから，1933年には1億7820万ポンドへと落ち込み，1936年にこそ増大に向かったものの，1938年の2億5610万ポンドは，恐慌前水準に及ぶものではなかった。また，若干の変動があったとはいえ，シェアも固定化され，諸国のそれに大幅な変化は見られなかった。

　これを国別で見るならば，広域経済圏を形成していたドイツも，首位の座こそ譲りはしなかったものの，その輸出は，1933年の4980万ポンドから1938年の6250万ポンドへと，25％程度の増大にとどまった。シェアも，同時期について28.0％から24.4％へと低下させてはいたが，それでも，依然として，ドイツ化学産業が，イギリス，アメリカをしのぐ高い対外競争力＝輸出力を有していたことに変わりはなかった。

　一方，帝国主義列強に先行してブロック化を断行したイギリスの場合，1933年の2480万ポンドから1938年の3990万ポンドへと，およそ1.6倍の増大を示し，シェアも13.9％から15.6％へと，1.7ポイント上昇させた。とはいえ，これには若干の留保が必要であり[15]，後述するように（第5章 第2節），実のところ，イギリスの輸出もまた，必ずしも増大していたとはいいがたい状況であった。

　むしろ，生産において大幅にシェアを縮小させたアメリカが，輸出ではその

シェアを維持しつづけていた。1933年から1938年にかけて,輸出額は,2280万ポンドから3770万ポンドへと1.6倍に増大し,シェアも,12.8％から14.7％へと2ポイント近く上昇させた。この点は,大不況下にあって諸国が競争力を弱めたことで,むしろその裏返しとして,アメリカ化学産業が,本来,有していた対外競争力を顕在化させたともいえよう。

もっとも,こうしたイギリス,ドイツ,アメリカといった各国化学産業の生産・輸出動向には,国際カルテル（国際協定）など,さまざまな要因が作用を及ぼしており（第4章）,単純に各国化学産業の「競争力」だけで,この間の推移を議論することができない側面も残している。

次節以降では,アメリカおよびドイツの個別化学企業に焦点を絞り,第1次世界大戦期以降,1930年代末に至る時期のその動向を概観する。同時期の化学産業は,合成化学製品の開発・生産を基礎として,新たな発展段階を迎えていた。一方で,事業活動ないし製品分野の多角化を進展させ[16],他方では「大規模工場…を支配する巨大企業,巨額にのぼる資本需要」(Haber [1971]：p. 216. 訳書327頁）に支えられ,さらには大戦への参戦を背景に,化学産業への国家の積極的な介入を通じて——換言するなら,化学産業の成長・拡大を企図した政府と産業の協調によって——,化学産業は飛躍的な発展を遂げた。主要国化学企業もまた,これに即して多角化と巨大化の過程を邁進することになったのである。

第2節　主要国化学企業の展開——アメリカ

アメリカ資本主義[17]は,第1次世界大戦を契機に,世界経済における支配的な地位——パクス・アメリカーナ（Pax Americana）——を確立した。大戦直後には,戦後恐慌こそ経験したものの,それを短期のうちに乗り切って,1920年代には,建築,自動車,電気機械・器具などの耐久消費財ブームが巻き起こった。さらに,このブームは,関連産業である石油,電力,その他の産業にも波及するなどして,アメリカ資本主義は,「永遠の繁栄」(Eternal Prosperity)とまでいわれた発展期を迎えた。

こうしたアメリカの経済ないし産業の発展期にあって，化学産業もまたその「繁栄」を享受し，他国を圧倒する地位にまで躍進した（本章 第1節）。換言すれば，アメリカ化学産業を構成する個別化学企業もまた，巨大な存在として，他国に比肩しうる高い競争力を有していたことを意味する（後掲 表3-5）。とりわけ，両大戦間期には，デュポン社とアライド・ケミカル・アンド・ダイ社（Allied Chemical and Dye Corp. Inc., 1920年）が，「2大化学企業」として，アメリカ化学産業のみならず，世界化学産業においても支配的な地位を確立していた。

本節では，これら2大化学企業[18]のうち，とくにICI社との関係において，デュポン社を取り上げ，第1次世界大戦期以降のその事業展開について叙述することで，本書の以降の議論につなげたい。

1 第1次世界大戦とデュポン社

ウィルミントン（Wilmington, デラウェア州）に本拠を置く，総合化学企業のデュポン社[19]は，1802年にフランス出身のイレネー・デュポン（Éleuthère Irénée du Pont, 1771-1834）によって設立された。当初は，黒色火薬の生産が主たる事業であったが，その後は，無煙火薬にシフトしつつも，基本的には火薬の生産に徹していた。だが，19世紀末ごろには，一方で，系列企業に高性能爆薬としての「ダイナマイト」（Dynamite）の生産を任せつつ（第4章 註29），自社では，硫酸や硝酸といった無煙火薬の原料を生産しながら，さらには無煙火薬以外の事業分野へと進出するなど，徐々に事業範囲を拡大させていた。とりわけ，無煙火薬の生産技術や設備を活用することが可能な人造皮革事業への新規参入を意図して，1910年には，同分野の主要企業であったファブリコイド社（Fabrikoido Co.）を120万ドル（25万ポンド）で買収した。こうして，人造皮革事業に進出を果たすことで，デュポン社は，従来の「火薬企業」から「総合化学企業」への転身に向けた第一歩を踏み出したのである（Haber［1971］: p. 183. 訳書 272頁：Hounshell & Smith ［1988］: pp. 68-70）。

多角化へのスタートを切ったデュポン社にとって，さらなる成長・拡大の機会となったのが，第1次世界大戦であった。大戦の勃発とともに，デュポン社は，連合国に対して発射火薬（無煙火薬）や軍事用爆薬を供給する立場となり，

表1-3 デュポン社の売上高・純利益・研究開発費（1913～1921年）

年	売上高	純利益	研究開発費	研究開発費／売上高	研究開発費／純利益
	$1000	$1000	$1000	%	%
1913	26,700	5,300	322	1.2	6.1
1914	25,200	5,600	250	1.0	4.5
1915	131,100	57,800	460	0.35	0.8
1916	318,800	82,100	639	0.2	0.77
1917	269,800	49,300	1,305	0.48	2.8
1918	329,100	43,100	2,748	0.84	6.4
1921	55,300	5,800	1,734	3.1	29.9

出所：Hounshell & Smith［1988］: Tab. 2.2 より作成。

その生産・売上を急増させた。大戦を通じて供給された発射火薬は，約15億重量ポンドにのぼり，その量は，連合国が消費した発射火薬の約40％に相当した。これにともない，デュポン社の無煙火薬生産能力は，1914年の年産840万重量ポンドから，最終的には，1918年に年産4億5500万重量ポンドに達するなど，飛躍的に増大した。くわえて，関連製品や補助原料，中間体など，既存製品の生産増大はもとより，従来，生産を行っていなかった新製品の生産をも手掛けることで，事業範囲はおのずと拡大した[20]（Chandler［2005］: p. 43; Dutton［1951］: p. 227）。

こうした戦時需要への呼応により，デュポン社の売上高および純利益は，大戦が勃発した1914年の2520万ドル（510万ポンド），560万ドル（110万ポンド）から，翌1915年には1億3110万ドル（2680万ポンド），5780万ドル（1180万ポンド）へと一挙に跳ね上がった。大戦が終結した1918年には，売上高3億2910万ドル（7480万ポンド），純利益4310万ドル（980万ポンド）と，売上高は戦中の最高額を記録した（表1-3）。この結果，「1916年の1年間の売上高と純利益だけで，〔1902年にデュポン一族の〕3人の従兄たち[21]がデュポン社の支配権を取得してから戦前に至るまでの売上高と純利益，それぞれの総計を超えた」（Hounshell & Smith［1988］: p. 76）。

たしかに，デュポン社は，第1次世界大戦による「特需」を思う存分に享受したわけであるが，他方で，大戦の終結によって「特需」が一挙に失われるこ

とも，当然ながら想定していた。実際に，戦後恐慌でアメリカの景気が底に達した1921年には，売上高，純利益とも激減することになった（表1-3）。こうした「戦後」発生するであろう状況に対して，すでに1917年，デュポン社の経営委員会（Excecutive Committee）は，「戦中」に蓄積された経営資源を，「戦後」に有効活用する，すなわち多角化に向けた計画の立案に着手していた。とりわけ，新製品としては，塗料・ワニス，ピロキシリン（セルロイド），人造皮革（ファブリコイド），人造繊維（レーヨン）といった，ニトロセルロースの製造技術に基礎を置いた事業の推進，さらに既存製品としては，有機化学製品（染料），無機化学製品（アンモニア）といった事業の増強を企図していた（Chandler [2005]：pp. 43-4）。また，多角化とならんで，同社の経営戦略の特徴をなす研究・開発についても，研究・開発費が，すでに1916年の63万9000ドル（13万410ポンド）から，翌1917年には130万5000ドル（26万6330ポンド），さらに1918年には274万8000ドル（62万4550ポンド）へと急増していた（表1-3）。こうした展開を見れば，「戦中」の時点で，すでに「戦後」の多角化と研究・開発の強化に向けたシフトがなされていたといえる。

2　デュポン社の多角化

　第1次世界大戦を契機として，急成長を遂げたデュポン社であったが，大戦後，同社が採用した経営戦略とは，火薬事業ないしその関連事業，それ自体の「量的」＝事業「規模」の拡大というより，むしろ火薬以外の事業分野への進出を果たすという「質的」＝事業「範囲」の拡大[22]であった。もっとも，大戦によって抱え込んだ既存の経営資源を，そのまま活用することにはやはり限界があった。そこで，デュポン社が次なるステップとして選択したのが，企業買収や合弁事業などによりつつ，全社的な規模での事業「範囲」の拡大としての多角化を追求することであった（Chandler [1990]：176. 訳書147頁）。

　多角化への試みは，すでに第1次世界大戦期から始まっていた。大戦前から，軍事需要のみならず，繊維業界などからの要請もあって，染料生産の事業化が切望されていた。これを受けて，デュポン社は，1917年，ディープウォーター（Deepwater, ニュージャージー州）の合成インディゴ（indigo）製造工場の建

設に着手した。時を同じくして，アメリカがドイツに宣戦布告したこともあって，染料への需要がいっそう高まるなか，翌1918年にはインディゴ，さらに1919年にはアメリカ初の建染染料の生産を開始した[23] (Hounshell & Smith [1988]: pp. 85-7)。もっとも，染料事業は，1923年に至るまで利益を上げることができず，新規事業としては厳しい滑り出しを迎えたものの，1929年までには，アメリカ染料市場におけるデュポン社のシェアが26.1％に達するなど，短期間のうちに急速に躍進を遂げた (Chandler [1990]: 183. 訳書153頁；Hounshell & Smith [1988]: p. 96)。くわえて，染料事業の展開により，たんに「染料事業分野への進出」ということにとどまらず，染料の応用としての各種有機化学製品，医薬品，農薬など，関連する他の事業分野への進出の可能性も一挙に拡大した。

こうした火薬以外の事業分野への進出は，大戦中から1930年代にかけて，とりわけ企業買収という方法で，より積極的に推進された。たとえば，1915年には，セルロイド事業分野の最大手で，資産規模570万ドル（120万ポンド）を誇っていたアーリントン社 (Arlington Co.)，翌1916年には，レザークロス製造企業のフェアフィールド・ラバー社 (Fairfield Rubber Co.) が買収された。さらに1917年になると，基礎原料としての硝酸や人造皮革などの着色剤を調達するために，硫酸・塗料・ワニス事業分野の大手企業であったハリソン・ブラザーズ・ペイント社 (Harrison Brothers Paint Co.) を買収するなど，デュポン社は，大戦中でありながらも，旺盛な企業買収を展開していた (Haber [1971]: p. 183. 訳書272頁)。

戦後になると，1928年には，無機化学製品の製造に使用する硫酸などの各種重化学工業分野の大手企業で，24工場を所有し，売上高4300万ドル（880万ポンド）を誇っていたグラッセリ・ケミカル社 (Grasselli Chemical Co.) を6450万ドル（1320万ポンド）で買収した。さらに，1930年には，電気化学事業および除草剤・殺菌剤事業への新規参入を企図して，レスラー・アンド・ハスラッハー・ケミカル社 (Roessler and Hasslacher Chemical Co.) をも買収した。このレスラー・ハスラッハー社の買収にともなって，同社の金属ナトリウム事業をも傘下に収めたことで，デュポン社が事業化を企図していた塩化メチル冷却事業へ

の進出も容易になった。また，1933年には，レミントン・アームズ社（Remington Arms Co. Inc., 1816年）の支配権を獲得したことで，銃器・弾薬事業分野への新規参入も果たした[24]（Chandler［2005］: p. 45；Haber［1971］: pp. 183, 311. 訳書272, 472-3頁；Hounshell & Smith［1988］: pp. 155, 211）。

さらに，こうした企業買収とならんで，合弁事業という形態でも，デュポン社の多角化は積極的に推進された。たとえば，1920年，デュポン社は，フランスの人造繊維コントワール[25]（Comptoir des Textiles Artificiels）と協定を締結して，デュポン社60％，コントワール40％の出資比率で，合弁会社として，デュポン・ファイバーシルク社（Du Pont Fibersilk Co.）を設立することにより，念願であったヴィスコース・レーヨン事業分野にも進出を果たした。このデュポン・ファイバーシルク社は，人造繊維コントワールから，ヴィスコース・レーヨン製造技術の排他的使用権を供与され，そのもとで，1921年にはヴィスコース・レーヨンの生産を開始した。1925年になってデュポン・レーヨン社（Du Pont Rayon Co.）に社名が変更された同社は，1929年にデュポン社の完全所有子会社となった。このデュポン・レーヨン社は，ヴィスコース・レーヨンの国内市場において，シェア20％（1928年）を占め，アメリカ第2の地位を確保するまでに成長を遂げた（Chandler［1990］: 185. 訳書155頁；Hounshell & Smith［1988］: pp. 162-3）。

また，比較的収益性の高い事業の範囲拡大としては，1923年に，デュポン社52％，フランス企業のセロファン社（La Cellophane SA）48％の出資比率で，合弁会社として，デュポン・セロファン社（Du Pont Cellophane Co.）を設立し，セロファン事業にも新規参入を果たした。翌1924年にセロファンの生産を開

表1-4　デュポン社のレーヨン・セロファン事業の平均投資収益率（1922～1939年）

（単位：％）

レーヨン事業		セロファン事業	
年	平均投資収益率	年	平均投資収益率
1922-26	30.1	1924-29	51.6
1927-31	15.2	1930-34	26.8
1932-36	7.8	1935-39	28.6

出所：Hounshell & Smith［1988］: Tab. 8.1.

始した同事業では，その3年後に，防湿セロファンの開発にも成功した。この結果，セロファンの売上高は，1928年から1930年にかけて3倍にまで急増し，セロファン事業は，比較的収益率の高かったレーヨン事業をもはるかに上回る収益率を確保した。1938年の時点で，セロファン事業は，デュポン社の売上高の10％，利益の4分の1を占めるほど，収益性の高い事業へと成長したのである (Hounshell & Smith [1988]：p. 170：表1-4)。

こうした数々の企業買収，合弁事業などによって，デュポン社は，1920年代末までに，ヴィスコース・レーヨン，セロファン，顔料，自動車塗装用ラッカー，四エチル鉛，合成アンモニア，合成メタノール，電気化学，銃器・弾薬といった事業分野への新規参入を果たすことに成功した[26] (水野 [1968]：444-5頁)。結果として，こうした事業範囲の拡大により，1914年の段階では，総売上高に占める火薬以外の製品の比重がわずか3％にすぎなかったデュポン社において，火薬事業への依存度はおのずと低下し，その他の事業が比重を増すことになった (Chandler [1990]：185. 訳書147頁)。すでに，1921年の時点でも，純資産1億7600万ドル[27] (4630万ポンド) のうち，火薬事業の比重は4分の1程度にすぎず，染料事業が16％強，セルロイド，防水加工織物，セルロース・ラッカー事業が合計で15％に達していた。さらに，1924年には，折からの消費財ブームにより，染料，ヴィスコース・レーヨン，自動車塗装用ラッカー，人造皮革，セルロイド事業の売上高が，併せて2800万ドル (640万ポンド) に達するまでになり，火薬事業の売上高3300万ドル (750万ポンド) に迫る勢いであった (Haber [1971]：pp. 313-4. 訳書475-6頁)。

3　デュポン社の研究・開発体制

前述したように，すでに大戦中から研究・開発費を急増させるなど，デュポン社は，研究・開発に傾注することで，競争力のある新製品の事業化を目論んでいた。1920年代の比較的早い段階に市場投入された新製品としては，ニトロセルロース・ラッカーがあげられる。1920年，写真用フィルムの開発過程で発見されたニトロセルロース溶液を，ゼネラル・モーターズ社 (General Motors Corp. Inc.：GM社，1908年) と共同で改良して，1923年には，速乾性ラッ

表1-5 デュポン社の研究・開発費（1921～1941年）

年	研究開発費	研究開発費／売上	研究開発費／利益	研究開発者数
	$1000	%	%	人
1921	1,734	3.1	23.8	135
1926	2,224	2.5	23.9	241
1931	5,400	3.3	28.4	755
1936	7,652	3.0	17.3	912
1941	12,400	2.6	21.6	1,341

出所：Hounshell & Smith［1988］：Tab. II.2.

カー「デュコ」(Duco)として商品化し，その生産に乗り出した。デュコは，その速乾性ゆえに，自動車の塗装工程を大幅に短縮することで，同製品の市場拡大のみならず，自動車の大量生産にも多大に貢献した。デュコの売上高は，1925年時点で300万ドル（60万ポンド），さらに1928年には1400万ドル（285万ポンド）に達して，デュポン社の売上高の12％を占めるに至った（Hounshell & Smith［1988］：pp. 121, 139, 143)。

さらに，1920年代後半には，ヨーロッパ（とくにフランス）から導入していた先進化学技術[28]に依存する従来の体制を見直して，自社による新製品の研究・開発を推進するなど，研究・開発体制の再構築も図られた。1928年には，ハーバード大学（Harvard University）講師であったウォーレス・カローザス（Wallace Hume Carothers, 1896-1937）も，基礎研究組織であった有機化学部門（Organic Chemicals Department）の責任者として招聘された。1926年には222万4000ドル（45万3880ポンド）にすぎなかった研究・開発費も，1931年になると540万ドル（150万ポンド）へと一挙に引き上げられ，研究・開発スタッフ数も，241人から3倍以上の755人に増員された。この結果，売上高に対する研究・開発費の割合は上昇し，とりわけ利益に対する研究・開発費の割合が，この間に23.9％から28.4％へと，5ポイント近く上昇するなど（表1-5, 1-6 (a), 1-6 (b)），デュポン社による人的・資金的両面からの研究・開発体制の整備・強化が実を結びつつあった[29]。

1925年以降，合成ゴムの研究をつづけていたデュポン社は，カローザスらの尽力によって，1930年に合成ゴム「デュプレン」（Du Prene）の開発に成功し，

表1-6 (a)　　デュポン社の事業部門別研究・開発費（1923～1929年）

（単位：$1000）

事業部門	1923	1925	1927	1929
化学部門	296	452	654	934
染料事業	390	496	502	694
爆薬事業	199	323	315	303
プラスチック事業	114	123	51	152
ペイント・ラッカー・化学製品事業	317	455	616	441
Du Pont Rayon Co.	n.a.	n.a.	203	371
Du Pont Cellophane Co.		n.a.	26	77
Du Pont Ammonia Co.		n.a.	163	432
Grasselli Chemical Co.				381
Kerbs Pigment & Chemical Co.				79
他			46	116
合　計	1,411	1,944	2,200	3,645

出所：Hounshell & Smith［1988］：Tab. 15.1a より作成。

表1-6 (b)　　デュポン社の事業部門別研究・開発費（1931～1937年）

（単位：$1000）

事業部門	1931	1933	1935	1937
化学部門	1,002	741	873	1,282
アンモニア事業	457	338	455	694
爆薬事業	303	251	360	409
生地・仕上品事業	922	627	807	1,133
Grasselli Chemical Co.	545	426	513	714
有機化学事業	961	832	1,286	1,756
ピグメント事業	349	300	427	588
プラスチック事業	218	206	261	448
レーヨン事業	828	919	1,307	2,648
他	26	33	121	149
合　計	5,506	4,690	6,555	9,538

出所：Hounshell & Smith［1988］：Tab. 15.1a より作成。

翌1931年には工場建設にも着手した。1933年に商業的生産が開始されたデュプレンは，1935年になって，「ネオプレン」（Neoprene）へと製品名も変更され，もとより性質として，耐油性，耐薬品性に優れていたことから，ホースや接着剤などの需要を獲得するようになった（Hounshell & Smith [1988]：pp. 233-6；伊藤 [2009]：65頁）。

また，カローザスらは，ネオプレンにつづいて，1934年には，ポリエステルの研究過程で，「デュポン社の研究・開発において最大の成果」といわれる，合成繊維「ナイロン」（Nylon）の開発にも成功した。1936年には，ストッキングの素材となる実験用ナイロン繊維も開発され，一挙にその事業化が進められた。1938年になると，シーフォード（Seaford, デラウェア州）のナイロン工場の建設も着工され，1940年には，画期的製品であるナイロンの生産がようやく開始された（Hounshell & Smith [1988]：pp. 232, 385-6；Taylor & Sudnik [1984]：p. 153）。

デュコ，ネオプレン，ナイロンといった新製品は，デュポン社によって開発された製品の一例[30]にすぎなかったものの，これらに象徴される同社の研究・開発体制の確立は，1920年代後半以降，その業績向上の大きな下支えとなった。戦後恐慌下で最悪の状況であった，1921

表1-7 デュポン社の売上高・純利益・利益率
（1921～1939年）

年　度	売上高	純利益[1]	売上高利益率
	$100万	$100万	%
1921	55.2	7.3	13.2
1922	71.9	12.9	17.9
1923	94.1	21.1	22.4
1924	90.9	18.7	20.6
1925	n.a.	13.4	—
1926	90.4	14.8	16.4
1927	96.4	16.6	17.2
1928	119.0	22.9	19.2
1929	203.3	34.2	16.8
1930	186.4	21.7	11.6
1931	163.5	21.1	12.9
1932	118.4	10.4	8.8
1933	148.0	24.4	16.5
1934	175.4	30.3	17.3
1935	216.0	40.7	18.8
1936	258.1	53.0	20.5
1937	286.0	56.0	19.6
1938	235.4	36.8	15.6
1939	298.8	67.3	22.5

註 1：営業利益。ただし，General Motors Co. からの配当利益などは含まれていない。
出所：小澤 [1986]：表7-1；1926年の売上高のみ，Hounshell & Smith [1988]：Tab. II.1 より算出。

年の売上高5520万ドル（1450万ポンド），利益730万ドル（190万ポンド）を基点として見れば，導入技術に依存していた1920年代央までは，ともに緩慢にしか増大していなかった。だが，1920年代後半以降，研究・開発体制の整備が図られたと同時に，ともに急増して，1929年には，売上高が2億330万ドル（4150万ポンド），利益が3420万ドル（700万ポンド）と4倍にまで達した。世界大恐慌下[31]で景気が底を突いた1932年には，恐慌前の最盛期であった1929年に比較して，売上高，純利益ともに半減し，雇用者数も1万人減少したが，早くも1933年になると，いずれの指標も増大ないし上昇に転じて，着実な回復を遂げ，1935年には恐慌前水準を凌駕した[32]（表1-7）。

　1937年の段階で，「10年前には存在すらしていなかった製品」が，デュポン社の製品のうち40％を占めるほど，この間に新製品の積極的な研究・開発と事業化が推進された（Aftalion [1988]：p. 172. 訳書 220-1頁）。デュポン社もまた，IGファルベン社やICI社と同様に（本章 第3節2，第3章 第2節1），世界大恐慌の過程で，窒素の生産過剰と価格崩壊によって打撃を受けたアンモニア合成事業[33]をはじめ，多数の基軸事業で多額の損失を負った。だが，他方で，こうした新製品が，他の事業の損失を補いながら，恐慌からの回復とその後の成長を牽引した。この点で，とりわけ両大戦間期の事業展開において，デュポン社の研究・開発体制の確立とそれに基づく多角化がもたらした影響は多大であったといってよい。

第3節　主要国化学企業の展開——ドイツ

　ドイツ資本主義[34]の場合，アメリカとは対照的に，第1次世界大戦に破れ，戦後，敗戦にともなう「賠償問題」（Reparationsfrage）や激しいインフレーションに直面していた。そんなドイツ資本主義が，通貨の安定と「ドーズ案」（Dawes Plan）による経済再建への道を歩み出したのは，1924年になってからのことであった。こうした状況を反映して，大戦後のドイツ化学産業についても，生産，輸出ともに，その増大テンポは鈍化し，シェアも縮小するなど，世界化学産業における戦前の絶大な競争力は失われ，相対的地位も低下しつつあった

(本章 第1節)。

　こうしたきわめて厳しい状況のもと，ドイツ化学産業[35]は，1920年代央に至って，巨大規模のトラストの形成を通じた，大規模な資本の集中と再編によって，競争力の回復を企図した。本節では，さまざまな局面でICI社との確執を生むことになった，巨大トラストとしてのIGファルベン社の設立過程から1930年代末までの事業展開を概観する。

1　IGファルベン社の設立過程

　ドイツにおけるトラスト結成の端緒は，20世紀初頭にまでさかのぼる。1904年，当時，支配的であった染料製造企業のうち，バーディッシュ・アニリン・ソーダ工業社（Badische Anilin= und Soda=Fabrik AG：BASF社，1865年），フリードリッヒ・バイエル染料工業社（Farbenfabriken vorm. Friedr. Bayer & Co. AG：バイエル社，1863年），アニリン工業社（AG für Anilin=Fabrikation：AGFA社，1867年）の3社により，特許権の交換と利潤プールを内容とする「利益共同体（Interessengemeinschaft）契約」が締結された——「3社同盟」（Dreibund）ないし「原IG」（Ur-I.G.）の結成——（加藤［1973］：319-20頁；工藤［1978］：(1) 5-10頁）。

　また，その一方で，1904年から1908年にかけて，マイスター・ルシウス・ウント・ブリューニング染料工業社（Farbwerke vorm. Meister Lucius und Brüning AG：ヘキスト〔Höchst a. M.〕社，1863年），レオポルト・カッセラ社（Leopold Cassella & Co. GmbH，1812年），カレ社（Kalle & Co. AG，1863年）の3社による「資本結合（Kapitalverflechtung）契約」も締結された——「3社結合」（Dreiverband）の結成——（加藤［1973］：319-20頁；工藤［1978］：(1) 5-10頁）。こうして，第1次世界大戦前夜には，すでにドイツ化学産業において2大独占体が成立していた。

　ところが，こうして，体制が整ったはずのドイツ化学産業ではあったが，第1次世界大戦の勃発にともなって，チリ硝石の輸入が途絶したことで，窒素の供給不足という問題に直面することになった。早急に解決すべき問題は硝酸不足であったが，これは副生アンモニアから硝酸を生産することで克服されたものの，他方で，肥料用副生アンモニアの供給不足という新たな問題が生じるに

至った。当初は，バイエル社が，石灰窒素法（cyanamide process）によるアンモニアの生産拡充でこれに対処しようとしたものの，それも肥料需要を賄いうるものではなかった（工藤［1978］：(1) 25-6頁；工藤［1999a］：41-2頁）。

結局，事態が好転したのは，ドイツ政府がハーバー＝ボッシュ法（Haber-Bosch process）の積極的導入を決意してからのことであった。政府から資金援助[36]を受けたBASF社が，1913年から稼動していたオッパウ（Oppau，ルートヴィッヒスハーフェン〔Ludwigshafen〕近郊）工場に加えて，1916年には新工場をロイナ（Leuna，メルゼブルク〔Merseburg〕近郊）に建設して，窒素（硫酸アンモニウム）の生産にあたったのである。これにより，かりに農業用に転用したとしても，工業用の需要を満たしうるだけの硫酸アンモニウムの生産増大が可能となった[37]（Haber［1971］：pp. 199-203．訳書 305-11頁；工藤［1978］：(1) 26頁；工藤［1999a］：42頁）。この結果，1913年の時点で，ドイツの窒素生産量は13万1605トン（硫酸アンモニウム換算で61万8544トン[38]）で，世界の窒素生産に占めるシェアも15.6％にすぎなかったものが，大戦後の1925年には，生産量が47万700トン（同221万2290トン）へと飛躍的に拡大し，シェアも30％を超えるに至った[39]（表1-8）。

しかし，大戦が長期化の様相を呈しはじめた1916年になると，各化学企業は，軍需生産をよりいっそう増大させる必要性に迫られた。この結果，両独占体は，主要染料製造企業を包括する，1999年まで有効な「ドイツ・タール染料製造所利益共同体（Interessengemeinschaft der deutschen Teerfarbenfabriken）協約」を締結して──「拡大利益共同体」（Erweiterte I.G.）ないし「大利益共同体」（Große I.G.）の結成──，戦時需要への対応を試みようとした。さらに，なおもこの協約に，アウトサイダーであったグリースハイム＝エレクトロン化学工業社（Chemische Fabrik Griesheim Elektron AG，1856年），ヴァイラー＝テル・メール化学工業社（Chemische Fabriken vorm. Weiler-ter Meer AG，1877年）までが参加するかたちで，相互の技術交換，市場における統一行動，利潤のプールなどを行うに至った（加藤［1973］：319-20頁；工藤［1978］：(1) 26-7頁；工藤［1999a］：44頁）。

こうした大同団結により，大戦を切り抜けたドイツ化学産業であったが，大

表1-8 主要国の窒素生産[1] (1913～1934年)

国	1913		1925		1929		1931		1934	
	t	%	t	%	t	%	t	%	t	%
チリ	476,715	56.5	413,285	31.3	556,000	21.8	193,200	10.5	141,755	7.2
ドイツ	131,605	15.6	470,700	35.6	889,900	34.9	597,985	32.5	462,500	23.5
イギリス	99,525	11.8	108,435	8.2	217,695	8.5	150,735	8.2	175,000	8.9
アメリカ	39,465	4.7	129,640	9.8	318,880	12.5	218,490	11.9	256,700	13.1
ノルウェー	22,000	2.6	25,000	1.9	75,000	2.9	73,000	4.0	65,505	3.3
フランス	18,945	2.2	33,610	2.5	103,895	4.1	116,230	6.3	187,555	9.5
カナダ	12,705	1.5	17,625	1.3	62,640	2.5	18,695	1.0	41,080	2.1
ベルギー	10,955	1.3	13,870	1.0	44,200	1.7	60,000	3.3	109,835	5.6
イタリア	6,340	0.8	15,790	1.2	56,015	2.2	59,740	3.2	92,780	4.7
スウェーデン	4,535	0.5	7,910	0.6	7,330	0.3	7,250	0.4	8,000	0.4
日本	3,880	0.5	36,910	2.8	90,550	3.5	169,750	9.2	208,000	10.6
スペイン	3,400	0.4	2,600	0.2	5,810	0.2	4,310	0.2	8,000	0.4
ソヴィエト	3,200	0.4	700	0.1	5,300	0.2	8,100	0.4	45,000	2.3
ポーランド	2,965	0.4	15,195	1.1	54,055	2.1	38,940	2.1	35,165	1.8
ユーゴスラヴィア	2,640	0.3	8,140	0.6	7,225	0.3	3,515	0.2	20,025	1.0
スイス	1,825	0.2	2,335	0.2	6,425	0.3	3,980	0.2	9,465	0.5
オランダ	1,580	0.2	7,930	0.6	13,460	0.5	87,215	4.7	62,905	3.2
オーストラリア	1,245	0.1	2,440	0.2	4,950	0.2	2,535	0.1	3,000	0.2
チェコスロヴァキア	—	—	5,830	0.4	22,715	0.9	19,725	1.1	18,000	0.9
ルーマニア	—	—	2,265	0.2	4,060	0.2	200	0.0	—	—
オーストリア	—	—	850	0.1	1,500	0.1	1,900	0.1	1,500	0.1
南アフリカ	—	—	180	0.0	250	0.0	145	0.0	8,085	0.4
ハンガリー	—	—	120	0.0	295	0.0	255	0.0	3,760	0.2
英領インド	—	—	—	—	4,055	0.2	2,800	0.2	2,500	0.1
合計	843,625	100.0	1,321,360	100.0	2,552,205	100.0	1,838,695	100.0	1,966,115	100.0

註1：窒素換算による。
出所：USTC [1937]：Tab. 11 より算出。

戦終結後には，有機化学製品の製造を主軸とする方針が需要に応えられず，染料事業の業績も思うにまかせない状況に陥った。さらには，ドイツ資本主義にかけられた二重の制約——ヴェルサイユ体制による巨額の賠償負担という外的制約とヴァイマル体制による高率の協定賃金率という内的制約——が頭をもた

表1-9 IGファルベン社の国内外売上高（1926～1939年）

年度[1]	国内		輸出		合計	
	RM100万	%	RM100万	%	RM100万	%
1926	453.7	44.0	575.5	56.0	1,029.2	100.0
1927	587.7	46.3	681.7	53.7	1,269.4	100.0
1928	606.6	42.8	813.5	57.2	1,420.1	100.0
1929	641.0	45.0	781.6	55.0	1,422.6	100.0
1930	578.2	50.0	577.9	50.0	1,156.1	100.0
1931	481.4	47.4	534.6	52.6	1,016.0	100.0
1932	402.6	46.0	473.2	54.0	875.8	100.0
1933	442.3	49.4	452.0	50.6	894.3	100.0
1934	564.2	57.5	418.2	42.5	982.4	100.0
1935	641.6	59.0	451.1	41.0	1,092.7	100.0
1936	846.9	65.3	450.0	34.7	1,296.9	100.0
1937	1,026.2	67.7	488.4	32.3	1,514.6	100.0
1938[2]	1,188.9	72.3	456.5	27.7	1,645.4	100.0
1939	1,501.8	75.6	486.0	24.4	1,987.8	100.0

註1：営業年度は暦年。
　2：1938年度以降の窒素輸出額を各年3500万ライヒスマルクと推定。
出所：工藤［1999］：表3-8。

げはじめた。この結果，総資本と総労働力との協調による国家的運動としての産業合理化[40]が，急務の課題となったのである（工藤［1978］：(1) 49-50頁）。

　こうした状況のもと，1925年9月，これら8社のうち，BASF社，バイエル社，ヘキスト社，AGFA社，ヴァイラー＝テル・メール社，グリースハイム＝エレクトロン社の6社が再結集して，事実上，ドイツ化学産業を「独占」する，巨大総合化学企業としてのIGファルベン社が設立されるに至ったのである。フランクフルト・アム・マイン（Frankfurt am Main）に本拠を移したIGファルベン社は，資本金額6億4600万ライヒスマルク（3230万ポンド）を擁し，1926年の売上高も10億2920万ライヒスマルク（4900万ポンド）にのぼるなど（工藤［1999a］：86-9頁：表1-9），国内外の化学企業を圧倒する規模[41]を有することとなった。

2　恐慌過程の IG ファルベン社

　こうして設立を果たしたIGファルベン社の両大戦間期における事業展開を概観しておこう。設立後間もない1920年代後半には，染料事業の合理化を進める一方で，アンモニア合成（窒素肥料）事業に対して積極的な投資を行い，その生産を急増させた（工藤［1999a］：142-4頁）。IGファルベン社の売上高の部門別構成を見ると，1924年（設立前）に，染料39％，窒素32％であったものが，1929年には，染料28％，窒素29％と，両部門の比重がわずかながら逆転した（表1-10）。また，1928年の売上高では，染料の4億3550万ライヒスマルク（2180万ポンド，国内1億130万ライヒスマルク〔510万ポンド〕；輸出3億3420万ライヒスマルク〔1670万ポンド〕）に対して，窒素は，5億4300万ライヒスマルク（2720万ポンド，国内3億200万ライヒスマルク〔1510万ポンド〕；輸出2億4100万ライヒスマルク〔1210万ポンド〕）にのぼった（表1-11，1-12，1-13）。世界大恐慌を前にして，アンモニア合成（窒素肥料）事業が，一躍，IGファルベン社の基軸部門へと成長を遂げたのである。

　これとは裏腹に，大戦前には，世界染料市場を「独占」していたドイツ染料工業は，1920年代央になると，染料の生産量，輸出額がともに激減して，その競争力は急速に弱まり，世界的地位も大幅に後退していた。タール染料の生産で見ると，1913年には生産量13万7000トン，シェア85.1％であったものが，1924年にはそれぞれ7万2000トン，43.9％と半減していた。また，同じくタール染料の輸出で見ると，1913年には輸出額1123万8000ポンド，シェア88.7％を誇っていたものが，1925年にはともに1055万ポンド，60.8％と，生産量ほどではないにしろ，やはり減少・低下傾向にあった（表1-14，1-15，1-16）。世界的に見ても，ドイツ染料工業の地位が顕著に後退していたように，IGファルベン社内での染料事業の地位の低下も徐々に進行しつつあった。

　とはいえ，こうした状況は，ドイツ染料工業の技術力・生産力それ自体の問題のみならず，各国の保護主義化に起因する側面も否定しえない。たとえば，それまで自由貿易体制を堅持していたイギリスでさえも，1920年には，「染料（輸入規制）法」（Dyestuffs (Import Regulation) Act）を制定して，自国の染料市場の保護を強化しようとしていた（第2章 第2節4）。むしろ，従来，染料の輸入国

表1-10 IGファルベン社の部門別売上比率（1913〜1938年）

(単位：%)

部門	1913	1924	1929	1932	1938
染　料	63	39	28	36	22
窒　素	—	32	29	21	13
化学製品	27	17	18	15	22
医薬品	6	4	5	9	8
写　真	3	3	7	8	7
化学繊維	—	—	4	5	9
人造石油	—	—	1	3	8
金　属	—	—	1	1	7
合成ゴム	—	—	—	—	1
合成樹脂	—	—	—	0	1
その他	1	5	7	2	2

出所：Plumpe [1990]：S. 432.

表1-11 IGファルベン社の部門別利益（1926〜1933年）

年度	第1部門	第2部門	第3部門	合計	売上高利益率
	RM100万	RM100万	RM100万	RM100万	%
1926	126.7	60.0	-6.2	183.9	17.7
1927	104.2	112.7	2.6	223.0	17.4
1928	125.7	133.4	-3.4	260.6	18.2
1929	71.4	129.1	-4.8	188.2	13.1
1930	27.7	100.6	-16.5	115.9	9.9
1931	-31.2	98.6	-5.8	-65.5	6.4
1932	-32.9	104.7	-0.3	74.5	8.4
1933	-12.7	134.1	0.6	124.9	13.9

第1部門：窒素，メタノール，合成燃料・人造石油，潤滑剤，金属カルボニル，ニッケル，石炭・褐炭。
第2部門：重化学品，顔料，マグネシウム，有機中間物，染料・医薬品，農薬，溶剤，可塑剤，合成樹脂，合成ゴム，洗剤，合成鞣剤，圧搾ガス，自動溶接切断機器。
第3部門：写真製品，セルロース，人絹，セルロイド，ファイバー，合成樹脂加工。
出所：Plumpe [1990]：S. 450；各部門の製品は，工藤 [1999]：125-6頁。

であった主要国が，この間に軒並み関税率を引き上げて[42]，自国染料市場の防衛を図りつつ，他方で製品の研究・開発を推進し，さらには生産を大幅に増大させていたのである（表1-14, 1-15）。この結果，イギリスの場合，染料の輸入

表1-12 IGファルベン社の国内外染料売上高（1926〜1938年）

年度	国内 RM100万	%	輸出 RM100万	%	合計 RM100万	%
1926	77.7	23.0	268.0	77.0	345.7	100.0
1927	112.0	27.6	293.2	72.4	405.2	100.0
1928	101.3	23.0	334.2	77.0	435.5	100.0
1929	106.0	25.0	300.3	75.0	406.3	100.0
1930	96.5	25.8	269.8	74.2	366.3	100.0
1931	91.4	25.7	263.0	74.3	354.4	100.0
1932	83.0	26.0	234.4	74.0	317.4	100.0
1933	98.8	30.0	230.2	70.0	329.0	100.0
1934	113.6	33.5	225.9	66.5	339.5	100.0
1935	108.2	31.6	232.4	68.4	340.6	100.0
1936	130.2	37.4	219.2	62.6	349.4	100.0
1937	142.5	37.0	243.0	63.0	385.5	100.0
1938	155.1	42.6	209.0	57.4	364.1	100.0

出所：ter Meer [1953]：S. 73.

表1-13 IGファルベン社の国内外窒素売上高・利益（1926〜1939年）

年度	国内 RM100万	%	輸出 RM100万	%	合計 RM100万	利益 RM100万	売上高利益率 %
1926	282	64.0	159	36.0	441	126.7	28.7
1927	321	63.7	183	36.3	504	104.2	20.7
1928	302	55.6	241	44.4	543	125.7	23.2
1929	310	61.7	192	38.3	502	71.4	14.2
1930	228	68.4	105	31.6	333	27.7	8.3
1931	n.a.	n.a.	n.a.	n.a.	234	▲10.9	−4.6
1932	n.a.	n.a.	n.a.	n.a.	183	▲19.7	−10.8
1933	n.a.	n.a.	n.a.	n.a.	170	1.0	0.6
1934	n.a.	n.a.	n.a.	n.a.	173	6.7	4.0
1935	n.a.	n.a.	n.a.	n.a.	184	26.5	14.4
1936	n.a.	n.a.	n.a.	n.a.	224	60.2	26.9
1937	n.a.	n.a.	n.a.	n.a.	232	57.4	24.8
1938	n.a.	n.a.	n.a.	n.a.	265	56.6	21.3
1939	n.a.	n.a.	n.a.	n.a.	311	74.4	23.9

出所：輸出は，ter Meer [1953]：S. 70；売上高，利益，売上高利益率は，Plumpe [1990]：S. 241.

表1-14　主要国のタール染料生産[1]（1913～1938年）

国	1913		1924		1928		1932		1938	
	1000t	%	1000t	%	1000t	%	1000t	%	1000t	%
ドイツ	137.0	85.1	72.0	43.9	74.8	38.6	65.0	33.0	57.4	26.1
スイス	10.0	6.2	10.0	6.1	10.8	5.6	9.1	4.6	7.3	3.3
イギリス[2]	5.0	3.1	19.0	11.6	23.1	11.9	24.0	12.2	20.5	9.3
ソヴィエト[3]	4.0	2.5	6.0	3.7	5.6	2.9	16.0	8.1	35.1	15.9
アメリカ	3.0	1.9	31.0	18.9	43.8	22.6	45.8	23.3	36.9	16.8
フランス[2]	2.0	1.2	15.0	9.1	13.9	7.2	10.9	5.5	12.0	5.4
日　本	—	—	6.0	3.7	8.3	4.3	16.5	8.4	28.3	12.9
イタリア	—	—	5.0	3.0	6.9	3.6	6.2	3.2	10.7	4.9
その他[2]	—	—	—	—	6.7	3.5	3.2	1.6	11.8	5.4
合　計	161.0	100.0	164.0	100.0	194.0	100.0	196.7	100.0	220.0	100.0

註1：1928, 32年は，酸化染料，冷染染料を除く合成染料。
　2：1928, 32年は，スイスの合成染料企業の支社による生産も含む。
　3：1913年当時は，ロシア。
出所：1913, 24, 38年は，*Chem. Ind.*, 1952, S. 892；1928, 32年は，原田［1938］: 335頁より算出。

表1-15　主要国の染料生産能力・生産（1924年）
（単位：1000t）

国	生産能力	生産量（1924）
ドイツ　（1923）	156	70
アメリカ（1923）	52	30
イギリス（1924）	24	15
スイス　（1920）	13	13
フランス（1924）	25	17
日　本　（1919）	9	2
イタリア（1922）	5	5
その他	n.a.	2
合　計	284	154

出所：Haber［1971］: Tab. 9.1. 訳書 表9.1。

量が，1913年の1万8900トンに対して，1924年には3600トンと，6分の1にまで激減し，染料の輸入依存度も，1913年の26.4％から，1927年には17.7％と低下していた（表1-17, 1-18）。このように，ドイツ化学産業，すなわちIGファルベン社もまた，同社を包囲する国際的経営環境が激変する過程で，大き

表1-16 主要国のタール染料輸出（1913〜1929年）

国	1913		1925		1927		1929	
	£1000[1]	%	£1000[1]	%	£1000[1]	%	£1000[1]	%
ドイツ	11,238	88.7	10,550	60.8	12,050	67.0	10,800	61.7
スイス	1,095	8.6	2,600	15.0	3,150	17.5	3,400	19.4
イギリス	190	1.6	850	4.9	650	3.6	1,000	5.7
アメリカ	95	0.8	1,500	8.6	1,250	6.9	1,550	8.9
フランス	48	0.3	1,850	10.7	900	5.0	750	4.3
合　計	12,666	100.0	17,350	100.0	18,000	100.0	17,500	100.0

註1：原資料は，マルク／ライヒスマルクで表記されていたが，「凡例」の「通貨換算率表」に基づいて換算。
出所：UKIWS［1932］：S. 205 より算出。

表1-17 主要国の染料輸入（1913〜1938年）

(単位：t)

国	1913	1924	1925	1938
アメリカ	20,000	1,600	2,600	1,500
イギリス	18,900	3,600	2,000	2,100
イタリア	7,100	2,700	2,200	400
日　本	5,500	8,000	3,100	300
フランス	2,100	2,400	1,500	1,200

出所：Svennilson［1954］：Tab. 46.

表1-18 主要国の化学製品輸入依存度（1913〜1927年）

(単位：%)

国	1913	1927
ベルギー	72.0	27.6
日　本	66.7	41.8
イタリア	45.5	19.0
フランス	29.4	17.6
スイス	29.4	25.3
イギリス	26.4	17.7
ドイツ	20.4	7.9
アメリカ	15.3	5.4

出所：UKIWS［1932］：Tabelle 107.

な方向転換を迫られていたのである。

　こうしたさなかの1929年末，ドイツを襲った世界大恐慌[43]の波は，世界的な窒素肥料の過剰とも相まって事態を一変させ，IGファルベン社の主役であった肥料事業を一挙に窮地へと追い込んだ（第4章 第3節 2）。1930年には，IGファルベン社の窒素肥料の売上高，利益が，ともに前年度を下回り（もっとも1929年から前年度を下回っていた），1931，32年には損失を出すことになった。売上高が底を突いた1933年には，売上高1億7000万ライヒスマルク（1210万ポンド）と，最盛期であった1928年の3分の1にとどまった。利益はわずかに100万ライヒスマルク（7万ポンド），売上高利益率も0.6％にすぎないものとなった（表1-13）。この結果，1932年時点のIGファルベン社の部門別構成では，染料が36％，窒素が21％と，再度，両事業の比重が逆転した（表1-10）。

　もちろん，IGファルベン社の売上高の減少は窒素肥料にとどまらず，染料もまた，1928年に4億3550万ライヒスマルク（2180万ポンド）であったものが，1932年には3億1740万ライヒスマルク（2120万ポンド）に減少するなど（表1-12），同社の主要製品全般に及んでいた。この結果，国内外売上高も，1929年に14億2260万ライヒスマルク（7110万ポンド）であったものが，1932年には8億7580万ライヒスマルク（5840万ポンド）と，およそ3分の2にまで激減した（表1-9）。部門別利益も，窒素肥料を中心とした第1部門をはじめ，各部門が軒並み大幅な縮小を余儀なくされた。まさに「1929年以降の大恐慌の過程は，IG〔ファルベン社〕にとっては急速な企業成長ないし高蓄積パターンが崩壊する過程であった」（工藤［1999a］：208頁）。

3　IGファルベン社の事業拡大

　こうした危機的な状況下において，IGファルベン社は，対外・国内，それぞれに応じて新たな手段を講じることで，苦境を脱しようとした。対外的な手段としては，主要国化学企業との間で，窒素，染料，爆薬など，広範な事業分野にわたる，国際カルテルの締結ないしその強化による，国際的な協調体制を構築する途を選択した（第4章 第2節 2，第3節 2, 3, 4）。他方，国内的な手段としては，アンモニア合成事業の施設と技術が利用可能な，高温高圧下で石炭な

いし褐炭に水素を添加して合成ガソリン[44]（synthetic petrol）としての人造石油（oil-from-coal）を製造する新規事業に参入することを決断した。

すでに，1930年までに3億ライヒスマルク（1500万ポンド）が投入されていた人造石油事業については，費用面から見れば，とうてい通常のガソリンと競争できるものではなかった。だが，1933年になると，ナチス政権との間で人造石油工業の保護育成に重点を移した「ベンジン協定」（Benzinvertrag）が締結されたことで，政府支援のもと，1936年には，ロイナ工場において人造石油の年産能力35万トン体制が確立した（Aftalion［1988］: p. 183. 訳書233-4頁；工藤［1999a］: 229-31頁）。ロイナ工場における人造石油の生産量は，1933年に10万8498トンであったものが，1936年には34万1972トンにまで増大して，ほぼフル操業状態に達した（工藤［1999a］: 表5-16）。

以降，人造石油事業をもっとも重要視していた「4ヵ年計画」（Vierjahresplan）のもとで，さらに生産力が増強され，第2次世界大戦中の1942年には，64万3505トンを記録するに至った（工藤［1999a］: 表5-16）。また，IGファルベン社全体の人造石油売上高も，1933年に2800万ライヒスマルク（200万ポンド）にすぎなかったものが，第2次世界大戦勃発時の1939年には，1億6230万ライヒスマルク（1800万ポンド）にまで達した（Plumpe［1990］: S. 294）。

この間，恐慌で減少した染料の国内売上高も，1934年には，恐慌前の最盛期であった1927年を凌駕して，1億1360万ライヒスマルク（870万ポンド）に達するなど，順調に増大を遂げた。もっとも，世界染料市場それ自体が縮小していたこともあって，少なくとも1938年までの段階で，輸出額が恐慌前水準を超えることはなかった。国内外染料売上高に占める輸出の比重も徐々に低下し，1938年には57.4%にまで下落した。したがって，こうした輸出市場の縮小に引きずられて，国内外染料売上高もまた，1930年代を通じて恐慌前水準を超えることはなかった（表1-12）。

IGファルベン社全体の売上高は，1933年には回復に転じて急増を遂げ，売上合計額では，第2次世界大戦が勃発した1939年に，底を突いた1932年の8億7580万ライヒスマルク（5840万ポンド）に比較して，2倍にあたる19億8780万ライヒスマルク（2億2090万ポンド）を記録した。とりわけ，徐々に比重を高

めていた国内売上高は，同時期について4億260万ライヒスマルク（2680万ポンド）から，ほぼ4倍の15億180万ライヒスマルク（1億6690万ポンド）に増大し，比重もまた，46.0％から30ポイント近く上昇して，75.6％にまで達した（表1-9）。

もっとも，国内市場が堅調に拡大を遂げたことで，IGファルベン社は，たしかに売上高を増大させたが，裏返してみれば，やはり輸出市場からの大幅な後退は否定しがたく，一面では，IGファルベン社が，国際競争において苦慮していたことがうかがえる。それでも，一方で，帝国主義列強の先陣を切って，1936年にはほぼ「完全雇用」を成し遂げ，いち早く恐慌前の工業水準に達したドイツの景気回復・拡大[45]を追い風としつつ（戸原[2006]：185頁），他方では，大不況下の1930年代にあって，ナチス政権の支援を受けたことによって，IGファルベン社が業績を大幅に拡大させたことは，紛れもない事実であった。

最後に総括するなら，IGファルベン社の設立とその展開は，「第1次大戦がドイツ化学工業に及ぼした衝撃への企業形態レベルの対応」（工藤[1978]：(1) 60頁）であり，さらに1930年代における同社の国内外にわたる事業展開は，「軍事化とアウタルキー化を目指す経済政策に最も積極的に協力する独占体，すなわちナチス体制に最も親和的な独占体」（工藤[1978]：(1) 1頁）として，経済的にはもちろん，政治的にも，主要国ならびに海外主要化学企業への大きな「脅威」となったのである。

小　括

あらためて振り返れば，第1次世界大戦は，化学産業において合成染料に代表される有機化学製品に基礎を置いた精製化学製品の需要を急増させた。しかし，同分野で絶大な技術力＝競争力と，それに裏打ちされた圧倒的な生産規模とシェアを誇っていたのは，ドイツ化学産業であった。後述するように（第2章第1節），ソーダなどのアルカリ製品や硫酸などの酸製品といった，きわめて狭い範囲の重化学工業分野に特化していたイギリス化学産業は，大戦の過程で，図らずもその対外競争力の脆弱性を露呈するに至った。なおかつ，戦後に

至って，1925年9月に，そのドイツで大規模な資本の集中によってIGファルベン社が設立され，翌1926年1月には操業を開始するなど，ドイツ化学産業の「脅威」は極まりつつあった。また，アメリカでも，いずれICI社と「盟友関係」を組むことになるデュポン社（第4章 第3節1）が，大戦を契機に，企業買収や合弁事業を通じて，多角化を成功させ，さらには研究・開発にも傾注することで，事業の範囲と規模をいっそう拡大させていた。

このように，第1次世界大戦以降，主要国化学企業は，事業規模を拡大させて巨大化し，総合化学企業として事業範囲も大幅に拡大させるとともに，技術力を高め，国内外において競争力をいっそう強化していた。こうした過程にあって，世界化学産業では，主要国化学産業がシェア拡大のために激しく鎬を削り，国際的に「寡占化」の様相を呈しはじめていた。しかし，対外競争力を喪失しつつあったイギリス化学産業は，こうした状況に対して打開策を得られぬまま，後退をつづけるばかりであった。

次章では，このようにきわめて厳しい状況に追い込まれていた，第1次世界大戦期以降のイギリス化学産業の展開を概観することで，主要国化学産業との「競合」に向けた，その対処について叙述する。なお，本章では，デュポン社およびIGファルベン社の国内事業に焦点を当て，その国際事業については，ほとんど関説してこなかったが，この点については，第4章，第6章などで，ICI社との関係において触れることにする（本章 註19, 35）。

註

1　第1次世界大戦は，まさに「帝国主義戦争」であった。この点については，多くの論者が言及している。たとえば，ウラジーミル・レーニン（Владимир Ильнч Ленин）は，「金融資本とそれに照応する国際政策——それは，世界の経済的および政治的分割のための列強の闘争に帰着する」（Ленин [1917]：стр. 81. 訳書140頁），また宇野は，金融資本としてのドイツ重工業とイギリス海外投資の「戦争によってでも解決せられるほかに途のない対立」（宇野 [1971]：257頁）と叙述している。

2　構造的変化としては，ソヴィエト連邦の出現，ヨーロッパ諸国の荒廃・混乱と経済力の衰退，日本，カナダ，インドといった新興工業国の発展，強大な生産力を背景に債務国から債権国に転じたアメリカの台頭があげられよう（大島 [1976]：51

頁)。これを数量的に跡づけてみれば、世界製造業生産高の比重（単位：％）では、1913年にアメリカ35.8、ドイツ15.7、イギリス14.0であったものが、1926～29年にはそれぞれ42.2、11.6、9.4（LN ［1945］：Tab. 1. 訳書 第1表）、また輸出の比重（同）では、1911～13年にイギリス15.3、アメリカ12.4、ドイツ11.4であったものが、1929年にはそれぞれ12.4、16.0、9.8、輸入（同）では、同時期についてイギリス17.4、アメリカ8.4、ドイツ12.1であったものが、それぞれ16.7、12.4、9.0（宮崎・他［1981］：114頁 第10表）と、輸入面では、依然としてイギリスの地位は揺らいでいなかったものの、生産・輸出両面においては、アメリカが他国を凌駕し、大戦を通じて顕著な成長を遂げていた。なお、大戦のもたらした経済的影響については、大内［1991］：第1章 第1節；大島［1965］：序章 第1節（大島清執筆）を参照。

3 化学工業の発展段階については、3期に分類することが可能である。第1期は、1870年ごろまでの硫酸、塩酸、ソーダなど、比較的単純で大量の重化学製品の生産がなされた時期、第2期は、少量ではあるが、きわめて複雑かつ特化したタール系合成化学製品への進出がなされた時期、第3期は、レーヨン、合成アンモニア、合成ゴム、プラスチック、さらに工業用合成アルコール、合成燃料、合成仕上塗料など、合成化学製品の生産を中心とした時期である。本書が対象とする第1次世界大戦期以降の化学工業は、この第3期にあたる（Stocking & Watkins［1946］：p. 376）。なお、本書では、第3期の主要化学製品のうち、'synthetic resin'については「合成樹脂」、'plastics'については「プラスチック」（「合成樹脂」と訳すことも可能であるが）と、訳し分けて使用している。

ところで、化学工業では、工業部門ないし製品分野について、さまざまな分類方法がある。しばしば、「無機化学（製品）」(inorganic chemicals) 工業と「有機化学（製品）」(organic chemicals) 工業、あるいは「重化学（製品）」* (heavy chemicals) 工業と「精製化学（製品）」(fine chemicals) 工業と分類することがある。一般的に、有機化学工業が、生物体に起源を有する炭素を含む有機化合物を生産する工業部門であるのに対して、有機化合物以外の化合物、すなわち炭素を含まない無機化合物を生産する工業部門を無機化学工業と呼ぶ。また、重化学工業と精製化学工業という分類は、その生産規模の差に着目した分類方法であり、重化学工業の生産量が数十万ないし数百万トンであるのに対して、精製化学工業の場合、数百ないし数千トン規模にすぎないという違いである（Reader［1979］：note 1）。とくに、無機化学工業は、生産量が比較的大規模であるために、「無機重化学（製品）」(heavy inorganic chemicals) 工業と呼ぶことがあり、主として、(1) 硫黄または硫化鉱を原料として、硫酸を主産し、過燐酸肥料などを副産する硫酸工業；(2) 工業塩を原料として、ソーダ灰、苛性ソーダなどを主産し、塩素、晒粉などを副産するソーダ工業；(3) 窒素およびその化合物を原料として、窒素肥料（硫酸アンモニウム、石灰窒素など）および硝酸を生産する窒素工業などから構成される。他方、有機化学工業のうち、生産量が比較的小規模な工業部門を、「有機精製化学」(fine organic chemicals) 工業と呼ぶことがあり，主として，石炭乾留の副産物，タールの分留品およびコークス炉ガスから採取される芳香族有機化合物（ベンゾール，トリオール，ナフタレンなど）を主原料として得られた中間体を化合させて，染料などを生産する染料工業が主軸となっている。派生する製品なども含めて，(a) 有機合成染料，同中間製品；(b) 医薬用化合品，写真用化合品；(c) 分析用試薬；(d) 合成香料，同エッセンス；(e) 希土類元素化合物；(f) アルコール誘導体，アルコール・エステルなどの製品がこれにあたり，さらには爆薬，(毒)ガスなどの製造にも使用されることがある (Ashe & Boorman [1924]：p. 90)。こうした「化学産業（工業）」(chemical industry) や「化学製品」(chemicals) の定義については，Hardie & Pratt [1966]：pp. 4-8 を参照。

なお，化学産業史に関する文献は数多いが，19世紀の世界化学産業については，Haber [1958]，20世紀初頭から1930年までの世界化学産業については，Haber [1971]（とくに大戦期を含む1920年代までは，Chs. 7-11. 訳書 第VII-XI章），やや技術的側面に比重が置かれてはいるが，18世紀から現代に至る時期の世界化学産業については，Aftalion [1988]（とくに大戦期を含む両大戦間期は，Ch. 5. 訳書 第4章）ないしAftalion [2001]，19世紀中葉から第1次世界大戦までのヨーロッパ化学産業については，Homburg, et al. [1998]，20世紀初頭，第2次世界大戦までのヨーロッパ化学産業については，Travis, et al. [2010]，20世紀全般にわたる世界各国の化学産業については，Arora, et al. [1998]，19世紀以降，両大戦間期に至る時期については，Reuben & Burstall [1973]：pp. 11-32，戦後への言及も含めたものとしては，Duncan [1982]：pp. 18-24；高橋 [1973]：第1章，19世紀から20世紀に至るイギリス，ドイツ，日本，アメリカの化学産業を中心とした産業発展の比較については，Horstmeyer [1998]，20世紀の主要化学企業の競争力と組織・戦略については，Chandler, et al. [1998]，両大戦間期の化学産業を含むヨーロッパ産業については，Buyst & Franaszek [2010] を参照。

* 　一般的には「重化学工業」を，鉄鋼，造船，車輌などを製造する「重工業」と「化学工業」を併せた産業の呼称として用いることもあるが，本書で「重化学工業」とした場合，「重化学製品を製造する工業」という意味でのみ用いている。

4 本章では，主要国の化学産業ないし化学企業の動向を考察するにあたって，その対象をイギリス，ドイツ，アメリカに絞り，フランスを除外した。表1-1, 1-2でも明らかなように，たしかに主要国の化学製品生産ならびに輸出で見れば，フランスは，イギリス，ドイツ，アメリカに次ぐ規模を有しており，両大戦間期の世界化学産業は，事実上，この4ヵ国が支配的な地位にあったといっても過言ではない。個々の化学企業を見ても，サン・ゴバン社 (Cie. de Saint-Gobain, 1665年)，キュールマン社 (Établissements Kuhlmann SA, 1825年)，ローヌ・プーランク化学工場社 (Soc. des Usines Chimique Rhône-Poulenc, 1895年) など，歴史に名を残す企業が多々見られ，それぞれ一定の競争力を有していた。とはいえ，いずれの化学企業も，ICI社，IGファルベン社，デュポン社などに比較すれば，その企業規模は

見劣りするものであった（後掲 表3-5）。後述する（第4章）国際カルテル活動などにおいても，ICI社と部分的な関わりをもつとはいえ，IGファルベン社やデュポン社などのように，全面的に「競合」ないし「協調」する存在ではなかった。したがって，本章では，あえてフランスに関説しなかった。なお，そのフランス化学産業および化学企業については，作道［1995］があり，とくに両大戦間期に関しては第3部で論じられている。参照されたい。

5 合成染料とは，インディゴなどに代表される天然染料とは異なり，主としてタールを原料として合成・製造される染料，いわゆるタール染料のことである。化学構造による分類では，アゾ染料およびアントラキノン染料がもっとも重要な染料であるが，その他にも，インディゴイド染料，硫化染料，トリフェニルメタン染料，ピラゾロン染料，スチルベン染料，ジフェニルメタン染料，キサンテン染料，アリザリン染料，アクリジン染料，キノンイミン染料，チアゾール染料，メチン染料，ニトロ染料，ニトロソ染料などがある。また，使用方法による分類としては，直接染料，建染染料，硫化染料，分散染料，塩基性染料，ナフトール染料，酸性染料，酸性媒染染料，媒染染料，油溶性染料，反応染料，可溶建染染料，硫化建染染料，蛍光漂白染料，酸化染料などがある。なお，こうした合成染料の開発については，Aftalion［1988］: pp. 43-7. 訳書 57-62頁；Haber［1958］: pp. 81-7. 訳書 113-22頁，また，主要国のタール染料生産量については，表1-14を参照。

6 有機化学製品の用途に触れておくと，火薬・爆薬の製造に必要なピクリン酸（トリニトロフェノール）にはフェノール，TNT（トリニトロトルエン）にはトルエンという，有機化学製品が不可欠であった（Aftalion［1988］: p. 123. 訳書163頁）。

7 窒素化合物についても触れておくと，硝酸は，有機窒素化合物としてのピクリン酸やTNT，さらには綿火薬とニトログリセリンを用いて製造されるコルダイト火薬や無煙火薬，また硝酸アンモニウムの製造に不可欠であった（Haber［1971］: p. 198. 訳書304頁）。

8 この点は，ドイツのみならず，いずれの諸国においても，状況には大差がなかった。大戦前には，窒素工業における窒素需要の80～90%が，硫酸アンモニウム，カルシウム・シアナミドといった肥料などの農業用であって，工業用はわずかにすぎなかった。その生産量を比較すれば，農業用が，窒素換算で約65万トンであったのに対して，工業用は，同約8万トン，多く見積もっても16万トンにすぎなかった。とりわけ，これら窒素製品のおよそ3分の2は，チリ硝石から得られる硝酸ナトリウムを原料とするなど，チリ硝石への依存度がきわめて高かった（Aftalion［1988］: p. 121. 訳書161頁；Haber［1971］: p. 198. 訳書304頁）。したがって，大戦勃発にともなう軍事用＝工業用窒素の需要急増に対しては，各国とも供給力（生産技術および生産能力）が遠く及ばず，世界的規模での窒素不足＝「窒素問題」（nitrogen problem）が生じていた。なお，主要国の窒素生産量については，表1-8を参照。

9 背景となる両大戦間期の世界経済については，Kindleberger［1973］；Lewis

[1949]；RIIA［1944］；大内［1991］：第2, 3章；大島［1965］；楊井［1961］，とくに同時期のドイツ，イギリスを含むヨーロッパの景気動向については，Ritschl & Straumann［2010］を参照。

10　ただし，アメリカ化学産業の場合，化学製品の生産額には，石油精製や搾油など，化学以外の業種の製品も含まれており，ヨーロッパ諸国と同様の定義によれば，1913年時点でも，アメリカの化学製品生産額は，3億7730万ドル（7700万ポンド）にすぎなかった。大戦後については，数字が得られないために，比較はできないものの，少なくとも大戦前については，ドイツが抜きん出ており，事実上，アメリカは世界第2の地位に甘んじていたともいえる（Haber［1971］：p. 174. 訳書259-60頁；Reuben & Burstall［1973］：p. 19）。

11　もっとも，ドイツ国内で見れば，化学産業の成長・拡大は，他産業を凌駕していた。生産指数（1913年＝100）で見た場合，1913年から1925, 29年にかけて，工業全体が103.4，121.4と低調な伸びを示していたのに対して，化学工業は133.0，186.1と，工業全体を圧倒していた（工藤［1999a］：第3-1表）。

12　世界大恐慌の発現・深化の過程については，Kindleberger［1973］：Chs. 5-8. 訳書第5-8章；Lewis［1949］：pp. 51-65. 訳書64-83頁；Temin［1991］：Lecture 1, 2. 訳書第1, 2講；大内［1991］：第3章 第1節を参照。

13　生産と同様に，輸出についても，化学産業と他産業を比較してみると，1913年から1925, 29年にかけての輸出（単位：マルク／ライヒスマルク，1930年＝100）は，工業全体が100億9700万（100），92億9000万（92），134億8300万（134），化学工業が10億4200万（100），9億5340万（91），14億5950万（140）と，わずかながら化学工業の伸びが上回っていた（工藤［1999a］：第3-1表より算出）。この点について，工藤は，鉄鋼とならんで化学工業の輸出の伸びが低かったこと，化学製品の輸出が売上の牽引車ではなかったこと，他国の化学製品に対する保護主義的な通商関税政策が障壁になっていたことを指摘している（工藤［1999a］：117-9頁）。

14　1930年代の世界貿易の縮小については，馬場［1961］：第4節を参照。

15　表1-2の価額は，あくまでも「凡例」の「通貨換算率表」に基づいて，ライヒスマルクからスターリング・ポンドに換算したものである。原表（単位：ライヒスマルク）に従って，1929, 33, 35, 38年の推移を見れば，7億2640万，3億4770万，3億2780万，4億7850万（*Chem. Ind.*, 1952, S. 891）となっており，もともとスターリング・ポンド・ベースで集計された輸出統計である後掲 表3-16（a）と，ほぼパラレルな動きを示していた。実際のところ，1930年代を通じて，イギリスの化学製品輸出が1929年の価額を超えることはなかったのである。

16　多角化の例は枚挙にいとまがないが，たとえばアメリカの場合，デュポン社では，輸入に依存していた爆薬安定剤の自社生産を開始し，小企業にすぎなかった塩素・晒粉製造企業のダウ・ケミカル社（The Dow Chemical Co. Inc., 1897年）でさえも，アスピリン，無水酢酸といった高度な製品を生産しはじめていた。また，スイスで

も，染料製造企業の提携による接触法（contact process）硫酸製造工場，州当局との共同によるソーダ工場の建設，ドイツでは，輸入硫化鉱の供給不足にともない，低品位ながらも国内鉱床の採掘，ガス製造残渣からの硫黄回収の改善などが行われていた（Haber［1971］：pp. 216-7. 訳書 327-8 頁）。

17　1920 年代のアメリカ資本主義については，RIIA［1944］：Ch. 1, II. 訳書 第 1 章 2；森［1973］を参照。

18　2 大化学企業のうちのもう 1 社，アライド・ケミカル社は，1920 年，ソルヴェー法（Solvay process）によるアンモニア・ソーダ工業分野の最大手企業，ソルヴェー・プロセス社（The Solvay Process Co. Inc., 1881 年）など，主要化学企業 5 社の大規模合併によって設立された。アライド・ケミカル社は，無機重化学製品の製造にあたる一方で，タール製品や染料の製造子会社も所有しており，合併当時の固定資産額は，1 億 4040 万ドル（3800 万ポンド）にのぼった。アライド・ケミカル社の場合，デュポン社のように，他社の買収や多角化には積極的ではなかったが，例外的にアンモニア合成事業にも参入して，1920 年代末にはアルカリ製品や硫酸に加えて，窒素肥料や工業用窒素化合物の生産にも着手した。設立当初には伸び悩んでいた利益も，1927 年に 2800 万ドル（570 万ポンド），1929 年には 3300 万ドル（670 万ポンド）に達するほど成長を遂げた（Haber［1971］：pp. 314-5. 訳書 477-8 頁）。

　また，アライド・ケミカル社に次ぐ規模であった，ユニオン・カーバイド・アンド・カーボン社（Union Carbide and Carbon Corp.）は，1917 年，アセチレン，工業ガス，電極カーボン工業分野の企業，数社の合併によって誕生した。事業としては，アセチレンおよび石油留分から脂肪族化合物を生産していたが，化学工業の事業分野としては特殊であった。この点，ルートヴィヒ・ハーバー（Ludwig Fritz Haber）は，『フォーチュン』（1941 年 3 月号，Fortune, June 1941）誌によりつつ，ユニオン・カーバイド社の 1926 年の総売上高 1 億 4200 万ドル（2900 万ポンド）のうち，化学部門の売上高は，700 万ドル（140 万ポンド）にすぎなかったため，同社を化学企業の分類からは除外したと叙述している（Chandler［2005］：pp. 71-3：Haber［1971］：fn. 3. on p. 310. 訳書 第 X 章 注 118）。

　なお，現代に至るアメリカ主要化学企業の歴史的展開については，Chandler［2005］：Chs. 3, 4. 1929 年から 1939 年にかけてのアメリカ化学企業の動向については，Aftalion［1988］：pp. 172-7. 訳書 220-7 頁を参照。

19　デュポン社に関する文献は数多いが，とくに両大戦間期（大戦期を含む）については，さしあたり，Chandler［1990］：pp. 181-93. 訳書 152-61 頁；Du Pont［1952］：pp. 89-110；Dutton［1951］：Bks. 3, 4；小澤［1986］：第 5-7 章；水野［1968］；山下［1968］，同時期の国際事業については，Taylor & Sudnik［1984］：Chs. 7-11；伊藤［2009］：第 1 章，同時期の研究・開発については，Hounshell & Smith［1988］：Pt. I, 2-4, Pts. II, III を参照。

20　軍事需要の増大にともなう，デュポン社の事業範囲・規模の拡大は広範に及んだ。

1914年に月産66万重量ポンドであったデュポン社のTNTの生産能力は，大戦中に10倍にまで増大した。くわえて，同時期には，石炭，金属，セメント，建築用石材，その他の産業に対しても，国内需要の半分にあたる8億4000万重量ポンドのダイナマイトや黒色火薬を供給しており，大戦終結前には，高性能爆薬の生産能力は，年産8億9300万重量ポンドに達した。また，従来，生産を行っていなかったテトリル，ピクリン酸，ピクリン酸アンモニウムによる軍事用高性能爆薬の生産も，この間に急増して，1917年には月産43万重量ポンドにのぼった。さらに，これら製品の補助原料や中間体となる硝酸，硫酸，乳酸，アルコール，トルエンや，ジフェニルアミン，硝酸アンモニウム，アニリンといった新製品の生産も開始するなど，大戦中に事業の範囲・規模は一挙に拡大した（Chandler［1962］：pp. 83-4. 訳書 103頁；Dutton［1951］：pp. 227-9，ちなみにChandler［1962］：p. 84. 訳書103頁では，'analine'「アナリン」という新製品があげられているが，'aniline'「アニリン」であると思われる）。なお，第1次世界大戦とデュポン社の関係を叙述した文献は多々あるが，さしあたりはSmith［2006］；Steen［2006］を参照。

21　前社長であったユージン・デュポン（Eugene du Pont, 1840-1902）の死後，1902年に，コールマン・デュポン（Thomas Coleman du Pont, 1863-1930），ピエール・デュポン（Pierre Samuel du Pont, 1870-1954），アルフレッド・デュポン（Alfred Irénée du Pont, 1864-1935）が，1200万ドル（250万ポンド）でデュポン社の支配権を取得し，コールマンが社長の座に就いていた（Chandler［1962］：pp. 52-3. 訳書65-6頁）。

22　デュポン社による戦後の大規模な改革としては，1921年に，既存事業を，自立性の高い製品別事業部（Product Division），すなわち爆薬，染料，パイラリン，塗料・化学製品，ファブリコイド・フィルムの5事業部に再編し，さらに補助部門（Auxiliary Departments）として，法務，購買，開発，工務，化学，サーヴィス，輸送，広告の8部門を設置した。もっとも，この点は，本書で叙述するまでもなく，周知のことに違いなかろうが，詳細については，さしあたり，Chandler［1962］：pp. 104-113. 訳書128-39頁を参照。

23　同時期，デュポン社のみならず，他のアメリカ化学企業も，各種合成染料事業に参入していた。たとえば，1917年にはダウ・ケミカル社が，翌1918年にはナショナル・アニリン・アンド・ケミカル社（The National Aniline and Chemical Co. Inc., 1917年）がともにインディゴ，1919年にはナショナル・アニリン社がアリザリンの生産を開始した（伊藤［2009］：9頁）。

24　デュポン社が，レミントン・アームズ社の支配権を取得した動機の1つには，レミントン・アームズ社がドイツの弾薬製造企業と締結していたカルテル協定に関与する意図もあった（Zilk［1974］：pp. 307-8）。レミントン・アームズ社とドイツの弾薬製造企業との関係については，Zilk［1974］：p. 308を参照。

25　「コントワール」（comptoir）とは，ドイツのシンジケートに相当するような共同販売機関をもつカルテルのことであり，単純なカルテルよりも進んだ独占機関のこ

とである（作道［1995］：第2章 注26）。

26 デュポン社は，このほかにも，投資として，1917年にGM社株2500万ドル（510万ポンド，GM社発行株式の25％に相当）を取得した（Hounshell & Smith［1988］：p. 127）。その配当は，社内留保ではなく，デュポン社の株主に分配され，さらにこの株式所有を背景に，GM社に対して自動車関連化学製品の販売も行っていた（Haber［1971］：p. 312. 訳書 473頁）。

27 当時，デュポン社の総資産は，2億7500万ドル（7240万ポンド）であったが，営業権とGM社株の簿価を差し引けば，1億7600万ドルであった。また，各種事業の資産を差し引いた残りの5分の2強は，ハリソン・ブラザーズ・ペイント社，小規模な塗料製造企業数社，その他各種の子会社や関係会社の資産であった（Haber［1971］：p. 313. 訳書 475頁）。

28 たとえば，デュポン社は，1920年にレーヨン，1923年にセロファン，1924年にクロード法（Claude process）合成アンモニア，1928年にはアセテート・レーヨンなどに関する技術を導入していた（鈴木［1968］：273頁；水野［1968］：445-8頁）。

29 伊藤裕人は，ICI社との協定（第4章 第3節 1）に基づく技術導入や情報が，デュポン社の研究・開発に果たした成果を過小評価してはならないとしている（伊藤［2009］：67頁）。

30 たとえば，1921年にGM社によって発見され，1922年にデュポン社の手によって生産が開始された，ガソリン・エンジンのアンチノック剤としての四エチル鉛は，その特許権が消滅する1947年まで，デュポン社の完全独占下に置かれた。その結果，自動車，飛行機などの発達にともなう，高オクタン価ガソリンの需要増大により，デュポン社に対して巨額の利潤をもたらした（水野［1968］：446-8頁）。また，1938年，家庭用冷蔵庫の冷却剤である「フレオン」（Freon，ジクロロジフルオロメタン）の開発過程で発見された「テフロン」（Teflon，ポリテトラフルオロエチレン）は，量産化こそ第2次世界大戦後であったが，やはりデュポン社が第1次世界大戦以降に傾注してきた研究・開発の成果といってよい。

31 生産面に絞って，アメリカ資本主義における世界大恐慌の影響を見ておくと，工業生産指数（1923～25年の月平均＝100）では，1929年6月の128に対して，1933年3月には57，工業完成品の在庫指数（同）では，1930年6月の125.4に対して，1933年3月には96.0を記録した。それでも「化学産業その他の一群の特殊な産業を除けば，どの分野も減退はいちじるしかった〔傍点は筆者〕」とされた。また，失業率は，1929年に3.3％であったものが，1933年には33.1％，週当たり賃金は，同時期について25.03ドルであったものが，16.73ドルにまで落ち込んだ（森・中村［1973］：281-2頁，表36, 37, 38〔中村通義執筆〕）。

なお，1933年以降，アメリカ政府は，ニューディール政策を通じて景気の回復を図ったが，それが思うに任せなかったことは周知のことであろう。こうした恐慌期以降，1930年代を通じたアメリカ資本主義については，中村［1973］；森・中村［1973］，同時期の経済政策を含むその動向については，Lewis［1949］：Ch. VIII. 訳

書 第8章；RIIA［1944］：Chs. 2, 3. 訳書 第2, 3章を参照。また，アメリカの大恐慌それ自体に焦点を当てた研究としては，その発生・波及・深化の過程を丁寧に叙述して，原因を究明した労作，侘美［1994］，進化論的アプローチによって恐慌の原因とその後の体制について論じた，柴田［1996］がある。

32　アメリカ資本主義の景気回復自体は遅れており，1923～25年＝100とした工業生産は，1937年でも116と，1929年の121には及ばず，同年の失業者数も，依然として800万人に達しており，「完全雇用」には，まだ400～500万人の雇用が不足していた（RIIA［1944］: pp. 60-1. 訳書66頁）。

33　たとえば，アメリカにおける硫酸アンモニウムの価格（単位：ドル〔窒素換算で100重量ポンド当たり〕）は，1928年に12.04であったものが，1932年には5.05に，また硝酸ナトリウムの価格（同）は，1928年に14.39であったものが，1935年には7.97にまで下落した（USTC［1937］: Tab. 16）。なお，デュポン社は，1920年代後半から1930年代後半にかけての10年間で，アンモニア合成事業および同関連技術に対して，およそ3000万ドル（610万ポンド）の投資を行っていたが，容易に利益を上げることができなかった（Hounshell & Smith［1988］: note 1 for Ch. 9）。

34　1920年代のドイツ資本主義については，RIIA［1944］: Ch. 1, V. 訳書 第1章5；工藤［1999b］：第I部；戸原［2006］：第2章，ヴァイマル体制の経済構造については，加藤［1973］，さらに同時期のドイツ，イギリスを含むヨーロッパ経済については，Clavin［2009］: Chs. 1-3を参照。

35　ドイツ化学産業およびIGファルベン社に関する文献は数多いが，19世紀中葉から第1次世界大戦までの化学産業については，Hirth［2007］，染料工業を中心としたものとしては，加来［1986］，両大戦間期（大戦期を含む）のIGファルベン社を中心としたものとしては，Chandler［1990］: pp. 563-87. 訳書486-507頁；Haber［1971］: Ch. 5, pp. 279-91. 訳書 第V章，429-46頁；Hayes［2001］: Pts. I-III；Lesch［2000］；ter Meer［1953］；Plumpe［1990］: Teil IV, V；Sasuly［1947］: Chs. 3-12；工藤［1976］；工藤［1999a］：第I-II部；長沢［1967］；米川［1970b］，とくにナチス体制下のIGファルベン社については，永岑［1985］，BASF社に焦点を当てた研究のうち，IGファルベン社の設立過程については，Johnson［2004］，IGファルベン社の設立後の事業展開については，Stokes［2004］，ヘキスト社に焦点を当てた研究としては，Lindner［2008］: Chs. 2-4，さらに1870年代から1930年代のドイツ化学産業の対外直接投資については，Schröter［1994］，IGファルベン社の国際事業については，Coleman［2005］: Chs. 2, 4；伊藤［1978］；工藤［1992］を参照。なお，IGファルベン社に関する研究史ならびに文献，またその検討としては，工藤［1999a］：2-5, 10-14頁，「史料および文献」；永岑［1988］が詳細である。

36　「補助金」（Zuschuß）が1200万マルク（60万ポンド），「贈与金」（Zuwendung）が1億6800万マルク（800万ポンド）で，合計1億8000万マルク（860万ポンド）であった（工藤［1999a］：42頁）。

37　ハーバー＝ボッシュ法の開発による爆薬用硝酸の生産が，銃後においても戦線に

おいても，1918年11月までドイツの戦争遂行を可能にしたともいわれている（Aftalion［1988］：p. 122. 訳書 162頁；Haber［1971］：p. 202. 訳書 308頁）．

38　窒素の生産量は，それ自体の重量とあわせて，窒素をもとに製造される物質の重量でも測定できる．換算するなら，1トンの窒素から4.7トンの硫酸アンモニウム，6.1トンの硝酸ナトリウム，2.9トンの硝酸アンモニウム，2.1トンの尿素が生産されることになる（Reader［1975］：p. 98）．したがって，「硫酸アンモニウム換算で〜トン（窒素換算で〜トン）」という表現を用いることがある．

39　硫酸アンモニウム生産量は，あくまでも窒素生産量を硫酸アンモニウムに換算したものであって，別の統計によれば，ドイツの純粋な硫酸アンモニウム生産量および世界シェアは，1913年が54万9000トン，40.3％，1925年が155万トン，51.3％であった（LN, *Int. Stat. Year-Book,* 1927, Tab. 74より算出）．

40　「ドイツ資本主義が世界市場に再進出し，外貨を獲得して賠償を支払い，あわせて利潤率を回復するためには，組織的および生産技術的な産業合理化を徹底して遂行し，輸出競争力を強化する以外にはない」（工藤［1978］：(1) 50頁）．なお，両大戦間期（おもに相対的安定期）におけるドイツの産業合理化については，加藤［1973］：第2章 II；工藤［1988］；工藤［1999b］：第I部 第2章；戸原［2006］：第2章 第2節を参照．

41　IGファルベン社は，1926年9月に増資を行い，その資本金は11億ライヒスマルク（5240万ポンド）となったが，これはドイツ産業界最大の規模であった．また，IGファルベン社本社だけでも，ドイツ化学工業の投下資本の50％，売上の30％，輸出の50％，就業者の30％を占めていた（工藤［1999a］：89頁）．

42　たとえば，もっとも大幅な関税引上げを行った日本の場合，その関税率は，1913, 26年について，インディゴ（20％）が20％から112％，黒色硫化染料が15％から201％，アニリン染料の平均が14％から137％に引き上げられた．なお，1913年および1926年の主要化学製品に対する各国の関税率については，Haber［1971］：Tab. 8.1. 訳書 表8.1を参照．

43　恐慌期のドイツ経済の状況を，1929年と1932年ついて比較すると，工業生産は，100から58へとほぼ半減し，とりわけ生産財の生産は，この間に65％も減少した．また，粗固定投資も，128億ライヒスマルクから42億ライヒスマルクへ，純固定投資は，58億ライヒスマルクからマイナス16億ライヒスマルクへと激減し，失業者も，189万人から558万人へと3倍に増大した（中西［1961］：67頁）．なお，恐慌期以降，1930年代を通じたドイツ資本主義およびその経済政策については，Lewis［1949］：Ch. VI. 訳書 第6章；RIIA［1944］：Chs. 6, 7. 訳書 第6, 7章；工藤［1999b］：第II部；戸原［2006］：第3, 4章；柳澤［2013］：第1部，さらに同時期のドイツ，イギリスを含むヨーロッパ経済については，Clavin［2009］：Chs. 4-7を参照．

44　両大戦間期の，IGファルベン社を含む，ドイツ企業による合成燃料事業については，Stranges［2000］を参照．

45　ナチス政権の経済政策により，失業者は，1934年12月までに300万人減少し，

工業生産額は，1933年から1938年にかけて100％増大して，1938年時点で，1929年の水準を25％上回るなど，すでに1935年には，経済回復と「雇用創出」は，ナチスの経済政策の主要目標ではなくなっていた（RIIA［1944］：pp. 155-6, 169-70. 訳書197-8, 213頁）。むしろ，1936年を境にして，ドイツ資本主義は，一挙にナチス「戦争経済」（「戦時経済」ではなく）の過程を邁進していくことになった。この点，工藤は，ナチス「戦争経済」の時期を，(1) 1933年1月〜1936年9月，(2) 1936年9月〜1942年2月，(3) 1942年2月〜1945年5月の3期に区分している。したがって，ドイツ資本主義が「完全雇用」を達成して以降は，「戦争経済」の第2期，さらにその第2期の前半にあたる「平時における戦争経済」の幕開けの時期といえる。このナチス「戦争経済」の時期区分については，工藤［1999b］：第II部第3章第2節を参照。

第2章 1920年代央までのイギリス化学産業

　第1次世界大戦は，イギリス産業に対して，海外市場の狭隘化，戦時経済統制による独占的関係の強化と過剰生産能力の形成，国際分業構造の歪曲と国際収支構造の脆弱化をもたらした。この構造的困難も，一時的に戦後ブームによって隠蔽されはしたが，その後，襲った戦後恐慌から景気が緩やかに回復に向かう過程で[1]，旧産業（鉄鋼，造船，石炭，綿）の不振に起因するかたちで顕在化しはじめていた。しかし，その一方で，相対的安定期に差しかかっていたイギリスの産業構造では，新産業[2]（化学，電気，自動車，レーヨン・絹）の比重が徐々に高まりを見せ，イギリス資本主義の新たな側面が顔をのぞかせつつもあった（森［1980］：154-61頁）。

　本章では，1920年代央に至るイギリス化学産業[3]の動向を概観し，さらにいずれICI社の設立に結集する主要化学企業4社——ブラナー・モンド社（Brunner, Mond & Co. Ltd., 1873年），ノーベル・インダストリーズ社（Nobel Industries Ltd., 1920年），ユナイテッド・アルカリ社（The United Alkali Co. Ltd., 1890年），ブリティッシュ・ダイスタッフズ社（The British Dyestuffs Corp. Ltd., 1919年）——の事業展開について叙述する。

第1節　イギリス化学産業の展開

　第1次世界大戦を経て，相対的安定期を迎えたころには，アメリカならびにドイツ化学産業の台頭を前にして，イギリス化学産業の相対的地位は後退し，徐々に窮地に追い込まれつつあった。とはいえ，イギリス化学産業も，もとよ

り競争力を欠いていたわけではなかった。産業革命にやや遅れて，帝国主義段階の基軸産業の一角をなす産業の1つとして，19世紀後半に萌芽期を迎えたイギリス化学産業は，少なくとも当時の世界化学産業を牽引する存在であった。しかし，世紀転換期ごろより，徐々にその脆弱性を露呈して，競争力を喪失しはじめ，第1次世界大戦後には，アメリカならびにドイツ化学産業の後塵を拝するようになった。

本節では，19世紀後半から第1次世界大戦をはさんで1920年代央に至る，イギリス化学産業の歴史的展開，換言するなら，まさにイギリス化学産業の「浮沈の歴史」を概観する。

1 対外競争力の低下による停滞

自由主義段階のイギリス資本主義は，「最初の工業国」として，綿工業の発展を軸に，18世紀末葉以降，急速に成長を遂げ，世界経済をも主導したが，これと同時に，綿工業の発展は，社会生活の向上や他産業の発展をも促した。その影響として，化学産業の場合，漂白剤としての晒粉，綿布処理剤や石鹸，ガラスの製造に用いるソーダ（アルカリ製品の一種），さらにはそのソーダの製造に要するとともに，金属工業などにも用いられ，化学産業の発展を示す重要な尺度ともなる硫酸の需要が急増した。

具体的に見れば，産業革命確立前の1801年から，産業革命後の1841年，1881年にかけて，化学工業製品としての硫酸，アルカリ（ソーダを中心とした製品），晒粉の生産は，人口，国民総生産，工業生産をはるかに上回るテンポで増大した。たとえば，1841年と1881年を比較すれば，国民総生産が4億5200万ポンドから10億5100万ポンド，工業生産（1935年 = 100）が13から40へと，ともに2～3倍程度の成長であったのに対して，硫酸の生産量は15万トンから78万トン，アルカリの生産量は10万トンから48万トンへと，ともに5倍程度の増大を記録して，国民総生産や工業生産のそれを凌駕していた（表2-1）。

こうした化学工業のうち，無機重化学工業にあたるソーダ工業（アルカリ工業の一部門）[4]では，19世紀初頭にソーダ灰製造法としてのルブラン法（Leblanc process）が導入され，徐々に生産が増大しはじめた。さらに，1824年には原料

第 2 章　1920 年代央までのイギリス化学産業　57

表2-1　イギリスの経済成長・化学製品生産（1801〜1935年）

	1801	1841	1881	1907	1924	1935
人口（100万人）	15.9	26.7	34.9	43.7	44.9	46.9
国民総生産（£100万）	232	452	1,051	1,995	4,121	4,516
工業生産（1935年＝100）	4	13	40	61	76	100
原綿消費	24	195	638	886	611	563
石鹸（1000t）	22	70	215	386	485	520
ガラス（1000t）	21	34	n.a.	n.a.	n.a.	800
紙（1000t）	16	42	n.a.	819	1,150	1,930
主要化学製品（1000t）						
硫　酸	4	150	780 [3]	1,050	920	940
アルカリ [1]	—	100	480 [3]	600	1,050	1,360
晒　粉	0.1	10	132 [3]	109	66	55
硫酸アンモニウム [2]	—	—	8 [3]	56	88	97
過燐酸肥料	—	—	n.a.	605	304	445
合成染料	—	—	2	7	19	28

註 1：ソーダ灰，重炭酸ソーダ，苛性ソーダ。
　 2：窒素換算。
　 3：1880 年の数字。
出所：Reuben & Burstall [1973]：Tab. 1.1.

である食塩に対する課税が撤廃されたことも相まって，立地条件として優れていた，スコットランドのグラスゴウ（Glasgow）周辺，イングランド北東部のタイン川（River Tyne）下流域，イングランドのランカシャー南西部を中心に[5]，ソーダ工業が急速な発展を遂げた。1841年から1881年にかけて，ソーダの生産量が飛躍的に増大したことで，国内需要を満たすのみならず，その50％以上が輸出に向けられる[6]など，イギリスのソーダ工業は，対外競争力をも急速に増した（Hardie & Pratt [1966]：pp. 24-31；Hays [1973]：pp. 12-4；Reuben & Burstall [1973]：pp. 13-5）。1867年のソーダ生産量を比較すれば，イギリスが30万4000トンであったのに対して，ドイツは3万3000トンにすぎず（Murmann & Landau [1998]：p. 29，ただしソーダの内訳は不明），世界ソーダ工業において，イギリスは，他国を圧倒して卓越した地位を確立していた[7]。

　また，硫酸工業についても見ておくなら，イギリスでは，1840年代以降，

それまでの硫黄に替わって，当初はウェールズ産やアイルランド産などの硫化鉄鉱を原料として，硫酸の製造が行われるようになっていた。さらに，1859年には硫酸合成のためにゲイ＝リュサック塔（Gay-Lussac tower）とグローヴァー塔（Glover tower）を組み合わせた装置が採用され，くわえて硫酸を使用するルブラン法ソーダ工業も発達したことで，硫酸の生産は一挙に増大した（Hardie & Pratt［1966］：pp. 16-7）。前述のように，1801年に4000トンにすぎなかった硫酸の生産量は，1881年には78万トンにまで大幅に増大した（表2-1）。1870年の硫酸の生産量で比較すれば，イギリスが59万トンであったのに対して，ドイツは4万3000トンにすぎず，19世紀後半の時点では，やはり両国硫酸工業の地位にも歴然とした差があった[8]（Murmann & Landau［1998］：p. 29）。

しかし，1880年代にもなると，無機重化学工業に基盤を置いたイギリス化学産業は，ドイツやアメリカなどの台頭により，その激しい追撃を受けることになった。とりわけ，合成染料に代表される有機化学工業への参入が遅延するとともに，無機重化学工業においても，ソーダ製造法としてのアンモニア・ソーダ法（ammonia-soda process），電解法（electrolytic process），硫酸製造法としての接触法といった新製法の導入までもが立ち遅れるなど，有機・無機両化学工業分野にわたって技術の変化に対応できなかったことが，その主たる要因であった。

ドイツの場合，イギリスとは異なり，産業と大学，すなわち研究と教育が強い連携を有していたことを背景に，染料工業においても合成染料の開発[9]が促進され，急速にその生産を増大させた。そして，第1次世界大戦勃発時には，ドイツ染料工業が，事実上，世界染料市場を「独占」するに至った。イギリスでは，1913年時点で，国内での染料消費量2万トンのうち，80％にあたる1万8000トン，価額にして189万ポンドを輸入に依存しており，さらにそのうち90％をドイツ，10％をスイスから輸入せざるをえない状況に陥っていた（Green［1930］：p. 343；表1-14，1-15，1-16）。

また，無機重化学工業分野のソーダ工業でも，ブラナー・モンド社（ICI社の前身企業）が，主流となりつつあったアンモニア・ソーダ法としてのソルヴェー法[10]を早々に採用したものの，大部分のイギリスのソーダ製造企業は，

依然として旧来のルブラン法によるソーダ製造に固執していた[11] (Reuben & Burstall [1973]: pp. 14-6)。当時すでに，ドイツ，フランスなどの諸国が，ソルヴェー法に基づくソーダ工業を確立していたのに対して，イギリスのソーダ工業は，こうした新製法への転換を怠り，徐々に競争力を失いはじめていた[12]。

この間，イギリスでは，ソーダの生産量こそ増大して（表2-1），1904年時点でも，世界の全ソーダ灰生産量170万トンのうち，50％にあたる85万トンを供給してはいた[13]（後掲 表2-4）。だが，海外市場からは急速に後退をつづけ，生産量および売上高の50％以上を占めていた輸出も，ピーク時の1883年には，34万7300トン，212万5000ポンドであったものが，底を突いた1903年には，17万2100トン，127万1000ポンドにまで減少した（Haber [1958]: p. 214, Tab. 4. 訳書293頁 第4表）。

この点，硫酸工業でも事情は同様であった。硫酸製造法としての接触法への転換の遅れとともに，鉄鋼産業など，関連する産業や製品の生産停滞のあおりも受けるようになった。その結果，1913年の硫酸の生産量は，ドイツが168万6000トンであったのに対して，イギリスの場合，ドイツのそれを下回る108万2000トンにすぎないものとなった。このように，第1次世界大戦前には，各化学工業分野において，イギリス化学産業は，きわめて厳しい状況に追い込まれていたのである（後掲 表2-3）。

2　第1次世界大戦による回復

こうして衰退の一途をたどっていたイギリス化学産業ではあったが，第1次世界大戦を迎えたことで，復興の機会が訪れることになった。とくに，化学産業にとって強い追い風となった要因の1つが，政府が高性能爆薬としてTNTの採用を決断したことであった[14]。このTNTを製造するにあたっては，硫酸と硝酸を使用してトルエンをニトロ化する必要があった。こうした工程は，爆薬製品はもとより，無機重化学製品など，関連する製品の需要をも急増させた。

生産の増大を迫られた硫酸工業では，ユナイテッド・アルカリ社（ICI社の前身企業）などの化学企業が，従来，肥料製造用であった生産設備を，硫酸製造用に切り替えるとともに，立ち遅れていた接触法の導入を急ぐことで対処を

図った。硫酸の生産は，イギリス全土にわたって行われ，クイーンズフェリー（Queensferry，ウェールズ北西部，チェスター〔Chester〕近郊），グレトナ（Gretna，スコットランド南西部，カーライル〔Carlisle〕近郊），エイヴォンマス（Avonmouth，イングランド南西部，ブリストル〔Bristol〕近郊）の各地にある政府工場や，ユナイテッド・アルカリ社のウィドネス（Widnes，チェシャー）工場，ステイヴァリー・コール・アンド・アイアン社（The Staveley Coal and Iron Co. Ltd.）の各工場などで，積極的な生産増大が図られた。その結果，大戦前には週産数百トンにすぎなかったイギリスの硫酸，とりわけ発煙硫酸オレウム（oleum）の生産量も，短期間のうちに週産7000トンの規模にまで達した（Hardie & Pratt［1966］: p. 99；Hays［1973］: pp. 16-7）。

一方，TNTの製造に使用するトルエンについては，海外から輸入することが困難となり[15]，また国内で賄うにしても，従来のようにタール油を蒸留して生成するだけでは不十分であった。そのため，新たな方法として，石油を蒸留してトルエンを生成する方法が採用された。さらに，その製造にあたっても，あらたにポーティスヘッド（Portishead，ブリストル近郊）に移転した石油工場でトルエンを製造して，オウルドベリー（Oldbury，バーミンガム〔Birmingham〕近郊）やクイーンズフェリーの工場でそれをニトロ化することによって事態を乗り切り，TNTの生産増大を実現した。こうした爆薬の生産にあたったのが，ノーベルズ・エクスプローシヴズ社（Nobel's Explosives Co. Ltd.，のちに持株会社としてのノーベル・インダストリーズ社の傘下に収まるICI社の前身企業）であった[16]。1914年時点で，ノーベルズ・エクスプローシヴズ社のTNT生産量は，年産9000トンにすぎなかったものが，1918年には5万トンにまで増大し，大戦を通じて23万8000トンの生産を実現した（Hardie & Pratt［1966］: pp. 99-100；Hays［1973］: pp. 16-7）。

もっとも，初期段階では，トルエンの供給不足を補うために，硝酸アンモニウムとTNTを混合させて，高性能爆薬としての無煙爆薬アマトール（amatol）を製造することも考案された[17]。そして，その硝酸アンモニウムの生産増大に対応したのが，ブラナー・モンド社であった。生産にあたって，ブラナー・モンド社が3つの方法を検討した結果，いずれも大規模な生産にかなった手法で

あることが判明したものの，最終的には，硝酸ナトリウムと硫酸アンモニウムから硝酸アンモニウムを生産する方法が選択された（残る2つの方法は，いずれもソルヴェー法を利用したものであった）。この結果，大戦を通じて，合計37万8000トンの硝酸アンモニウムが生産されるとともに，さらには爆薬を製造するにあたって，硝酸アンモニウムが重要な化学製品として位置づけられるようにもなった（Cocroft［2006］：p. 35；Hardie & Pratt［1966］：pp. 100-1；Hays［1973］：pp. 16-7）。

　同じく爆薬を製造するさいに使用されるピクリン酸についても，ユナイテッド・アルカリ社や，L. B. ホリデー社（L. B. Holliday & Co. Ltd.，1918年）などの染料製造企業によって，その生産増大が試みられた。だが，ピクリン酸を製造するさいに使用するフェノールが枯渇する恐れもあって，しだいにサウス・メトロポリタン・ガス社（The South Metropolitan Gas Co.）やブラナー・モンド社が行っていた，ベンゼンからフェノールを合成する方法に取って代わられた。もっとも，無煙爆薬アマトールの生産増大が実現したことで，ピクリン酸自体も徐々にその需要を減少させるなどして，最終的に大戦中に生産されたピクリン酸は，6万8500トンにとどまった。たしかに，大戦の勃発は，多くの化学企業の事業活動を後押ししたが，必ずしもすべての化学企業がその恩恵に与ったわけではなかったのである（Hardie & Pratt［1966］：p. 101；Hays［1973］：pp. 16-7；Miall［1931］：pp. 36-54）。

　前述したように（本章 第1節1），第1次世界大戦勃発時のイギリス化学産業にとって最大のネックになっていたのは，爆薬の製造にも不可欠な染料の自給不足であり（自給率は20％），なおかつその輸入の90％を交戦国であるドイツに依存していたことであった。こうした染料工業における問題への対処については後述するので（本章 第2節4），ここでは簡略に叙述しておくにとどめる。イギリスの生命線といってもよい染料の生産については，民間企業に依存するだけでは戦時需要に十分に対応しえないとの判断がなされた。その結果，政府が支援することで，大戦中の1915年に，あらたに染料製造企業として，ブリティッシュ・ダイズ社（British Dyes Ltd.）が設立され，染料ならびに関連製品の生産増強が試みられた。その目論見は一時的にこそ成功したものの，最終的に

は，染料工業のみならず，イギリス化学産業それ自体の再編をも促す，「負の遺産」として，同社を背負い込むことになってしまったのである。

最後に，こうした戦時期の各化学工業分野における軍事需要への対応とその成果を振り返っておこう。残念ながら，大戦終結直後のイギリス，さらには主要国の化学製品生産に関する詳細なデータは入手できなかった。したがって，さしあたりは，イギリスの生産指数（1924年＝100）を基にして，製造業と化学工業とを比較するにとどめよう。1913年時点で，製造業92.2，化学90.0と，わずかに化学が下回っていたものが，1918年には，製造業76.1，化学93.3と，17.2ポイントもの差が生じるなど（表2-2），大戦が化学産業にもたらした「特需」の影響がうかがえる。だが，こうした「特需」による生産の拡大＝生産設備の増設は，当然のごとく，大戦終結後には，「過剰生産設備」となってその矛盾を露呈することになった。

3　戦後恐慌による挫折

1918年11月に終戦を迎えたあと，1919年春に始まったイギリスの戦後ブームは，翌1920年3月にピークに達した。そして，同年夏からは戦後恐慌に陥り，ほぼ1922年春ごろには景気が底を突いて，緩やかな回復過程に入ったものの，それも弱々しく，1926年のゼネラル・ストライキで挫折して，ふたたび景気は下降に向かった（森［1975］：71, 91頁）。

こうしたイギリスの景気変動に即して，製造業と化学工業の動向を比較してみよう。生産について，戦後ブーム時の1920年と生産が底を突いた1921年を比較した場合，製造業が93.6から72.8へと，20.8ポイントの下落であったのに対して，化学はもともと水準が高かったこともあって，101.3から72.9へと，製造業を上回る28.4ポイントもの下落となった。その後，いずれも上昇に転じはしたが，ゼネラル・ストライキの影響を受けた1926年には，よりいっそう生産水準が低下するなど，製造業が，1924年にはすでに1920年水準を超えていたのに対して，化学の場合，ICI社設立後の1927年になって，ようやく1920年水準に到達したにすぎなかった（表2-2）。

つぎに，総固定資本形成，純固定資本形成について見てみよう。戦後ブーム

時の1920年と最悪であった1923年を比較すると，総固定資本形成の場合，製造業の7900万ポンドから5300万ポンドへの減少に対して，化学は770万ポンドから320万ポンド，純固定資本形成の場合，製造業の1600万ポンドからマイナス900万ポンドへの減少に対して，化学は200万ポンドからマイナス230万ポイントへと，やはり化学は，製造業をしのぐ大幅な減少を記録した。この推移を見れば，いかに化学工業の固定資本が過剰となっていたかがうかがえる。その後，固定資本形成では，製造業，化学がともに緩やかに増大したものの，製造業の場合，1920年代を通じて1920年水準を超えることがなかった。一方，化学の場合，総固定資本形成，純固定資本形成ともに，1928年には1920年水準をはるかに凌駕してはいたが，この点については，後述するように（第3章第1節3），きわめて特殊な要因が絡んでおり，むしろ正常な推移として捉えることはできない（表2-2）。

　雇用者数，支払総額，年平均所得についても触れておこう。製造業に比較して高く維持されていた化学の雇用者数，支払総額，年平均所得は，戦後恐慌によっても，ともに製造業ほどの下落を経験することもなく推移した。それでも，その後は，製造業と同様に，やはり緩慢にしか増大ないし上昇しておらず，1920年代を通じて，やはり1920年のそれを超えることがなく，力強さは感じられなかった。

　つぎに，大戦期から1920年代央に至る主要化学製品の生産[18]を見ておこう。かつて無機重化学工業分野において，他国を圧倒していたイギリスの硫酸生産（産業活動の指標ともなる分野，表2-3）は，これまでの展開を裏づけるように，1913年には生産量108万2000トンで，13.0％の世界シェアを有していたとはいえ，すでに世界第3位に後退して，フランスが背後に迫っていた。さらに，1925年に至っては，諸国が生産を増大させていたのに対して（経済や産業のみならず，国家それ自体の混乱期にあったドイツを例外とすれば），イギリスは84万8000トンと大幅に生産を減少させ，シェアも7.7％と，5.3ポイントも低下させるなど，まさにイギリス化学産業の衰退を象徴するかのような事態が生じていた。

　化学工業の重要な指標となりうるアルカリ（ソーダ）の生産については，詳

表2-2 イギリスの製造業と化学工業の比較（1913～1938年）

年	生産指数 1924年=100		総固定資本形成 [1] £100万		純固定資本形成 [1] £100万	
	製造業	化 学	製造業	化 学	製造業	化 学
1913	92.2	90.0	—	—	—	—
1914	85.9	86.6	—	—	—	—
1915	90.4	88.3	—	—	—	—
1916	84.6	91.7	—	—	—	—
1917	78.4	92.3	—	—	—	—
1918	76.1	93.3	—	—	—	—
1919	85.0	94.1	—	—	—	—
1920	93.6	101.3	79.0	7.7	16.0	2.0
1921	72.8	72.9	81.0	6.2	18.0	0.5
1922	84.8	86.3	60.0	5.3	−3.0	−0.4
1923	90.8	94.1	53.0	3.2	−9.0	−2.3
1924	100.0	100.0	55.0	5.2	−8.0	−0.3
1925	103.1	96.6	76.0	5.9	12.0	0.5
1926	99.8	89.0	67.0	6.1	3.0	0.5
1927	110.4	101.9	66.0	7.0	1.0	1.4
1928	110.0	106.8	72.0	11.3	6.0	5.3
1929	114.5	112.2	73.0	14.6	7.0	8.1
1930	109.6	106.6	68.0	6.8	2.0	0.3
1931	102.2	102.3	56.0	5.0	−13.0	−1.8
1932	102.7	109.1	54.0	4.3	−17.0	−2.4
1933	109.4	114.2	55.0	4.2	−15.0	−2.4
1934	120.4	123.3	80.0	8.2	9.0	1.5
1935	131.3	133.9	79.0	8.6	6.0	1.7
1936	143.5	139.6	91.0	9.7	17.0	2.7
1937	152.2	148.7	112.0	10.8	32.0	3.2
1938	147.8	141.0	98.0	8.3	15.0	0.8

註 1：1930年価格による。
出所：生産指数は，Lomax［1959］：Tab. 1；総固定資本形成，純固定資本形成は，Feinstein［1965］：Tabs. 8.00, 8.41 より作成。

表2-2 イギリスの製造業と化学工業の比較（1913〜1938年）（続き）

年	雇用者数[1]		支払総額[1]		年平均所得額[2]	
	1000人		£100万		£	
	製造業	化学	製造業	化学	製造業	化学
1913	—	—	—	—	—	—
1914	—	—	—	—	—	—
1915	—	—	—	—	—	—
1916	—	—	—	—	—	—
1917	—	—	—	—	—	—
1918	—	—	—	—	—	—
1919	—	—	—	—	—	—
1920	6,668.2	250.7	1,207.3	53.7	181.1	214.2
1921	5,112.6	217.1	881.4	45.5	172.4	209.1
1922	5,362.2	218.1	754.0	38.1	140.6	174.2
1923	5,563.9	218.1	717.8	35.4	129.0	161.9
1924	5,698.5	215.9	739.1	35.8	129.7	165.8
1925	5,736.2	214.8	751.3	36.0	131.0	167.6
1926	5,560.6	208.4	728.5	35.0	131.0	167.9
1927	5,972.5	223.1	783.9	37.5	131.3	168.1
1928	5,970.4	231.1	783.0	38.8	131.1	168.3
1929	6,047.4	235.6	798.5	40.2	132.0	170.6
1930	5,612.2	223.9	734.1	38.8	130.8	173.3
1931	5,210.1	210.4	670.0	35.4	128.6	168.3
1932	5,287.1	214.7	671.2	36.0	127.0	167.7
1933	5,529.7	221.9	701.4	37.5	126.8	169.0
1934	5,801.3	228.9	747.1	38.8	128.8	169.5
1935	5,955.3	231.5	777.2	39.4	130.5	170.2
1936	6,305.1	241.6	838.0	42.0	132.9	173.8
1937	6,645.1	257.6	908.0	46.0	136.6	178.6
1938	6,539.3	270.1	924.5	49.9	141.4	184.7

註1：俸給労働者，賃金労働者。
　2：1人当たりの年平均所得で，支払総額を雇用者数で除した数字。
出所：Chapman & Knight [1953]：Tabs. 44, 45, 46より作成。

表2-3 主要国の硫酸生産[1] (1913〜1937年)

国	1913 1000t	%	1925 1000t	%	1929 1000t	%	1933 1000t	%	1937 1000t	%
アメリカ	2,250	27.1	4,257	38.7	4,817	36.8	2,909	28.8	4,506	28.0
ドイツ	1,686[4]	20.3	1,125	10.2	1,704	13.0	1,206	11.9	2,050	12.7
イギリス	1,082	13.0	848	7.7	957	7.3	765	7.6	1,063	6.6
フランス	900	10.8	—	—	1,032	7.9	900	8.9	1,180	7.3
イタリア	600	7.2	770	7.0	835	6.4	678	6.7	1,094	6.8
ベルギー	420	5.1	462	4.2	496	3.8	—	—	—	—
オランダ	320	3.9	350	3.2	375	2.9	510	5.0	480	3.0
ソヴィエト[2]	116	1.4	100	0.9	265	2.0	627	6.2	1,208[6]	7.5
スウェーデン	77	0.9	88	0.8	129	1.0	128	1.3	163	1.0
日本	70	0.8	210	1.9	819	6.3	1,225	12.1	2,500	15.5
デンマーク	62	0.7	109	1.0	125	1.0	3	0.0	5	0.0
ポーランド	60[5]	0.7	168	1.5	233	1.8	121	1.2	189	1.2
スペイン	60	0.7	320	2.9	403	3.1	102	1.0	—	—
カナダ	40	0.5	60	0.5	100	0.8	134	1.3	256	1.6
スイス	30	0.4	30	0.3	50	0.4	—	—	—	—
その他[3]	527	6.3	2,103	19.1	760	5.8	792	7.8	1,406	8.7
合計	8,300	100.0	11,000	100.0	13,100	100.0	10,100	100.0	16,100	100.0

註 1:100%硫酸に換算。
 2:1913年当時は,ロシア。
 3:合計(推計)から各国の生産量を差し引いた数字。
 4:第1次世界大戦後,ポーランドに割譲された領土での生産を除く。
 5:両大戦間期の領土。
 6:1936年の数字。
出所:1913, 25, 29年は, Svennilson [1954]: Tab. A.48b;1933, 37年は, LN, *Stat. Year-Book*, 1938/39, Tab. 99 より算出。

細な統計が得られず(とくにイギリスについては),その推移を跡づけることができない。アルカリ(ソーダ灰,重炭酸ソーダ,苛性ソーダ,表2-1)生産量の場合,1907年の60万トンから,1924年には105万トンへと増大してはいるが,17年間という時間の経過からすると,目を見張るような伸びではなかった。また,ソーダ灰生産で見ると,1935年のイギリスの生産量は,1904年の85万トンを下回る80万トンにとどまり,世界シェアも50%から14.5%にまで低下した。その一方で,1904年に生産量12万トン,シェア7.1%にすぎなかったアメリカ

表2-4　主要国のソーダ灰生産（1904〜1938年）

国	1904		1929		1935		1938	
	1000t	%	1000t	%	1000t	%	1000t	%
イギリス	850	50.0	—	—	800	14.5	(800)	11.9
ドイツ	325	19.1	600	12.0	700	12.7	1,053	15.7
フランス	175	10.3	—	—	500	9.1	483	7.2
アメリカ	120	7.1	2,346	46.9	2,190	39.8	2,647	39.5
オーストリア	100 [2]	5.9	—	—	50	0.9	42 [3]	0.6
ソヴィエト [1]	82	4.8	231	4.6	422	7.7	532	7.9
ベルギー	32	1.9	—	—	80	1.5	(70)	1.0
イタリア	—	—	200	4.0	273	5.0	352	5.3
チェコスロヴァキア	—	—	—	—	90	1.6	166	2.5
ポーランド	—	—	100	2.0	61	1.1	88	1.3
スペイン	—	—	49	1.0	44	0.8	25	0.4
日本	—	—	44	0.9	220	4.0	251	3.7
その他	16	0.9	1,430	28.6	70	1.3	194	2.9
合計	1,700	100.0	5,000	100.0	5,500	100.0	6,700	100.0

註1：1904年当時は，ロシア。
　2：チェコスロヴァキアを含む。
　3：1937年の生産量。
出所：Svennilson［1954］：Tab. A.50より算出。

が，1929年には，それぞれ234万6000トン，46.9％と急成長を遂げていた（表2-4）。この2点を考え合わせれば，1910年代から1920年代にかけて，イギリスのソーダ工業が急速に競争力を失っていったことは否定の余地もない。

　ついで，ことあるごとに焦点となっていた，有機化学工業分野の染料である。大戦前は，国内自給率が20％にすぎなかった染料について，タール染料の生産でその推移を確認してみると，1913年の生産量5000トン，世界シェア3.1％から，1924年には，生産量が1万9000トンと4倍近い増大となり，シェアも11.6％へと大幅に上昇した（表1-14）。また，大戦前にはドイツに依存していた染料の輸入量が，1913年の1万8900トンから，1924年には3600トンへと減少し（表1-17），逆にタール染料の輸出が，1913年の輸出額19万ポンド，シェアわずか1.6％から，1925年には85万ポンド，4.9％へと増大・上昇するなど，むしろ輸入する側から輸出する側に転身したことは，イギリス化学産業

にとって大きな「成果」であった（表1-16）。こうした染料工業の「成果」については，国家を挙げての支援が結実したものといってよい（本章 第2節4）。

最後に，肥料ないし窒素についても見ておこう。農業用肥料に関しては，すでに世界的に窒素化合物への代替が進行しつつあったなか，イギリス農業では，従来，主要な肥料として過燐酸肥料が用いられていた。したがって，ここでは，

表2-5　主要国の過燐酸肥料（過燐酸石灰）生産（1913～1938年）

国	1913		1926		1928		1936		1938	
	1000t	%	1000t	%	1000t	%	1000t	%	1000t	%
アメリカ	3,248	27.6	3,446	25.7	4,071	27.8	3,096	22.1	3,244	21.2
フランス	1,920	16.3	2,430	18.1	2,265	15.5	1,182	8.4	1,368	8.9
ドイツ	1,863	15.9	696	5.2	792	5.4	750	5.4	1,118	7.3
イタリア	972	8.3	1,475	11.0	1,045	7.1	1,366	9.8	1,406	9.2
イギリス	820	7.0	365	2.7	358	2.4	427	3.1	398	2.6
日　本	549	4.7	786	5.9	926	6.3	1,437	10.3	1,284	8.4
ベルギー	450	3.8	530	4.0	400	2.7	288	2.1	274	1.8
オランダ	302	2.6	593	4.4	645	4.4	474	3.4	570	3.7
スペイン	225	1.9	829	6.2	895	6.1	269	1.9	190	1.2
ポーランド	196[3]	1.7	167	1.2	274	1.9	113	0.8	228	1.5
スウェーデン	184	1.6	231	1.7	243	1.7	214	1.5	260	1.7
アイルランド	183[4]	1.6	102	0.8	107	0.7	125	0.9	145	0.9
ソヴィエト[1]	158	1.3	93	0.7	151	1.0	1,257	9.0	1,572	10.3
ポルトガル	126	1.1	135	1.0	182	1.2	136	1.0	197	1.3
デンマーク	100	0.9	277	2.1	238	1.6	357	2.6	328	2.1
スイス	27	0.2	27	0.2	25	0.2	20	0.1	17	0.1
ギリシャ	20	0.2	34	0.3	38	0.3	61	0.4	63	0.4
ノルウェー	4	0.0	13	0.1	15	0.1	20	0.1	31	0.2
ハンガリー	—	—	191	1.4	218	1.5	160	1.1	128	0.8
その他[2]	403[5]	3.4	980	7.3	1,762	12.0	2,248	16.1	2,479	16.2
合　計	11,750[5]	100.0	13,400	100.0	14,650	100.0	14,000	100.0	15,300	100.0

註1：1913年当時は，ロシア。
　2：合計（推計）から各国の生産量を差し引いた数字。
　3：両大戦間期の領土を含む。
　4：北アイルランドを含む。
　5：カナダ，仏領モロッコ，チュニジア，ニュージーランドを除く。
出所：Svennilson［1954］：Tab. A.49 より算出。

まず過燐酸肥料（過燐酸石灰）の生産を確認してみることにする。1913年の生産量82万トン，世界シェア7.0％から，1926年には，生産量が半減して36万5000トンとなり，シェアも2.7％と大幅に後退した（表2-5）。さらに，徐々にシフトが進みつつあった窒素の生産を見てみると，1913年の生産量9万9525トン，世界シェア11.8％から，1925年には，生産量が10万8435トンへとわずかに増大したものの，シェアは8.2％に低下し，あとを追ってきたアメリカにさえ先を越された。それ以上に，ドイツは，イギリスのそれをはるかに超える，13万1605トンから47万700トンへと生産を増大させ，シェアも15.6％から35.6％へと拡大させるなど，この間に驚異的な成長を遂げることによって，アンモニア合成事業への移行が遅れたイギリスのはるか先を行き，すでに競争相手ではなくなっていた（表1-8）。

のちに小括するが，総じて見ると，イギリス化学産業の場合，大戦期，さらには戦後ブームを契機に復興を遂げ，製造業全体に比較して，より大規模な生産・投資の増大を実現させた。しかし，それゆえに，反動として，戦後恐慌，さらにはその後に襲ったゼネラル・ストライキの過程で，より大幅な生産の停滞，生産設備の過剰を惹起するに至った。そして，かつてイギリスが優位を誇っていた無機重化学工業においても生産が伸び悩み，主要国化学産業との競争から徐々に後れをとりはじめていた。次節では，こうした状況下に置かれていたイギリスの個別化学企業に焦点を当て，1920年代央に至るその事業展開を概観する。

第2節　イギリス化学企業の展開

前節で叙述したように，イギリス化学産業は，第1次世界大戦前から競争力を喪失しはじめ，世界的地位を徐々に後退させていった。その過程で大戦が勃発したことによって，その恩恵に与り，一時的にこそイギリス化学産業は拡大に向かった。それでも，大戦終結後の1920年代央の状況を見れば，やはりイギリス化学産業がきわめて厳しい状況に追い込まれていたことには変わりがなかった。

こうした大戦をはさんだ時期のイギリス化学産業において，主導的役割を発揮していたのが，いずれICI社を構成することになる化学企業4社であった。本節では，これら4社，すなわち無機重化学工業分野のブラナー・モンド社，爆薬・金属工業分野のノーベル・インダストリーズ社，無機重化学工業分野のユナイテッド・アルカリ社，合成染料工業分野のブリティッシュ・ダイスタッフズ社の1920年代央に至る事業展開を概観することで，個々の化学企業が置かれていた状況，換言するなら，ICI社の設立を促した要因を追究する。

1 ブラナー・モンド社

まず，無機重化学工業分野の大手，ブラナー・モンド社の事業展開から概観することにしよう。その出発点は，1873年，ドイツ人化学者，ルートヴィッヒ・モンド（Ludwig Mond, 1839-1909）とスイス人の血を引く会計士，ジョン・ブラナー（John Tomlinson Brunner, 1842-1919）の2人によって，パートナーシップ（1881年には公募会社に改組）が形成されたことにまでさかのぼる。このブラナー・モンド社は，当時，ソーダの新製法として台頭しつつあったソルヴェー法[19]によるソーダ製造を目論んで，翌1874年，ウィニントン（Winnington, チェシャー）において操業を開始した（Reader [1970]：p. 10）。

これ以降，ブラナー・モンド社は，アンモニア・ソーダ工場を中心に買収をつづけ，ソルヴェー法の優位性を背景にソーダの生産を増大させた[20]。こうして，ブラナー・モンド社は，20世紀初頭には，ユナイテッド・アルカリ社所有のソーダ工場を除く，イギリス国内のソーダ製造企業を完全に駆逐するとともに，積極的に研究・開発をも手掛けるなどして，第1次世界大戦前には，すでにイギリスの無機重化学工業において確固たる地位を確立していた[21]（Fitzgerald [1927]：pp. 79-80；Hardie & Pratt [1966]：pp. 85-6）。

さらに，1914年に大戦が勃発すると，ブラナー・モンド社は，主力製品であった各種ソーダに加えて，爆薬製造用の硝酸アンモニウムやピクリン酸の生産[22]にあたるなどして，事業の範囲を拡大させることで，軍事需要にも対応した（本章 第1節 2）。また，「大戦後」をにらんで，すでに戦中から，大手ソーダ製造企業のチャンス・アンド・ハント社（Chance and Hunt Ltd., 1898年）やエレ

クトロ＝ブリーチ・アンド・バイプロダクツ社（Electro-Bleach and By-Products Ltd., 1899年）などを買収することで，ブラナー・モンド社は，事業の範囲および規模をいっそう拡大させた（Fitzgerald［1927］：pp. 79-80；Hardie & Pratt［1966］：p. 114）。

そして，1919年に大戦が終結するや，ブラナー・モンド社は，成長が期待されていた窒素肥料事業としてのアンモニア合成事業に新規参入するために，ハーバー＝ボッシュ法の研究に着手した。大戦中には，そのハーバー＝ボッシュ法によるアンモニア合成事業を推進するために，国家事業（主として軍需省〔Ministry of Munitions〕の事業）として，ストックトン（Stockton，チェシャー）のティーズ川（River Tees）北岸に位置する「陛下の硝酸工場」（H.M. Nitrate Factory, Williamson［2008］：p. 1）と呼ばれていたビリンガム（Billingham）工場——のちにICI社の命運を握ることになる——が運営を開始していた[23]。ブラナー・モンド社は，1920年にこのビリンガム工場を買収することによって[24]，合成アンモニアの商業的生産を実現すべく，さらなる一歩を踏み出した。買収と同時に，アンモニア合成事業を推進する主体として，完全所有子会社であるシンセティック・アンモニア・アンド・ナイトレーツ社（Synthetic Ammonia and Nitrates Ltd.：SA & N社）も設立され，準備が整った（Blench［1958］：p. 926；Parke［1957］：pp. 3-6）。

さらに，電解法塩素・苛性ソーダ工業分野の大手企業であったキャストナー＝ケルナー・アルカリ社（The Castner-Kellner Alkali Co. Ltd., 1895年に設立され，1916年からはブラナー・モンド社と提携関係にあり，1920年になって傘下に収められた企業，Castner-Kellner［1947］：pp. 52, 57）のランコーン（Runcorn，チェシャー）工場に，アンモニア合成のパイロットプラント（第1号装置）が建設された。このプラントでは，1921年から日産2ロングトン（硫酸アンモニウム換算）規模で合成アンモニアの試験的生産が行われていたが，1923年には，あらたに建設されたビリンガム工場（第2号装置）において，窒素換算で年産2万ロングトン（硫酸アンモニウム換算では9.4万ロングトン）規模での商業的生産を開始するに至った（Blench［1958］：pp. 926-7；Parke［1957］：pp. 23-5）。

こうしたブラナー・モンド社自社による生産設備の拡張に加えて，翌1925

年には「産業振興法」（Trade Facilities Act）の施行にともない，あらたに発行されたSA＆N社社債200万ポンドの利子に対する20年間にわたる政府保証（事実上の政府融資）を受けることで，SA＆N社を公募会社へと改組して，より積極的な生産規模の拡大を試みることになった（Blench［1958］：p. 927；ICI［1958］：pp. 28-9；USTC［1937］：p. 146）。また，1919年にはバクストン・ライム・ファームズ社（Buxton Lime Firms Ltd., 1891年）を買収して[25]，その傘下にあったイングランド中部，ダービーシャーの13社に及ぶ石灰石採掘企業を手中に収めることで，石灰事業への参入も果たすなど，着実に肥料事業を拡大させていた（ICI［1927a］：p. 27；Reader［1970］：p. 329）。

こうして，ブラナー・モンド社は，ソルヴェー法ならびに電解法によるソーダ生産において支配的地位を獲得したことで，ICI社の設立直前には，イギリスにおけるソーダ生産のおよそ4分の3を掌握するに至った[26]（Aftalion［1988］：p. 140. 訳書183頁）。さらには，あらたに合成アンモニアや石灰といった各種肥料の供給をも独占しようとするなど，無機重化学工業の全般において確固たる地位を構築していた。

他方で，ブラナー・モンド社は，海外市場への積極的な進出も試みていた。同社は，その設立にさいして，ベルギーのソーダ製造企業で，ソルヴェー法ソーダ製法の特許を有していたソルヴェー社（Solvay et Cie., 1863年，本章註10）から，同製法のイギリスにおける使用権を供与されていた（第4章 第2節1）。これに端を発して，ソルヴェー法ソーダ製法の使用権，さらには同製法によって製造されたアルカリ（ソーダ）製品の市場を保護するために，ブラナー・モンド社は，ソルヴェー社とともに，ヨーロッパ各国のソーダ製造企業との間で「国際アルカリ・カルテル」（World Alkali Cartel）を形成していた[27]。

これにより，ブラナー・モンド社は，イギリス国内市場のみならず，帝国諸地域の市場全域においても，その勢力を拡大しようとした。さらに，こうした国内外市場での支配力を強化するにあたり，1924年には，台頭著しかったアメリカのソーダ製造企業との協調も図ろうと，合衆国アルカリ輸出連合（United States Alkali Export Association：ALKASSO）との間で協定を締結することにより，カナダを除くイギリス帝国諸地域を，排他的輸出市場として獲得するこ

とに成功した（USFTC［1950］：p. 35）。

　ブラナー・モンド社は，こうした国際カルテル活動を支えに，きわめて大規模な市場を有するアジア・極東地域へと支配領域を拡大するために，海外販売子会社として，1920年にブラナー・モンド（チャイナ）社（Brunner Mond & Co. (China) Ltd.）およびブラナー・モンド（ジャパン）社（Brunner Mond & Co. (Japan) Ltd.）を，1922年にはブラナー・モンド（インディア）社（Brunner Mond & Co. (India) Ltd.）を設立した。また，いずれICI社の海外製造拠点となるオーストラリアには，1924年に海外販売子会社としてのブラナー・モンド（オーストラレイシア）社[28]（Brunner Mond & Co. (Australasia) Pty. Ltd.）をも設立した（第6章 第3節）。

　こうして，ブラナー・モンド社は，海外販売子会社を基盤に，イギリス帝国市場を中心とした世界市場に向けてアルカリ製品の輸出を展開するようになった。くわえて，1924年には，極東，オーストラリアの大規模なアルカリ製品需要に応えるために，アフリカ最大のソーダ生産国であったケニアのマガディ・ソーダ社（Magadi Soda Co. Ltd., 1911年）を買収することで，各種ソーダ製品の海外における製造拠点をも確立していた[29]（Dick［1973］：pp. 65-7；Hill［1964］：p. 87）。

　このように，海外市場をも射程に入れて広範に事業を展開していたブラナー・モンド社の業績を確認することにしよう。第1次世界大戦期以降，着実に事業規模を拡大させ，大戦勃発時の1913年には578万9970ポンドであった使用資本額が，ICI社の設立直前の1926年には，およそ3倍の1834万7038ポンドに，また利益も，同時期に78万1830ポンドから2倍の163万3669ポンドへと急増した（表2-6）。こうした指標は，いずれについても，同じ無機重化学工業分野のユナイテッド・アルカリ社をはるかにしのいでおり，無機重化学工業はおろか，イギリス産業においても，ブラナー・モンド社が揺るぎなき地位を確立したかに見受けられる。

　しかし，大戦終結以降に限れば，過剰な費用負担による大規模な設備拡張や，戦前に比較したソーダ製造における技術的優位性の低下によって，ブラナー・モンド社の収益構造は悪化していた（Fitzgerald［1927］：p. 82；鬼塚［1968-69］：

表2-6 ブラナー・モンド社の使用資本・利益（1881～1926年）

年	使用資本	利益	使用資本利益率	平均利益率[1]
	£	£	%	%
1881	265,956	29,989	11	—
1890	1,422,822	284,209	20	18
1900	2,705,823	387,728	14	12
1910	4,250,842	738,419	17	17
1911	4,296,539	760,499	18	17
1912	4,872,987	766,126	16	17
1913	5,789,970	781,830	14	17
1914	6,081,326	769,344	13	16
1915	6,486,726	799,322	12	15
1916	6,821,979	1,011,590	15	15
1917	7,559,616	1,117,153	15	14
1918	10,348,719	1,111,848	11	13
1919	10,775,205	1,012,081	9	12
1920	13,187,480	1,129,150	9	11
1921	14,672,115	938,517	6	10
1922	17,295,247	1,022,000	6	9
1923	17,890,181	1,650,295	9	9
1924	18,797,330	1,552,574	8	8
1925	18,119,960	1,570,371	9	8
1926	18,347,038	1,633,669	9	8

註1：過去7年間の使用資本利益率の平均。
出所：Reader［1970］：Tab. B1(a).

(3) 65頁）。その利益は，戦後恐慌にともなう急落をはさんで，1920年央に向かって横這いをつづけ，使用資本利益率も，大戦終結と同時に10％を割り込んだまま，回復の兆しを見せようとしなかった[30]（表2-6）。このように，少なくとも1920年央の段階では，ブラナー・モンド社は，きわめて深刻な閉塞状況[31]のもとに置かれるようになっていた。

2　ノーベル・インダストリーズ社

ついで，爆薬・金属工業分野のノーベル・インダストリーズ社である。この

ノーベル・インダストリーズ社は，スウェーデン人爆薬製造業者であったアルフレッド・ノーベル（Alfred Bernhard Nobel, 1833-1896）によって開発された安全発破用爆薬，ダイナマイトの使用権を供与され，ノーベル側から半額出資を受けることで，1871年，グラスゴウに設立された爆薬製造企業，ブリティッシュ・ダイナマイト社（The British Dynamite Co. Ltd.）を起源とする（Reader [1970]: pp. 26-7）。

1877年にノーベルズ・エクスプローシヴズ社に社名変更した同社は，1886年には，ヨーロッパを中心とした海外爆薬市場を再編するために，ドイツのアルフレッド・ノーベル・デュナミート社（Dynamit AG vorm. Alfred Nobel & Co., 1865年に設立され，ドイツにおけるダイナマイトの特許権を所有していたアルフレッド・ノーベル社〔Alfred Nobel & Co.〕を，1878年に再編・改称した企業）とともに，ドイツのハンブルク（Hamburg）に本拠を置く持株会社としてのノーベル＝ダイナマイト・トラスト社（Nobel-Dynamite Trust Co. Ltd.）の傘下に入った。こうして，ノーベルズ・エクスプローシヴズ社は，ノーベル＝ダイナマイト・トラスト社の子会社という形態で，生まれながらの「多国籍企業」として，おもにイギリス帝国諸地域を支配領域[32]に，爆薬の製造事業を拡大することになった（Reader [1970]: pp. 86-7）。

このノーベルズ・エクスプローシヴズ社が国内外市場を「安定的」に支配するためにとった手段こそが，国際カルテルを基礎とした主要爆薬製造企業との「協調」であった（第4章第2節）。ノーベルズ・エクスプローシヴズ社（ノーベル＝ダイナマイト・トラスト社）は，19世紀末葉当時，台頭しつつあったアメリカの火薬・爆薬製造企業，デュポン社との間で「国際爆薬カルテル」（Explosives Cartel）を締結することによって，世界爆薬市場での「競争」を回避し，イギリス帝国を中心とした国内外市場を「確保」しようとした。

これにくわえて，こうしたデュポン社との連携を基盤に，ノーベルズ・エクスプローシヴズ社は，海外諸地域にデュポン社との合弁会社をつぎつぎと設立して，世界的規模での事業と市場の拡大を企図した[33]。たとえば，1911年には，両社の利害が衝突する可能性の高いカナダに，カナディアン・エクスプローシヴズ社（Canadian Explosives Ltd., 1927年にカナディアン・インダストリーズ社

〔Canadian Industries Ltd.〕に社名変更）を，1921年には，やはり同様の理由[34]から，チリに南アメリカ爆薬社（Cia. Sud-Americana de Explosivos）を設立するなどして，爆薬の現地生産を開始した（Reader［1970］：pp. 210, 397；Taylor & Sudnik［1984］：pp. 40, 121；第6章 第5, 6節）。

さらに，1924年になると，ノーベルズ・エクスプローシヴズ社（ノーベル・インダストリーズ社）は，爆薬や肥料市場の拡大が期待されていた南部アフリカ最大の工業国である南アフリカ連邦に，現地の鉱山会社とともに，爆薬製造企業として，アフリカン・エクスプローシヴズ・アンド・インダストリーズ社（African Explosives & Industries Ltd.：AE & I社）を設立して，爆薬や肥料の現地生産体制をより強化するようになった（Cartwright［1964］：p. 174；第6章 第4節）。このように，ノーベルズ・エクスプローシヴズ社は，きわめて早い段階から，世界市場をにらんだ，爆薬を中心とした各種製品の現地生産事業[35]を積極的に展開していた。

一方，国内に目を転じれば，イギリス国内においても，ノーベルズ・エクスプローシヴズ社の攻勢には目を見張るものがあった。1908年，同社は，イギリスのみならず，ドイツを含めた海外爆薬製造企業との間で，イギリス国内で取引される高性能爆薬，安全爆薬，雷管，黒色火薬に関して，価格の統一を図る価格維持連合（price-fixing associations）を結成していた。これによって，すでに第1次世界大戦前のイギリス国内において，ノーベルズ・エクスプローシヴズ社は，事実上，爆薬生産を「独占」的に支配する絶大な地位を確保していた[36]のである（Fitzgerald［1927］：p. 92）。

さらには，その後，1914年に大戦が勃発したことにともない，コルダイトやTNT，発射火薬などの生産増大[37]が急務となったことで，ノーベルズ・エクスプローシヴズ社も，生産設備を拡張して，各種軍需製品の供給増大に積極的に協力するなどして，その支配力の強さを見せつけた。TNTについては，前述したが（本章 第1節2），コルダイトについても，アーディア（Ardeer, スコットランド南西部，グラスゴウ近郊）のコルダイト工場がさらに拡張されるとともに，アーディア郊外では，あらたにミスク（Misk）工場の建設も着手され，1915年夏には，その稼働準備も整った。大戦中には，民間企業により，18万

トンのコルダイトが生産されたが,そのうち,アーディア,ミスクの両工場を併せて,コルダイト（ないし類似製品）4万3642トン,コルダイト・ペースト8740トンの供給を実現させるなど,ノーベルズ・エクスプローシヴズ社を挙げて,その生産力の増強と生産の増大に努めた（Reader［1970］：pp. 300-1）。

もっとも,ノーベルズ・エクスプローシヴズ社は,一方で,軍需関連物資の供給には全社を挙げて協力しつつも,他方では,大戦期の軍事需要に関連する爆薬・金属・弾薬を含めた事業分野の生産設備が,大戦終結後には過剰になることを早期から予想していた。こうした状況に対応するために,1916年以降,政府管理のもとで,爆薬製造企業および関連企業の合併が検討されはじめた。最終的には,1918年に,あらたに持株会社としてのエクスプローシヴズ・トレーズ社（Explosives Trades Ltd.,1920年にはノーベル・インダストリーズ社へと社名変更）が設立[38]され,「戦後」に向けての組織再編と合理化が推進されるに至った。ノーベル・インダストリーズ社は,爆薬製造にあたるノーベルズ・エクスプローシヴズ社を中核に据えるとともに,傘下に工業用火薬をはじめとする各種の火薬ないし爆薬,化学製品,金属製品の製造企業を擁して[39],きわめて広範な分野にわたる事業展開を企図していた（Fitzgerald［1927］：pp. 92-3；Reader［1979］：p. 160）。

最後に,こうしたノーベル・インダストリーズ社の1920年代央に至る業績を確認してみよう。子会社としてのノーベルズ・エクスプローシヴズ社の場合,大戦前の1913年に,利益18万2647ポンド,使用資本利益率13％であったものが,大戦後の1919年には,それぞれ61万5493ポンド,10％と大幅に増大・上昇した。だが,1924年になると,利益こそ85万5913ポンドへと増大したものの（1922年には使用資本も増大した）,使用資本利益率は8％に減少し,1926年には,それぞれ63万6712ポンド,6％と,再度の減少・下落を経験した。これを平均使用資本利益率で見ると,やはり大戦中はもちろんのこと,大戦前の業績にすら及ぶものではなかった（表2-7（a））。さらに,持株会社としてのノーベル・インダストリーズ社の場合,利益は,戦後恐慌で底を突いた1921年の64万1548ポンドから,景気回復に即して改善に向かい,1925年には2倍弱の109万1919ポンドに達した。しかし,使用資本利益率は,緩やかに

表2-7 (a)　ノーベルズ・エクスプローシヴズ社の
使用資本・利益（1877～1926年）

年	使用資本	利　益	使用資本利益率	平均利益率[1]
	£	£	%	%
1877	273,003	33,003	12	—
1880	389,918	64,112	16	—
1890	495,073	116,309	23	16
1900	1,213,799	161,175	13	16
1910	1,497,453	159,014	11	10
1911	1,599,099	179,902	12	10
1912	1,564,386	182,719	12	10
1913	1,457,916	182,647	13	10
1914	1,591,674	278,971	18	11
1915	4,834,200	529,739	11	12
1916	5,675,219	—	—	—
1917	4,833,253	1,319,173	—	12
1918	5,091,828	568,615	11	12
1919	6,105,396	615,493	10	12
1920	6,053,730	550,671	9	11
1921	5,862,561	393,361	7	10
1922	10,532,172	607,753	6	9
1923	10,615,282	748,923	7	—
1924	10,496,680	855,913	8	8
1925	10,398,634	840,340	8	8
1926	10,196,847	636,712	6	7

註1：過去7年間の使用資本利益率の平均。
出所：Reader［1970］：Tab. A1(a).

上昇してはいたものの，依然として大幅に10％を割り込んでいた[40]（表2-7 (b)，2-7 (c)）。

　もちろん，ノーベル・インダストリーズ社も，こうした厳しい状況を打開するために，さまざまな対応策を講じていた。1925年に，ブリティッシュ・レザー・クロス・マニュファクチャリング社（The British Leather Cloth Manufacturing Co. Ltd., 1899年）を買収することにより，人造皮革事業への進出を果たした。

表2-7（b）　ノーベル＝ダイナマイト・トラスト社の
　　　　　　使用資本・利益（1887～1915年）

年	使用資本	利益	使用資本利益率	平均利益率[1]
	£	£	%	%
1887	1,581,088	73,788	5	—
1890	1,950,829	142,206	7	—
1900	2,712,253	225,594	8	10
1910	3,975,764	310,997	8	8
1911	4,045,792	348,569	9	8
1912	4,142,388	375,135	9	8
1913	4,244,573	380,725	9	8
1914	5,202,288	381,275	7	8
1915	5,175,019	56,927	1	—

註1：過去7年間の使用資本利益率の平均。
出所：Reader［1970］：Tab. A1(b).

表2-7（c）　ノーベル・インダストリーズ社の
　　　　　　使用資本・利益（1919～1925年）

年	使用資本	利益	使用資本利益率
	£	£	%
1919	15,905,973	1,655,241	10
1920	19,553,268	827,072	4
1921	20,073,945	641,548	3
1922	20,539,411	880,137	4
1923	19,478,805	1,178,443	6
1924	19,599,885	1,003,420	5
1925	19,669,817	1,091,919	6

出所：Reader［1970］：Tab. A1(c).

　さらに，1926年には，デュポン社との提携により，ストウマーケット（Stowmarket, サフォーク）を拠点として，ノーベル・ケミカル・フィニッシュイズ社（Nobel Chemical Finishes Ltd.）を設立して，自動車用塗料デュコの生産も開始するなど，爆薬・金属事業にとどまることなく，積極的に多角化を進展させていた（GBBTIMD［1934-44］：pars. 68-9；Reader［1970］：pp. 417-8）。また，これと同時に，非効率工場の整理として，1923年末に34社あった構成企業を，翌

年には29社に削減するなど,生産と経営の合理化も追求していた。だが,結局のところ,むしろ一連の多角化や国際事業[41]が過重となり,ICI社の設立直前には,さらに大規模な組織再編[42]と合理化を迫られるまでになっていた(鬼塚[1968-69]:(3) 68頁)。1920年代央の時点で,ノーベル・インダストリーズ社としては,巨額の資金や広範な技術,海外主要企業との連携という,優位な経営資源を有していながらも,その有効な投入先を見出すことができない,混迷の時期に差し掛かっていたのである。

3 ユナイテッド・アルカリ社

ついで,無機重化学工業分野のユナイテッド・アルカリ社である[43]。すでに叙述したように(本章 第1節1),1870年代までのイギリス無機重化学工業の優位性は,その後の新技術への転換の立ち遅れによって大きく揺らいでいた。こうしたさなかの1890年,ユナイテッド・アルカリ社は,台頭しつつあったソルヴェー法ならびに電解法ソーダ製造企業に対抗するために,ルブラン法を採用していたソーダ製造企業48社の大規模合併[44]によって設立された。しかし,アルカリ製品価格の低下,輸出の減少,各種ソーダ製造企業の勢力拡大,ルブラン法の技術的な立ち遅れなどが相まって,思惑とは裏腹に,ユナイテッド・アルカリ社は,設立当初から第1次世界大戦に至るまで不振にあえぎつづけていた[45](Hardie & Pratt [1966]: pp. 43-4; Reader [1970]: pp. 105-6, App. IV, Tab. B1(b); Warren [1980]: pp. 145-51, 163-7)。

ところが,第1次世界大戦が勃発したことで,爆薬製造用の硫酸,ピクリン酸,塩素などの需要が急増し,苦難に遭遇していたユナイテッド・アルカリ社にも,ようやく再興の機会が訪れた。ユナイテッド・アルカリ社は,ウィドネスの接触法硫酸工場ならびにギブス式隔膜電解槽法(Gibbs diaphragm cell process)塩素工場の建設に着手して,大戦中には一部工場の操業を開始し,さらには1916年と1918年の2度にわたって工場の拡張すら行った。このギブス式隔膜電解槽法設備については,ウィドネス工場のみならず,セント・ヘレンズ(St. Helens,リヴァプール〔Liverpool〕近郊)やアルーセンス(Allhusens,ニューカッスル・アポン・タイン〔Newcastle upon Tyne〕近郊,ゲーツヘッド〔Gateshead〕)の両工

場でも，積極的に導入が図られた。また，TNTの製造に不可欠な硫酸の製造にあたっては，他社とともに，拡大する戦時需要にも十分に貢献した（本章 第1節2）。その一方で，大戦後にかけて，旧式となったウィドネスやセント・ヘレンズ，アルーセンスのルブラン法ソーダ工場をつぎつぎと閉鎖して[46]，電解法ソーダ製造企業への脱却を試みるなど，事業再編も企図していた。さらに，政府統制による収益および建設資金調達の保証，新規設備償却に対する大幅課税控除により，短期間のうちに技術革新と設備の増設を図るなどして，戦時需要への対応を試みようともした（Hardie & Pratt［1966］：pp. 101-2；ICI［1932］：p. 5；Warren［1980］：p. 172）。

しかし，同じ無機重化学工業分野のブラナー・モンド社や他の化学企業が，

表2-8　ユナイテッド・アルカリ社の使用資本・利益（1891～1925年）

年	使用資本	利益	使用資本利益率	平均利益率[1]
	£	£	%	%
1891	8,636,090	536,870	6	—
1900	8,490,619	212,001	3	3
1910	9,510,634	328,966	3	3
1911	9,501,769	306,970	3	3
1912	9,406,946	221,173	2	3
1913	6,857,604	178,604	3	3
1914	6,940,825	202,082	3	3
1915	6,973,469	326,986	5	3
1916	6,934,004	196,169	3	3
1917	n.a.	—	—	—
1918	7,226,196	735,613	—	—
1919	6,838,359	178,850	3	—
1920	7,135,098	150,439	2	—
1921	n.a.	—	—	—
1922	8,700,583	505,897	—	—
1923	8,807,874	220,375	3	—
1924	8,001,300	457,812	6	—
1925	8,109,508	391,085	5	—

註1：過去7年間の使用資本利益率の平均。
出所：Reader［1970］：Tab. B1(b).

戦時期にあって事業規模を拡大し，業績を向上させたにもかかわらず，ユナイテッド・アルカリ社は，苦境を脱しきれなかった。大戦直前のピークであった1910年時点での使用資本額951万634ポンド，利益32万8966ポンド（利益が最大であったのは1891年）は，大戦勃発と同時にぶれはじめて，大戦中の1916年には，使用資本額が693万4004ポンド，利益が19万6169ポンドにまで激減し，使用資本利益率も3％程度にすぎないものとなった（表2-8）。

こうした厳しい状況のもとで，一部工場が完成しないうちに大戦が終結してしまった。同時に，主力製品であった硫酸の需要を喪失し，さらには大戦後の鉄鋼生産の不振，農業不況による過燐酸肥料市場の停滞，国際競争の激化と，ユナイテッド・アルカリ社にとっては悪条件が重なった。その結果，1920年には，利益が15万439ポンド，使用資本利益率が2％にまで激減・低下して，業績はついに最悪のものとなった[47]。もっとも，その後，戦後恐慌からの回復過程にあって，1924年には，利益が45万7812ポンド，使用資本利益率が6％と，好転[48]はしたものの，翌年には再度，悪化しはじめるなど，わずかの期間でユナイテッド・アルカリ社の業績は激しく変動した（表2-8）。

もちろん，この間，ユナイテッド・アルカリ社も，手をこまねいて事態を静観していたわけではなかった。1920年に発電所施設とともに完成したウィドネスの電解法ソーダ工場を基盤にして，1922年以降，景気回復にそって拡大する国内外のアルカリ（ソーダ）製品市場に対応しようと試みてもいた[49]。さらに，新規事業としてのカザーレ法（Casale process）によるアンモニア合成事業や染料事業の発展などにも期待を懸け，企業努力を重ねてはいた。しかし，全般的に見れば，ユナイテッド・アルカリ社が有していた生産設備と技術の陳腐化は顕著であり，さらなる事業再編と合理化への要請は必至であった（ICI [1932]：p.5；鬼塚 [1968-69]：(3) 66-7頁）。

4　ブリティッシュ・ダイスタッフズ社

最後に，いずれICI社設立の鍵を握ることになる染料工業分野のブリティッシュ・ダイスタッフズ社[50]の事業展開を概観しよう。無機化学工業とともに，化学産業の両翼をなす有機化学工業の主要分野，合成染料工業は，イギリスの

主要産業たる繊維産業という大規模な需要を抱えるとともに，染料は，爆薬や毒ガスの製造にも転用できるなど，軍事上もきわめて重要な位置を占めていた。

しかし，第1次世界大戦が勃発した当時，世界染料工業は，ドイツの「独占」状態にあり（本章第1節1），1913年時点で，世界のタール染料生産量16万1000トンのうち，ドイツが，その85.1％にあたる，13万7000トンを生産していた。一方，イギリスの生産量は，シェア3.1％にすぎない，わずか5000トンであり（表1-14），大戦直前の時点で，イギリス国内における合成染料の年間消費量2万トンのうち1万8000トン，価額にして189万ポンドをドイツからの輸入に依存する状況にあった。したがって，大戦の勃発にともなうドイツからの合成染料の輸入途絶は，軍備ならびに繊維産業に大きな衝撃と危機感を与えることになった（Plummer［1937］: pp. 254-5；Rees［1923］: p. 159；表1-17）。

大戦の勃発時，イギリスには，多数の染料製造企業が存在してはいたが，比較的規模の大きな染料企業といえば，リード・ホリデー社（Read, Holliday & Sons Co. Ltd., 1890年）とレヴィンシュタイン社（Levinstein Ltd., 1895年）の2社にすぎず，なおかつこれら2社ですら，ドイツの染料企業よりも小規模でしかなかった[51]（Richardson［1962］: p. 112）。こうした厳しい状況を打開して，ドイツ染料工業に対抗しつつ，染料の国内需要を満たす，いわば「国家的命題」を解決するには，政府主導によるイギリス染料工業の再編以外にもう途は残されていなかったのである。

その結果，1915年，これら2社のうち，リード・ホリデー社のみを中核として[52]（レヴィンシュタイン社をはじめとした他の染料製造企業が参加することなく），授権資本額200万ポンドをもって，ブリティッシュ・ダイズ社が設立された。同社に対しては，政府が170万ポンドを上限とした同社債券の政府保証とともに，合成染料製品の開発にあたって実質的な財政補助も行うなど，ブリティッシュ・ダイズ社は，まさしく「国策会社」としてその姿を現したのである（GBBTCIT［1927］: p. 417；Green［1930］: p. 344；Rees［1923］: pp. 160-1）。

国策会社たるブリティッシュ・ダイズ社は，1915年から1917年にかけて，政府の戦略目的にそって，爆薬原料の製造に向けた事業の多角化を試みた。くわえて，ブリティッシュ・ダイズ社の拠点であったハッダーズフィールド

(Huddersfield, ヨークシャー)工場の拡張を繰り返しつつ，染料の生産増大も図った。この結果，1917／18年度には，ブリティッシュ・ダイズ社だけで，イギリスの染料生産のうち，5分の2程度を担うほどにまで，その事業規模は拡大した[53] (Haber [1971]：p. 192.訳書296頁；Richardson [1962]：p. 115)。

さらに，染料工業の重要性を鑑みて，大戦中を通じて政府主導の染料政策が継続されたのみならず，大戦後に至っても，染料工業の再編＝染料製造企業の合併が推進された。こうして，1919年，ブリティッシュ・ダイズ社に，レヴィンシュタイン社を統合することで，あらたにブリティッシュ・ダイスタッフズ社[54]が設立されたのである。その授権資本額は1000万ポンドにのぼり，設立にあたっては，新規株式500万ポンドが発行されるとともに，政府による保護もなおいっそう強化[55]されることになった。また，その生産規模は，年産1万6000トンに及び，イギリスの染料生産の75％を占めるほどであった (Rees [1923]：pp. 161-2；Richardson [1962]：pp. 116-7)。

ところが，ブリティッシュ・ダイスタッフズ社の船出は，厳しいものとなった。1919年末，同年2月に発動されていた染料を含む各種製品に対する輸入規制が，「サンキー判決」(judgment by Mr. Justice Sankey) によって無効とされるや，一挙にドイツからの染料の大量輸入が懸念されはじめたのである。その結果，翌1920年には，こうした危機を回避するとともに，1930年代に至ってイギリス資本主義が保護主義へと一挙に傾斜する，その先鞭をつけることにもなった，染料の輸入許可制などを盛り込んだ「染料（輸入規制）法」[56]があらためて成立し，政府支援による国内染料市場の保護が推進されるに至ったのである (ABCM [1930]：pp. 7-9；Plummer [1937]：pp. 257-8；Rees [1923]：pp. 164-5；第5章 第1節)。

しかし，一連の政府支援にもかかわらず，ドイツ染料工業に対する競争力の脆弱性は，いっこうに解消されないまま，さらには戦後恐慌の衝撃や繊維産業の衰退も，ブリティッシュ・ダイスタッフズ社に大打撃を与えた。1924年のタール染料の生産量で比較するなら，ドイツが，生産量7万2000トン，世界シェア43.9％であったのに対して，イギリスは，1万9000トン，11.6％にすぎず，大戦前に比較すれば，ドイツとの差は縮小こそしたものの，それでも対抗

表2-9 ブリティッシュ・ダイスタッフズ社の
使用資本・利益（1919～1923年）

年[1]	使用資本	利益	使用資本利益率
	£	£	%
1919	8,078,004	—	—
1920	9,815,919	552,100	5.60
1921	9,294,990	—	—
1922	9,297,102	102,657	1.10
1923	9,197,102	251,423	2.73

註1：各年とも暦年で10月31日までの数字。
出所：Reader [1970]：Tab. C1(a).

できるレヴェルにはなかった。くわえて，同年のイギリスの染料生産能力が2万4000トンであったのに対して，その生産量は，1万5000トンにとどまっていた。さらに，世界全体でも，生産能力28万4000トンに対して，生産量15万4000トンと（表1-14，1-15），イギリスのみならず，世界的にも大規模な過剰生産設備を抱え込んでおり，染料の市場＝生産が拡大する見通しは不透明であった。

この間，ブリティッシュ・ダイスタッフズ社の染料の販売量，利益も，1920年の1万1516トン，55万2100ポンドから，翌1921年には3120トン，損失100万6660ポンドにまで激減し，景気回復にともなって好転した1926年ですら，6867トン，12万9692ポンドにすぎなかった。また，その業績も，1920年の利益55万2100ポンド，使用資本利益率5.6％が最高にすぎず，1922年にはそれぞれ10万2657ポンド，1.10％にまで落ち込むなど，惨憺たる状況に陥っていた（Reader [1970]：p. 448；表2-9）。

この結果，最終的には政府による拒否権が行使されたものの，ドイツ染料企業とのきわめて従属的な提携案までが飛び交うありさまとなった。そして，1925年には，再建案として資本金の約40％を減資する計画が提起され，ついには政府もその全持株170万ポンドを，60万ポンドで売却することにより，ブリティッシュ・ダイスタッフズ社を見放すに至った（Haber [1971]：p. 295. 訳書451頁；Plummer [1937]：p. 259）。それでもなお，政府は，外国人の持株比率が25％を超えることこそ認めはしなかったものの（Fox [1987]：p. 171），ブリ

ティッシュ・ダイスタッフズ社は，無防備のまま台頭するドイツ染料工業の前にさらされることになったのである。

小　括

　旧産業の停滞ぶりに比較して，化学産業を含む新産業は，戦後恐慌の打撃も比較的軽く，その拡大は着実であったとされている（森［1975］：99, 166頁）。しかし，それはあくまでも「新産業」という大きな枠組みに対する指摘ないし評価であって，実際には，新産業内でもかなりの格差が見られ，新産業すべてを同列に論じることなど困難である[57]。化学産業それ自体については，雇用者数や所得額こそ，製造業全体の水準を上回ってはいた（表2-2）。だが，それも旧産業の停滞というバイアスの掛かったイギリス製造業全体との比較で生じたものであって，生産や固定資本形成などによれば，化学産業の相対的な閉塞状況は，より深刻なものであった。こうして見ると，少なくとも1920年代央までの時期については，化学産業を，レーヨン・絹，電気，自動車といった新産業の一角に位置づけて，これらの産業と同様に，「顕著に成長を遂げていた」と手放しで認めるわけにはいかない。

　さらに，この点については，ブラナー・モンド社，ノーベル・インダストリーズ社，ユナイテッド・アルカリ社，ブリティッシュ・ダイスタッフズ社という，当時のイギリスを代表する化学企業4社についても同様であった。すなわち，一方で，イギリス化学産業は，アルカリ（ソーダ）製品や硫酸などの酸製品といったきわめて狭い範囲の重化学製品分野に特化していたがゆえに，積極的な研究・開発を背景とする有機化学製品などに主軸を置いた化学産業の新たな時代の趨勢には立ち遅れていた[58]。

　他方で，大戦ならびに戦後ブームで抱え込んだ生産設備が，戦後恐慌によっていずれも過剰設備と化すなど，主要化学企業は，経営効率の悪化にも苦悩していた。個々の企業が置かれた状況は，けっして一様ではなかったものの，総じて見れば，旧来の事業分野や技術に束縛され，事業範囲の拡大と技術革新を怠っていた。さらには，大戦とそれにつづく戦後ブームで大規模に拡張された

第2章 1920年代央までのイギリス化学産業 87

生産設備が，イギリス資本主義においては，1929年の世界大恐慌以上に衝撃の大きかった戦後恐慌[59]に直面する過程で，陳腐化した生産設備を含む大規模な過剰生産設備として顕在化し，各化学企業の経営を圧迫していたといえる。

こうして，ドイツやアメリカの化学産業が台頭するなか，対外的にはもちろんのこと，国内的にもきわめて「危機的な状況」(a critical situation, ICI [1955]: p. 5) に追い込まれていたイギリス化学産業にあって，主要化学企業4社は，大規模な合併による事業再編と合理化を通じてその競争力を回復することで，活路を見出すしかなかったのである。

註

1 大戦直後および1920年前半のイギリスの景気動向については，森 [1975]: 71-4, 91-101頁を参照。なお，大戦期以降，1920年代を中心としたイギリス経済に関連する文献は多々あるが，さしあたり，以下のものをあげておく。大戦期については，Pollard [1992]: Ch. 1, 大戦期以降，「金本位制」復帰までについては，Alford [1996]: Ch. 4, 1920年代全般については，Aldcroft [1986]: Ch. 1; Aldcroft & Richardson [1969]: Sec. B, 5, 6；森 [1975]: 第1, 2章を参照。

2 新産業には，自動車，ラジオ，レーヨンなどの20世紀になって登場した産業のみならず，すでに19世紀には存在していながらも，注目すべき発展を遂げていなかった電気，化学，ゴム産業なども含まれる (Aldcroft & Richardson [1969]: fn. 1 on p. 264)。なお，両大戦間期のイギリス産業については，Aldcroft [1970]: Chs. 5, 6; Bowden & Higgins [2004]; Foreman-Peck [1994]; Glynn & Oxborrow [1976]: Ch. 3; Pollard [1992]: pp. 43-57；森 [1975]: 第2章 III, 第3章 III；原田 [1995]: 第I部，とくに新産業については，Aldcroft & Richardson [1969]: Sec. B, 8; Plummer [1937]: Ch. II, IV, ii, VI, i, iii, 比較的長期間にわたるが，イギリス産業の衰退については，Dintenfass [1992]; Edgerton [1996] を参照。

3 イギリス化学産業史に関する文献は，必ずしも多いとはいえないが，萌芽期以降，1920年代ないし1960年代までの時期については，Hardie & Pratt [1966]; Miall [1931], ICI社設立前史として，その合併に結集する主要化学企業4社の事業展開を叙述しつつも，あわせてイギリス化学産業の発展過程をも概観できるものとしては，Reader [1970], 同様の視点から，より簡略なイギリス化学産業史としては，Kennedy [1993]: Chs. 1-2; Reader [1979]: pp. 156-68；鬼塚 [1968-69]: (1) - (3), 第1次世界大戦に至るイギリス化学産業の対外競争については，Richardson [1968] がある。

4 ソーダ (「ソーダ」はナトリウム化合物の俗称) 工業を中核とするアルカリ工業は，無機重化学工業にあって，硫酸工業を中核とする酸工業とならんで，その基幹

部門といえる。いわゆるアルカリ工業とは，(1) 炭酸ソーダ（ソーダ灰，炭酸ナトリウム），苛性ソーダ（水酸化ナトリウム），重炭酸ソーダ（炭酸水素ナトリウム）およびその他のソーダ塩類；(2) 炭酸カリウム，苛性カリウム（水酸化カリウム）およびその他のカリウム塩類を製造する工業のことである。当初は，その製造に硫酸を要していたことから，硫酸とソーダは，化学工業，ひいては経済活動・産業活動の指標をなしていた。ソーダのおもな用途は，(a) ソーダ灰の場合，まずガラスの製造であり，そのほかにも，各種ソーダ塩，炭酸塩，アミノ酸，調味料の製造；洗濯，洗浄，清浄，精練，漂白，染色，捺染，冶金；染料中間体，染料，香料の製造；石油・油脂の精製；重炭酸ソーダ，ゴムの再生，また (b) 苛性ソーダの場合，まず人絹，短繊維の製造であり，さらに石鹸，酸化アルミニウム，パルプ・紙の製造；綿糸・綿布の精練；漂白，染色，染料，香料の製造，石油・油脂の精製，洗浄，洗濯，ゴムの再生，医薬品の製造，(c) 塩素の場合，塩酸，晒粉，液体塩素，殺虫・殺菌剤の製造にまで及ぶ（山田 [1950]：4-5頁）。なお，勃興期からICI社設立までのイギリスのアルカリ工業については，Warren [1980] がきわめて詳細である。

5 立地条件として，ランカシャーの石炭，チェシャーの岩塩，バクストン（Buxton, ダービーシャー）の石灰石に恵まれていた（山田 [1950]：9頁）。1860年代央の時点で，イギリス国内には83ヵ所のアルカリ工場があったが，そのうちランカシャーに30工場，イングランド北東部（おもにタイン川周辺）に20工場，スコットランド（おもにグラスゴウ周辺）に8工場，アイルランド，ミッドランド，ブリストル，イングランド南東部に残り25工場が立地していた。とりわけ，ランカシャー，スコットランドで製造された製品は，リヴァプール，グラスゴウからアメリカに，イングランド北東部の製品は，タイン川からヨーロッパ各地に輸出されていた（Hays [1973]：p. 13）。こうした各地域の立地条件や特性については，Haber [1958]：Ch. 2. 訳書 第2章，ブラナー・モンド社によるアルカリ製品の水運については，Longinotti [2012] を参照。

6 アルカリの生産に占める輸出の割合を見ると，1878年の生産量が47万8000トンであったのに対して，1880〜84年の年平均輸出量は33万トンにのぼっており（Reuben & Burstall [1973]：p. 14），時期によっては3分の2が輸出されることもあった。とくに，ブラナー・モンド社に限れば，1884年時点で，製品のおよそ75％が輸出されており，その大半がアメリカ向けであった（Longinotti [2012]：p. 8）

7 アルカリの生産量で比較すると，イギリスの場合，1878年が47万8000トン，1881年が48万トンであったのに対して，フランスが1880年に9万9000メートルトン，ドイツは1878年に4万2500メートルトンであった（Haber [1958]：p. 110, Tab. 1, p. 123, Tab. 4. 訳書156頁 第1表，172頁 第4表）。

8 イギリス化学産業とドイツ化学産業との競合関係ないし比較に関する文献としては，19世紀中葉以降，第1次世界大戦までの時期については，Schröter & Travis

［1998］．第2次世界大戦までの時期については，Murmann & Landau［1998］を参照．

9　1868年のアリザリン染料，1870年代のアゾ染料，1880年代の硫化染料の開発がそれである（Miall［1931］：pp. 79-80）．なお，皮肉なことではあるが，世界初の合成染料を開発したのは，イギリス人のウィリアム・パーキン（William Henry Perkin, 1838-1907）であった．パーキンは，1856年初頭，マラリア予防薬のキニーネを合成する過程で，藤色のアニリン染料であるモーヴ（mauve）の開発に成功し，その夏には特許を取得して，翌年，父や兄とともにパートナーシップを設立した（Haber［1958］：pp. 81-2. 訳書115頁；ICI［1937］：p. 33）．

10　ソルヴェー法とは，1860年代初頭（特許権取得は1861年），ベルギー人，エルネスト・ソルヴェー（Ernest Solvay, 1838-1922）によって開発されたアンモニア・ソーダ製法の一種である．1863年に設立されたソーダ製造企業，ソルヴェー社が，同法の特許権を所有していた．そのソルヴェー社は，1864年，クイエ（Couillet, ベルギー南部，シャルルロワ〔Charleroi〕近郊）に工場を完成させ，翌年には操業を開始した．その炭酸化塔1組当たりのソーダ生産量は，1865年時点で日産600〜800キログラムにすぎなかったものが，1870年代央には同10トン，さらに1880年代初頭には同30トンにまで達した．こうしたソルヴェー法の優位性は，1870年代には確実なものとなり，ソルヴェー社は，その優位性を背景にして，被供与者が行うすべての技術的改良を自社にも使用させる条件で，ソルヴェー法の使用権を供与するなどした（Aftalion［1988］：p. 63. 訳書84頁；Haber［1958］：p. 89. 訳書125頁）．そして，その支配力は，1880年代初頭以降，特許使用権の供与を通じた国際カルテルの形成によって，世界的規模にまで拡大することとなった（第4章 第2節1）．なお，このソルヴェー社については，Bertrams, *et al.*［2013］が，同社の創世期から2010年代に至る時期について，「同族企業」でありながら「多国籍企業」として事業を展開しつづけてきた，その歴史を解明している．

11　ヨハン・マーマン（Johann Peter Murmann）とラルフ・ランドー（Ralph Landau）は，生産，マーケティング，経営管理，研究・開発のいずれにおいても，イギリス化学企業が，ドイツ化学企業と同水準に達していなかったことが，その競争優位が低下したことの要因であったとしている．その一方で，爆薬工業分野のノーベル・インダストリーズ社，ソーダ工業分野のブラナー・モンド社，染料工業分野のレヴィンシュタイン社の3社については，他社に十分に比肩しうる事業展開を行っていたとも評価している（Murmann & Landau［1998］：p. 36）．

12　試算によると，年産3000トン規模の工場において，58％ソーダ灰1トン当たりの生産・流通コストは，ルブラン法が，9ポンド1シリング10ペンスであったのに対して，ソルヴェー法は，7ポンド1シリング4ペンスであった（Lischka［1970］：pp. 89-90）．こうしたソルヴェー法導入によるコストの低下にともない，1872年から1882年にかけて，ソーダ灰価格が55％に，晒粉価格が67％に，結晶ソーダ価格が50％に低下した（Richardson［1968］：p. 283）．

13 大戦直前のイギリスのソーダ生産量については，データが得られなかった。その一方で，1910年までの時点で，ドイツのソーダ（内訳不明）生産量は50万トン（Murmann & Landau［1998］：p. 29）であり，1904年のソーダ（ソーダ灰）生産量32万5000トン（表2-4）に比較しても，順調に生産が増大していたことがうかがえる。
14 第1次世界大戦下のイギリスにおける爆薬生産について叙述した文献はけっして多くはないが，さしあたりはCocroft［2006］を参照。
15 大戦前には，ロイヤル・ダッチ・シェル・グループ（The Royal Dutch Shell Group）系の石油販売会社で，オランダに石油精製工場を有していたエイジアティック・ペトローリアム社（The Asiatic Petroleum Co. Ltd., 1903年）が，ドイツに対してモノニトロトルエンを輸出していた。しかし，大戦の勃発にともない，オランダ政府が中立的な立場をとったことから，イギリスに対するモノニトロトルエンの輸出を許可しないことが想定され，最終的にイギリス国内でトルエンを自給する体制を採用することになった（Hardie & Pratt［1966］：pp. 99-100）。
16 大戦以前には，民間企業がTNTの生産に携わることについては制限が設けられており，それが許容されていたのは，ノーベルズ・エクスプローシヴズ社とクレイトン・アニリン社（The Clayton Aniline Co.）の2社にすぎなかった（Cocroft［2006］：p. 35）。
17 アマトールを生産するにあたっては，爆薬製造企業側の努力によって，硝酸アンモニウムの占める比率が徐々に上昇し，最終的にTNT 20％に対して，硝酸アンモニウムの比率は80％にまで達した（Cocroft［2006］：p. 35）。もっとも，この点は，見方を変えれば，それだけ戦時下における硝酸アンモニウムの必要性が高まったことをも意味する。
18 イギリス重化学製品輸出の戦前（1913年）と戦後（1921年）の比較については，Ashe & Boorman［1924］：Pt. II, Sec. I, Ch. IIIを参照。
19 ブラナー・モンド社は，ソルヴェー社のもとで，ドイツ・ソルヴェー社（Deutsche Solvay Werke, 1885年），アメリカのソルヴェー・プロセス社とともに，ソルヴェー・グループ（Solvay Group），あるいはソルヴェー・シンジケート（Solvay Syndicate）を構成していた（USFTC［1950］：p. 32）。エルネスト・ソルヴェーは，この「多国籍同盟」（multinational alliance）を評して，「きわめて親密であるがゆえに，なんの不都合や困難をともなうことなく，世界的規模の企業が有する優位性を発揮できる」（Kennedy［1993］：p. 9）と自負していた。
20 ブラナー・モンド社のソーダ生産量は，創設当時，年産規模で800トンにすぎなかったものが，6年後には1万8800トン，19世紀末には20万トンを超える規模にまで達していた（Hardie & Pratt［1966］：p. 85）。
21 たとえば，大戦前のブラナー・モンド社とユナイテッド・アルカリ社の主力製品であったソーダ灰の生産量を比較しても，ブラナー・モンド社が，1909年時点で29万1000トン（Reader［1970］：p. 217）であったのに対して，ユナイテッド・ア

第 2 章　1920 年代央までのイギリス化学産業　91

ルカリ社は，1907年時点で6万トン（Warren [1980]：Tab. 54）にすぎず，すでに両社には相当な差があった。
22　ブラナー・モンド社による戦時期の各種ソーダ，硝酸アンモニウム，合成フェノールの生産量については，Reader [1970]：pp. 286-7 を参照。
23　大戦の前期は，アンモニア化合物やチリ硝石を利用して硫酸アンモニウムを生産することで，窒素不足を克服していたが，1916年から1917年にかけてドイツ軍の潜水艦による攻撃にさらされるようになり，チリ硝石の輸入が脅かされはじめた。その結果，政府は，アンモニアを自給するために，1917年，ハーバー＝ボッシュ法の研究に着手するとともに，ビリンガムにアンモニア製造工場を建設するよう勧告した（Blench [1958]：p. 926；Parke [1957]：pp. 3-6）。なお，ビリンガム工場の歴史については，Blench [1958]；Parke [1957] を参照。
24　買収価格は，71万5000ポンドであり，工場設備のみならず，アンモニア合成事業に「関連する全ての政府情報」（all relevant Government information）を含む取引であった（Hardie & Pratt [1966]：p. 106）。
25　ブラナー・モンド社が取得した企業については，Fitzgerald [1927]：App. on p. 222 を参照。
26　「イギリスの最大50社」によれば，1905年には，発行資本額230万ポンドで，第37位にすぎなかったブラナー・モンド社も，1919年になると，推計資本金市場価額1870万ポンドで，第6位に躍進していた（Hannah [1983]：Tabs. A.4, 5. 訳書 第 A.4, 5表）。
27　ブラナー・モンド社のみならず，ユナイテッド・アルカリ社もまた，その設立にさいして，ソルヴェー社との「国際アルカリ・カルテル」に参加していた（Bertrams, et al. [2013]：pp. 79-80）。
28　Reader [1970]：pp. 335 ff.；Reader [1975]：p. 208 では，ブラナー・モンド（オーストラリア）社（Brunner Mond & Co. (Australia) Pty. Ltd.）の名称が用いられているが，ICI, *Magazine*, May 1937, pp. 412-3 などでは，ブラナー・モンド（オーストラレイシア）社（Brunner Mond & Co. (Australasia) Pty. Ltd.）の名称も用いられている（傍点は筆者）。本書では，ICI社発行の各文書によっておく。
29　ブラナー・モンド社は，第1次世界大戦前，ほかにもさまざまな海外投資を行っていた。この点については，小林 [1974]：155-7, 213-4頁を参照。
30　1920〜25年のブラナー・モンド社の各種製品の売上高，費用，利潤については，Reader [1979]：Tab. B2 (b) を参照。
31　リーダーは，一方で，大戦期以降，ブラナー・モンド社が最大の期待を懸けていたアンモニア合成事業について，その技術を評価しつつも，他方で，その資金（resources）不足が厳しい制約条件となっていたことを指摘している（Reader [1979]：pp. 159-60）。
32　ノーベル＝ダイナマイト・トラスト社の支配領域は，イギリス帝国，ドイツなどであり，同じくノーベル系で，パリに本拠を置いていた持株会社，サントラル・

ドゥ・ディナミット社（Soc. Centrale de Dynamite, 1887年）が，ラテン・グループ（Latin Group）として，スペイン（1896年まで），フランス，イタリア，スイスを支配領域としていた（Reader［1970］: pp. 87-8）。

33　ノーベル・インダストリーズ社は，第1次世界大戦前，ほかにもさまざまな海外投資を行っていた。この点については，小林［1974］: 157-62, 214頁を参照。

34　カナダは，イギリスの自治領であったとともに，アメリカの隣国にも位置するため，おのずとノーベルズ・エクスプローシヴズ社とデュポン社双方の利害が絡む地域であった。また，南アメリカ諸国についても，イギリスにとっては，「非公式帝国」（informal empire）として，影響力を及ぼしうる地域であり，アメリカにとっても，地理的に近い距離にあったため，やはりその利害が衝突しかねない状況にあった。なお，イギリスの「公式帝国」（formal empire）ならびに「非公式帝国」については，平田［2000］: 第4-6章を参照。

35　イギリス帝国を構成する自治領であったとともに，大規模な爆薬需要を有していたオーストラリアでは，ノーベルズ・エクスプローシヴズ社が，デュナミート社やイギリス系爆薬企業，キノッチ社（Kynoch Ltd., 1897年），カーティシズ・アンド・ハーヴェイ社（Curtis's and Harvey Ltd., 1898年）との間で激しい競争を繰り広げていた。ノーベル＝ダイナマイト・トラスト社は，1898年にオーストラリアン・エクスプローシヴズ・アンド・ケミカル社（Australian Explosives and Chemical Co. Ltd.: AE & C社，1888年）を10万ポンドで買収して，その支配力を強化しようとした。もっとも，当初の段階では，ノーベルズ・エクスプローシヴズ社にとって，オーストラリアは，あくまでもイギリスからの輸出市場にすぎず，製造拠点を設ける意図がなかったため，AE & C社の経営には参加していなかった（Reader［1970］: p. 156）。

36　「イギリスの最大50社」によれば，ノーベルズ・エクスプローシヴズ社時代の1905年には，発行資本額130万ポンドで，第50位にすぎなかった同社も，ノーベル・インダストリーズ社時代の1919年（厳密には，同社名への変更は翌1920年）になると，推計資本金市場価額1630万ポンドで，第7位に躍進していた（Hannah［1983］: Tabs. A.4, 5. 訳書 第A.4, 5表）。

37　大戦期のノーベル・インダストリーズ社による各種火薬ないし爆薬の生産量については，Reader［1970］: pp. 300-1 を参照。ただし，きわめて未整理であり，Reader［1970］: App. IVでも，大戦期についてはいっさい数字があげられていない。

38　これに先立って，1915年のノーベル＝ダイナマイト・トラスト社の整理にともない，ノーベルズ・エクスプローシヴズ社が，ノーベル＝ダイナマイト・トラスト社のイギリスにおける資産を取得した（Reader［1970］: p. 492）。

39　ノーベル・インダストリーズ社傘下の企業については，Fitzgerald［1927］: App. on p. 224を参照。

40　1917～24ないし25年のノーベル・インダストリーズ社傘下の企業の業績については，Reader［1970］: App. IV, Tabs. A1 (f), (g)．1921～25年の各製品の生産量，売

第 2 章　1920 年代央までのイギリス化学産業　93

　　　上高については，Reader［1970］：App. IV, Tab. A4 (i) を参照．
41　ノーベル・インダストリーズ社は，そのほかにも，自動車製造企業のGM社，ゴム・タイヤ製造企業のダンロップ・ラバー社（The Dunlop Rubber Co. Ltd.，1889年），人造絹糸製造企業のブリティッシュ・セラニーズ社（British Celanese Co. Ltd.，1916年）など，外部企業への投資も行っていたが（Fitzgerald［1927］：p. 95），とりわけGM社への投資は，1923年時点で，ノーベル・インダストリーズ社資産の16％を占めるほどであった（Reader［1979］：p. 161）．
42　ノーベル・インダストリーズ社は，1926年に，従来の事業を，爆薬，金属・弾薬，人造皮革，コロジオン・ワニス，「その他」の5グループに再編した（Hardie & Pratt［1966］：p. 114）．
43　ユナイテッド・アルカリ社に関しては，十分な資料が得られない．とくに，本項で叙述しようとした第1次世界大戦前後の時期については，ICI社ないし化学産業に関する文献でも散見できるにすぎない．さしあたり，同社の20世紀初頭までの事業展開については，Warren［1980］：Chs. 13, 14，同時期の経営管理，合理化・多角化努力については，Kudo［1980］を参照．
44　ユナイテッド・アルカリ社を構成していたソーダ製造企業については，Fitzgerald［1927］：App. on p. 223を参照．
45　ユナイテッド・アルカリ社は，国内のみならず，海外にも投資を行っていた．第1次世界大戦前の同社による海外投資については，小林［1974］：153-4頁を参照．
46　ユナイテッド・アルカリ社は，設立当初に有していた45工場に加えて，1919年までに6工場を取得したが，その一方で，同時期に25工場を閉鎖していた．さらにICI社が設立されたのちの1934年までに1工場を取得して，16工場を閉鎖した（ICI［1934］：p. 3）．
47　「イギリスの最大50社」によれば，1905年には，発行資本額850万ポンドで，第4位にランキングされ，第37位のブラナー・モンド社，第50位のノーベルズ・エクスプローシヴズ社をはるかにしのいでいたユナイテッド・アルカリ社も，1919年になると，推計資本金市場価額610万ポンドで，逆に第6, 7位のブラナー・モンド社，ノーベル・インダストリーズ社を大幅に下回る，第28位にまで後退していた（Hannah［1983］：Tabs. A.4, 5．訳書 第A.4, 5表；本章 註26, 36）．
48　「大戦前に比較した利益の増大は，部分的には効率の改善によるもの」（Fitzgerald［1927］：p. 83，傍点は筆者）であり，技術革新や電解法への転換が功を奏した点は，一面では評価できる．
49　1919年に，ブラナー・モンド社とユナイテッド・アルカリ社は，アメリカおよび大陸ヨーロッパ以外の諸地域に向けた各種製品の輸出について協定を締結した．各製品についてのブラナー・モンド社とユナイテッド・アルカリ社の割当は，ソーダ灰82％，18％，重炭酸ソーダ85％，15％，水晶55％，45％，苛性ソーダ50％，50％，塩化カルシウム42.5％，57.5％（Reader［1970］：p. 290）と，とくに主力製品であるソーダ灰では，両社の力関係に歴然とした差があった．この点，ケネス・

ウォーレン（Kenneth Warren）は，世界化学産業をリードしてきたユナイテッド・アルカリ社の「失墜」（eclips, Warren［1980］：p. 167）と評している。

50　イギリス染料工業ならびに個別企業としてのブリティッシュ・ダイスタッフズ社については，その重要性から数々の報告や研究がなされている。染料工業に関しては，ABCM［1930］；ABCM［1931］；Green［1930］；Richardson［1962］；赤坂［1995］，またブリティッシュ・ダイスタッフズ社に関しては，赤坂［1996］；米川［1970a］などがある。

51　たとえば，1913年のドイツ染料製造企業，ヘキスト社の染料生産量は，1050万重量ポンドであったが，それだけでも，同時期のイギリス全体の染料生産量を上回るほどであった（Richardson［1962］：p. 112）

52　ハーバーは，両社を比較し，リード・ホリデー社は，染料の品質には優れていなかったものの，中間体の製造や各種染料の供給能力には長けていた，またレヴィンシュタイン社は，研究水準こそ高かったものの，中間体の製造を行っておらず，染料の供給能力が低かったとしている（Haber［1971］：p. 190. 訳書293-4頁）。なお，ブリティッシュ・ダイズ社の設立までの経緯については，米川［1970a］：29-31頁を参照。

53　ブリティッシュ・ダイズ社に参加しなかった，レヴィンシュタイン社，ブリティッシュ・アリザリン社（The British Alizarine Co. Ltd., 1883年），スコティッシュ・ダイズ社（Scottish Dyes Ltd., 1918年）などは，なおも商業的生産をつづけていた（Richardson［1962］：p. 115）。

54　ブリティッシュ・ダイスタッフズ社傘下の企業については，Fox［1987］：Charts I-IV, VIを参照。

55　政府による販売価格への介入，販売方法，外資導入の制限，役員2名の派遣（米川［1970］：32頁），ブリティッシュ・ダイズ社への政府融資に替わる，ブリティッシュ・ダイスタッフズ社優先株，優先的普通株，各85万ポンドの政府引受けなどが行われていた（Hardie & Pratt［1966］：p. 103）。

56　染料の輸入量と国内生産量（単位：重量ポンド）を，1913, 22, 29年について見てみれば，輸入量が，3260万3573，640万912，567万7056と減少する一方で，国内生産量は，911万4134，2080万2563，5578万5032と増大していた（ABCM［1930］：App. B, C）。また，平均価格（1重量ポンド当たり）を見ても，1920年の4シリング4ペンスから，1928年には1シリング6$^{1/2}$ペンスに低下しており（ABCM［1930］：p. 10），「染料（輸入規制）法」がきわめて効果的に機能していたことがうかがえる。こうした「染料（輸入規制）法」の「効果」については，ABCM［1930］：pp. 9-15；GBBTCIT［1927］：pp. 419-20を参照。

　なお，1921年8月に制定された「産業保護法」（Safeguarding of Industries Act）では，染料以外の有機合成化学製品に対しても33$^{1/3}$％の輸入関税が賦課されるなど，合成染料工業のみならず，新産業としての化学産業全体が，政府の強力な保護下にあったといえる（Hardie & Pratt［1966］：p. 110；Hutchinson［1965］：p. 14）。こ

うした1920年代のイギリス保護関税については，第5章 第1節；内田［1985a］：第2節を参照。

57　製造業における雇用者数（石炭を含まず）の比重（単位：％）を，1920, 25, 29年について見てみれば，たしかに旧産業（鉄鋼，造船，綿）が，23.7, 17.5, 15.9と低下する一方で，新産業（化学，電気，車輌〔自動車〕，レーヨン・絹）は，10.0, 11.9, 13.1と上昇していた。しかし，新産業内の雇用者数（単位：人，1920年＝100）の変化を，同年について見てみると，たとえば，レーヨン・絹産業が，3万7700（100），5万100（133），8万300（213）と，一貫して増加傾向にあったのに対して，化学産業は，25万700（100），21万4800（86），23万5600（93）と，明らかに伸び悩んでいた（Chapman & Knight［1953］：Tab. 44より算出）。

　この点，J. ダウィー（J. A. Dowie）によると，雇用者数のみならず，資本ストック，1人当たりの生産性，1人当たりの資本など，いずれの指標で見ても，旧産業に比較して，新産業が顕著な成長を遂げていた。とはいえ，新産業内部でもかなりの格差がみられ，化学産業などは，電気，車輌（自動車），レーヨン・絹に比較して，むしろ旧産業に近い値を示していた。その詳細については，Dowie［1968］：Stat. App., Tab. 3で示されている。また，森も「それら〔新産業〕の間にもかなりの相違があ〔る〕」（森［1975］：166頁）と認識しており，デレック・オールドクロフト（Derek Howard Aldcroft）も，両大戦間期における新産業の成長を評価しつつも（Aldcroft［1970］：p. 177），「化学産業および靴下・メリヤス産業の拡大は，〔産業〕全体の平均をわずかに下回っていたにすぎない」（Aldcroft［1970］：fn. 2 on p. 177）と，その停滞ぶりを控えめに指摘している。

　ところで，両大戦間期におけるイギリス資本主義の「成長」ないし「衰退」を検討するうえで，新産業の台頭を強調する論者が，「楽観派」（the Optimist）と目されるオールドクロフトやハリー・リチャードソン（Harry Ward Richardson）である。彼らによると，イギリス経済が停滞していた1920年代は，新産業が旧産業に取って代わる構造転換の時期であり，1930年代の「成長」を担う準備段階とされている。たとえば，Aldcroft & Richardson［1969］：Sec. B, 5, 6, 8である。一方，これとは対照的に，「悲観派」（the Pessimist）と呼ばれるバーナード・オールフォード（Bernard W. E. Alford）やネイル・バクストン（Neil Keith Buxton）らは，旧産業の停滞をもって，1920年代はもちろんのこと，1930年代のその回復をも，イギリス経済衰退の象徴として受け止めている。たとえば，Alford［1981］；Buxton［1967］などである。

58　ドイツ化学企業は，大学との密接な連携の上に成り立った研究・開発機関を有していた。1923年時点で，精製化学製品ないし有機化学製品分野において，ブリティッシュ・ダイスタッフズ社の雇用する化学者が，わずか150人にすぎなかったのに対して，IGファルベン社の場合，1000人にのぼっていた（Reader［1979］：pp. 153, 166）。

59　ピーク時に比較した工業生産額の下落幅は，1921年が22％であったのに対して，

1931年は11％にすぎなかった（Pollard［1992］: p. 37）。

第3章　ICI社の国内事業展開

　第1次世界大戦以降，イギリス化学産業を取り巻く状況は，顕著に変化した。対外的には，ドイツで，主要染料企業の大規模合併によってIGファルベン社が設立され，アメリカでも，デュポン社が，新製品の研究・開発を背景に積極的な多角化を推進し，火薬企業から総合化学企業へと成長を遂げていた。一方，国内的には，主要化学企業のいずれもが，戦後恐慌の過程で過剰生産設備を抱え込んで，経営効率の悪化に苦慮するなど，国内外にわたって「危機的状況」に瀕していた。

　本章では，こうしたきわめて厳しい状況下において，イギリス主要化学企業の大規模合併の末にICI社が設立された1920年代央から，未曾有の世界大恐慌をはさんで，第2次世界大戦が勃発する1939年に至る時期について，新生ICI社の国内事業展開を，イギリスの景気循環[1]に即して叙述する。

第1節　ICI社の設立と事業再編

　戦後恐慌の衝撃から緩やかに回復に向かっていたイギリスの景気[2]も，1925年の旧平価による金本位制への復帰と，翌1926年のゼネラル・ストライキを契機に落ち込みを見せた。その後，1927年にはいったん回復局面に入り，旧産業の再編・合理化も一定の進展をみせつつあった。だが，1929年秋のニューヨーク証券市場の崩落を待たずして，イギリスの景気にはすでに陰りが差しはじめていた。本節では，1926年のICI社設立から，その事業再編がある程度完了して，成長に向けてきわめて積極的な事業展開を試みる1929年まで

の過程を叙述する。

1　ICI社の設立

　1926年初頭——前年の1925年9月にIGファルベン社が設立され，1926年1月から操業を開始したことを想起されたい——，「危機的状況」に瀕していたイギリス化学産業をめぐって，事態が一挙に動きだした。ミッドランド銀行[3] (The Midland Bank) の会長であったレジナルド・マッケナ (Reginald McKenna, 1863-1943) が，窮状を呈していた「国策会社」としてのブリティッシュ・ダイスタッフズ社を救済するために，当時，ノーベル・インダストリーズ社の会長であり，ブリティッシュ・ダイスタッフズ社の取締役も務めていたハリー・マッガワン (Harry Duncan McGowan, マッガワン卿〔Lord McGowan〕, 1874-1961) に対して，ノーベル・インダストリーズ社による，ブリティッシュ・ダイスタッフズ社の買収を要請したのである (Hardie & Pratt〔1966〕: p. 112；Times〔1962〕: p. 4)。

　しかし，そのマッガワン会長は，ヨーロッパ諸国やアメリカの巨大化学企業との間で競争関係が強化されつつあった状況下では，染料製造企業としてのブリティッシュ・ダイスタッフズ社のみならず，イギリス化学産業全体を防衛することが急務の課題であり，そのためには，より徹底した事業再編ないし企業合併が必要であるとの認識を抱いていた。そこで，マッガワン会長は，イギリス有数の化学企業であったブラナー・モンド社会長のアルフレッド・モンド (Alfred Moritz Mond, 初代メルチェット卿〔the first Lord Melchett〕, 1868-1930) に対して，イギリス化学産業が置かれている状況を鑑みるなら，よりいっそう大規模な合併が必要であるとの提案を行った[4] (Hardie & Pratt〔1966〕: p. 112)。

　その結果，ブリティッシュ・ダイスタッフズ社，ノーベル・インダストリーズ社，ブラナー・モンド社の3社に，さらにユナイテッド・アルカリ社を加えた，主要化学企業4社による合併案が急遽浮上してきた。こうして，1926年夏から秋にかけてのきわめて短い期間のうちに，イギリス化学産業における大規模合併に向けた準備[5]が推進された。そして，早くも同年末の12月7日には，その社名に「帝国」(Imperial) を冠した巨大総合化学企業，ICI社[6]が，設立さ

れる運びとなったのである（Hardie & Pratt［1966］: pp. 112-3; Times［1962］: p. 4）。

ここで，あらためて，なぜこうした主要化学企業4社による大規模合併という結論に至ったのかを振り返ることにしよう。その国内外にわたる事業展開に即してみれば，およそつぎの2点が指摘できよう[7]。

第1に，対外的に見れば，主要国化学企業，とりわけドイツのIGファルベン社に対して強い「脅威」——とくに国際的な企業間競争におけるそれ——を抱きつつも，旧4社のいずれもが，独自に対抗しうる勢力ではありえなかった。したがって，ICI社の設立は，「イギリス化学産業をして，同等の条件下で，他国の類似する大規模グループへの対処を可能ならしめる」（モンドICI社会長，ICI［1927b］: p. 3; *Statist*, 30 Oct. 1926, p. 644）ものであり，「我々は，態様において帝国的であり，また名称においても帝国的」（モンド会長＝マッガワンICI社社長，Reader［1975］: p. 8）であろうと志向するものであった。後述するように（第4章），ICI社は，こうした意図に従って，とりわけイギリス本国ならびに帝国諸地域における事業活動の発展を戦略目的に掲げ，その戦略目的を達成するためには，帝国外諸地域に有する市場を放棄することすら考慮していた。また，そのための戦術として，各社が所有していた海外製造・販売子会社，さらにはIGファルベン社をはじめとした海外主要化学企業との国際合弁事業や国際カルテルを基礎として，こうした企業との「競争」を回避して「協調」を図ることで，これを可能にしようとしていたのである（Reader［1975］: pp. 8-9）。

第2に，国内的に見れば，大戦終結以降，主要化学企業4社——換言するなら，イギリス化学産業それ自体——は，ともに非効率的で過剰な生産設備を抱えて，経営危機に瀕していた。その再建にあたっては，各社の事業再編と合理化——過剰設備の廃棄と効率的設備・事業分野への集中・特化——が不可避となっていた。よって，ICI社を設立することで，各社の「二重あるいは部分的に重複した資本への不必要な支出を抑制し，既存事業の発展や新規事業の創出にとって，商業的・技術的に大いなる効果がもたらされる」（モンド会長[8]，ICI［1927b］: p. 3; *Statist*, 30 Oct. 1926, p. 644）よう，「徹底した再編と集中」（radical reorganization and concentration, Reader［1975］: p. 7）を試みようとしたのである。

なかんずく，持株会社として多額の資金と株式を所有して，合理化と組織化を達成しながらも，経営資源の有効な投資先を見出せずにいたノーベル・インダストリーズ社と，ビリンガム工場のアンモニア合成事業に代表される，成長途上にあった経営資源を所有しつつも，組織化では初期段階にあったブラナー・モンド社 (Reader [1975]: p. 3) の相互の長所を強化して，短所を補完すること[9]が期待されていたのである。

こうした要因に促されて，大規模合併を成し遂げ，設立を果たしたICI社であったが，ここであらためてその資本構成と企業規模を確認しておくことにしよう。ICI社設立時の授権資本額6500万ポンドに対して，発行資本額は5680万2996ポンドにのぼった (Reader [1975]: p. 20)。新会社の株式は，旧4社の株式を，別表 (表3-1) の比率に従って交換するかたちで発行された。資本構成としては，7％累積優先株 (1ポンド) 1621万9306ポンド，普通株[10] (1ポンド) 3109万5555ポンド，後配株 (10シリング〔2分の1ポンド〕) 948万8135ポンドであった (表3-2)。合併時点での旧4社の発行資本額は，ノーベル・インダストリーズ社1772万7160ポンド，ブラナー・モンド社1378万7900ポンド，ユナイテッド・アルカリ社644万9050ポンド，ブリティッシュ・ダイスタッフズ社477万5580ポンドで，合計額4273万9690ポンド (*Economist*, 30 Oct. 1926, p. 721) であったから，ICI社株への交換にあたっては，およそ1400万ポンドもの「水増し」(Watering, Fitzgerald [1927]: p. 101) が行われていたことになる。

さらに，こうしたICI社の株式所有構造についても触れておけば，1930年代初頭の株主数は，法人，個人を併せて，12万5000にのぼっており，相当程度，株式所有の分散が進行していたといえる (Fox [1934]: p. 12)。また，ICI社と銀行の関係を見てみると，「ドイツ金融資本」の規定[11]とは異なり，むしろ逆に，ICI社の経営陣が，当時のイギリス「5大銀行」をはじめとした主要銀行の取締役会に参与する[12]形態をとっていたことがわかる (Fox [1934]: p. 11)。ICI社株を5万ポンド以上所有していた法人を一覧すれば (表3-3)，その多くが銀行ではあったものの，ほとんどが「名義人」(Nominees) という形態をとっていたことがわかる。推測するところ，いずれの場合も，銀行が，法人ないし個人が所有する株式を取りまとめる役割を果たしていたものと思われる。よって，

表3-1　旧4社とICI社の株式交換比率（1926年）

旧会社	旧株式		新株式
Brunner, Mond & Co. Ltd.	7$^{1/2}$％累積優先株（£1）4株	→	7％累積優先株（£1）5株
	普通株（£1）2株	→	普通株（£1）3株
	普通株（£1）2株	→	後配株（10s.）2株
Nobel Industries Ltd.	6％累積優先株（£1）1株	→	7％累積優先株（£1）1株
	普通株（£1）2株	→	普通株（£1）3株
	普通株（£1）2株	→	後配株（10s.）2株
	後配株（£1）4株	→	普通株（£1）3株
	後配株（£1）4株	→	後配株（10s.）2株
United Alkali Co. Ltd.	7％累積優先株（£1）1株	→	7％累積優先株（£1）1株
	普通株（£1）2株	→	普通株（£1）3株
	普通株（£1）3株	→	後配株（10s.）1株
British Dyestuffs Corp. Ltd.	普通株（£1）20株	→	7％累積優先株（£1）8株
	普通株（£1）20株	→	普通株（£1）8株
	普通株（£1）40株	→	後配株（10s.）1株

出所：Reader［1975］：p. 20；*Statist*, 6 Nov. 1926, pp. 683-4 より作成。

表3-2　ICI社の資本構成（1926年）

株式	発行株式数	発行資本額
	株	£
7％累積優先株（£1）	16,219,306	16,219,306
普通株（£1）	31,095,555	31,095,555
後配株（10s.）	18,976,270	9,488,135
合計		56,802,996

出所：Reader［1975］：p. 20；*Statist*, 6 Nov. 1926, pp. 683-4 より作成。

銀行が，株式所有を背景としてICI社を支配するという，「銀行による産業の支配」あるいは「銀行と産業の癒着」を見出すことは，困難であったといわざるをえない。

　むしろ，こうした銀行を含めた法人，個人の株主のうち，最大の株式所有額を誇っていたのは，ブラナー・モンド社の設立に大きく関わっていた「産業企業」としてのソルヴェー社であり，1935年時点でのその株式所有額は，278万6020ポンドにのぼっていた。ソルヴェー社に次ぐ規模のスコットランド・ユ

表3-3 ICI社株保有額50,000ポンド以上の法人[1]（1935年）

株主名	優先株	普通株	後配株	合計額
	£	£	£ s.	£ s.
Bank of Scotland Edinburgh Nominees Ltd.	8,417	37,008	10,054.—	55,479.—
Bank of Scotland Glasgow Nominees Ltd.	53,501	69,862	17,244.10	150,607.10
Bank of Scotland London Nominees Ltd.	—	7,541	566.—	72,107.—
Barclays Nominees (Branches) Ltd.	23,853	92,320	31,563.10	147,736.10
Barings Nominees Ltd.	15,290	105,406	14,608.10	135,304.10
Bishopsgate Nominees Ltd.	13.625	58,114	3,385.—	75,124.—
Branch Nominees Ltd.	4,863	53,059	15,363.—	73,285.—
British Linen Bank Glasgow Nominees Ltd.	2,723	41,977	12,917.10	57,617.10
Clydesdale Bank Ltd.	22,654	91,952	26,910.10	141,516.10
Commercial Bank of Scotland (Glasgow) Nominees Ltd.	8,920	55,043	22,347.—	86.310.—
Commercial Bank of Scotland (London) Nominees Ltd.	4,860	75,015	11,055.—	90,930.—
Commercial Bank of Scotland (Edinburgh) Nominees Ltd.	9,258	56,108	16,061.—	81,427.—
Control Nominees Ltd.	2,925	85,723	9,475.—	98,123.—
Cushion Trust Ltd.	200	77,062	1,782.10	79,044.10
Glasgow Nominees Union Bank of Scotland Ltd.	27,444	128,985	21,428.10	177,857.10
Glasgow Office Royal Bank of Scotland Nominees Ltd.	7,151	40,729	14,905.—	62,785.—
Guaranty Nominees Ltd.	200	79,836	8,870.—	88,906.—
Lloyds Bank City Office Nominees Ltd.	14,236	52,469	11,737.—	78,442.—
Lloyds Bank of Branches Nominees Ltd.	599	100,739	200.—	101,538.—
London Nominees Union Bank of Scotland Ltd.	150,296	173,264	4,853.10	328,413.10
London Office Royal Bank of Scotland Nominees Ltd.	4,550	120,028	9,605.10	134,183.10
Messrs. Peter Spence & Sons Ltd.	—	50,654	1,628.10	52,282.10
Midland Bank (Overseas) Nominees Ltd.	2,957	80,164	7,199.—	90,320.—
Midland Bank (Princes St.) Nominees Ltd.	5,218	39,946	11,618.—	56,782.—
Midland Bank (Threadneedle St.) Nominees Ltd.	2,106	30,311	27,597.—	60,014.—
Midland Bank Executor & Trust Co. Ltd.	10,500	51,750	—	62,250.—
Morgan Nominees Ltd.	400	51,171	2,500.—	54,071.—
National Bank of Scotland Edinburgh Nominees Ltd.	13,799	51,378	11,678.10	76,850.10
National Bank of Scotland Glasgow Nominees Ltd.	8,754	57,288	17,333.—	87,375.—
North of Scotland Bank Aberdeen Nominees Ltd.	9,401	48,154	12,769.—	70,324.—
Pearl Assurance Co. Ltd.	42,700	23,750	—	66,450.—
Prudential Assurance Co. Ltd.	344,117	162,867	29,273.—	536,257.—
Royal Bank of Scotland Edinburgh Nominees Ltd.	5,198	60,240	15,600.—	81,038.—
Royal London Mutual Insurance Society Ltd.	85,000	—	—	85,000.—
Scottish Widows Fund & Life Assurance Co.	100,000	—	—	100,000.—
Solvay et Cie.	—	2,486,020	300,000.—	2,786,020.—
Standard Life Assurance Co.	100,000	—	—	100,000.—
Strand Nominees Ltd.	2,230	25,305	22,657.—	50,192.—
Swiss Bank Corporation (London Office Nominees) Ltd.	2,520	168,484	15,282.—	186,286.—
Wost Nominees Ltd.	5,664	133,489	28,276.10	167,429.10

註1：報告によると，法人名でICI Ltd. 株を所有していた数は1,337社で，その所有総額は£10,868,675であった。このうち所有額が£50,000以上の法人は本表にあげた40社で，総額は£7,071,679；£5,000～£50,000の法人が180社で，総額£2,753,605.10；£5,000以下の法人が1,117社で，総額£1,043,390.10であった（GBT［1935］：State. H）。

出所：GBT［1935］：State. H より作成。

ニオン銀行ロンドン名義人（London Nominees Union Bank of Scotland Ltd.）の所有額ですら，32万8413ポンド10シリングと，ソルヴェー社の所有額に比較すれば，9分の1程度にすぎないなど，ソルヴェー社の株式所有額が，他の法人株主の所有額を圧倒していた（表3-3）。また，ICI社関係者を含めた個人投資家の所有額も，せいぜい数千ポンド程度にすぎず（Fox［1934］：pp. 12-3），少なくとも，入手しうる文献・資料によるかぎり，株式所有を背景としてICI社に支配力を及ぼしうる，銀行をはじめ，法人ないし個人投資家は見出せなかった。

つぎに，ICI社の規模を，国内外の企業と比較してみることにしよう。1927年の使用資本額が7280万ポンド，売上高が2690万ポンド，雇用者数が4万7000人（後掲 表3-9）で，イギリス帝国内の工場数が89ヵ所，イギリスおよびアイルランド自由国内の各都市に設置された営業所数が273ヵ所，多種多様なICI社製品を取り扱う製品保管施設数が500ヵ所以上（ICI［1927a］：p. 7）にのぼり，イギリス化学産業の純産出高に占める比重も40％（Hays［1973］：p. 17）に達していた。まさに，ICI社の設立は，「両大戦間期の製造業における最大の合併」（Hannah［1983］：p. 70. 訳書86頁）によるものであった。

ICI社の規模を，「1930年のイギリス製造業最大30社」（表3-4）で確認するなら，推定市場価格1億3200万ポンドのユニリーヴァ社（Unilever Ltd.，食品，1929年），1億3050万ポンドのインペリアル・タバコ社（Imperial Tobacco Co. Ltd.，タバコ，1901年）に次いで，ICI社が7730万ポンドで，第3位に躍り出たことになる。国内的に見れば，化学産業のみならず，産業（製造業）全体においても，ICI社は，揺ぎなき地位を確立したといってよい。

さらに，ICI社の規模を世界の主要化学企業と比較するなら，発行資本額では，ICI社のそれが，IGファルベン社設立時の6億4600万ライヒスマルク（3230万ポンド）を大きく上回っていた。その後，1926年9月にIGファルベン社が増資を行った末に，11億ライヒスマルク（5240万ポンド）（工藤［1999a］：86, 167頁）となって，ようやくICI社と肩を並べる規模に達したにすぎなかった。また，1929年の総資本額による比較では，ICI社が1928年から1929年にかけて増資を行ったこともあって，1億249万ポンドとなり，9467万ポンドのデュポン社，8243万ポンドのIGファルベン社を抑えて，世界最大規模の化学企業

表3-4　イギリスの製造業最大30社[1]（1930年）

(単位：£100万)

会社名	産業	推定市場価格
Unilever	食品	132.0
Imperial Tobacco	タバコ	130.5
Imperial Chemical Industries	化学	77.3
Courtaulds	繊維（レーヨン）	51.9
J. & P. Coats	繊維	47.4
Distillers	飲料	45.5
Guinness	飲料	43.0
Dunlop Rubber	ゴム	28.2
Allied Newspapers	出版	27.6
Ford Motor Company（U. S. Ford 子会社）	自動車	21.2
Guest Keen & Nettlefold	金属・機械	20.3
Vickers	造船・機械	19.6
Watney Combe Reid	飲料	18.5
Daily Mail Trust	出版	15.6
General Electric Company	電気機器	14.5
Associated Portland Cement	建設資材	13.9
Reckitt & Sons	化学	13.4
Bass Ratcliffe Gretton	飲料	13.3
Boots Pure Drug（Liggett Int'l 子会社）	化学	12.8
Turner & Newall	アスベスト	12.6
J. Lyons	食品	12.1
Babcock & Wilcox	機械	11.0
Bovril	食品	10.8
British Cocoa & Chocolate（Cadbury-Fry）	食品	10.3
Mond Nickel（Int'l Nickel 子会社）	金属	10.3
Carreras	タバコ	10.0
Walker-Cain	飲料	10.0
Mitchells & Butler	飲料	9.9
Associated Electrical Industries（Int'l GE 子会社）	電気機器	9.8
Dorman Long	金属	9.8

註 1：原表は，「イギリスの製造業最大50社」であったが，本表では，31位から50位の企業を割愛した．詳細については，原表を参照．
出所：Hannah［1983］：Tab. 8.1. 訳書 8.1 表より作成．

表3-5　主要国化学企業の比較（1929年）

（単位：£100万[1]）

会社名	国	総資本	設備	利益
ICI Ltd.	イギリス	102.49	48.98	5.76
E. I. du Pont de Nemours & Co. Inc.	アメリカ	94.67	90.33	15.96
IG Farbenindustrie AG	ドイツ	82.43	41.49	5.10
Allied Chemical and Dye Corp. Inc.	アメリカ	72.94	47.90	6.16
Montecatini Co.	イタリア	13.55	7.73	1.04
La Cie. de Saint-Gobain	フランス	10.22	7.35	0.53

註1：原資料は，ドルで表記されていたが，「凡例」の「通貨換算率表」に基づいて換算。
出所：Plumpe［1990］：S. 184.

へと躍進したことになる（表3-5）。

とはいえ，1927年の売上高，雇用者数で比較するならば，IGファルベン社が12億6940万ライヒスマルク（6350万ポンド，表1-9），9万4000人（雇用者数は1926年，工藤［1999a］：表2-4）で，ICI社の2690万ポンド，4万7000人（後掲表3-9）をはるかに凌駕していた。また，1929年の設備額，利益額で比較しても，デュポン社が9033万ポンド，1596万ポンドで，ICI社の4898万ポンド，576万ポンドを圧倒していた（表3-5）。

いずれにしても，比較する指標や年度によって相異がみられ，主要国化学企業の規模や，ましてその「力関係」を単純に比較することなどできない。それでも，1920年代後半の世界化学産業において，ICI社，デュポン社，IGファルベン社の3社が，他社を抑えて，群を抜いた地位にあり，この3社による「寡占」状態が成立していたことは疑う余地もない。したがって，ようやく設立を果たしたICI社にとって，デュポン社とIGファルベン社という存在は，十分な競争力をもった「脅威の的」であったにちがいない。

2　ICI社の事業再編

こうして設立されたICI社は，首都ロンドンの中心部，ミルバンク（Millbank），テムズ川河畔の，イギリス国会議事堂にもほど近い，まさにイギリスの政治と経済の中枢といってもよい場所に，本拠としてのインペリアル・ケミカル・ハウス（Imperial Chemical House）を構え，これを「管制塔」として，同社の世界

的規模での経営戦略を見渡すことになった。その「本社」としてのイギリス本国のICI社であるが，同社自体は，持株会社[13]という形態を採用し，当初は旧4社を子会社として傘下に収めていた。そして，従来どおりの形態で個々の事業を管理・運営しつつ，積極的な企業の買収・設立を基礎に[14]，非効率的な工場・生産設備の閉鎖・廃棄と効率的な工場・生産設備への特化・集中・再編を断行することになった。

すでに，ICI社設立直前の1926年，将来に向けて，まずは大規模合併に至る最大の要因でもあった染料事業分野をより強化するために，ブリティッシュ・ダイスタッフズ社によって，同分野の大手企業であったスコティッシュ・ダイズ社の支配権が取得され，その後，1928年にはICI社によって完全に吸収された（Fox［1987］：p. 173）。さらに，ICI社設立後の1927年には，ブラナー・モンド社が，広範な需要を有するシアン化ナトリウム製造企業のカッセル・サイアナイド社（Cassel Cyanide Co. Ltd., 1884年）を買収した（Hardie & Pratt［1966］：p. 138）。翌1928年には，とくに非鉄金属事業の強化にあたり，既存の冷間加工工程（cold-worked processes）に対して，比較的脆弱であった熱間加工工程（hot-worked processes）を確立するために，エリオッツ・メタル社（Elliott's Metal Co. Ltd.），ブリティッシュ・カパー・マニュファクチャラーズ社（British Copper Manufacturers Co. Ltd.）などが取得され，1929年になると，非鉄金属チューブ製造企業のアレン・エヴェリット社（Allen Everitt & Sons Ltd.）も買収された（ICI［1927a］：p. 23；ICI, *Ann. Rep.*, 1928, p. 7；Reader［1975］：p. 14）。

こうして，ほぼ1928年には，事業の再編と合理化に向けた企業の買収を終え，非鉄金属事業をはじめとした集中・統合も完了した。さらに，同年9月末には，持株会社としてはほとんど機能を果たすことのなかったノーベル・インダストリーズ社も正式に解体され，新生ICI社の組織再編が整った（ICI, *Ann. Rep.*, 1928, p. 11）。

1929年央には，ICI社の管理[15]のもとで，旧4社の国内事業が8グループ——1931年に各グループが子会社へと移行し（子会社への移行後も「グループ」（Group）の名称を使用[16]），さらに1944年にはグループ＝子会社は，「事業部」（Division）となる——に再編された。すなわち，

（1）アルカリ・グループ（Alkali Group）
（2）一般化学製品グループ（General Chemicals Group）
（3）肥料・合成製品グループ（Fertilizer and Synthetic Products Group）ないし通称「ビリンガム・グループ」（Billingham Group）
（4）石灰グループ（Lime Group）
（5）染料グループ（Dyestuffs Group）
（6）爆薬グループ（Explosives Group）
（7）金属グループ（Metals Group）
（8）塗料・人造皮革グループ（Paints and Leather Cloth Group）

である（表3-6, 3-7）。

また，これら各グループ（ないし子会社）は，さらにその傘下に各事業分野の化学企業を子会社ないし関連会社として所有しており（表3-8 (a), 3-8 (b)），

表3-6　ICI社のグループ・子会社への事業再編（1929～1933年）

グループ名[1]	旧事業名	子会社名[2]
アルカリ	Brunner, Mond & Co. Ltd. 各事業 United Alkali Co. Ltd. 傘下 　アンモニア・ソーダ工場（Fleetwood 工場）	ICI (Alkali) Ltd.
染　料	British Dyestuffs Corp. Ltd. 各事業	従来の名称を継承
爆　薬	Nobel Industries Ltd. 各事業	ICI (Explosives) Ltd.
肥料・合成製品 （ビリンガム）	Brunner, Mond & Co. Ltd. 傘下 　Synthetic Ammonia and Nitrates Ltd.	ICI (Fertilizer and Synthetic Products) Ltd.
一般化学製品	United Alkali Co. Ltd. 各事業 Brunner, Mond & Co. Ltd. 傘下 　Castner-Kellner Alkali Co. Ltd. 電解法ソーダ事業 　Chance and Hunt Ltd. アンモニア合成・種酸事業 　Cassel Cyanide Co. Ltd. 各事業	ICI (General Chemicals) Ltd.
人造皮革	Nobel Industries Ltd. 各事業	ICI (Rexine) Ltd.
石　灰	Brunner, Mond & Co. Ltd. 各事業	ICI (Lime) Ltd.
金　属	Nobel Industries Ltd. 各事業	ICI (Metals) Ltd.

註1：1935年，新グループとして，セルロース製品・ペイント・グループ（Cellulose Products and Paints Group）を設立。1936年には，同グループを，ペイント・ラッカー・グループ（Paint and Lacquer Group）と改称し，さらに新グループとして，プラスチック・グループ（Plastics Group）を，また1938年には，塩製品グループ（Salt Group）を設立。
　2：1933～36年にかけて，Croydon Mouldrite Ltd. を買収して，1938年に ICI (Plastics) Ltd. を設立し，1935年に Nobel Chemical Finishes Ltd. を完全子会社とし，1940年に ICI (Paints) Ltd. を，1942年に ICI (Pharmaceuticals) Ltd. をそれぞれ設立。
出所：Hardie & Pratt [1966]: pp. 114-5, 299-301; ICI, *Ann. Rep.*, 1935-39 より作成。

表3-7 ICI社のグループ別主要製品（1934年）

グループ	製品
アルカリ	塩化アンモニウム，塩化カルシウム，苛性ソーダ，炭酸ナトリウム，結晶ソーダ，重炭酸ナトリウム，珪酸ナトリウム，他
染料	染料，中間体および補助製品，有機化学製品，ゴム化学製品，農薬
爆薬	発破用爆薬，発破用火薬，コルダイトおよび無煙発射火薬，起爆薬，銃用火薬，メチル・エーテル，硝化綿，緩燃導火線
肥料・合成製品（ビリンガム）	無水アンモニア，硝酸アンモニウム，硫酸アンモニウム，人造石油，ドリコルド，メタノール，硝酸，窒素肥料，硝酸ナトリウム
一般化学製品	酸（無機酸および有機酸），漂白素材，塩素製品，シアン化物，塩，ナトリウム化合物，金属ナトリウム，硫黄化合物，過燐酸塩
人造皮革	人造皮革，ゴム加工生地
石灰	セメント，石灰，消石灰，石灰石，建築用ブロック，壁土
金属	弾薬（スポーツ用および軍事用），キャブレター，ライトニング・ファスナー，オートバイおよび自転車，非鉄金属および合金片・板・棒・ワイヤー，ラジエーター

出所：ICI, *Ann. Rep.,* 1934, pp. 24-5 より作成。

ICI社が製造・販売する製品は，きわめて広範な分野にわたっていた（表3-7）。とりわけ，アルカリ，塩素，塩酸，硝酸，金属ナトリウム，合成アンモニア，染料，爆薬などの主要化学製品分野については，イギリス国内において，ICI社が「独占」的地位を確立するなど（Aftalion [1988]：p. 179. 訳書230頁；Hardie & Pratt [1966]：pp. 114-5），同社は，国内外を問わず有数の巨大コンバインを形成するに至ったのである。

さらに，こうした国内事業と双璧をなす国際事業についても簡単に触れておくことにしよう。ICI社の設立にともない，旧4社が海外に所有していた子会社および合弁会社も，その傘下に入って統合・再編された。その詳細は後述するが（第6章），ICI社の国際事業は，主としてノーベル・インダストリーズ社およびブラナー・モンド社のそれを継承したものであった。

すでに叙述したように（第2章 第2節 2），ノーベル・インダストリーズ社は，従来から「多国籍企業」として，爆薬を中心に各種製品の現地生産事業を展開していた。イギリス帝国を構成するオーストラリアには，ノーベル（オーストラレイシア）社（Nobel (Australasia) Ltd.）を擁していたが，ICI社の設立後，ノーベル（オーストラレイシア）社は，ブラナー・モンド社のオーストラリア販売

表3-8（a）　ICI社の子会社・関連会社：主要グループ（1935年）

会社名	株式名	発行資本額	所有額	所有比率
		£[1]	£[1]	%
アルカリ・グループ				
1. ICI (Alkali) Ltd.	普通株	14,197,965	14,197,965	100.0
同上	抵当貸付	83,341	—	—
一般化学製品グループ				
1. ICI (General Chemicals) Ltd.	普通株	5,077,740	5,077,740	100.0
a) Buitron CA	普通株	Pts.2,500,000	Pts.2,500,000	100.0
同上	無記名株	Pts.7,500,000	Pts.7,500,000	100.0
b) Cassel Cyanide Ltd.	普通株	352,500	352,500	100.0
c) Castner-Kellner Alkali Co. Ltd.	普通株	1,000,000	1,000,000	100.0
d) Chance and Hunt Ltd.	5%優先株	140,000	23,220	16.6
同上	普通株	140,000	125,080	89.3
2. Chemical and Metallurgical Corp.	8%優先株	100,000	100,000	100.0
同上	普通株	112,608	112,608	100.0
a) English Gelatine and Phosphates	普通株	43,919 [2]	43,919 [2]	100.0
b) English Glue Manufacturers	普通株	4	4	100.0
3. Cwmbran Chemical	普通株	50,000	50,000	100.0
染料グループ				
1. British Dyestuffs Corp. Ltd.	普通株	4,775,580	4,775,580	100.0
a) Emco Dyestuffs Ltd.	普通株	3	3	100.0
2. British Alizarine Ltd.	普通株	532,000 [3]	532,000 [3]	100.0
a) British Synthetics	5%優先株	6,000	6,000	100.0
同上	普通株	1,000	1,000	100.0
3. Scottish Dyes Ltd.	普通株	316,002	316,002	100.0
4. Soledon	普通株	4,608	4,608	100.0
5. Oliver Wilkins & Co. Ltd.	普通株	24,370	24,370	100.0

表3-8（a）　ICI社の子会社・関連会社：主要グループ（1935年）（続き）

会社名	株式名	発行資本額	所有額	所有比率
		£[1]	£[1]	%
肥料・合成製品グループ				
1. ICI (Fertiliser and Synthetic Products) Ltd.	普通株	5,802,967	5,802,967	100.0
同上	社債	1,370,200[4]	—	—
a) Azamon	普通株	Pts.15,000,000	Pts.15,000,000	100.0
2. Refrigeration Patents	普通株A	1,110	—	—
同上	普通株B	1,890	1,890	100.0
同上	後配株	1,000	630	63.0
石灰グループ				
1. ICI (Lime) Ltd.	普通株	807,780	807,780	100.0
同上	社債	2,100[5]	—	—
a) Casebourne & Co. (1926)	普通株	400,000	400,000[6]	100.0
人造皮革グループ				
1. ICI (Rexine) Ltd.	6%優先株	99,931	2,773	2.8
同上	10%優先株	99,955	2,925	2.9
同上	普通株	814,104	814,104	100.0
金属グループ				
1. ICI (Metals) Ltd.	5%非課税優先株	500,000	497,501	99.5
同上	普通株	4,296,750	4,296,750	100.0
a) Allen Everitt & Sons Ltd.	6%優先株	100,000	100,000	100.0
同上	普通株	200,000	200,000	100.0
b) British Copper Manufacturers Ltd.	普通株	1,500,000	1,500,000	100.0
c) Broughton Copper Co.	普通株	475,000	475,000	100.0
d) Bibby Sons & Co.	普通株	8	8	100.0
* Robert & Co. (Garston)	普通株A, B	20,000[7]	3,159[7]	15.8
e) Elliott's Metal Co. Ltd.	普通株	1,500,000	1,500,000	100.0
f) Excelsior Motor Radiator Co. Ltd.	普通株	50,000	50,000	100.0
g) Fermeture Eclair	普通株	S.Frs.1,000,000	S.Frs.1,000,000	100.0
h) Fermeture Jac	普通株	S.Frs.100,000	S.Frs.100,000	100.0
i) John Marston Ltd.	普通株	103,000	103,000	100.0
j) Lightning Fasteners Ltd.	普通株	13,428	10,772	80.2
k) Robert & Co. (Garston)	普通株A, B	20,000[7]	13,672[7]	68.4
2. Amal Ltd.	7.5%優先株	133,893	62,376	46.6
同上	普通株	181,695	109,561	60.3
3. Zipp Werk GmbH	普通株	RM250,000	RM250,000	100.0

表3-8 (a)　ICI社の子会社・関連会社：主要グループ（1935年）（続き）

会社名	株式名	発行資本額 £[1]	所有額 £[1]	所有比率 %
爆薬グループ				
1. ICI (Explosives) Ltd.	普通株	4,992,872	4,992,872	100.0
a) Bickford Smith & Co. Ltd.	普通株	200,000	200,000	100.0
b) British Electric Detonator Ltd.	普通株	6,000	5,975	66.6
c) British Westfalite Ltd.	普通株	10,007	100,007	100.0
d) Curtis's and Harvey Ltd.	普通株	428,250	428,250	100.0
e) Irvine Harbour Co.	6％優先株	22,000	19,755	89.8
同上	普通株	23,000	19,995	86.9
f) R. and T. Jack & Co. Ltd.	普通株	10,000	10,000	100.0
g) Lancashire Explosives Ltd.	6％優先株	5,000	5,000	100.0
同上	普通株	7,500	7,472	99.6
h) Liverpool Magazines	普通株	16,300	16,300	100.0
i) Nobel's Explosives Co. Ltd.	5％優先株	1,000,000	1,000,000	100.0
同上	普通株	3,000,000	3,000,000	100.0
j) Patent Electric Shot Firing Co. Ltd.	普通株	10,000	10,000	100.0
k) Roburite and Ammonal Ltd.	10％優先株	62,500	62,500	100.0
同上	普通株	78,340	78,340	100.0
l) Sedgwick Gunpowder Co. Ltd.	普通株	30,000	30,000	100.0
m) W. H. Wakefield & Co. Ltd.	普通株	75,000	75,000	100.0
n) Alex. Walker & Co. Ltd.	普通株	60,000	60,000	100.0
o) Successors to T. F. Wood	普通株	10,000	10,000	100.0
2. Cooke's Explosives	普通株	50,000	37,500	75.0
a) Cooke's Explosives Shipping	普通株	2,500	2,500	100.0
3. Mine Safety Explosives	普通株	31,000	23,230	74.9
4. Northern Sabulite	普通株	45,000	45,000	100.0

註 1：特記しないかぎりポンド。なお、Pts. はペセタ、S.Frs. はスイス・フラン。
　 2：£33,519分は、£1株完全払い込み；£10,400分は、£1株に対して10s. 払い込み。
　 3：£232,000分は、£1株完全払い込み；£300,000分は、£1株に対して15s. 払い込み。
　 4：1935年2月に概算で£125,000の株式を発行し、払戻しを行う予定。
　 5：払戻し済み。
　 6：ICI (Fertiliser and Synthetic Products) Ltd. が所有。
　 7：Robert & Co. (Garston) の発行資本£20,000のうち、Bibby Sons & Co. が£3,159、ICI (Metals) Ltd. が£13,672を所有し、両社の所有額は、併せて£6,7831、84.2％となる。
出所：GBT [1935]：State. G；*Economist*, 19 Jan. 1935, p. 133 より作成。

表3-8（b）　ICI社の子会社・関連会社：その他のグループ（1935年）

会社名	株式名	発行資本額 £[1]	所有額 £[1]	所有比率 %
Scottish Agricultural Ltd. 関連				
1. Scottish Agricultural Industries Ltd.	6%優先株	577,235	—	—
同上	普通株	822,226	551,443	67.1
同上	後配株	252,522	—	—
a) Aberdeen Commercial Co.	普通株	100,000[2]	10,000[2]	100.0
b) Alex. Cross & Sons	普通株	266,000	266,000	100.0
c) Barclay, Ross and Hutchinson	6%累積優先株	7,500	7,500	100.0
同上	普通株	12,500	12,500	100.0
d) Cross Chemical	普通株	25,000	25,000	100.0
i) Nutrimol Feed	普通株	15,000	15,000	100.0
e) J. and J. Cunningham Ltd.	5%優先株	180,000	180,000	100.0
同上	普通株	220,000	220,000	100.0
i) Cunningham (London)	普通株	20,000	19,750	98.8
* John Adams & Son	普通株	4,000	3,300	82.5
ii) William Pattullo & Co.	普通株	3,000	3,000	100.0
iii) Robt. Hart Anderson	普通株	3,000	3,000	100.0
iv) Neptune Mills	普通株	1,700	1,700	100.0
f) Daniel Wylie & Co.	普通株	127,250	127,250	100.0
g) John Millar & Co. (Aberdeen)	普通株	165,000	165,000	100.0
h) Tennant, Charles & Co. of Carnoustie Ltd.	普通株	60,000	60,000	100.0
b, e)				
i) Banff and Moray Agricultural	普通株	20,000	20,000[3]	100.0
ii) Highland Agricultural	普通株	25,000	25,000[3]	100.0
iii) John Milne & Co.	普通株	45,000	45,000[3]	100.0
Lighting Trades Ltd. 関連				
1. British Thorium	普通株	2	2[4]	100.0
2. Lighting Trades Ltd.	10%優先株	171,374	171,374[4]	100.0
同上	普通株	17,650	17,650[4]	100.0
a) F. H. Taylor & Co.	普通株	2,883	2,883[5]	100.0
b) J. and W. B. Smith	普通株	60,004	60,004[5]	100.0
3. Welsbach Light Co.	普通株	257,925	257,125[4]	99.7
a) B. Cars	普通株	19,000	19,000[6]	100.0
b) New Sunlight Incandescent	普通株	100	100[6]	100.0

表3-8 (b)　ICI社の子会社・関連会社：その他のグループ（1935年）（続き）

会社名	株式名	発行資本額 £[1]	所有額 £[1]	所有比率 %
Nobel Chemical Ltd. 関連				
1. Nobel Chemical Finishes Ltd.	6%優先株	150,000	150,000 [4]	100.0
同上	普通株	650,000	331,500 [4]	51.0
a) Fredk. Crane Chemical Co. Ltd.	普通株	11,242	11,242 [7]	100.0
その他の会社				
1. Alfloc	普通株	5,000	2,550 [8]	51.0
2. Arthur and Hinshaw	7%優先株	55,000	55,000 [4]	100.0
同上	普通株	30,000	30,000 [4]	100.0
3. Bickford & Co. AG	普通株	AS1,010,000	AS1,010,000 [9]	100.0
4. Fabrica Uruguaya de Cartuchos	普通株	G.$80,000	G.$80,000 [4]	100.0
5. Finance Co. of GBA	普通株	1,500,000	1,500,000 [4]	100.0
同上	後配株	10,000	10,000 [4]	100.0
6. Game and Gun	普通株	5,000	5,000 [4]	100.0
7. ICI Estates Ltd.	普通株	10,000	10,000 [4]	100.0
同上	社債	1,261,920	—	—
8. ICI Savings Bank	普通株	2,000	2,000 [4]	100.0
9. ICI New York	普通株	$1,000	$1,000 [4]	100.0
10. ICI Saving Bank	普通株	2,000	2,000 [4]	100.0
11. IC Insurance	普通株	50,000	50,000 [4]	100.0
12. Industrial Housing (No 2)	普通株	86,345	10,787 [10]	12.49
同上	普通株	—	3,473 [8]	4.02
同上	普通株	—	58,740 [11]	68.03
同上	普通株	—	4,928 [12]	5.71
同上	普通株	—	5,823 [13]	8.74
13. Industrial Housing (No 3)	普通株	29,628	700 [4]	2.36
同上	普通株	—	1,088 [8]	3.67
同上	普通株	—	25,423 [11]	85.1
同上	普通株	—	2,416 [12]	8.16
14. Lancashire Public House Trust	普通株	5,908 [14]	4,317 [4]	73.1
同上	社債	20 [14]	—	—
15. Mouldrite Ltd.	普通株	75,000 [15]	49,950 [4]	66.6
16. North America Chemicals	普通株	$4,000	$4,000 [16]	100.0
17. Paper Goods Manufacturing Ltd.	普通株	15,000	15,000 [4]	100.0

表3-8 (b)　ICI社の子会社・関連会社：その他のグループ（1935年）（続き）

会社名	株式名	発行資本額	所有額	所有比率
		£[1]	£[1]	%
18. Portland Glass Ltd.	6%非累積優先株	66,109	63,134 [4]	95.5
同上	普通株	17,749	10,656 [4]	60.0
19. Steatite and Porcelain Products Ltd.	7%累積優先株	120,000	98,900 [4]	82.4
同上	7.5%第2累積優先株	14,000	7,500 [4]	53.6
同上	普通株	60,000	37,024 [4]	61.7
同上	社債	30,000	24,700 [4]	82.3
20. Thames House Estate	普通株	1,000,000	575,000 [4]	57.5

註1：特記しないかぎりポンド。なお、ASはオーストリア・シリング、G.$はゴールド・ペソ。
　2：£20,000分は、£5株に対して£2払い込み。
　3：Cross Chemical と Cunningham J. and J. Ltd. が50％ずつ均等所有。
　4：ICI Ltd. が所有。
　5：Lighting Trades Ltd. が所有。
　6：Welsbach Light Co. が所有。
　7：Nobel Chemical Finishes Ltd. が所有。
　8：ICI (Alkali) Ltd. が所有。
　9：ICI Ltd. が AS420,000、Lightning Fasteners Ltd. が AS590,00 を所有。
　10：Castner-Kellner Alkali Co. Ltd. が所有。
　11：ICI (Fertilizer and Synthetic Products) Ltd. が所有。
　12：ICI (Lime) Ltd. が所有。
　13：Steatite and Porcelain Products Ltd. が所有。
　14：£5,908分は、£1株に対して15s. 払い込み；£20分は、£5後配株に対して1s. 払い込み。
　15：£50,000分は、£1株完全払い込み；£25,000分は、£1株に対して10s. 払い込み。
　16：ICI (General Chemicals) Ltd. が所有。
出所：GBT［1935］：State. G；*Economist*, 19 Jan. 1935, p. 133 より作成。

　子会社を吸収して，1929年には，製造子会社，インペリアル・ケミカル・インダストリーズ・オヴ・オーストラリア・アンド・ニュージーランド社（Imperial Chemical Industries of Australia and New Zealand Ltd.：ICIANZ社）として再スタートを切った。また，カナダには，「盟友」であったデュポン社との合弁による爆薬製造企業として，カナディアン・エクスプローシヴズ社を擁していたが，1927年には，爆薬企業から総合化学企業への脱皮を図るべく，その社名をカナディアン・インダストリーズ社に変更した。また，南アフリカには，現地鉱山会社との合弁による爆薬製造企業として，AE＆I社を，イギリス帝国を構成してはいなかったものの，イギリスとは密接な関係にあった「非公式帝国」としてのチリには，カナディアン・インダストリーズ社と同様に，やはりデュポン社との合弁による爆薬製造企業として，南アメリカ爆薬社を擁してい

た。これら広範な地域にわたる合弁による生産事業も，ICI社の設立にともなって，従来どおり継承された（第6章）。

　一方，ブラナー・モンド社の場合，主として海外販売子会社を通じてアルカリ製品を中心に各種化学製品を輸出していた。ブラナー・モンド社は，合併時点で，イギリス帝国諸地域を中心に，オーストラリア，カナダ，インド，中国，日本などに販売子会社を所有していたが，オーストラリアを除いて，いずれの事業も，従来のままICI社に継承された。「基本的」には，これら海外販売子会社を通じて，イギリス本国で生産されたアルカリ製品，さらには窒素肥料や染料などの各種製品の帝国内外市場に向けた輸出が行われていた。ただし，ブラナー・モンド社としては，きわめて「例外的」に，アフリカ東部のケニアに，アルカリ製品製造企業として，マガディ・ソーダ社を所有していた。ブラナー・モンド社は，このマガディ・ソーダ社を通じて，オーストラリアや極東市場に向けたアルカリ製品の生産・輸出を行っていたが，同社の事業もまた，ICI社の設立にともなって，従来と同様に継承された（Reader［1970］：pp. 343-4, 473；第5章 第2節）。

　こうした現地生産ならびに輸出を通じた国際事業を継承することは，ノーベル・インダストリーズ社およびブラナー・モンド社がそれぞれ展開していた，国際経営戦略としての国際カルテルをも継承することにほかならなかった。これら旧2社の国際カルテル活動を，1920年代後半について見てみれば，ICI社は，1924年にブラナー・モンド社がALKASSOと締結していた「国際アルカリ・カルテル」を引き継ぎ，1929年には同カルテルを更新して，カナダを除くイギリス帝国諸地域を排他的市場として継承することになった（Stocking & Watkins［1946］：p. 435）。また，1925年にノーベル・インダストリーズ社がデュポン社と締結していた「国際爆薬カルテル」に，あらたにデュナミート社（IGファルベン社系[17]）を参加させることで，同カルテルを再編して，イギリス帝国諸地域を排他的市場として獲得していたが，やはりICI社の設立にともない，同カルテルもそのまま継承された（Reader［1970］：p. 409-10；第4章 第2節）。

　とりわけ，ノーベル・インダストリーズ社とデュポン社とのこうした協調関係については，ICI社の設立によって，従来の国際カルテルを継承するにとど

まらず，よりいっそう強化されることになった。後述するように（第4章 第3節1），1929年に，ICI社とデュポン社の間で，「大同盟」（Grand Alliance, Stocking & Watkins［1946］: p. 448）として知られる「1929年特許・製法協定」（Patents and Processes Agreement of 1929）が締結されたのである。この結果，ICI社とデュポン社の両社が，主要製品全般にわたる技術情報や特定製品の製造・販売権を交換するとともに，ICI社にとっては，カナダなどを除くイギリス帝国諸地域を排他的市場として獲得し，さらには両社による合弁事業を各地でより積極的に展開することが可能となった。

3　アンモニア合成事業の拡大

こうした国内外にわたる既存事業の再編と並行して，ICI社がその社運を懸けて取り組んだ事業こそが，アンモニア合成事業＝窒素肥料事業にほかならなかった。

あらためて，その背景について確認しておこう。工業過程としてのアンモニア合成とは，輸入硝石（チリ硝石）などに依存することなく，空中の窒素を固定するための方法として開発されたハーバー＝ボッシュ法を利用して，化学的にアンモニアを合成することである。製品としては，主として硫酸アンモニウムや尿素などの肥料，いわゆる窒素化合物や，さらに硝酸，ヒドラジンなどの各種工業用原料を製造することが可能であった。とりわけ硝酸については，火薬・爆薬の原料にもなりうるなど，軍事上もきわめて重要な位置を占める工業製品でもあり，その生産体制の増強が急がれていた。

もっとも，農業用肥料として見れば，イギリスの場合，窒素肥料ではなく，過燐酸肥料（過燐酸石灰）が主流であったものの，その生産量ですら，第1次世界大戦前に比較して大幅に減少していた（表2-1, 2-5）。その一方で，世界的にシフトが進んでいた窒素の生産量でも，他国に大きな遅れをとっていた（表1-8）。くわえて，後述するように（第4章 第3節2；後掲 表4-6, 4-7），他国では，合成アンモニア製法としてのハーバー＝ボッシュ法が圧倒的地位を占めつつあり，なおかつ同法を利用することで，一挙に合成窒素（合成アンモニア）の生産も増大していた。したがって，ICI社としても，アンモニア合成事業を強化す

ることによって，ますます生産を増大させていた主要国化学企業に，なんとしてでもキャッチアップせねばならない状況にあった。こうした事情を背景にして，ICI社は，国内外市場に向けて窒素肥料をはじめとした合成窒素（合成アンモニア）の供給を増大させるために，1920年代後半から1930年代初頭にかけて，きわめて大規模な設備投資を試みることになった。

　アンモニア合成事業それ自体は，すでに1924年，ブラナー・モンド社のもとで，その子会社であったSA＆N社の事業として，ビリンガム工場[18]においてスタートを切っていた（第2章第2節1）。ビリンガム工場は，アンモニア合成設備のみならず，発電所，肥料サイロ，無水石膏鉱山（敷地内で偶然，大鉱床が発見された）など，関連するさまざまな設備を充実させた，まさにアンモニア合成事業に特化した工場[19]であった。このビリンガム工場では，すでに最初の商業的規模を有する第2号装置が操業を行っていたが，さらにICI社設立後の1928年には，第3号装置も運転を開始した。第2号装置については，1927年から1930年にかけて，年産8万トンから9万トンの硫酸アンモニウム（窒素換算で年産1万6000トンから1万8000トン）を，第3号装置についても，1929／30肥料年度に，23万トン（4万6000トン）の生産を達成していた（Blench［1958］：pp. 927-8；Haber［1971］：p. 292. 訳書447頁；Parke［1957］：pp. 103-4）。さらにその後，肥料・合成製品グループの事業として，第4号装置および第5号装置が，それぞれ1929年央，1930年央に完成し，ビリンガム工場は，最終的におよそ年98万7000トンの硫酸アンモニウム（窒素換算で年産21万トン）の生産を可能としていた（Parke［1957］：p. 41；Reader［1975］：p. 112）。とくに，第2装置では，肥料の新製品として「ニトロ・チョーク」（Nitro-Chalk）や燐酸二アンモニウムなどの生産も行われており，その増産も図られていた（Blench［1958］：p. 928；Reader［1975］：p. 101）。

　またその一方で，ICI社は，こうした農業用肥料の供給増大を目論む過程で，農業関連の研究・開発部門を強化する必要にも迫られていた。同社は，1927年以降，農業用地の買収などを進めるとともに，1929年には，メイデンヘッド（Maidenhead，バークシャー）近郊に，世界初の商業的農業研究機関として，ジェロッツ・ヒル農業研究所（Jealott's Hill Agricultural Research Station）を開設した[20]

表3-9 ICI社の財務・収益・雇用 (1927～1939年)

年	発行資本	使用資本[1]	売上高	利益[2]	使用資本利益率	平均利益率[3]	雇用者数[4]
	£100万	£100万	£100万	£100万	%	%	1000人
1927	58.2	72.8	26.9	4.9	6.7	—	47
1928	65.7	85.4	31.7	6.1	7.1	—	53
1929	76.5	98.9	35.0	5.9	6.0	—	57
1930	76.7	102.5	31.4	5.0	4.9	—	42
1931	77.1	99.1	32.1	3.9	3.9	5.7	37
1932	77.1	97.6	33.5	5.9	6.0	5.6	36
1933	77.3	97.9	37.3	6.6	6.7	5.5	42
1934	77.3	96.6	39.4	6.8	7.0	5.7	49
1935	71.9	96.1	42.7	7.0	7.3	6.2	50
1936	71.9	91.6	43.6	7.5	8.2	7.1	52
1937	74.2	94.8	54.1	8.4	8.9	7.6	57
1938	74.2	96.6	52.8	7.9	8.2	7.9	n.a.
1939	74.2	97.1	62.1	11.4	11.7	8.9	75

(Braunholtz [1982]：p. 478；Peacock [1978]：p. 3)。1928年には,持株会社として,スコティッシュ・アグリカルチュラル・インダストリーズ社（Scottish Agricultural Industries Ltd.：SAI社）を設立し[21]（ICI, *Ann. Rep.*, 1928, p. 6),配合肥料製造企業の統合および肥料販売企業の吸収などを通じて,最終的には,窒素肥料のみならず,各種肥料の国内市場の「独占」[22]を図ろうともしていた（Reader [1975]：pp. 106-7)。

この間,1927年から1930年にかけて,一連のアンモニア合成事業に対してなされた設備投資[23]は,総額2000万ポンドを超える巨額にのぼっていた（Reader [1975]：p. 101)。1929年に至って,イギリス全体での化学工業の総固定資本形成ならびに純固定資本形成が,前年の1130万ポンド,530万ポンドから,1460万ポンド,810万ポンドへと跳ね上がったのも（表2-2；第2章 第1節3),ICI社によるアンモニア合成事業へのこうした積極的な投資に起因していたといってよい。アンモニア合成事業は,まさにICI社が設立初期に目論んでいた,その「発展の礎」にほかならなかった。

表3-9 ICI社の財務・収益・雇用（1927～1939年）（続き）

年	資本支出[5]	研究開発[5]	減価償却	本社基金	一般準備金	普通株配当率	後配株配当率[6]
	£100万	£100万	£100万	£100万	£100万	%	%
1927	5.1	—	0.9	—	0.4	8.0	1.75
1928	9.5	1.2	0.9	0.5	1.0	8.0	1.75
1929	10.9	—	1.2	0.6	0.5	8.0	2.00
1930	4.1	0.6	0.8	0.5	—	6.0	—
1931	1.0	0.5	1.3	1.0	—	4.5	—
1932	0.9	0.4	1.3	1.0	0.5	6.0	—
1933	1.2	0.4	1.4	1.0	1.0	7.5	1.00
1934	4.4	0.5	1.4	1.0	1.0	8.0	2.00
1935	2.8	0.6	1.4	1.0	1.0	8.0	—
1936	2.4	0.7	1.4	1.0	1.5	8.0	—
1937	3.1	0.8	2.0	1.5	1.5	8.5	—
1938	3.0	0.4	2.1	1.5	1.1	8.0	—
1939	2.5	0.8	2.7	1.5	0.4	8.0	—

註 1：営業権を含む。
　 2：減価償却後，税引および固定利息支払前。
　 3：過去5年間の使用資本利益率の平均。
　 4：1927～37年は，イギリス国内グループのみ；1939年は推計。
　 5：イギリス国内グループのみ。
　 6：後配株は，1935年にすべて普通株に転換された。
出所：発行資本，本社基金，一般準備金，普通株配当率は，ICI, *Ann. Rep.*, 1936-39；使用資本，売上高，利益，使用資本利益率，平均利益率，雇用者数，資本支出，研究開発，減価償却は，Reader [1975]：App. II, Tabs. 1, 3, 4より作成。

　ICI社がこうした積極的な事業展開を試みた背景には，2つの要因があった。その1つは，従来，過燐酸肥料に依存していた国内市場としてのイギリス農民の需要を，窒素肥料にシフトさせることであった。もう1つは，今後，予想される世界農業の拡大にともなって，海外市場，とりわけイギリス帝国諸地域に対してその輸出をいっそう強化することであった。つまり，ICI社にとっては，イギリスならびに世界の窒素肥料市場の「将来に対する楽観的な見通し」[24] (Reader [1975]：pp. 99-100) があったわけである。しかし，後述するように（本章 第2節1，第4章 第3節2），世界大恐慌の発現を前にして，ICI社がその発展を懸けて依拠しようとしていた世界農業＝窒素肥料市場の崩壊の序曲は，すでに

始まっていたのである。

4 設立・再編過程の経営指標

　本節の締めくくりとして，設立後間もないICI社の経営指標を確認しておこう。ICI社の授権資本額は，設立時の6500万ポンドから，1928年には7500万ポンド，翌1929年には一挙に9500万ポンドにまで引き上げられ——これ以降，両大戦間期に引き上げられることはなかった——（ICI, *Ann. Rep.*, 1928, p. 16, 1929, p. 14），発行資本額も，設立当初の5820万ポンドから，1929年には7650万ポンドへと大幅に増額された。こうして調達された資金はICI社の発展を企図したきわめて大規模な設備投資——その主たる対象はビリンガム工場におけるアンモニア合成事業であった——に振り向けられた。これに応じて，使用資本額も，1927年の7280万ポンドから，1929年には9890万ポンドにまで増額されており，1927年から1929年の各年になされた資本支出は，1930年代の水準をはるかにしのぐものであった（表3-9）。

　ICI社の設立直前には，旧4社ともに低迷していた売上高，利益，使用資本利益率などの経営指標も，イギリスの景気回復に即して——あるいは，合理化および組織再編のある程度の成果として——，1927年から1928年には，増大ないし上昇に向かった。売上高は2690万ポンドから3170万ポンドへ，利益は490万ポンドから610万ポンドへと増大し，これに応じて，使用資本利益率も6.7％から7.1％へと上昇するなど，ともに好調な滑り出しを迎えた。しかし，早くも1929年には，売上高の増大テンポが鈍化しはじめた。これにともなって，利益も前年比減の590万ポンドとなり，使用資本利益率も6.0％へと低下し，設立年の1927年を下回りはじめた（表3-9）。もともと弱々しく，頭打ちとなっていたイギリスの景気回復，さらには世界大恐慌の影響が，すでにICI社の業績にも波及しはじめていたのである。

　最後に，事業部別の業績を比較しておこう。もっとも，この「事業部」の分類は，1970年時点での事業部編成に基づいており，1920年代末のグループ構成（当時はまだ事業部制を採用していなかった）とは大幅に異なっていた。また，1927年の経営指標は，ICI社設立年度のそれであるため，業績の推移を確認す

ることはできないので，事業部間の外部売上と営業利益を比較する[25]にとどめておく。モンド事業部（Mond Division，アルカリ，一般化学製品，石灰の各グループに相当する重化学製品事業部門）が，外部売上高1070万ポンド，同比率47.3％，営業利益214万ポンド，同比率61.3％で，他の事業部を圧倒しており，事実上，ICI社の屋台骨を支えていたといってよい。モンド事業部につづくのが，ノー

表3-10　ICI社の国内グループ別売上高・使用資本・利益（1927～1937年）

事業部[1]	年	外部売上高	外部売上比率	使用資本	営業利益	営業利益比率	使用資本利益率
		£1000	％	£1000	£1000	％	％
モンド	1927	10,700	47.3	25,100	2,140	61.3	9
	1932	8,500	32.1	24,900	2,740	53.2	11
	1937	14,000	30.2	31,300	2,310	27.9	7
金属	1927	3,800	16.8	2,000	220	6.3	11
	1932	4,700	17.7	5,400	400	7.8	7
	1937	10,100	21.8	7,300	890	10.7	12
塗料	1927	1,000	4.4	700	200	5.7	29
	1932	1,500	5.7	2,400	300	5.8	13
	1937	3,100	6.7	3,300	550	6.6	17
染料	1927	1,700	7.5	2,100	50	1.4	2
	1932	2,700	10.2	4,500	370	7.2	8
	1937	4,500	9.7	5,200	530	6.4	10
ノーベル	1927	4,200	18.6	11,300	780	22.3	7
	1932	3,400	12.8	9,100	840	16.3	9
	1937	5,300	11.4	10,800	1,350	16.3	13
農業	1927	1,200	5.3	8,800	100	2.9	1
	1932	5,700	21.5	21,000	500	9.7	2
	1937	9,100	19.6	14,500	2,630	31.8	18
プラスチック	1927	—	—	—	—	—	—
	1932	—	—	—	—	—	—
	1937	300	0.6	300	20	0.2	7

註1：各事業部の分類は，1970年の事業部編成による。また，各事業部は，以下の製品を含んでいる。
　　　モンド：重化学製品（アルカリ製品，一般化学製品，石灰，塩製品）；塗料：人造皮革；染料：精製化学製品；ノーベル：爆薬；農業：人造石油，ビリンガム・グループの「その他」の事業。
出所：Reader［1975］：App. II, Tab. 2 より算出。

ベル事業部（Nobel Division，爆薬グループに相当）であり，外部売上高420万ポンド，同比率18.6％，営業利益78万ポンド，同比率22.3％と（表3-10），モンド事業部に大きく水を空けられてはいた。それでも，旧ブラナー・モンド社から継承した重化学製品事業とともに，旧ノーベル・インダストリーズ社の爆薬事業が，ICI社においてともに双璧をなす事業であったことは間違いない。

第2節　恐慌・回復過程の事業展開

1929年10月のニューヨーク株式市場の崩壊に端を発した恐慌[26]は，「その長さにおいてもその激しさにおいても，史上最大の景気後退」（Lewis［1949］：p. 52. 訳書65頁）として，イギリスにも波及した。とはいえ，イギリス資本主義の場合，「〔19〕20年代に好況の恩恵に十分あずから〔ず〕」（RIIA［1944］：p. 19. 訳書16頁），「国内市場が比較的に良く維持されていた…〔こともあって〕…景気下降は他国とりわけアメリカやドイツに比べればかなり底の浅いものであった」（森［1988］：148頁）ため，早期に景気の回復を見ている。それでも，イギリスの恐慌自体が，海外市場の収縮＝輸出の減少に規定されていたために（RIIA［1944］：pp. 19-20. 訳書16頁；森［1975］：175頁），国内市場はもとより，イギリス帝国諸地域を中心とした後進諸国など，広範な海外市場を有していたICI社にとっては，やはりその衝撃は顕著なものとなった（Reader［1975］：p. 116）。

こうした状況を受けて，イギリス政府も，その対外的経済関係をより有利に導びこうとして，1931年9月に，再建金本位制を離脱し，平価の切下げを断行した。さらに，翌1932年2月には，1920年代以降の一連の保護関税につづいて，「輸入関税法」[27]（Import Duties Act）を成立させ，さらに1933年になると，非帝国諸国に対する差別的関税を盛り込んだ「オタワ協定」（Ottawa Agreement）をも締結する[28]などした。こうして，イギリス資本主義は，雪崩を打って「保護主義＝ブロック化」を推し進め，ひいては帝国主義列強のブロック化をも助長することとなった。本節では，このように，経営環境としてのイギリス資本主義自体が危機的状況に陥り，大きく方向転換を迫られていた世界大恐慌下の

1930年から，ICI社の業績が恐慌前のそれを超えて回復基調に乗った1930年代央までの，その事業展開について叙述する。

1 アンモニア合成事業の頓挫

窒素肥料にとって，最大の需要を誇っていた世界農業では，すでに世界大恐慌前の1925，26年ごろより，農産物のストックが増大しはじめていた。1928年からはその増勢が速まりながらも，農産物の生産縮小をなしえず，ついには恐慌とも相まって，1931年には農産物および原料価格の急激な低下を惹起した（渡辺［1975］：228，257頁）。一方，IGファルベン社の台頭やチリ硝石との競合，コークス炉やガス炉の副産物としての硫酸アンモニウムの生産増大にともなって，恐慌前には，すでに世界的規模での窒素肥料の過剰が顕著なものとなっていた。世界窒素肥料工業では，農業部面の窒素消費量が，世界大恐慌前の最高を記録した1929／30肥料年度の175万トンから，翌1930／31年度には145万5000トンへと急落した（*Econ., Com. Hist. & Rev.*, 1932, p. 48；後掲 表4-8）。窒

表3-11　イギリスの窒素生産・輸入・輸出・消費（1913～1934年）

年	生産	輸入	輸出	消費[1]	輸出／生産	輸出／輸入
	t	t	t	t	%	%
1913	99,527	3,098	79,323	23,302	79.7	2560.5
1924	108,437	18,595	69,016	58,016	63.6	371.2
1925	102,898	18,623	64,471	57,050	62.7	346.2
1926	77,642	11,478	40,779	48,341	52.5	355.3
1927	113,301	18,298	65,548	66,051	57.8	358.2
1928	148,084	17,862	96,951	68,995	65.5	542.8
1929	217,693	17,793	141,850	93,636	65.2	797.2
1930	185,490	12,178	135,659	62,009	73.1	1114.0
1931	150,734	21,190	99,786	72,138	66.2	470.9
1932	177,996	5,181	106,452	76,725	59.8	2054.7
1933	159,814	3,213	83,870	79,157	52.5	2610.3
1934	140,740	6,507	75,650	71,597	53.7	1162.6

註1：消費は，生産＋輸入－輸出。
出所：USTC［1937］：Tab. 36.

表3-12 イギリスの硫酸アンモニウム・硝酸ナトリウムの年平均価格（1913～1939年）
（単位：ロンドン市場でのl.t.当たり価格）

年	硫酸アンモニウム			硝酸ナトリウム(15.5%)		
	£	s.	d.	£	s.	d.
1913	12	8	4			
1924	14	9	1	13	12	11
1925	13	4	8	12	9	2
1926	12	19	11[1]	13	2	3
―	11	12	6[2]	―	―	―
1927	11	7	2	12	15	5
1928	10	9	3	10	9	8
1929	10	4	1	10	3	7
1930	9	14	―	9	16	9
1931	8	2	6	9	9	10
1932	6	3	10	8	15	9
1933	6	12	3	8	5	4
1934	7	1	6	7	15	―
1935	7	1	―	7	12	―
1936	7	1	―	7	12	―
1937	7	5	―	7	15	―
1398	7	10	―	8		
1939	7	10	―	8	3	―

註1：1月から8月の月平均価格。
　2：9月から12月の月平均価格。
出所：Stocking & Watkins［1946］：Tab. 12.

素生産能力に対する生産量も，1929年ですら，327万8000トンに対して，240万4200トンにすぎなかったものが，景気が回復局面に入った1933年には，495万5000トンに対して，189万4800トン (Stocking & Watkins［1946］：Tab. 10；後掲 表4-6）と，むしろ生産能力が増強される一方で，生産量は減少しつづけ，過剰生産能力はなおいっそう増大するばかりであった。

この点，イギリスについても，状況には大差がなかった。恐慌前の1929年と恐慌後の1931年を比較してみよう。まず，窒素の消費量が，9万3636トンから7万2138トンへと23.0％減少し，輸出量についても，14万1850トンから9万9786トンへと29.7％減少した。こうした国内外の需要の低下に即して，生産量も，1929年の21万7693トンから，1931年には15万734トンへと，消費量，輸出量の減少幅を上回って，30.8％の減少を記録した（表3-11）。これを生産能力との関係で見てみると，1930／31肥料年度の窒素の生産能力が28万トンであったのに対して，その生産量は12万9600トンにすぎず，稼働率は50％を割っていた（Reader［1975］：Tab. 7；後掲 表4-13）。また，こうした状況を受けて，硫酸アンモニウムの年平均価格も，1924年春に1ロングトン当たり14ポンド9シリング1ペニー

表3-13 ICI社の硫酸アンモニウム販売（1927～1929年）

年	販売量	正味実現可能価格 （1t 当たり）	正味実現可能価格 （合　計）
	t	£	£
1927	76,834	8.642	666,258
1928	204,300	8.485	1,733,465
1929	455,294	7.189	3,273,057

出所：Reader [1975]：p. 111.

であったものが，1929年春には，10ポンド4シリング1ペニーにまで低下していたが，さらに1932年には，6ポンド3シリング10ペンスとなり，8年間で半減以上の大幅な下落を経験した（表3-12）。

こうした窒素（硫酸アンモニウム）をめぐる需給の極端なアンバランスを，ICI社について見てみれば，窒素（合成アンモニア）を生産していた肥料・合成製品グループ（ビリンガム・グループ）では，1927年から1929年にかけて，硫酸アンモニウムの販売量が，7万6834トンから45万5294トンへと，6倍近く増大していた。これに応じて，包装費，配送費，流通マージンなどを差し引いた正味実現可能価格が，66万6258ポンドから327万3057ポンドへと，同様に5倍程度に増大したにもかかわらず，1トン当たりの正味実現可能価格は，8.642ポンドから7.189ポンドへと下落していた（表3-13）。このように，世界窒素工業のみならず，ICI社の窒素（アンモニア合成）事業が置かれていた状況もまた，恐慌に向かう過程でよりいっそう厳しさを増していた。

もちろん，ICI社としても，こうした最悪の状況をただ手をこまねいて傍観するわけにはいかなかった。主要国のなかでも，もっとも大規模な窒素の過剰生産能力を抱え込んでいた化学企業（後掲 表4-7, 4-10～15）として，ICI社，IGファルベン社，ノルウェー水力発電・窒素社（Norsk Hydro-Elektrisk Kvælstof A/S, 1905年）の3社が，世界的規模で窒素の生産能力と生産量を規制することを目指して，協調を図ることになったのである。こうして，1930年には，国際カルテルとしてのドイツ＝イギリス＝ノルウェー・グループ（Deutsch-Englisch-Norwegische Gruppen，ないし German-English-Norwegian Group：DENグループ〔DEN Group〕）が結成[29]された（Reader [1975]：pp. 147-8）。

表3-14 イギリスのアンモニア合成・窒素工場（1935年）

(単位：t)

工　場	ICI 社			その他[3]
	ビリンガム	ウィドネス	ランコーン[1]	ダーラム[1]
アンモニア合成法	ハーバー法[2]	カザーレ法	ハーバー＝ボッシュ法	副生窒素
水素源	水性ガス	塩化アルカリ電解副生ガス	電解副生ガス	—
生産能力	142,671	2,870	3,300	121,000[4]
生産量	36,400	操業休止	—	
主要製品				各種副生窒素製品
硫酸アンモニウム	25,000	—		
硝酸アンモニウム	3,000	—		
ニトロチョーク	4,000	—		
硝酸ソーダ	400	—		
工業用	4,000	—		

註1：ICI社のランコーンおよび「その他」のダーラム工場は1934年のデータ。
　2：改良ハーバー＝ボッシュ法としてのICI社法（USTC [1937]：Tab. 70, fn. 5)。
　3：107ヵ所のコークス炉工場から構成されていた。
　4：イギリスには，アイルランド自由国の1,326ヵ所のガス工場と併せて，7,376基のコークス炉があったが，その副生窒素製品の生産能力は，報告された数字よりは低く表れていたものの，それを大幅に上回るものではなかった。
出所：ICI社のビリンガム，ウィドネス両工場は，窒素協議会 [1936]：13頁；ICI社のランコーン工場，「その他」は，USTC [1937]：Tab. 70 より作成。

　DENグループは，1930年，他のヨーロッパ諸国やチリの窒素肥料生産者との間で「国際窒素協定」（Convention Internationale [Européen] de l'Industrie l'Azote，ないし International [European] Nitrogen Cartel：CIA）を締結して，窒素生産の規制を目指してともに行動しようとした。このCIAは，協定締結翌年の1931年にこそ一度は失効したものの，1932年になってあらためて復活を遂げ，加盟者間での販売割当や市場分割がなされるなど，事態への対処が図られた（USTC [1937]：pp. 83-4)。もっとも，DENグループにとっては，CIA加盟国との世界窒素工業の規制によっても，十分な「成果」が得られないまま，結局のところ，DENグループ各社のアンモニア合成事業は，窮地に追い込まれ，ついにはICI社の野望も，見事なまでに打ち砕かれることになった（第4章 第3節 2)。

　ICI社の窒素（アンモニア合成）事業を見てみると，1930年に，まずイギリス

表3-15　ICI社のグループ別業績（1931年）

グループ	投下総資本	遊休資本	売上高	営業純利益	投下資本利益率
	£	£	£	£	%
アルカリ	16,761,238	1,093,564	5,721,617	1,833,376	10.94
一般化学製品	12,532,354	809,941	4,888,535	345,143	2.75
染　料	5,682,119	316,982	2,724,667	▲195,355	−3.44
石　灰	838,775	244,680	496,104	84,272	10.05
肥料・合成製品	22,382,955	2,546,942 [1]	3,657,363	45,506	0.20
人造皮革	1,896,057	189,766	936,392	200,398	10.57
金　属	5,562,987	406,918	4,304,835	221,384	3.98
爆　薬	8,938,346	40,461	3,972,512	839,088	9.39
その他・海外販売	7,650,194	—	9,674,562	153,800	2.01
小　計	82,245,025	5,649,254	36,376,587	3,527,612	4.29
投　資	16,641,758	—	—	1,096,178	—
貸　付	1,126,771	—	—	150,375	—
所有社屋	6,068,986	—	—	160,262	—
現金・借入	1,658,096	—	—	—	—
			利子・税金控除	265,742	
資本・剰余金	107,740,636	—	利　益	4,688,685	

註1：数字は，永続的に遊休状態にある資本の価値を示しており，1931年時点で稼動していない資産・工場の価値は，£11,045,206であった。
出所：Reader [1975]：Tab. 8.

国内窒素市場での販売量が25％減少し——その時点で，海外＝極東市場での販売量は，なおも「目を見張るほど増大」(marked expansion) していた——，さらに翌1931年には，海外市場も含めて19％の下落となって——極東市場もついには「縮小」(receded) しはじめた——(ICI, *Ann. Rep.*, 1930, pp. 6-7, 1931, pp. 5-6)，国内外市場から大きく後退していった。1929年に830万ポンドであった肥料・合成製品グループ（ビリンガム・グループ）に対する物的資産投資額が，1930，31，32年には，170万ポンド，30万ポンド，9万3677ポンドと激減した (Reader [1975]：p. 118)。1931年時点で，肥料・合成製品グループへの投下

総資本2238万2955ポンドに対して，その総売上が365万7363ポンド，営業純利益が4万5506ポンドで，投下資本利益率はわずか0.2％にすぎないものとなった。これにともなって，ビリンガム工場の遊休資産・工場の総額は，投下総資本のほぼ50％に等しい1104万5206ポンドにものぼった（表3-14，3-15）。

すでに1929年末の時点で，ICI社首脳陣は，ビリンガム工場の窒素（合成アンモニア）の生産能力がその需要をはるかに超える水準であったことを認識しており，早々に同工場の「閉鎖」(shut down) を表明していた。首脳陣は，ビリンガム・グループの資産を維持しつづけるだけでも負担になるとして，1931年から始まったアンモニア合成事業の資産抹消政策により，1934年までに，ビリンガム工場の資産項目のうち，454万9587ポンドの抹消を断行した (Reader [1975]: pp. 111-2, 158; *Statist*, 16 Apr. 1932, p. 618)。こうして，ICI社設立後，わずか5年にして，その社運を懸けていたはずの，ビリンガム工場におけるアンモニア合成事業の「『限りなき拡張』という未来図は，消え失せてしまった」(the vision of 'indefinite expansion' faded, Blench [1958]: p. 929) のである。

2　主要事業の困難と回復への過程

アンモニア合成事業の頓挫によって甚大な損失を被ったICI社であったが，恐慌下にあって，他の事業はいかなる展開を呈していたのであろうか。ICI社の全事業中，比較的比重の高かった重化学製品事業（アルカリ製品事業および一般化学製品事業），爆薬事業，金属製品事業を中心に振り返ってみよう（表3-10）。

重化学製品事業の場合，恐慌の衝撃は，まず1930年，繊維産業および亜鉛メッキ産業の不振にともなう，アルカリ製品および一般化学製品販売量の前年比14％の減少となって顕在化した (ICI, *Ann. Rep.*, 1930, p. 6)。さらに，翌1931年には，重化学製品事業の主力であったアルカリ製品の販売量こそ，国内では「わずかな低下」(trifling fall) にとどまったものの，アルカリ製品に大きく依存していた重化学製品の輸出量が，「大幅な減少」[30] (sharp decline) を示すに至った (ICI, *Ann. Rep.*, 1931, p. 5)。

この結果，1931年（以前の数値が得られず，比較はできない），アルカリ・グループでは，投下総資本が1676万1238ポンドであったのに対して，総売上が

572万1617ポンド，営業純利益が183万3376ポンドで，投下資本利益率は10.94％にとどまった。遊休資本も109万3564ポンドにのぼり（表3-15），需要を40％も上回る過剰生産能力を抱えて，ついには人員削減まで始まった（Reader [1975]：p. 118)。また，一般化学製品グループでも，投下総資本1253万2354ポンドに対して，総売上が488万8535ポンド，営業純利益が34万5143ポンドで，投下資本利益率は2.75％にとどまった。こうした厳しい状況を受けて，遊休資本も80万9941ポンドに達するなどして（表3-15），ついには経営組織の改革や工場の統合[31]などによる合理化も推進されようとしていた（Hardie [1950]：pp. 203-4)。

　もっとも，恐慌による衝撃を被りながらも，短期間のうちに，重化学製品事業を取り巻く状況は好転に向かった。1932年になると，海外市場でこそ，極東市場での競争がなおいっそう激化してはいたが，国内市場では，産業活動が回復[32]に向かいはじめた。アルカリ製品の売上高も増大に転じて，1933年には，アルカリ・グループが工場の拡張に着手するなど，生産増大への意欲を見せはじめた。また，塩素および酸の新製品が市場に投入されたことにともなって，一般化学製品事業も，回復・拡大への期待をのぞかせた。同年には，企業買収の余裕も見せるようになり，一般化学製品グループの事業も，着実に回復基調に乗った（*Economist*, 15 Apr. 1933, p. 829；ICI, *Ann. Rep.*, 1932, pp. 4-5, 1933, pp. 4-5, 1934, pp. 4-5)。

　この間，1933年にはALKASSOとの「国際アルカリ・カルテル」が更新されたことにより，ICI社は，景気の回復期以降も，アルカリ製品の国内・海外市場を確保することに成功した（第4章第2節1）。イギリス（事実上，ICI社）によるナトリウム化合物（アルカリ製品）輸出額の推移を見ると，恐慌によって，1929年の385万4200ポンドから，1931年には285万1500ポンドへと減少したものの，1933年になると，313万7800ポンドと増勢に転じた（表3-16 (a))。一方，ナトリウム化合物（アルカリ製品）の輸入については，1933年に至っても減少をつづけており（表3-16 (b))，「国際アルカリ・カルテル」ならびに「輸入関税法」によるナトリウム化合物（アルカリ製品）の国内市場の「保護」が，十分に功を奏していたといえる（ただし，表2-1, 2-4によるかぎり，恐慌前後

表3-16 (a) 　　イギリスの化学製品貿易：輸出（1927～1939年）

製　品	単位	1927	1929	1931	1933	1935	1937	1939
ナトリウム化合物	£1000	4,074.6	3,854.2	2,851.5	3,137.8	3,392.3	3,220.3	3,666.9
	%	15.6	13.2	15.1	16.1	15.9	13.1	16.1
硫酸アンモニウム	£1000	2,713.7	5,620.8	2,584.8	1,939.8	1,495.0	1,917.6	1,871.4
	%	10.4	19.2	13.7	10.0	7.0	7.8	8.2
染　料	£1000	752.8	1,087.1	1,100.0	1,179.5	1,571.3	1,722.2	1,621.3
	%	2.9	3.7	5.8	6.1	7.4	7.0	7.1
塗料類[1]	£1000	4,836.1	4,984.5	3,004.2	2,961.9	3,468.1	4,109.3	3,620.8
	%	18.6	17.0	15.9	15.2	16.3	16.7	15.9
油類[2]	£1000	1,413.8	974.1	272.5	292.1	604.3	1,041.7	689.3
	%	5.4	3.3	1.4	1.5	2.8	4.2	3.0
医薬品・医療調製品	£1000	2,972.4	3,244.1	2,637.6	2,652.5	3,039.0	3,375.3	3,252.4
	%	11.4	11.1	14.0	13.6	14.2	13.7	14.3
他の化学製品	£1000	9,276.2	9,481.7	6,417.3	7,303.0	7,758.6	9,266.7	8,066.0
	%	35.6	32.4	34.0	37.5	36.4	37.6	35.4
（高性能爆薬）	£1000	826.6	702.0	323.2	449.8	718.8	900.9	740.3
	%	—	—	—	—	—	—	—
合　計[3]	£1000	26,039.6	29,246.6	18,867.9	19,466.6	21,328.4	24,653.1	22,788.2
	%	100.0	100.0	100.0	100.0	100.0	100.0	100.0

註1：塗料類：塗装・印刷用塗料・材料。
　2：油類：タール油・クレオソート油・重コールタール油。
　3：高性能爆薬を除く。
出所：高性能爆薬以外の1927～37年は，GBBT, *Stat. Abstr.,* 1927-37；1939年は，GBSOCED, *Ann. Stat.,* 1939；高性能爆薬のみGBSOCED, *Ann. Stat.,* 1927-39より算出。

におけるイギリスのアルカリないしソーダ生産の推移は確認できない）。

　モンド事業部（アルカリ，一般化学製品，石灰の各グループに相当する重化学製品事業部門）の業績は，恐慌によって悪化したとはいえ，1932年時点で，外部売上高850万ポンド，同比率32.1％，営業利益274万ポンド，同比率53.2％，使用資本利益率11％と，ともに他グループをしのいでいた。たしかに，恐慌前に外部売上高のおよそ半分を占めていたモンド事業部のそれが，恐慌を経た1932年には，3分の1にまで低下したことは打撃であった。それでも，営業利益比率では，依然として営業利益の半分以上を占めていた（表3-10）。ICI社では，アルカリ製品を中核とした重化学製品事業が，とりわけ，後述する（第4

表3-16 (b)　イギリスの化学製品貿易：輸入（1927〜1938年）

製　品	単位	1927	1929	1931	1933	1935	1937	1938
化学製品	£1000	10,028.3	10,646.4	8,244.0	5,344.3	6,470.8	7,466.1	7,551.0
	%	59.2	59.0	55.0	54.0	53.4	52.4	55.2
ナトリウム化合物	£1000	1,295.5	1,126.3	969.6	309.9	527.1	384.8	422.0
	%	7.6	6.2	6.5	3.1	4.3	2.7	3.1
染　料	£1000	2,585.6	2,216.0	2,467.1	1,903.4	2,331.1	2,828.5	2,449.9
	%	15.3	12.3	16.4	19.2	19.2	19.9	17.9
塗料類[1]	£1000	2,004.8	2,351.9	2,048.4	1,309.7	1,508.0	1,820.5	1,578.0
	%	11.8	13.0	13.7	13.2	12.4	12.8	11.5
医薬品・医療調製品	£1000	1,037.0	1,702.9	1,268.5	1,035.8	1,291.6	1,742.5	1,689.4
	%	6.1	9.4	8.5	10.5	10.6	12.2	12.3
合　計	£1000	16,954.2	18,043.5	14,997.6	9,903.1	12,128.6	14,242.4	13,690.3
	%	100.0	100.0	100.0	100.0	100.0	100.0	100.0

註1：塗料類：塗装・印刷用塗料・材料。
出所：ナトリウム化合物以外は，GBBT, *Stat. Abstr.*, 1927-38：ナトリウム化合物のみ GBBT, *Accounts*, 1927-38 より算出。

章）一連の「保護」と「独占」を支えとした，国内市場の早期回復に牽引され，「相対的」に安定した事業を展開したことで，恐慌過程において激しく動揺した同社の収益基盤を，根底で支えつづけていたといってよい。

　一方，国内において，おもに衰退産業であった石炭産業および公共事業に各種爆薬を供給していた爆薬事業は，1930年以来，石炭採掘量の減少，公共事業の削減にともない，一貫して販売量が減少していた。1933年に至って，わずかに石炭産業への供給が横這いとなったものの，国内では厳しい状況がつづいていた（ICI, *Ann. Rep.*, 1930, p. 6, 1933, p. 5）。もっとも，1931年の爆薬グループでは，投下総資本893万8346ポンド，遊休資本4万461ポンド，総売上397万2512ポンド，営業純利益83万9088ポンド，投下資本利益率9.39％と（表3-15），ICI社の他のグループに比較すれば，遊休資本がもっとも少なく，投下資本利益率も比較的高かった。この点では，ノーベル・インダストリーズ社末期以来，継続されてきた集中・合理化が，ある程度，進展していたとも考えられる。

　ただし，デュポン社，デュナミート社（IGファルベン社系）との「国際爆薬カルテル」によって，イギリス帝国市場の確保を可能にしてはいたものの（第

4章 第2節 2），爆薬事業の場合，安全性および費用の点から，現地生産体制を採用する傾向が強く，売上に占める比重が比較的低かった爆薬（高性能爆薬）の輸出額は，1929年の70万2000ポンドから，1931年には32万3200ポンドと半減した。1933年になると増大に転じたものの，恐慌前の輸出水準をはるかに下回っていたように，爆薬輸出は苦戦を強いられ，いずれの製品事業よりも恐慌の激しい衝撃を受けることになった（表3-16（a））。

とはいえ，ノーベル事業部（爆薬グループに相当）は，恐慌期にあって，1927年の420万ポンドから，1932年には340万ポンドへと，外部売上高こそ減少させたものの，営業利益は78万ポンドから84万ポンドへと，わずかながら増大させた。また，ICI社全体に占める外部売上比率が12.8％，営業利益比率が16.3％と，ともに6ポイント近く低下したものの，それでも9％台の比較的高い使用資本利益率ないし投下資本利益率を示していた（表3-10，3-15）。他の事業と同様，厳しい局面に立たされていた爆薬事業ではあったが，国内市場の「独占」と合理化の進展によって，なんとか持ち堪えていたといってよい。

最後に，金属製品事業の動向を見ておこう。金属製品の売上高は，1930年からやや低下傾向を示していたものの，1932年になると，造船業の停滞および鉄道業の需要低下によっていくぶん相殺されつつも，新産業としての自動車および電気産業の需要回復にともなって，その売上高は，「きわめて満足のゆく拡大」(very satisfactory expansion) を呈しはじめた。くわえて，多額の支出を負いながらも，生産設備の効率化を図るために，数年にわたってその集中と近代化に努めるなど，生産力をよりいっそう増強しつつあった（ICI, *Ann. Rep.*, 1930, p. 8, 1932, p. 6, 1933, p. 7）。

金属製品事業の場合，1931年こそ，投下総資本556万2987ポンド，遊休資本40万6918ポンド，総売上430万4835ポンド，営業純利益22万1384ポンド，投下資本利益率3.98％と，きわめて厳しい状況にあった（表3-15）。それでも，1932年には，他の事業部が外部売上高を減少させていたなか，金属事業部 (Metals Division，金属グループに相当) の場合，1927年の380万ポンドから470万ポンドへと増大させ，同比率も16.8％から17.7％へとわずかに上昇させた。また，営業利益も22万ポンドから40万ポンドに倍増し，同比率も6.3％から

7.8％へと上昇した（表3-10）。恐慌期にありながらも，ICI社の設立以来，積極的に展開してきた金属製品事業の再編により，とりわけ1930年代のイギリス資本主義を牽引していた新産業などの広範な需要の獲得が，実を結んだといってよい。

3　恐慌・回復過程の経営指標

　最後に，恐慌・回復過程におけるICI社の業績を振り返ってみよう。売上高は，1929年の3500万ポンドを頂点にして，翌1930年には3140万ポンドへと急減し，利益および使用資本利益率ともに，1928年の610万ポンド，7.1％を最高に，1931年には390万ポンド，3.9％と底に達した。こうした業績の悪化を反映して，普通株の配当率も，1920年代の8.0％から1931年の4.5％へと大幅に下落した。しかし，1931年には早くも売上高が，1932年には利益が，それぞれ増勢に転じて，1933年には，おもな経営指標（普通株配当率のみ1934年）が，恐慌前の業績を回復するなど，その立ち上がりはきわめて順調[33]であった（表3-9）。この点は，化学工業の生産指数を見ても，製造業に比較して，回復のテンポが急速であったように，ある程度，こうした動向を裏づけることができよう（表2-2）。

　さらに，減価償却も，恐慌過程の1931年には，前年の80万ポンドから130万ポンドへと急増して，恐慌前の水準をしのいだ。また，本社勘定として設けられていた陳腐化・減価償却本社基金[34]（Central Obsolescence and Depreciation Fund：本社基金）および一般準備金（General Reserve）を見るなら，本社基金は，業績がもっとも悪化した1930年ですら，50万ポンドを留保し，1931年以降は，100万ポンドの留保を維持しつづけていた。また，一般準備金も，1932年になって，50万ポンドと，再度，留保しはじめ，1933年以降，やはり100万ポンドを維持しつづけるようになった（Pearcy［2001］：p. 73：表3-9）。このように，ICI社は，一方で，イギリスの比較的速い景気回復に支えられつつ，他方で，その高度な「独占」に基づく市場支配力や，潤沢な内部資金力を発揮[35]して，回復過程における事業の拡大に臨んだのである。

　その一方で，恐慌前に引き上げられた授権資本額は，回復過程においても

9500万ポンドにとどまり（ICI, *Ann. Rep.*, 1933, p. 10），発行資本額も微増したにすぎず，使用資本額に至っては，1930年以降，減少傾向を示していた（表3-9）。しかし，こうした動向を，消極的な対応として捉える必要はない。むしろ，恐慌・回復過程を通じて，積極的な過剰資本の整理を断行していたことの表れであった。とりわけ，1931，32，33年には，183万7596ポンド，393万5675ポンド，91万7683ポンドに及ぶ資産抹消が行われ（ICI, *Ann. Rep.*, 1931, p. 11, 1932, p. 10, 1933, p. 11），抱え込んでいた大規模な過剰生産設備——その大部分がアンモニア合成事業における生産設備と推測できる——の徹底した整理が図られた。また，回復過程（1933年ないし1934年）には，おもな経営指標が，恐慌前の水準を超えて伸長しつつあったにもかかわらず，資本支出は，1929年の1090万ポンド（この額それ自体がきわめて「例外的」であった）から，10分の1以下の水準にすぎない100万ポンド程度に抑制されていた（表3-9）。これも，徹底した合理化政策の表れであって，むしろ資本支出＝新規投資がある程度の水準に抑制されていたからこそ，内部資金で賄いえたといってよい。

　最後に，雇用者数についても見ておこう。1932年の3万6000人を底にして，翌1933年には増大に向かったが，やはり1929年の雇用者数5万7000人には及ばない程度に抑制されていた[36]（表3-9）。この点は，イギリス化学産業全体で見ても，雇用者数，年平均所得額が，ほぼ同様の動きを示していた（表2-2）。恐慌・回復過程のイギリスでは，名目賃金率の低下は，卸売物価や生計費の低下に比べて小さかった，あるいは実質賃金率は，顕著に上昇していたと指摘されている（Hatton [1994]: p. 378, Figs. 14.4a, 14.4b；森 [1975]：180-1頁，図14, 15）。だが，化学産業に限れば，1931，32，33，34年の年間平均賃金は，137.4ポンド，135.6ポンド，136.9ポンド，137.0ポンド（Chapman & Knight [1953]：Tab. 47）と，ほとんど上昇していなかった。したがって，化学産業ないしICI社における雇用拡大の遅れは，産業一般に見られるような賃金率の上昇に起因するものではなく，むしろ恐慌・回復過程で，同社が一貫して継続していた合理化によるものといってよい。ただし，ICI社については，こうした相対的に低い賃金率が，一面では，同社の利潤増大に寄与したことも指摘できる。

第3節　拡大過程の事業展開

　1932年ないし1933年に回復基調に乗ったイギリスの景気[37]は，慢性的な大量失業をともないつつも，1936年以降，世界経済の復興と再軍備への動きに支えられて，「もっとも大規模かつ持続的な」(the largest and most sustained, Aldcroft［1970］: p. 44) 拡大を遂げた。そして，1937年にはピークに達して，その後も大幅に縮小することなく，戦時期へと向かった。本節では，こうしたイギリスの景気拡大に即した，ICI社の事業の成長・拡大過程を，1930年央から第2次世界大戦が勃発する1930年代末までの期間について叙述する。

1　人造石油事業への参入

　世界大恐慌を経て，1930年代央以降，ICI社の事業が回復・拡大を遂げていくうえで，最大の「負の遺産」として足枷になっていたのが，恐慌過程で完全に頓挫してしまった肥料・合成製品グループ[38]（ビリンガム・グループ）のアンモニア合成事業と，ビリンガム工場が有するその生産設備であった。ICI社にしてみれば，この事業と工場の「処理」なくして前進などありえなかった。こうした背景のもとで，アンモニア合成事業の技術とビリンガム工場の生産設備を転用可能な事業として浮上してきたのが，石炭から合成ガソリンを製造する人造石油事業であった。

　人造石油（合成ガソリン）とは，石炭を高温高圧下で水素と反応させて製造する石油（ガソリン）のことである。数種類あるその製法の1つが，ベルギウス法 (Bergius process) であり，粉末にした石炭ないし褐炭に，高温高圧下で水素を直接に添加する水素添加法 (hydrogenation process) ないし直接液化法 (direct liquefaction process) と呼ばれる製法である。この製法を用いた人造石油の製造工程では，高温高圧をかけるさいに，アンモニア合成事業で利用されていたハーバー＝ボッシュ法の高圧化学技術[39]とアンモニア合成設備が転用可能であったため，ICI社にとっては，人造石油事業に参入する意義が十分にあったわけである（Blench［1958］: p. 931；廣田［2013］: 365頁）。

　もっとも，ICI社は，アンモニア合成事業が頓挫する以前，すでに設立直後

表3-17 ICI社の肥料関連事業の業績（1935年）

事業＼項目	売上高に対する資本	売上総利益	利益率
	£	£	%
肥　料	5,800,000	72,101	1.2
工業製品	3,300,000	442,840	13.3
石　油	4,300,000	62,598	1.5
評価減された工場[1]	4,900,000	―	―
その他の使用資本	3,000,000	―	―
合　計	21,300,000	760,695	3.6
損益上の控除額	―	131,896	―
純利益	―	628,799	2.9

註1：建設中のため，一時的に稼動していない工場資産の評価減額。
出所：Reader［1975］：p. 160.

の1927年，将来の人造石油事業をにらんで，ブリティッシュ・ベルギウス・シンジケート（The British Bergius Syndicate）を買収し，人造石油製法としてのベルギウス法の特許権を取得していた。同年には，ビリンガム工場で人造石油製造の事業化に向けた実験作業に着手し，1929年になると，日産10トン規模での石炭への水素添加が可能なパイロットプラントも運転を開始していた。こうして，1933年までにおよそ100万ポンドの支出がなされ，人造石油事業の実現に向けて着々と準備が進められていた（Gordon［1935］：pp. 71-2；Reader［1975］：p. 164）。

　これと並行して，ICI社は，1932年にIGファルベン社との間で人造石油製造に関する技術協力協定を締結した（第4章第3節4）。さらに，ICI社は，IGファルベン社，スタンダード・オイル・オヴ・ニュージャージー社（The Standard Oil Co. of New Jersey，スタンダード・オイル・トラスト〔The Standard Oil Trust〕の子会社），ロイヤル・ダッチ・シェル・グループが締結していた人造石油製造技術・販売協定を背景として設立された，インターナショナル・ハイドロジェネーション・パテンツ社（International Hydrogenation Patents Co. Ltd.：IHP社）から，イギリス帝国諸地域における水素添加技術に関する特許の排他的使用権も供与されるなど[40]，人造石油製造の事業化に向けた他社との連携も強化しつつあった

(Gordon [1935]: p. 72)。

　こうした過程にあって，石炭ないし褐炭に高温高圧下で水素を添加して，合成ガソリン（エンジン用燃料）としての人造石油を製造するというこの事業に，ICI社があえて参入するうえで，何よりも大きく弾みをつけたのが，「国家と産業の利害の一致」であった。一方で，ICI社にとっては，頓挫したビリンガム工場におけるアンモニア合成事業の遊休生産設備（1935年の肥料事業関連の業績については，表3-17）と，その高圧・水素添加技術を転用することが可能であった。他方で，イギリス政府にとっても，国防的見地に立った燃料調達，衰退傾向にあったイギリス石炭産業の救済，不況下での雇用創出という期待があった。さらに，ICI社に対しては，政府による積極的な支援策も提示されており，人造石油製造の事業化を推進するに足る見込みが，十分にあったといえる（*Chem. & Ind.*, 7 Aug. 1931, pp. 669-70；Reader [1975]：pp. 128-9）。

　こうした国家と産業，双方の思惑をはらんで，1934年には「イギリス炭化水素石油製造法」(British Hydrocarbon Oils Production Act) が制定され，水素添加石炭から製造される国産人造石油に対して，4年半につき1ガロン（1インペリアル・ガロン＝4.546リットル）当たり8ペンスの優遇措置が与えられることになった (Reader [1975]：pp. 129, 179-81)。こうした政府保証を背景に，ICI社は，1934年までに抹消された資産（事実上，アンモニア合成事業の資産）に匹敵する金額429万2653ポンドを，人造石油事業に対して投資した (Reader [1975]：p. 158)。こうした積極的な設備投資を受けて，生産能力も，当初計画の年産10万トン（3000万ガロン）から15万トン[41]（4500万ガロン）にまで拡張することを目指して，工場建設も進められた。そして，1935年には，アンモニア合成事業の悪夢を払拭すべく，ビリンガムの人造石油製造工場がようやく操業を開始した[42] (*Chem. & Ind.*, 18 Oct. 1935, p. 911；Gordon [1935]：pp. 74-5；*Statist*, 4 May 1935, p. 754；Williams [1953]：p. 108)。

　新たな船出を迎えたビリンガム工場では，それぞれ2000人を超える工場労働者および炭坑夫を雇用し，初年度である1935年には，まず7万トン（2100万ガロン）の人造石油が生産された。翌1936年には，年間を通じてフル操業が実現し，42万5000トンの石炭およびタール油から11万2000トン（3300万ガロ

表3-18 ICI社のビリンガム人造石油工場の資本・利益（1936～1938年）

年	使用資本[1]	粗利益	純損益（ICI社）[2]	使用資本利益率[3]
	£	£	£	%
1936	4,905,818	292,798	▲17,314	—
1937	4,707,331	369,009	94,669	2.01
1938	4,320,731	433,598	119,933	2.78

註1：フェノール工場およびブタン充填施設を含む。
 2：本社サーヴィス，減価償却を控除後。
 3：本社サーヴィス，減価償却を控除後。
出所：Reader [1975]：Tab. 18.

ン）の人造石油が生産[43]されるなど，人造石油事業はようやく軌道に乗ったかに思われた（ICI, *Ann. Rep.*, 1935, pp. 9-10, 1936, p. 9）。

ところが，ほぼ同時期，いずれ石炭を代替することになる，クレオソート油および低温水素添加タールを原料とした人造石油の生産が，徐々に比重を増すようになり（ICI, *Ann. Rep.*, 1936, p. 9），起死回生を狙ったはずのビリンガム工場の人造石油事業に対して，早々に方向転換の懸念がささやかれてもいた。それでも，その後，1938年にはあらたに「財政法」（Financial Act）が制定されたことで，合成エンジン燃料に対して，1ガロン当たり8ペンスの優遇措置が引き続き保証されるなどして，人造石油事業では，操業開始後も政府の手厚い保護を受けることで，人造石油生産を維持しつづけた（Hardie & Pratt [1966]：pp. 243-4）。

1936年以降，各年の人造石油事業の粗利益は，29万2798ポンド，36万9009ポンド，43万3598ポンドと，徐々に増大するようになり，純利益もまた，1936年こそ損失を出したものの，1937年以降は，9万4669ポンド，11万9933ポンドと，やはり徐々に好転の兆しを見せはじめた。もっとも，使用資本利益率を見るなら，1937年2.01％，1938年2.78％（表3-18）と，政府保証を受けていたにもかかわらず，惨憺たるありさまであった。もとより，この人造石油事業は，経済的・技術的にまったく採算の得られる事業ではなかったのである。結局のところ，第2次世界大戦開戦時には，水素添加石炭による人造石油製造は完全に駆逐されてしまった。ビリンガム工場では，その地位を奪取したクレオソート油による高品質航空機燃料の生産だけが続行され，ピーク時には，年

間3600万ガロンのクレオソート油から10万トンの人造石油が製造される水準に達していた（Hardie & Pratt［1966］：p. 244）。こうして，ビリンガム工場における野心的事業は，再度にわたって完全に頓挫するに至ったのである。

2 染料事業の躍進

あらためて，ICI社設立の経緯に立ち返れば，一方でアンモニア合成事業の発展，他方で合成染料事業の救済が，同社に懸けられた期待であった。しかし，これまで叙述してきたように，アンモニア合成事業は早々に頓挫し，さらにその資産を継承した人造石油事業も行き詰まりを見せつつあった。こうした過程で，1930年代初頭以降，むしろ目覚ましい躍進を遂げた事業こそが，染料事業[44]であった。

ICI社は，その設立後の1928年にオリヴァー・ウィルキンス社（Oliver Wilkins & Co. Ltd., 1908年），1930年にエムコ・ダイスタッフズ社（Emco Dyestuffs Ltd., 1929年），1931年にブリティッシュ・アリザリン社と，イギリス国内の主要な染料関連企業をつぎつぎに買収していた（Fox［1987］：p. 179）。こうして，早い段階でその地歩を固めたことで，ICI社は，イギリス国内の染料工業において50％を超えるシェアを確立する[45]に至った（表3-19）。

表3-19 イギリスの染料生産の企業別構成（1930〜1938年）
（単位：％）

会社名	1930	1938
ICI Ltd.[1]	44	58.0
Clayton Aniline Co. Ltd.	21	24.0
Brotherton & Co. Ltd.	10	—
British Alizarine Co. Ltd.	9	—
L. B. Holliday & Co. Ltd.	7	13.5
その他	9	4.5

註1：ICI Ltd. は，子会社（株式の51％以上を所有）としての British Dyestuffs Corp. Ltd., British Alizarine Co. Ltd., Scottish Dyes Ltd., British Synthetics Ltd., Emco Dyestuffs, Oliver Wilkins & Co. Ltd., Leech, Neil & Co. Ltd. を含む。
出所：Schröter［1990］：Tabs. 5, 7a より作成。

また，対外的にも，1920年以降，「染料（輸入規制）法」のもとで，政府による国内染料市場の保護が図られ，染料の生産を順調に増大させていた。さらに，1932年には，ICI社自社によって，「大陸染料カルテル」(Continental Dyestuffs Cartel)――IGファルベン社と，同社に主導されたスイス染料企業3社，フランス染料企業7社の3者――との間で，「国際染料カルテル」(International Dyestuffs Cartel)も締結された（第4章第3節3）。この結果，ICI社には，加盟国間での染料の取引割当（8.467％）および特定市場での最低取引額（19万5000ポンド）が保証されることになった(Richardson [1962]: p. 127; Schröter [1990]: pp. 130-1)。こうして，ICI社は，「国策事業」たる合成染料事業に対して，イギリス帝国市場におけるよりいっそうの「保護」を与えることに成功したのである。

　これを裏づけてみるならば，「染料（輸入規制）法」が導入されて以降，1920,30年代を通じて，イギリスの染料輸入は，きわめて抑制されていた[46]。輸入量で見れば，1913年の1万8900トンから，ICI社設立直前の1925年には2000トンにまで減少しており，「国際染料カルテル」が締結された1930年代を見ても2100トンと，大戦前の輸入量をはるかに下回る水準にあった（表1-17）。この点は，輸入額で見ても同様であり，1929年に221万6000ポンドを記録して以降，1933年には200万ポンドを割って，190万3400ポンドで底を突き，景気の回復に即して，1938年まで多少の上下動をともないつつも，200万ポンド台を維持していた（表3-16（b））。こうしてみると，一連の保護関税および「国際染料カルテル」が十分に機能していたことで，イギリス染料工業にとって，安定した環境が醸成されていたことは間違いない。

　さらに，こうしたイギリス染料市場を包囲する環境は，染料の生産や輸出をも後押しした。タール染料の生産で見れば，1924年に生産量1万9000トン，世界シェア11.6％であったものが，1932年には2万4000トン，12.2％と上向きはじめた。もっとも，残念ながら，景気がピークに達した1937年のデータが得られず，景気が後退しはじめた1938年についてしか確認できないが，その時点では2万500トン，9.3％と，1932年に比較して，生産量が3500トン減少し，シェアも2.9ポイント低下していた（表1-14）。

表3-20 ICI社染料グループの業績（1930～1936年）

年	使用資本	グループ売上高[1]	染料売上高	利　益[2]	使用資本利益率
	£1000	£1000	£1000	£1000	%
1930	4,100	2,202	1,661	▲ 205	—
1931	4,400	2,516	1,935	▲ 51	—
1932	4,500	2,973	2,224	453	10
1933	4,400	3,585	2,658	637	14
1934	4,300	3,786	2,805	819	19
1935	4,300	4,070	2,958	901	21
1936	4,700	4,262	3,043	938	20

註1：染料・「その他」から構成される染料グループ全体の売上高。
　2：グループ全体の利益であり，税引き・減価償却・「その他」控除前。
出所：Reader [1975]：Tabs. 26, 27 より作成。

　一方，イギリス（事実上，ICI社）の染料輸出については，価額面で，1929年に108万7100ポンドを記録して以降，恐慌過程においても減少を経験することなく，景気がピークに達した1937年の172万2200ポンドにまで着実に増大していた（表3-16 (a)）。とはいえ，こうした輸出の推移は，価額面についてであって，後述するように（第5章 第2節 5），数量面では，必ずしも増大傾向にはなかった。これも，むしろ国内染料市場の「独占」による支配力の強化とも相まって，「国際染料カルテル」によって「国内外にわたる〔染料〕価格の安定に支えられた」[47]（ICI, *Ann. Rep.*, 1932, p. 5）ことで，輸出量の減少を，輸出額の増大が補ったといえる。

　このように，政府およびICI社自社による国内外染料市場の「保護」と「独占」を背景にして，同社にとっても，染料事業を有利に導く条件が十分にそろっていたのである。あらためて，ICI社の染料事業に目を転じてみよう。1927年時点での染料事業部（Dyestuffs Division，染料グループに相当）の業績には，やはり厳しいものがあった。外部売上高170万ポンドは，比率で見れば，ICI社全体の7.5％を占めていたにすぎず，なおかつ営業利益5万ポンド，同比率1.4％，使用資本利益率2％は，他の事業と比較する意味もないほどであった（表3-10）。

　もっとも，「国家と産業の利害の一致」というその背景から，染料事業の有

表3-21　ICI社の研究関係支出
（1931～1937年）

（単位：£）

年	予算	実績
1931	771,031	737,305
1932	585,995	568,504
1933	565,601	623,767
1934	698,308	821,333
1935	897,073	925,029
1936	944,381	982,283
1937	1,034,339	1,066,710

出所：Reader［1975］：p. 87.

表3-22　ICI社のグループ別研究予算
（1931～1937年）

（単位：£）

グループ	1931	1937
石油関連事業	246,850	—
肥料	211,850	—
アルカリ	35,000	—
肥料	166,235	212,695
染料	26,960	262,064
アルカリ	85,000 [1]	135,000
金属	12,466	37,480
一般化学製品	50,320	178,100
爆薬・人造皮革	95,000 [2]	106,400
石灰	—	15,020
ペイント・ラッカー	—	46,350
プラスチック	—	24,000
研究協議会	28,200	—
全般計画研究委員会	—	17,230
合計	771,031	1,034,339

註1：石油関連を除く。
　2：「その他」のグループを含む。
出所：Reader［1975］：p. 88.

する位置づけを鑑みれば，染料事業の売上高や利益の多寡などは，さしたる問題ではなかった。とはいいつつも，その後の推移には，目を見張るものがあった。染料グループの売上高は，恐慌過程にありながらも着実に増大して，1930年の220万2000ポンドから，1936年にはおよそ2倍の426万2000ポンドに達した。利益も，1930，31年にこそ損失を出したものの，1932年以降は急増し，さらに使用資本利益率も，1932年に10％であったものが，1936年には20％と，4年間で10ポイント上昇した（表3-20）。染料事業部の場合，他の事業部と比較しても，1932年には，外部売上高が270万ポンドで，ICI社全体の10.2％を占め，営業利益でも37万ポンド，7.2％と，その地位を上昇させた。この点は，1937年についても同様であり，ICI社全体での比重こそ低下させはしたが，外部売上高450万ポンド，営業利益53万ポンドは，染料事業の躍進

を否定する材料ではなかった（表3-10，なお表3-10と表3-20の分類方法が異なるため，数値は必ずしも一致しない）。

ただし，こうしたICI社の染料事業の躍進が，一連の保護関税や国際カルテルとならんで，染料グループの積極的な研究・開発[48]によって促進された点も看過してはならない。染料グループは，1930年代初頭以来，研究部門（Research Department）の積極的な充実を図ってきた。1931年に2万6960ポンドであった研究予算が，1937年にはおよそ10倍の26万2064ポンドにまで増大していた。同時期のICI社全体の研究関係支出が，77万1031ポンドから103万4339ポンドにしか増大していなかったことを考え合わせれば，染料グループの研究予算[49]の増大が，いかに突出したものであったかがうかがえる（表3-21，3-22）。さらに，染料グループは，大卒研究者を積極的に採用するとともに，1938年には，ブラックリー（Brackley，オックスフォード〔Oxford〕近郊）に，21の研究室からなる新たな研究施設（research complex）を設立するなどして，研究・開発体制の組織化をも推進していた（*Chem. & Ind.*, 15 Jan. 1938, pp. 55-6；Fox [1987]：p. 189）。

染料グループでは，この間，1933年から1935年にかけて，102種類（うち48種類が新案特許製品），1936年から1938年には，91種類（うち62種類が新案特許製品）の新製品が開発された（Fox [1987]：p. 190）。とりわけ，1935年には，デュポン社をして，「25年に1度のもっとも重要な開発」（Chandler [1990]：p. 354．訳書307頁）と言わしめた，世界初のフタロシアニン顔料[50]「モナストラル・ファスト・ブルー・B.S.」（Monastral Fast Blue B.S.）に代表されるような，画期的な製品を世に送り出すなど，目覚ましい成果を収めていた。このように，染料グループ躍進の背景には，グループみずからも，染料の需要を喚起するために，研究・開発に比重を置いた事業を積極的に展開する側面もあったわけである（*Econ., Com. Hist. & Rev.*, 1936, pp. 55-6；ICI, *Ann. Rep.*, 1935, p. 17）。

3　新製品の研究・開発と事業化

19世紀末期以降，イギリス化学産業が徐々に相対的な競争力を失いはじめた要因の1つが，技術の変化に対する立ち遅れ，すなわち研究・開発への不断

の努力を怠ったことであった。その経験を踏まえ，ICI社は，研究・開発を重要な課題と位置づけ[51]，1930年代前半以来，染料グループの事例に代表されるように，既存の事業[52]に加えて，広範な分野にわたる積極的な支出を背景に（表3-21，3-22），各種の新製品――いずれきわめて収益的な事業へと成長を遂げる――の研究・開発を試みることで，1930年代後半ないし1940年代前半には，その事業化を実現していた。本項では，化学工業の発展段階の第3期（第1章註3）にあたる，第1次世界大戦以降の主要製品としての合成化学製品の一種，プラスチック（合成樹脂）事業[53]を中心に概観しておく。

ICI社が設立された1927年の社内文書には，早くも「プラスチック素材」(Plastic Materials, Reader [1975]: p. 338) という文字が見られ，その後も，研究・開発が進められてはいたが，一挙に事業化に向けて走り出したのは，1930年代のことであった。すでに研究途上にあったPMMA（ポリメタクリル酸メチル，いわゆるアクリル樹脂）を事業化するために，プラスチック事業部門（Plastics Division）が立ち上げられ，1933年には，フェノールホルムアルデヒド・尿素ホルムアルデヒド成型パウダーの主要企業であった，クロイドン・モウルドライト社（Croydon Mouldrite Ltd.）が買収された（ICI [1955]: p. 45）。

このプラスチック事業部門とクロイドン・モウルドライト社が連携して，研究・開発と事業化が進められたPMMAは，1935年になって，透明樹脂シート「パースペクス」（Perspex）として製品化されるや，とりわけ航空機用素材（風防ガラス）として，大規模な需要を獲得するに至った。これに応じて，PMMAの生産拠点であったビリンガム工場も，数度にわたって生産規模が拡大される[54]ほどであった。1937年時点で，パースペクスの売上高が7万8000ポンド，粗利益が6000ポンドにのぼるなど，PMMAは，ICI社にとってきわめて収益性の高い主力製品[55]へと成長した（ICI [1955]: p. 45; ICI, *Ann. Rep.*, 1935, pp. 14-5; Reader [1975]: Tab. 31, pp. 344-6, 349）。

さらに，パースペクスの商品化と同じ1935年には，成型パウダー「ダイアコン」（Diakon）や「カロデント」（Kallodent）も，市場に投入された。ダイアコンは，電話機本体の素材といった各種のプラスチック素材として，また，カロデントは，歯科医療での義歯作製用素材として，これ以降，順調に売上げを伸

ばすなど,いずれの事業も着実に成長を遂げるようになった(ICI, *Ann. Rep.,* 1938, p. 8；Reader［1975］：pp. 346, 359)。

この間,急速に拡大するプラスチック製品の需要に対応するために,ICI社内でも組織の改革が必要となった。1936年に,プラスチックの研究・開発と事業化[56]を推進する部署として,正式にプラスチック事業部門[57]——対外的には「プラスチック・グループ」(Plastics Group)と呼ばれていた——が設立され,その後,1938年には,あらたにICI(プラスチックス)社(ICI (Plastics) Ltd.)として独立を果たした(Hardie & Pratt［1966］：p. 300；ICI［1955］：p. 45；ICI, *Ann. Rep.,* 1936, p. 15)。

もっとも,プラスチックの研究・開発と事業化については,プラスチック事業部門のみならず,他部門でも積極的に推進されていた。1933年,ICI社内で行われていた高圧化学反応実験の過程で偶然に「発見」された微量のポリエチレンは,研究・開発が加えられたのち,1936年に特許が取得された。1937年以降,ポリエチレンは,プラスチック(合成樹脂)ではあったものの,プラスチック事業部門ではなく,アルカリ・グループによってその事業化が進められ,1938年にはパイロットプラントでの生産を開始した。翌1939年になると,ウォラースコウト(Wallerscote,チェシャー,ノースウィッチ〔Northwich〕)工場で,年産100トン規模での本格操業が開始されるようになった。ポリエチレンは,当初,電話ケーブルなどに利用されていたが,高い電気絶縁性を有していたことから,戦時下には,おもに防空用レーダー設備による需要を獲得するなどして,生産も増大した。事業としては,1941年まで損失を出していたが,1942年になってようやく販売量(生産量ではなく)が557トンに達して,はじめて8万5953ポンドの利益を生み,以降,販売量,利益とも順調に増大する[58]ようになった(ICI［1958］：p. 35；Kennedy［1993］：pp. 62-71；Reader［1975］：pp. 349-58, Tab. 29)。

4 主要事業の拡大

ICI社各グループによる新製品開発の成果は,1930年代末期には顕在化しはじめたが,こうした動向と並行して,既存の主要事業も,1930年代央以降,

イギリスの景気拡大とそれにともなう産業活動の活発化に牽引され，拡大路線を歩むようになった。

まず，アルカリ製品事業では，ガラス産業ならびにレーヨン産業といった大規模な需要に支えられ，ある程度，アルカリ製品の売上高は増大した（表2-1，ただし，表2-4によるかぎり，アルカリ製品としてのソーダ灰生産の推移は確認できない）。さらに，洗瓶用のアルカリ洗浄剤，鋳鉄・鋳鋼精錬用の炭酸ナトリウム，工業用水浄化用のアルミン酸ナトリウムなど，新製品の市場投入によって，広範な需要も獲得するなどして，1937年には，増大する需要に対応するために，工場の拡張すら行われた（ICI, *Ann. Rep.,* 1935, p. 5, 1936, p. 5, 1937, p. 6）。

一般化学製品事業でも，製紙，繊維，レーヨンといった幅広い産業にわたる需要に応えて，塩素製品，酸製品の生産を増大させた。1935年から翌1936年にかけては，きわめて大規模な資本投下によって，ウィドネス，ランコーン，オウルドベリー，ビリンガムなど，各地で動力施設および工場の新設・拡張・再編・近代化も図られた（ICI, *Ann. Rep.,* 1935, pp. 10-1, 1936, pp. 10-1）。

景気拡大過程のモンド事業部（アルカリ，一般化学製品，石灰の各グループに相当する重化学製品事業部門）の業績を振り返ってみると，1932年に850万ポンドであった外部売上高が，景気がピークに達した1937年には，1400万ポンドへと顕著に増大した。しかし，その一方で，一連の大規模投資による各種施設の新増設直後でもあり，営業利益は，274万ポンドから231万ポンドとわずかに減少し，これにともなって，使用資本利益率も，11％から7％へと大幅な低下となった。より大きな変化としては，外部売上比率こそ，32.1％から30.2％へとわずかな低下にとどまったものの，営業利益比率は，53.2％から27.9％と大幅に低下した。要因としては，後述するように，農業事業部（Agricultural Division，肥料・合成製品グループに相当）や金属事業部（金属グループに相当）など，他事業部の利益の増大が重なったことで，結果としてICI社内での比重が相対的に低下することになったといえる（表3-10）。

なお，輸出についても触れておけば，関連する製品として，イギリスによるナトリウム化合物（アルカリ製品）の輸出額は，1935年の339万2300ポンドから，1939年には366万6900ポンドへと増大傾向にはあった（表3-16 (a)）。た

だし，日本や中国といった，新興国アルカリ（ソーダ）工業の台頭にともなう極東市場からの撤退など，海外市場での競争がいっそう激化しており，1930年代前半に比較すれば，後半にはその輸出は厳しさを増しつつあった（ICI, *Ann. Rep.*, 1938, p. 4；*Statist*, 13 May 1939, p. 618；第5章 第2節 2）。

　一方，爆薬事業[59]では，海外市場の緩やかな拡大に加えて，1930年代央には，国内でも石炭産業が回復に向かいはじめたことで，爆薬の需要も徐々に増大するようになった。また，王立炭鉱安全委員会（Royal Commission on Safe in Coal Mines）の命令に基づいた，ヒドロキシ系非爆破破壊薬の投入をはじめとした，各種新製品の供給を通じて，新たな需要を確保しつつもあった。1930年代央をすぎると，後述するように（本章 第4節），政府の「再軍備計画」[60]（re-armament programme, 1935年）にそって，爆薬グループでも，軍需製品の生産が開始された（ICI, *Ann. Rep.*, 1934, p. 5, 1935, p. 8, 1936, pp. 7-8, 1937, p. 8）。こうした需要の増大に対応するために，1930年代央以降，爆薬グループの一部工場のアーディアへの集中計画[61]が推進されるとともに，「再軍備計画」に応えて，軍需製品工場への資本投下も増大されるなど（ICI, *Ann. Rep.*, 1935, p. 8, 1937, pp. 7-8），「国家と産業の利害」にそった生産設備の拡張が図られた。

　この間のノーベル事業部（爆薬グループに相当）の業績を見るなら，外部売上高が，1932年の340万ポンドから1937年の530万ポンドへ，営業利益が，同時期，84万ポンドから135万ポンドへと飛躍的な増大を遂げ，さらに集中計画による一定の合理化もあって，使用資本利益率も，9％から13％へと急上昇した。外部売上比率こそ，12.8％から11.4％へとわずかに低下したものの，営業利益比率は，16.3％と横這いで推移していた（表3-10）。イギリス（事実上，ICI社）の高性能爆薬の輸出についても見ておくと，景気回復期以降，増勢を早めて，1937年には90万900ポンドと，1929年の輸出額を超え，恐慌で底に達した1931年の32万3200トンから比較しても，およそ3倍の輸出を記録するに至った。もっとも，この点は，世界的な景気の拡大に加えて，諸国の軍備増強が一挙に進展していたという「特殊な事情」が絡んでいたことも看過してはならない（表3-16（a）；第5章 第2節 3）。

　こうした景気拡大期にあって，ICI社のなかでもっとも業績を伸ばした事業

が，金属事業[62]であった。きわめて広範な需要を有する金属グループは，1930年代央，造船，自動車，電話，重電機といった各種産業の回復・拡大，スポーツ用弾薬の需要の増大，各種合金や弾薬筒の開発などによって，一挙に生産を増大させた。こうした需要の増大に応じて，金属事業部門でも，他の事業と同様に，相当額の資本支出を負いながらも，ウィットン（Witton，バーミンガム近郊）工場における集中・合理化が推進されていた。ところが，「再軍備計画」の進展にともない，金属製軍需製品（薬莢，弾薬，航空機用軽合金など）の需要が高まると，1936年には，本来，合理化と既存工場の代替のために拡張が進められていたはずのスウォンジー（Swansea，ウェールズ南西部）の各種金属工場が，政府の圧力によって操業を迫られることになった[63]（ICI, *Ann. Rep.,* 1935, pp. 13-4, 1936, pp. 12-3）。

この結果，景気が最高潮に達した1937年には，金属グループ本来の取引に加えて，例外的な政府による軍事需要も重なり，一定期間にわたって展開してきた合理化・近代化ですら対応しえないほどの活況を呈するに至った（ICI, *Ann. Rep.,* 1937, p. 12）。こうして，ICI社は，否応なく「軍需産業のプロ」[64]（professional armaments industry, Reader［1975］: p. 254）へと転身を遂げていくことになったのである。1937年の金属事業部（金属グループに相当）の業績は，外部売上高1010万ポンド，営業利益89万ポンドと，ともに1932年の2倍以上に増大し，使用資本利益率も12％と急上昇を遂げた。とりわけ，外部売上比率は，17.7％から21.8％へと，4ポイント近く上昇して，営業利益比率も，7.8％から10.7％へと，やはり3ポイント近く上昇するなど，事業拡大のテンポは他の事業を圧倒していた（表3-10）。

5 拡大過程の経営指標

最後に，景気拡大過程におけるICI社の経営指標を確認しておこう。売上高は，回復過程から徐々に増大し，景気が最高潮に達した1937年には，前年比24％増の5410万ポンドを記録した。また，回復が遅れていた雇用も，1930年代央以降，徐々に増大するようになり，1937年に至って，ようやく恐慌前と同水準の5万7000人に達した（表3-9）。依然として高かったイギリスの失業率，

あるいは化学産業の雇用者数の緩やかな増大テンポに比較すれば，ICI社の雇用は，より急速に増大していた[65]（表2-2）。さらに，減価償却も，回復期の140万ポンドから，好況期には200万ポンドに達して，本社基金および一般準備金も，ともに100万ポンドから150万ポンドへと，着実に増大傾向を示すようになった（表3-9）。ICI社の設立以来，10年間（1936年まで）にわたって内部留保されつづけてきた本社基金および一般準備金の総額は，およそ1450万ポンドにまで達するなど，(Statist, 1 May 1937, p. 704)，同社の蓄積基盤はきわめて堅牢なものとなっていた。

しかし，このように業績が大幅に向上する過程でも，ICI社は，依然として大規模な過剰生産設備の整理と合理化をつづけていた。1935年には，「会社資本再編計画」(the scheme for the re-organisation of the Company's Capital) のもとで，543万4141ポンドの減資[66]が行われた（ICI, Ann. Rep., 1935, pp. 21-2）。恐慌期以来の資産抹消政策は，回復・拡大過程に至ってもなお継続的に推進され，1936年までの10年間に抹消された資産総額[67]は，少なくとも内部留保額に等しい1450万ポンドにのぼった（Statist, 1 May 1937, p. 704）。

この結果，1935年に減資されて，7190万ポンドとなった発行資本額は，1937年にこそ，7420万ポンドとやや増大したものの，減資前の発行資本額7730万ポンドを超えることはなかった。これに応じて，使用資本額も，1936年には9160万ポンドに減少したあと，景気拡大期以降は，徐々に増大してはいたものの，1930年の使用資本額1億250万ポンドには及ばなかった。また，資本支出も，1930年代央以降は，200万ポンド台から300万ポンドをやや超える程度の水準にとどまっていた――1920年代後半の水準にははるかに及ばなかった――。その一方で，資本支出は，人造石油の事業化にともない，1934年には440万ポンドと急増して，研究・開発費もまた着実に増大するなど，積極的な側面も見せていた（表3-9）。

このように，ICI社の現実投資は，徐々に増大に向かってはいたものの，過剰生産設備の整理や合理化政策によって，ある程度抑制され（この点，イギリス化学工業の総固定資本形成および純固定資本形成も，1920年代末には及ばないものの，ICI社の水準に比較してやや高めであった，表2-2），やはり内部資金で賄いうる範囲

にとどまっていた。もっとも，こうした側面も，徹底した過剰資本の整理と合理化で，拡大過程を乗り切ろうとしたICI社の積極的な姿勢の表れであったともいえよう。

第4節　再軍備期の事業展開

　1931年，日本による中国東北部侵略（満州事変）を皮切りに，1933年にはドイツでナチス政権が成立して，一挙に再軍備政策へと舵を切った[68]。その後，1935年にイタリアがエチオピアを併合し，翌1936年にはドイツが非武装地帯ラインラントに進駐し，さらに同年，スペインでは内戦も勃発した。短期間のうちに，世界には一挙にきな臭いにおいが立ち込めるようになっていた。こうした過程で，イギリスの軍事政策も，1920年代から1930年代央にかけての「軍縮」から，1935年には「再軍備」へと大きく転換を遂げた。本節では，ICI社が，再軍備期（景気の回復・拡大期と多少重なる），すなわち1930年代央から第2次世界大戦のとば口に差し掛かった時期において，イギリスの再軍備とそれに呼応する「産業の軍需化」に歩調を合わせて，事業を拡大していく過程を叙述する。

1　再軍備と産業の軍需化

　まずは，背景要因となるイギリスにおける再軍備の進展と，再軍備にともなう「産業の軍需化」について概観しておこう。1935年3月，イギリス政府は，『防衛白書』（*Statement Relating to Defence*）において「再軍備計画」の実施を宣言した。これ以降，それまで1億ポンド程度にすぎなかった政府の軍事支出も，一挙に膨張しはじめ，第2次世界大戦が勃発した1939年には，4億ポンドにまで達した（表3-23）。

　こうして，国家を挙げて再軍備に邁進するなか，政府の産業に対する姿勢もめまぐるしく変化した。1931年，「武器輸出禁止令」（Arms Export Prohibition Order）が施行され，その後，一度は撤回されるも，抑制的なかたちで武器輸出のライセンス制が維持されることになった。1933年には，ラムゼイ・マク

表3-23 イギリスの軍・工廠別政府支出（1933～1939年）

(単位：£100万)

年　度	陸　軍	海　軍	空　軍	軍工廠[1]	小　計[2]	総　計[3]
1933	n.a.	n.a.	n.a.	n.a.	n.a.	103.0
1934	6.9	20.9	9.4	—	37.2	107.9
1935	8.5	24.2	9.9	—	42.6	114.0
1936	12.5	29.6	18.6	—	60.7	137.0
1937	21.4	41.0	39.3	1.5	104.2	186.7
1938	44.3	63.2	66.0	8.7	182.2	262.0
1939	67.6	82.9	109.9	12.7	273.1	400.0

註1：資本支出のみ。
　2：給与，食料，衣料費を含む。
　3：国防費。
出所：Thomas [1983]：Tab. 1.

ドナルド（James Ramsay MacDonald, 1866-1937）挙国内閣によって，民間兵器産業調査委員会（Committee on the Private Armaments Industry）が設置され，ライセンス制に対する答申がなされたものの，武器輸出禁止政策のなし崩し的な空洞化が推し進められた。そして，翌1934年には，労働党党首，クレメント・アトリー（Clement Richard Attlee, 1883-1967）が，下院に対して軍需産業国有化の動議を提出するなど，軍需産業を取り巻く政治的状況は刻々と変化した。

その後，1935年になると，「再軍備計画」を推進する過程で，イギリス産業連盟（Federation of British Industries）も，国家による民間企業に対する干渉（賃金，価格，利潤，生産など）を拒否しつつも，産業界と政府の協力を推進するとの主張を展開しはじめた。翌1936年には，兵器の民間製造と貿易に関する王立調査委員会（Royal Committee on the Private Manufacture of and Trading in Arms）が，軍需産業の国有化こそ否定はするものの，政府による軍需産業の統制強化を勧告した。1937年には，同委員会が，修正報告書〔帝国防衛委員会〔Committee of Imperial Defence〕の事務局長，モーリス・ハンキー〔Maurice Pascal Alers Hankey, 1877–1963〕案）を提出して，国防の民間兵器製造企業への過度の依存を容認しながらも，政府による管理・統制を排除する決断を下した。しかし，1939年に軍需省が設立されると，民間兵器産業の規制を大幅に強化する方針が打ち出され，最終的には政府主導のもとで，「産業の軍需化」[69]が一挙に推進されることになっ

表3-24 イギリスの爆薬生産 (1939~1944年)

(単位:s.t.)

年	爆薬	発射火薬
1939	21,255	23,989
1940	74,206	30,513
1941	112,558	58,525
1942	190,562	112,442
1943	220,717	89,222
1944	206,648	61,668

出所:Hornby [1958]: p. 109.

表3-25 イギリスの工場別爆薬生産 (1942年1月~1945年6月)

製品	ICI社・同代理工場	軍工廠	合計	ICI社シェア
	s.t.	s.t.	s.t.	%
コルダイト	63,396	117,292	180,688	35
TNT	49,551	283,761	333,212	15
テトリル	2,298	12,151	14,.449	16

出所:Reader [1975]: p. 274..

た。

　では，こうした政府規制のもとで，どのような形態で軍需製品の生産が行われていたのであろうか。あらためて分類してみると，3つの形態[70]があげられる。

　第1に，民間（兵器）製造企業が，通常の事業として，政府・軍，他の民間（兵器）製造企業の需要に応えて，軍需製品・原材料を生産・供給する形態である。ICI社は，いわゆる「兵器製造企業」にはあたらないが，各種の事業部門で直接・間接的に軍需製品・原材料を生産・供給していたことから，この形態に属す企業と考えてよい。

　再軍備の進展にともなって，ICI社が供給するようになった軍需製品・関連原材料の供給範囲は，爆薬，発射火薬，弾薬；アンモニア，硝酸アンモニウム；塩素；軽合金；航空機燃料（最大規模の工場）；毒ガス（最大規模の投資）；各種化学素材などに及んだ（Reader [1975]: p. 256）。もっとも直接的な軍需製品は爆薬であり，顕著な例として，第2次世界大戦の勃発とともに，イギリス

の爆薬生産量が一挙に増大した（表3-24）。ICI社では，こうした動向に呼応するように，爆薬グループのアーディア工場を中心に，一方で，工業用爆薬の生産にあたりつつも，他方で，「再軍備計画」にそって生産設備を拡張し，軍需製品（コルダイト，TNT，テトリル〔起爆薬〕などの高性能爆薬，発射火薬）の生産をも増大させた（GBT［1936-42］：War Office Memorandum No. 52, 22 Oct. 1936）。1942年から1945年について見てみれば，イギリスの爆薬生産に占めるICI社および同社代理工場（agency factory）のシェアは，コルダイトで35％，TNTで15％，テトリルで16％にものぼった（表3-25）。

第2に，政府・軍が，直接的に工場を管理・運営し，みずから軍需製品を生

表3-26　イギリス陸軍省・供給省の工場別資本支出
（1935年4月～1945年9月）

工　場	支出額	工場数
	£100万	
1. 新規設立政府工場		
（1）軍工廠		
爆薬・化学製品工場	50.6	9
充填材工場	75.5	10
装備品工場	49.0	25
小　計	175.1	44
（2）供給省代理工場		
装備品工場	31.8	35
爆薬・化学製品・充填材工場	57.8	44
原材料工場	18.1	67
他製品工場	3.7	16
小　計	111.4	162
総　計	286.5	206
2. 契約者補助		
兵器・軍需品企業	137.0	3,532
原材料企業	36.9	560
小　計	173.9	4,092

出所：Hornby［1958］：p. 378 より作成。

表3-27 イギリス供給省代理工場の軍需品目別資本支出（1942年）

製　品	工場数	建　物	設　備	合　計
		£1,000[1]	£1,000[1]	£1,000[1]
爆薬・発射火薬	8	5,619	4,825	10,444
爆薬原材料	11	2,731	4,959	7,691
小火器用弾薬	5	3,877	5,229	9,106
小火器	3	341	1,054	1,395
薬莢	10	1,500	3,850	5,350
砲弾・信管	7	507	1,681	2,188
通信機・輸送機器	5	511	488	999
ペニシリン	3	606	1,340	1,946
各種設備・備品	2	14	62	76
充塡材	6	13,754	2,113	15,867
化学防護品	12	10,900	8,300	19,200

註1：原表では，'£m' と表記されているが，'£1,000' の誤り。
出所：Hornby [1958]：p. 159.

産・供給する軍工廠（Royal Ordnance Factory）という形態である。1937年以前の時点で，ウーリッジ（Woolwich, ロンドン南東部），エンフィールド（Enfield, ロンドン北部），ウォルサム・アビー（Waltham Abbey, エセックスシャー）の3ヵ所にすぎなかった軍工廠は，再軍備以降，一挙に増設され，第2次世界大戦が終結する時点では，イギリス全土において，爆薬・化学製品，充塡材，装備品の3部門にわたる44工場が操業していた。こうした軍工廠の増設にともなって，1935年から1945年にかけての軍工廠の新規設立に対する資本支出も，1億7510万ポンドに達した（Hay [1949]：pp. 15-18；Nevell, et al. [1999]：pp. 5-11；表3-26)。

第3に，本節の課題である代理工場あるいは「影の工場」（shadow factory）という形態である。代理工場は，政府・軍（供給省〔Ministry of Supply〕や航空機製造省〔Ministry of Aircraft Production〕など）が出資をして，軍需工場を設立し，民間（兵器）製造企業にその管理・運営を委託することで，軍需製品・原材料を生産させ，軍・軍工廠にそれらを供給する形態である。供給省の管轄下だけでも，第2次世界大戦のピーク時には，イギリス全土で170ヵ所を超える工場が

操業しており，爆薬，弾薬，小銃からペニシリンなどの医薬品や化学防護品に至る広範な製品を生産していた。1935年から1945年にかけての供給省による代理工場に対する資本支出は，軍工廠に対する支出額を下回ってこそいたが，それでも1億1140万ポンドの規模にのぼった（Hornby [1958]: pp. 154-6; Shay [1977]: pp. 109-112；表3-26, 3-27）。

2　産業の軍需化とICI社

　ICI社は，こうした形態のうち，通常事業としての第1形態のみならず，第3形態である代理工場の管理・運営も引き受けていた。ICI社は，最終的に，戦時期には少なくとも25ヵ所もの代理工場を任され，各種の軍需製品・同原料の生産・供給を果たしていた。「〔第2次世界〕大戦前には，化学，爆薬，発射火薬および弾薬工場を含む，陸軍省（War Office）代理工場のほとんどが，ICI社の傘下にあった」（Hornby [1958]: p. 157）とされるほど，ICI社は，再軍備およびその後の戦時体制に貢献することになったのである。

　ところで，この代理工場とは，1933年，将来的な軍需製品の不足を懸念して，3人の政府産業顧問，ウィリアム・ウィアー（William Douglas Weir, 初代ウィアー子爵〔the first Viscount Weir〕, 1877-1957, ICI社非常勤取締役であり，ICI社を含む産業界と政府・軍のパイプ役を務めていた人物），アーサー・バルフォア（Arthur James Balfour, 1848-1930, 元首相），ジェイムズ・リスゴウ（James Lithgow, 1883-1952, スコットランドの産業家）が，「影の軍需産業」（shadow munition industry）構想を提起したことに端を発する。翌1934年には，帝国防衛委員会がその提案を採用して，民間非兵器製造企業が管理・運営する代理工場による軍需製品の生産を推進することが決定された。当初より，この代理工場構想におけるICI社の位置づけは重要視されており，早くも1935年にはICI社と政府との折衝が開始され，爆薬，金属，一般化学製品の3グループを中心に，ICI社における代理工場の建設・運営が検討されるようになっていた（Reader [1975]: pp. 251-4）。

　こうして，ICI社では，少なくとも再軍備期の1937年から1939年には18ヵ所（表3-28），戦時期には25ヵ所に及ぶ代理工場[71]が建設され，ICI社の管理・

表3-28 ICI社の代理工場 (1940年4月)

(単位：£)

グループ＼工場	製品	建設費用	建設報酬	生産額(年)	管理報酬(年)
一般化学製品グループ		(12,547,000)	(198,900)	(10,245,150)	(156,265)
Huddersfield[1]	カルバミン酸塩	83,000	4,000	540,000	
	ジメチルアニリン	77,000	3,000	137,000	11,100[2]
	チオジグリコール	250,000	—	312,000	
Randle	ガス	2,216,000	62,500	1,700,000	27,080
	ブロモベンジルサイアニド	200,000	—	500,000	
Valley	ガス	1,741,000	85,000	2,000,000	22,410
Springfields[1]	ガス	3,125,000	—	2,552,000[3]	30,625
Wade	塩素・漂白剤	720,000	14,000	413,750	15,800
	二塩化硫黄	43,000	—	176,400	
	塩化水素酸	44,000	—	437,000	
	モノクロロベンゼン	23,000	—	16,500	
	チオジグリコール	250,000	—	312,000	
Rocksavage	塩素・漂白剤	1,010,000	25,000	507,500	19,750
	ホスゲン	126,000	2,250	116,000	
	チオジグリコール	230,000	—	312,500	
	六塩化エタン	23,000	400	112,500	
	塩素化ゴム	86,000	2,750	100,000	
Rocksavage	塩化ベンジル	—	—	—	—
Hillhouse	液体塩素，ホスゲン，他	2,300,000	—	—	26,500
肥料グループ		2,327,000	(82,500)	1,564,000	37,915
Mossend	アンモニア	839,000	25,000	375,000	12,585
Dowlais	アンモニア	1,033,000	42,500	525,000	19,030
Dowlais	メタノール	35,000	15,000	264,000	
Whalley[1]	アンモニア	420,000	—	400,000[1]	6,300
爆薬グループ		7,852,000	—	7,151,000	70,875
Wigtown	黒色火薬	255,000	—	276,000	3,825
Powfoot[1]	ネオナイト	97,000	—	2,000,000[1]	14,550
Dumfries	コルダイト	7,500,000	—	4,875,000	52,500
金属グループ		2,170,000	(25,000)	1,272,500	30,050
Landore	薬莢	670,000	25,000	700,000	10,050
Standish	弾薬	1,500,000	—	572,500	20,000
染料グループ		330,125	12,500	347,000	11,100[2]
Huddersfield	硝酸アンモニウム	330,125	12,500	347,000	11,100[2]
合計A (上記合計)		(25,226,125)	(318,900)	(20,579,650)	(295,105)
合計B (別表での概算)		27,455,709	n.a.	25,300,000	302,529

註 1：他工場とは，資料が異なり，数字に若干の差がある。
2：一般化学製品グループ及び染料グループのHuddersfield工場の合計。
3：管理報酬及び管理報酬率より逆算。
—：1940年4月時点では未確定。
(　)内：未確定部分を除いた価額。
出所：GBMA [1939-41]：Enclosure to Annex より作成。

表3-29 イギリス政府とICI社の代理工場契約（年度別）（1943年9月）
(単位：£)

生産開始年度	支出承認額
1937	5,000
1938	2,502,000
1939	6,721,000
1940	5,802,000
1941	21,538,000
1942	14,471,000
1943	4,198,000
1944	226,000
時期不明・解約	2,723,000
合　計	58,186,000

註：本表は，1943年に作成されたものであり，1945年作成の表3-31とは一致しない。
出所：Coleman [2005]：Tab. 3.1.

表3-30 イギリス政府とICI社の代理工場契約（グループ別）（1943年9月）
(単位：£)

グループ	支出承認額
一般化学製品	19,234,457
肥　料	16,807,842
爆　薬	11,769,188
金　属	5,605,345
アルカリ	2,821,682
染　料	276,074
プラスチック	200,278
人造皮革	14,475
特別兵器	1,456,894
合　計	58,186,235

註：本表は，1943年に作成されたものであり，1945年作成の表3-31とは一致しない。
出所：Reader [1975]：Tab. 20.

運営のもとで，1937年ごろには，代理工場による弾薬，爆薬，発射火薬，化学防護製品といった軍需製品の生産が開始された（Hornby [1958]：pp. 148-9）。この代理工場で生産されていた軍需製品の品目は，完成品（軍に供給）から原材料（軍工廠に供給）に至るまで広範囲に及んでいた。政府とICI社の代理工場建設契約は，1937年こそ5000ポンドにすぎなかったものの，翌1938年には250万2000ポンドへと一挙に跳ね上がり，1941年になると2153万8000ポンドにものぼるなど，最終的には総額としておよそ5800万ポンドの契約がなされた（表3-29，本表はそれぞれの年度から生産が開始される工場に関する建設契約）。供給省の代理工場に対する資本支出が1億1140万ポンドとされていたから（表3-26），ICI社に対する支出は，まさにその半分を占めるほどの規模を有していたことになる。民間非兵器製造企業にあっては，ICI社が，事実上，代理工場を通じて軍需製品を「独占」的に供給していたといっても過言ではなかった。

こうした代理工場の建設契約をグループ別に見ると，とりわけ一般化学製品グループが最大規模を誇っており，1943年時点での政府との契約額は，1923万4457ポンドに達していた。一般化学製品グループでは，ハッダーズフィー

ルド工場を除いた全工場が，ガス（化学兵器としての毒ガス）ないし同原材料を生産するなど，まさにグループを挙げて代理工場での軍需製品の生産に協力していた。さらに，爆薬原料のアンモニウムなどを供給していた肥料グループの契約額が1680万7842ポンド，ついで各種爆薬製品を供給していた爆薬グループの契約額が1176万9188ポンドと，これにつづいた（表3-30）。このように，ICI社内では，これら3グループが，群を抜いて代理工場との契約が高額であり，同社全体のほぼ8割を占めるほど，積極的に軍需製品の生産に貢献していた。

また，1940年時点での個別の代理工場について見てみると，やはり一般化学製品グループが大規模であり，生産予定額（一部工場では生産を開始していたが，建設中の工場もあったため，あくまでもフル稼働した場合の生産額）は，1024万5150ポンドにのぼった（表3-28，ただし未確定の生産額は含んでいない）。とくに，毒ガスを生産していたスプリングフィールズ（Springfields, ランカシャー，プレストン〔Preston〕近郊）工場[72]の生産額が255万2000ポンド（表3-28 註3参照），ヴァリー（Valley，ウェールズ北部，チェスター近郊）工場が200万ポンド，ランドル（Randle, ランコーン近郊）工場が170万ポンドと，群を抜いて多額であった。これに次ぐ規模を誇っていたのが，爆薬グループの715万1000ポンドであった。とりわけ，ダンフリーズ（Dumfries, スコットランド南部）のコルダイト工場の生産額は487万5000ポンドと，他工場を圧倒しており，パウフット（Powfoot, スコットランド南部）のネオナイト工場も200万ポンドと，やはりその規模の大きさを物語っていた（表3-28；GBMS［1944］：n. pag.）。

このように，ICI社は，イギリス全土にわたって，20ヵ所を超える代理工場を積極的に管理・運営することになったわけであるが，ここでは，その契約形態を確認することにしよう。まず，代理工場を建設するにあたっては，政府がその建設費用（資本支出）の全額を負担するとともに，その「資産」については，政府に帰属するものとされた。各代理工場については，当初は陸軍省，のちに供給省の責任のもとで，ICI社などの民間企業が，その管理・運営を任されていた。また，契約を締結するさいには，政府が，ICI社などの民間企業に対して，「戦時報酬」（wartime fees）として「建設報酬」（construction fees）を支給

することになっていた。この「建設報酬」の報酬率は，各工場の建設契約額に応じて設定される仕組みになっており，100万ポンド以下の場合4％を上限として，100万ポンドを超えると，100万ポンド単位で0.5％ずつ低下して，700万ポンド以上の場合0.5％を下限とするスライド制（1941年以降は一律1％）を採用していた（GBMA［1939-41］：Ministry of Supply to ICI, 14 Aug. 1941；Reader［1975］：Tab. 16）。

つぎに，代理工場で生産されていた軍需製品が，政府・軍に供給されるさいの生産契約について確認しておこう。代理工場で生産された軍需製品については，生産に要した費用（表3-28の「生産額」＝「費用」）で政府・軍が購入する。これらの軍需製品の生産にあたっては，政府が，ICI社に対して，毎年，「戦時報酬」として「管理報酬」（management fees）を支給することになっていた。この「管理報酬」は，工場の固定資本額に応じて設定される仕組みになっており，100万ポンド以下の場合，固定資本額の1.5％，100〜200万ポンドの場合1.0％，200万ポンド以上の場合0.5％を基準として（1941年以降は一律0.5％）支給されるというものであった（GBMA［1939-41］：Ministry of Supply to ICI, 14 Aug. 1941；Reader［1975］：Tab. 16）。「管理報酬」が，事実上，代理工場における軍需製品の生産に対する「利益」にあたり，生産額に対する「管理報酬」の比率（いわ

表3-31　イギリス政府とICI社の
代理工場に対する資本支出（1938〜1944年）

（単位：£）

年　度	ICI社	政　府	総　計
1938	3,017,000	2,793,000	5,810,000
1939	2,484,000	4,581,000	7,065,000
1940	3,501,000	14,353,000	17,854,000
1941	3,829,000	15,931,000	19,760,000
1942	3,275,000	12,243,000	15,518,000
1943	2,692,000	5,928,000	8,620,000
1944	1,486,000	2,647,000	4,133,000
合　計	20,284,000	58,476,000	78,760,000

註：本表は，1945年に作成されたものであり，1943年作成の表3-29, 3-30とは一致しない。
出所：Reader［1975］：Tab. 17.

ば「利益率」）は0.4〜4.4％で，平均すれば1.2％にすぎず（Reader［1975］：p. 255），政府にとってみれば，きわめて「安上がりな事業」であったといえる。

代理工場の建設費用については，政府支出で賄われるとされていたが，その代理工場の建設や管理・運営にあたっては，ICI社などの民間企業の側も，応分の支出を迫られた。ICI社の代理工場に対する資本支出[73]の推移を見れば，1938年については，政府による資本支出が279万3000ポンドであったのに対して，ICI社自社による資本支出も，301万7000ポンドと，政府による資本支出を上回っていた。その後，戦時色が強まるに従って，政府による支出は，急激に増大していったが，ICI社も，毎年，恒常的に200万ポンドから300万ポンドの支出を負っていた。結果として，1938年から1944年にかけてのICI社の資本支出総額が2028万4000ポンドにのぼるなど，同社の代理工場に対する「貢献」がここでもうかがわれる（表3-31）。

最後に，ICI社の代理工場の収益について確認しておこう。1940年時点で契約がなされていた代理工場による軍需製品の生産予定総額が，最高でも2530万ポンドであったのに対して（表3-28，全工場がフル稼働した場合の額であり，まだ稼働していない工場もあったので，実際にはこの額を下回っていた），同年のICI社の売上高が，7850万ポンドであったから（Reader［1975］：App. II, Tab. 1），代理工場が，いかに大規模な生産を担っていたかがうかがえる。こうした積極的な代理工場の建設・運営の代償としての「建設報酬」の支給総額は，1940年時点で30万ポンド程度にすぎなかった（表3-28，全工場の建設が終了したとしても，総額で100万ポンドを多少超える程度）。また，「管理報酬」の支給額も，毎年，約30〜35万ポンドで，1940年のICI社の利益1420万ポンド（Reader［1975］：App. II, Tab. 1）と比較しても，やはりわずかな額にすぎなかった。さらに，1941年以降になると，報酬率が一律に抑えられたことで，「管理報酬」は，17万5000ポンドにまで減少してしまい，ICI社の通常事業で得られる利益との差は，いっそう拡大するばかりであった（Reader［1975］：p. 256）。1940年について，生産額に対する「管理報酬」の比率（事実上の「利益率」）を算出すれば，わずか1.2％にすぎないものであった。

3 再軍備期の経営指標

あらためて，再軍備期の経営指標を振り返ってみよう。売上高については，世界大恐慌で底に達した1930年の3140万ポンドから，第2次世界大戦が勃発した1939年には，6210万ポンドとほぼ倍増した。とくに，再軍備が推進されはじめた1936年からの増大は顕著であり，世界的好況で景気がピークに達した1937年から翌1938年にかけての低下もわずかにとどめて，第2次世界大戦が勃発した1939年には，再度，急増を遂げた。利益の増大は，売上高に比較すれば，やや緩慢ではあったものの，1939年に至って前年比44%増の1140万ポンドに達した。これにともなって，使用資本利益率も，最低であった1931年の3.9%から，7%台，8%台へと徐々に上昇に向かい，1939年には11.7%と，8ポイント程度の大幅な上昇を遂げるなど，ICI社の利益および使用資本利益率も，1930年代央以降の景気拡大とも相まって着実な伸長[74]を遂げた（表3-9）。こうした経営指標を見れば，1930年代後半の再軍備が，ICI社の収益構造を好転させたことは間違いない。

より具体的に見れば，代理工場の管理・運営と並行して，ICI社は，当然ながら通常事業としても，政府と取引を行っていた。ICI社の政府に対する直接的な製品売上高を見れば，再軍備期の1937年の120万ポンド（同年の総売上高の2.2%）から，戦時期の1941年には1370万ポンド（14.5%）にまで増大していた。さらに，政府に対する間接的な製品売上高（代理工場で生産する軍需製品の原材料など）が，3480万ポンド（36.9%）であったから，直接・間接的な政府関連事業の売上高は，併せて4850万ポンドにのぼり，同年の他社に対する売上高4380万ポンドをしのぐほどであった（Reader [1975]: p. 256）。前述したように，たしかに，ICI社における代理工場の生産規模からすれば，利益としての「建設報酬」や「管理報酬」は，通常事業のそれとは比較にならないほど低いものであったが，他方で，代理工場の管理・運営を通じて，こうした政府関連事業の売上高が増大するなど，直接的・間接的なメリットがあったことは理解できる。

なお，本章の課題は，両大戦間期，すなわち第2次世界大戦勃発までのICI社の国内事業展開を考察することであって，戦時期の事業展開については，そ

表3-32 ICI社の売上高・利益・純利益の比較（再軍備期と戦時期）

(単位：£100万)

時期	年度	売上高	利益	純利益[1]
再軍備期	1935	42.7	7.0	n.a.
	1936	43.6	7.5	n.a.
	1937	54.1	8.4	5.9
	1938	52.8	7.9	5.4
	1939	62.1	11.4	5.2
	小計 (A)	255.3	42.2	—
戦時期	1940	78.5	14.2	3.7
	1941	94.4	15.2	3.2
	1942	103.0	16.8	3.8
	1943	111.4	13.3	4.0
	1944	113.1	11.6	4.3
	小計 (B)	500.4	71.1	19.0
比較	B／A	1.96	1.68	—

註 1：税引き後。
出所：Reader［1975］：Tab. 23, App. II, Tab. 1 より作成。

のかぎりではないので，あくまでも補足的に「後日談」として，戦時期の経営指標についても触れておこう。

　再軍備期（1935年～1939年）と戦時期（1940年～1944年）を比較した場合，再軍備期の総売上高が2億5530万ポンド，利益が4220万ポンドであったのに対して，戦時期には，それぞれ5億40万ポンド，7110万ポンドと，再軍備期のそれをはるかにしのいでいた（表3-32）。だが，戦時期に入って，利益の増勢は弱まり，1943年からは減少に転じた。再軍備期から戦時期の変化を見た場合，売上高が，1.96倍に上昇したのに対して，利益は，1.68倍の増大にとどまっていた。さらに，不完全なデータであるため，単純に比較はできないものの，純利益（税引き後）[75]については，1939年からすでに減少に転じており，その後は，多少の上下動をともないつつも，横這いか，大戦末期に至って若干好転したという程度で，売上高の増大ほど力強さは感じられなかった。この点

について，リーダーは，戦時課税（wartime taxation）による税負担がICI社の純利益（税引き後）を引き下げたという点を指摘している（Reader［1975］：pp. 280-1)。いずれにせよ，こうした両時期のICI社の収益構造を比較するかぎり，「大戦」が追い風となってより効果を発揮したのは，再軍備期であって，戦時期については相対的にその効果は薄れつつあったといえよう。

イギリスの再軍備期における軍需製品の供給にあって，ICI社が占めていた地位はきわめて重要なものであった。首脳陣は，自社の「兵器製造企業的性格」を否定してはいたが，「再軍備計画」以前から，ウィアーらを介して「産業の軍需化」と深く関わるなど，ICI社がイギリスの軍備増強に多大に貢献していた点は否めない。と同時に，軍事需要の増大にともなって，ICI社がその恩恵を十二分に享受したことも否定できない。

小 括

イギリス化学産業は，第1次世界大戦の過程で，主要国化学産業，とりわけドイツ化学産業に対する競争力の脆弱性を露呈し，大戦後の激しい景気変動にともなって，大規模な過剰設備を抱え込み，経営効率を悪化させるなど，国内外にわたって「危機的状況」に直面していた。こうした状況は，おのずとイギリス化学産業における大規模合併を促し，株式会社制度の導入という金融資本としての基本的条件を具備した巨大総合化学企業，ICI社を設立させた。

新設されたICI社は，国内市場の「独占」を企図した企業買収を基礎に，合理化と事業再編を推進する一方で，その命運を懸けて，アンモニア合成事業への積極的投資を展開した。しかし，1920年代末，未曾有の世界大恐慌が発現したことにより，ICI社は，業績の悪化を余儀なくされ，アンモニア合成事業は完全に頓挫し，思惑とは裏腹に，さらなる過剰生産設備を抱え込むに至った。

だが，イギリス資本主義に対する世界大恐慌の衝撃は，主要諸国に比較して軽微にとどまり，早期に回復に転じた景気に，ICI社の事業も牽引された。さらに，「帝国特恵関税」をはじめとした国家による一連の保護関税の導入や「スターリング・ブロック」(Sterling Bloc) の形成，ICI社による海外主要化学企

業との主要製品全般にわたる国際カルテルの締結にともなうイギリス帝国市場の「保護」[76]，資本の集中・集積にともなう国内市場の「独占」と競争力の強化にも支えられ，その業績は，1930年代央までには恐慌前の水準を凌駕した。

そして，ICI社は，1930年代央以降，物価上昇と賃金抑制にともなう高利潤の取得，国家による各種の優遇措置，「再軍備計画」の実施と代理工場の管理・運営，世界的規模での「大規模かつ持続的な」景気の拡大など，きわめて有利な諸条件を追い風として事業を推進することになった。とりわけ，人造石油の事業化（最終的には頓挫こそしたが），各種新製品の研究・開発とその事業化，軍需製品の需要増大，収益力を有する主要事業の設備拡張によって，一般化学製品，爆薬，金属グループなどを中心に，ICI社は，事業の範囲と規模を一挙に拡大させた。その結果，ICI社の収益構造（とりわけ売上高，利益，使用資本利益率）は，急速に改善に向かい，第2次世界大戦勃発時には，世界大恐慌前の水準をはるかに上回る規模に達した。

また，ICI社は，こうした収益構造改善の背後で，世界大恐慌以降，継続的に推進されてきた内部留保に匹敵する資産抹消や減資によって，設立後10年を経過しても，なお「事業再編・集中政策を継続的に志向・追求しつづける」(*Statist*, 1 May 1937, p. 704)など，その大規模な過剰生産設備の整理と合理化を積極的に推進していた。その結果，資本支出，研究・開発費ともに，回復過程に入って増勢に転じてはいたものの，恐慌前の水準には及ばず，1930年代央以降，横這いをつづけるなど，ICI社の現実投資は，ある程度，抑制されることとなった。したがって，その資本調達も，一貫して本社基金，一般準備金，減価償却といった，巨額の内部資金によって賄いうる水準に落ち着いたことで，ICI社設立以来，株式発行による増資も，世界大恐慌前の2度にとどまった。そして，景気が回復・拡大に向かい，設備投資をいっそう増強する過程においても，ICI社は，ほぼ完全なる「自己金融体制」を堅持することが可能となったのである。

註
1 両大戦間期のイギリス資本主義については，その鳥瞰図を描いた森［1975］；

Aldcroft［1970］（とくに経済成長における両大戦間期の位置づけはCh. 1，景気変動はCh. 2）；Eichengreen［2004］；Pollard［1992］：Chs. 2-4；Solomou［1996］；Thomas［1994］を参照．

2　1920年代全般，とくに世界大恐慌発生までの過程については，Boyce［1987］；1920年代後半の景気動向については，森［1975］：101-5頁；Aldcroft［1970］：pp. 38-41を参照．

3　ミッドランド銀行は，ブリティッシュ・ダイスタッフズ社の主要取引銀行であり，その優先株の引受けを行うとともに，ノーベル・インダストリーズ社の主要取引銀行でもあった（鬼塚［1968-69］：（3）76頁）．

4　折しもこのとき，ブラナー・モンド社は，ブリティッシュ・ダイスタッフズ社をも巻き込んだ，IGファルベン社，ソルヴェー社，アライド・ケミカル社との人造石油事業や染料事業をめぐる提携協議に失敗したところであった（Reader［1970］：pp. 457-63；Reader［1979］：pp. 167-8）．こうした事情がブラナー・モンド社を合併に傾かせたことは，容易に推察できよう．

5　ICI社合併案である「アキタニア合意」（Aquitania Agreement）の全文が，Kennedy［1993］：App. on pp. 203-5；Reader［1970］：App. IVにあげられている．なお，合併に至る経緯については，Reader［1970］：Ch. 19を参照．

6　IGファルベン社やデュポン社に比較すれば，ICI社に関する文献はけっして多くはないが，両大戦間期（1920年代央以降）におけるICI社の事業展開については，さしあたり，Kennedy［1993］：Chs. 3-6；Reader［1975］：Chs. 1-15, 17-19, Ch. 20, (ii)；鬼塚［1968-69］：(4) - (8)，ICI社の設立過程については，神野［1951］，1926～45年のICI社と政府の関係については，Reader［1977］，ICI社を中心としたイギリス化学産業の動向については，Reader［1979］：pp. 168-78，国際カルテルならびにイギリス対外経済政策下のICI社による化学製品輸出については，佐伯［1974］，ICI社の多国籍化については，杉崎［1984］；杉崎［1991］，設立から1970年代央に至るICI社の会計史については，Pearcy［2001］，また本書が研究対象としている時期とは異なるが，戦後，1980年代初頭までのICI社の経営組織については，Pettigrew［1985］，アクゾ・ノーベル社によるICI社買収に至るまでの過程については，湯沢［2009］を参照．

7　ICI社設立の動機については，Fitzgerald［1927］：pp. 99-100；Hannah［1983］：pp. 109-10．訳書130-1頁；ICI［1927b］：pp. 3-4；Lucas［1937］：pp. 182-3；Reader［1975］：pp. 3-11を参照．

8　モンド会長の「合理化思想」については，ICI, *Magazine,* Mar. 1929, pp. 245-8を参照．

9　「〔ICI社の〕合併は，法的にはともかく，実質的には，2つのより強力な企業——ブラナー・モンド社とノーベル・インダストリーズ社——による，2つのより脆弱な企業——ユナイテッド・アルカリ社とブリティッシュ・ダイスタッフズ社——の乗取りを意味する」（Reader［1975］：p. 3）と，いささかシニカルに捉える

見方もある。

10 ICI社は，ブラナー・モンド社の「産業における協働者」（co-workers in industry）という伝統を受け継ぎ，経営戦略として従業員の「経営参加」を推進していたが，そのうちの「従業員持株計画」（Workers' Shareholding Scheme）では，従業員に対して，市場価格より低い1株当たり2シリング6ペンスで，自社普通株を購入させていた（Kennedy［1993］：p. 50）。設立当時，この「従業員持株計画」により，35万5776株以上の普通株が，ICI社の労働者によって所有されていた（ICI［1927a］：p. 31）。

11 「ドイツ金融資本」の規定については，宇野［1971］：151頁；序章註1を参照。

12 たとえば，1930年代初頭時点で，ICI社取締役のうち，マッガワン会長（1930年，モンド初代会長が死去したのち，第2代会長に就任）がミッドランド銀行，ヘンリー・モンド（Henry Mond，第2代メルチェット卿〔the second Lord Melchett〕，1898-1946）がバークレイズ銀行（Barclay's Bank），初代レディング卿（the first Lord Reading，ラファス・アイザックス〔Rufus Daniel Isaacs〕，1860-1935）がナショナル・プロヴィンシャル銀行（The National Provincial Bank），ウィアーがロイズ銀行（Lloyds Bank）の取締役の座にあった（Fox［1934］：p. 11）。

13 ICI社の組織管理については，リーダーやレスリー・ハンナ（Leslie Hannah）が，持株会社的な性格が稀薄であり，1930年代初頭には早くも事業部制を採用していたと捉えているのに対して，安部悦生は，1930年代を通じて完全な持株会社であり，確立された総合本社機能のもとで，子会社＝グループの分権管理を行っていたとしている（安部［1990］：110-23頁）。また，チャンドラーは，ICI社が，事業部制に類似した組織形態を採用しつつも，トップ個人のリーダーシップによる意思決定の集権化が行われていたと指摘している（Chandler［1990］：pp. 361-3. 訳書306頁）。

14 ICI社の事業再編が，既存企業の取得のうえに成り立っていた点については，しばしば指摘されている。たとえば，Hannah［1983］：p. 109. 訳書130頁；Lucas［1937］：pp. 54, 183。こうした戦略は，主として市場における「独占」を企図したものであったが，それと同時に，既存企業が有する各種化学製品に関する技術の取得が目的であったともいえる。

15 本章註13, 14のように，ICI社による各子会社ないしグループ管理については，さまざまな見解がみられるが，さしあたり，Chandler［1990］：pp. 361-6. 訳書304-9頁；Hannah［1983］：pp. 81-9. 訳書98-108頁；Mitchell［1938］；Reader［1975］：pp. 21-31, 70-81, 133-44；Reader［1976］；Wilson［1995］：pp. 150-2. 訳書219-21頁；安部［1990］：110-23頁を参照。また，ICI社の組織図については，Reader［1975］：facing p. 28を参照。

16 事業ごとに再編されたグループは，対外的には「〜グループ」（〜 Group）と称されていたが，1931年以降，正式には「ICI（〜）社」（ICI（ ）Ltd.）という名称に変更され，持株会社であるICI社の子会社という形態を採っていた。なお，ICI社

は，1930年以降，自社による株式所有を3階級に分類していた。すなわち，「第1階級」(first class) が，ICI社の株式所有比率が50％を超える「子会社」(subsidiary company)，「第2階級」(second class) が，同50％以下の「関連会社」(associated company)，「第3階級」(third class) が，「市場性投資」(marketable investment) や「その他の投資」(other investment) であった (ICI, *Ann. Rep.*, 1930, pp. 4-5)。

17　デュナミート社は，ノーベル＝ダイナマイト・トラスト社が解体された1915年まで，ノーベル・インダストリーズ社とともに，ノーベル＝ダイナマイト・トラスト社の傘下にあったが，この時点では，すでにIGファルベン社系企業となっていた。

18　ビリンガム工場については，Blench [1958] (とくにアンモニア合成事業はpp. 926-31)；Parke [1957] (とくにICI社下におけるアンモニア合成事業の拡張はpp. 103-10) を参照。ただし，Blench [1958] は，アンモニア合成事業の「頓挫」というビリンガム工場の「暗部」(本章 第2節 1) についてはほとんど触れておらず，Parke [1957] は，工場設備やその技術的側面を重視したもので，時期も1920年代の10年間に限られている。

19　1920年代央から1930年代初頭にかけてのビリンガム工場の施設の配置については，Parke [1957]: pp. 41-2, Figs. 9, 10を参照。

20　1930年までに，ジェロッツ・ヒル農業研究所に対しては，農場用地の買収費用1万9000ポンド，研究所の建設費用1万5000ポンドを含む，10万3785ポンドの資本が投下され，研究所の年間運営費用も5万ポンドにのぼった。また，スタッフについては，研究・実験スタッフ36人，指導員8人を含む，99人を擁しており，敷地面積も，耕作地160エーカー (1エーカー＝約4047平方メートル)，牧草地350エーカー，庭園・果樹園20エーカーという広さであった (Peacock [1978]: pp. 3-4；Reader [1975]: pp. 105-7)。なお，ジェロッツ・ヒル農業研究所については，*Chem. & Ind.*, 8 Aug. 1930, pp. 661-3；ICI, *Magazine*, Sep. 1929, pp. 209-12を参照。

21　当初，イングランドおよびアイルランドにも同様の会社を設立する計画であったが，窒素肥料事業が頓挫したことによって最終的には実現しなかった (Reader [1975]: p. 107)。なお，SAI社傘下の企業については，表3-8 (b) を参照。

22　そのほかにも，ICI社は，イギリス硫酸アンモニア連盟 (British Sulphate of Ammonia Federation Ltd.) 傘下の他社が製造する副産硫酸の販売に対しても責任を負っており，その量は，1929年時点でおよそ6万8000トン (窒素換算) であった (Reader [1975]: p. 112)。

23　設備投資総額には，ブラナー・モンド社によって計画され，1925年から1927年にかけて建設された第3号装置に対する投資も含まれていた。また，ICI社による1929年の物的資産投資額1100万ポンドのうち，830万ポンドが，肥料・合成製品グループに対してなされており (Reader [1975]: p. 118)，一連の設備投資のために，ノーベル・インダストリーズ社所有のGM社株さえも売却されていた (Kennedy [1993]: p. 55)。

24 ICI社が「楽観的な見通し」の根拠としていたのは，1920年代前半における世界の肥料消費が年率で約12％，あるいは累積年率で6～7％増大していたという点であった（Reader［1975］：pp. 98-9）。なお，1920年代後半以降の世界の窒素消費量については，後掲 表4-8，4-9を参照。

25 1927年当時の製品別売上高を見てみると，ICI社の総売上高2500～3000万ポンドのうち，アルカリおよび重化学製品が62％，爆薬が20％，染料が8％，金属・その他が10％を占めていた（Reuben & Burstall［1973］：p. 21）。

26 イギリスへの世界大恐慌の波及とその影響については，森［1975］：175-190頁；Aldcroft［1986］：pp. 45-55；Alford［1996］：pp. 136-43；Baines［1994a］；Richardson［1967］：pp. 6-20；Solomou［1996］：Chs. 5-7；Thorpe［1992］：Ch. 3，また恐慌期以降，1930年代を通じた経済政策を含むその動向については，Lewis［1949］：Ch. V. 訳書 第5章；RIIA［1944］：Ch. 4. 訳書 第4章を参照。

27 染料の輸入許可制などを盛り込んだ1920年の「染料（輸入規制）法」，染料以外の有機合成化学製品に対しても$33^{1/3}$％の輸入関税を賦課した1921年の「産業保護法」の対象範囲がより拡大され，各種輸入化学製品についても10％から$33^{1/3}$％の関税が賦課されることになった（Hutchinson［1965］：App. A, Sched. I, Class III, Group X）。なお，「輸入関税法」とその制定に至る経緯については，Hutchinson［1965］：Ch. 1；内田［1985b］；原田［1995］：第Ⅳ部を参照。

28 恐慌期におけるイギリスの景気振興政策は，こうした対外経済政策や財政・金融政策にほぼ尽きるといってもよく，産業政策については，1920年代以来の懸案であった旧主要産業の再編程度であり（森［1975］：228-30頁），とりたてて新産業を対象とした産業政策といえるものは見当たらなかった。

29 DENグループの形態としては，ドイツ，イギリス，ノルウェーの3ヵ国（3社）で，国際カルテルを結成したことになってはいるが，1927年に，IGファルベン社とノルウェー水力発電社が相互に株式を交換し合う関係になっていたため（Hayes［2001］：p. 290），事実上は，イギリスとドイツ＝ノルウェーとの「2者」による国際カルテルといってよい。

30 輸出の減少は，極東市場での需要減退に起因していた。たしかに，極東市場では，日本のアルカリ工業が台頭して，ICI社の大きな脅威となってはいたが（*Econ., Com. Hist. & Rev.,* 1932, p. 48），1931年については，世界大恐慌や日本の攻勢のみならず，中国での「大洪水」（catastrophic floods）によるところも大きかった（ICI, *Ann. Rep.,* 1931, p. 5）。なお，「大洪水」時にICI社の中国子会社が置かれていた状況については，ICI, *Magazine,* Oct. 1931, pp. 341-2で詳細に報じられている。

31 一方で，恐慌初期の1930年には，冷却用（冷蔵庫）の塩化メチル・塩化エチル工場が完成したものの（Castner-Kellner［1947］：p. 57），時期的に見て，1920年代末の景気拡大期に計画・着工されたものであろう。

32 イギリスの景気回復については，森［1975］：190-5頁；Aldcroft［1970］：pp. 43-4を参照。なお，リチャードソンなどは，恐慌からの回復に関してやや慎重な態

度をとっており，1932年については，「回復というより，むしろわずかに進行が食い止められた後退〔期〕(barely arrested decline)」(Richardson〔1967〕: p. 24) と認識している。
33 それでも，恐慌下では，物価が下落する一方で，賃金の下方硬直化もあり（森〔1988〕: 150-3頁；LCES〔1971〕: Tab. E；Thomas〔1992〕: p. 297, Tab. 11.2, Fig. 11.1)，労働者の購買力が上昇していたため，その恩恵に与ったユニリーヴァ社やコートールズ社 (Courtaulds Ltd., 1816年) などの消費財供給企業に比較すれば，ICI社のような生産財供給企業の置かれた状況は，相対的にはより厳しいものであった (Aftalion〔1988〕: p. 177. 訳書227頁)。
34 本社基金とは，建物・工場の陳腐化，新製品・新製法の導入，通常の摩損・破損にともなう減耗に備えた本社勘定の社内留保であり，子会社における資本支出，減価償却，さらには本社における一般準備金（ただし，一般準備金から本社基金への振替えも行われていた）とは別勘定の留保として設けられていた (ICI, *Ann. Rep.*, 1931, pp. 11-2)。なお，本社基金については，Pearcy〔2001〕: pp. 144-50，ICI社の財務管理については，ICI, *Magazine*, Jul. 1935, pp. 6-9を参照。
35 もっとも，モンド会長が，ソルヴェー社に対して，ICI社株を購入することでICI社を救済してほしいと依頼したこともあった (Reader〔1975〕: pp. 117-8)。
36 1930年代前半のICI社各グループの雇用状態や雇用対策については，ICI, *Magazine*, Jan. 1935, pp. 13-5を参照。
37 回復・拡大過程のイギリス資本主義については，森〔1975〕: 191-206頁；Aldcroft〔1986〕: pp. 55-9；Baines〔1994b〕；Beenstock, *et al.*〔1984〕；Richardson〔1967〕: Ch. 2（とくに pp. 28-35）；Sedgwick〔1984〕；Solomou〔1996〕: Ch. 5；Worswick〔1984〕，産業活動の回復・拡大については，Alford〔1996〕: pp. 158-68；Richardson〔1967〕: Ch. 4，新産業による景気の牽引については，Aldcroft & Richardson〔1969〕: Sec. B, 7；Buxton〔1975〕を参照。
38 1930年代の肥料グループの組織管理や事業運営については，ICI, *Magazine*, Apr. 1937, pp. 294-300を参照。
39 人造石油製造の技術的側面および開発史については，*Chem. & Ind.*, 25 Oct. 1935, pp. 934-7；Gordon〔1935〕: pp. 69-84；ICI, *Magazine*, Apr. 1938, pp. 295-300, May. 1938, pp. 397-402；Pier〔1935〕を参照。
40 スタンダード・オイル社は，IGファルベン社との人造石油製造技術・販売等に関する協定を背景に，アメリカ国外での原油精製用水素添加法のライセンシングを目的として，IHP社を設立していた。ICI社もまた，IHP社からイギリス帝国における水素添加技術に関する特許の排他的使用権とロイヤルティー収入10%を取得することになった (Gordon〔1935〕: pp. 73-4；工藤〔1999a〕: 243頁)。
41 人造石油15万トンのうち，10万トンは石炭，5万トンはクレオソート油およびタール油を原料としていた (ICI, *Ann. Rep.*, 1935, p. 9；*Statist*, 1 May 1937, p. 704)。また，副産物として，ブタン，フェノール，クレゾールの生産も行われていた

(ICI, *Ann. Rep.,* 1936, pp. 9-10)。

42　ビリンガムの人造石油工場の操業開始にあたっては，時の首相であったマクドナルドも臨席していた。そのさいのスピーチでは，産業発展がエネルギーの供給に大きく依存していることを強調するなど，まさに政府肝煎りの事業として，ビリンガム工場の人造石油事業がスタートを切ったことがうかがえる（ICI, *Magazine,* Nov. 1935, p. 394）。なお，操業開始後間もない人造石油工場の様子については，ICI, *Magazine,* Nov. 1935, pp. 394-6 を参照。

43　ただし，人造石油の販売については，シェル＝メックス・B. P. 社（Shell-Mex B. P. Co.）およびアングロ＝アメリカン・オイル社（Anglo-American Oil Co.）の2社が担っていた（ICI, *Ann. Rep.,* 1935, p. 10）。

44　マッガワン会長によれば，「1918年に始まった染料分野におけるイギリスの巻き返しは…その道程が険しかったからこそ，完璧に成し遂げられたのである」（McGowan［1954］: p. 8）。なお，1930年代の染料グループの組織管理や事業運営については，ICI, *Magazine,* Oct. 1935, pp. 294-9 を参照。

45　「わが国の染料製造工業の大部分は，いまや1社〔ICI社〕の支配下に置かれている」（染料工業振興委員会〔Dyestuffs Industry Development Committee〕報告，Plummer［1937］: pp. 261-2）とされるほど，ICI社によるイギリス染料工業に対する「独占」性と影響力は，強大なものであった。

46　1913年時点では，染料の国内消費量のうち，80％を輸入で賄っていたが，1929年になると，価額で10％，数量で26％を輸入に依存していたにすぎなかった（ABCM［1930］: pp. 9, 21）。

47　国内外染料市場の「保護」と「独占」は，1重量ポンド当たりの染料価格を，1931年の16.742ポンドから，翌1932年には19.305ポンド，1933年には22.418ポンドへと急上昇させた（Reader［1975］: Tab. 26）。この点について，染料使用業者組合（Colour Users' Association）は，当初の段階では染料価格の高騰によって重荷を負わされていたが，しだいにイギリス染料工業の規模が拡大しはじめたことで，保護の必要性もなくなるに違いないと確信するに至った（Richardson［1962］: p. 127）。なお，ICI社による「価格釣り上げ」に対する染料使用業者組合の対応や「国際染料カルテル」締結後のイギリス染料工業については，Plummer［1937］: pp. 263 ff. を参照。

48　染料グループでは，合成染料に代表される有機化学分野のみならず，ゴム製品，薬品，農薬，プラスチック（合成樹脂）など，（有機）精製化学分野においても積極的な製品開発およびその事業化が推進されていた。イギリス染料工業における研究・開発については，Baddiley［1939］；Morgan［1939］: pp. 32-8；Morton［1929］，ICI社染料グループの研究・開発については，Fox［1987］: Ch. XIX，背景となる両大戦間期のイギリス有機化学工業の発展については，Travis［2010］を参照。

49　染料グループの研究および特許に対する支出（単位：ポンド）を，1932, 33, 34, 35年について見てみると，研究が，9万7000，9万9000，10万7000，11万

第3章　ICI社の国内事業展開　171

9000（概算），特許が，1万2204，1万1024，1万2701，1万3028（概算）と，同じく増大傾向にあった（Reader [1975]: Tab. 28）。なお，モーリス・フォックス（Maurice Rayner Fox）は，表3-22によりつつ，1931年の研究予算については，人造石油事業に対して重点的に予算が配分されており，他グループへの配分が抑制された，バランスを欠いた予算であった点を指摘している。

50　フタロシアニン顔料とは，フタロシアニンと呼ばれる特殊な構造をもつ有機顔料のことであり，とりわけ銅フタロシアニンは，青色顔料として，色合いが鮮明で，なおかつ耐光性や耐久性が高いという長所を有していた。ICI社は，この成功を受けて，その後引き続き，フタロシアニン顔料として，モナストラル・ファスト・グリーン・G.S. (Monastral Fast Green G.S.) やデュラゾール・ファスト・ペーパー・ブルー・10 G.S. (Durazol Fast Paper Blue 10 G.S.) などの製品を開発した（Hardie & Pratt [1966]: p. 164）。ところで，ICI社がフタロシアニン顔料を開発した同年，IGファルベン社も，同様の製品として，ヘリオゲン・ブルー・B. (Heliogen Blue B.) を独自に開発していたが（Hardie & Pratt [1966]: fn. on p. 164, 傍点は筆者），この点について，リーダーは，IGファルベン社が，「難攻不落」(unassailable) であった特許の「裏をかいて」(outflanked) 同製品を市場に投入したと指摘している（Reader [1975]: p. 332）。また，同種の製品については，イギリス，ドイツのみならず，1936年にはアメリカや日本でも生産が行われるようになった（*Econ., Com. Hist. & Rev.*, 1936, p. 56）。なお，モナストラル・ファスト・ブルーについては，ICI, *Magazine,* Jan. 1936, pp. 20-21を参照。

51　アルフレッド・モンド初代ICI社会長は，「学問としての科学を適用することによって，産業に関する諸問題を解決することが可能であるという，ドイツ的な思想に基づいて技術的な成功を収めた」ブラナー・モンド社の創設者であった父親のルートヴィッヒ・モンドの例に則って，ICI社においても研究・開発を重要な課題であると考えていた（Reader [1975]: p. 81）。こうした研究・開発に対する努力とその成果が，1930年代にICI社が発展を遂げた要因の1つといえる（Horstmeyer [1998]: p. 241）。もっとも，ICI社の研究・開発は，それぞれのグループないし事業部ごとに推進されており，全社的なレヴェルでの研究・開発体制が整備されたのは，1949年のことであった（Chandler, *et al.* [1998]: p. 443）。

52　1930年代の各グループにおける組織管理や事業運営については，石灰グループは，ICI, *Magazine*, Apr. 1936, pp. 293-6，人造皮革グループは，ICI, *Magazine*, Sep. 1936, pp. 198-202，ラッカー・グループは，ICI, *Magazine*, Jan. 1937, pp. 9-14を参照。

53　ICI社のプラスチック事業の詳細については，Kennedy [1993]: Ch. 4; Reader [1975]: Ch. 19を参照。

54　そのほかにも，クロイドン・モウルドライト社のあったクロイドン（Croydon, ロンドン南部）工場では，フェノール製品の生産が行われていた。また，プラスチック事業部門が拠点としていたウェルウィン・ガーデン・シティ（Welwyn Garden City, ハートフォードシャー）には，尿酸ホルムアルデヒド工場も建設され，

需要の増大に即して，生産規模の拡張も試みられていた（ICI［1955］: p. 45；ICI, *Ann. Rep.,* 1937, p. 15）。

55　パースペクスの収益（単位：ポンド）を，1937，38，39年について見てみると，売上高は，7万8000，18万9000，31万8000であり，粗利益は，6000，1万9500，7万7000であった（Reader［1975］: Tab. 31）。

56　その他の新製品開発についても触れておくと，1930年代を通じて研究がつづけられてきたPVC（ポリ塩化ビニル）も，やや遅れ1941年にはランコーン工場において生産が開始された（Hardie & Pratt［1966］: p. 209）。また，1920年代末以来，染料グループの研究部門において医薬品の研究・開発が進められるとともに，一部の染料などが，医薬品産業に供給されてもいた。1936年には，同研究部門内に医療化学製品課（Medical Chemicals Section）が正式に設立され，研究・開発が強化されるようになった。そして，1942年には，抗菌薬の「スルファメタジン」（Sulphamethazine），1946年には，抗マラリア薬の「パルドリン」（Paludrine）などが開発・製品化された（Hardie & Pratt［1966］: pp. 171-2；ICI［1957］: pp. 9-11）。なお，この医薬品事業は，1942年にICI（ファーマシューティカルズ）社（ICI (Pharmaceuticals) Ltd.）として独立を果たし，戦後になるとICI社内でももっとも収益力のある事業へと成長を遂げることになった。

57　ICI社が正式に事業部制を採用して，「事業部」（Division）という呼称を用いはじめたのは，1944年のことであった（Reader［1975］: p. 304）。この「プラスチック事業部門」の原語表記は，'Plastics Division' であり，ここではさしあたり「事業部門」という日本語表記を用いたが，「事業部制」のような自律的組織単位としての「事業部」を意味するものではなかったという点に留意されたい。ところで，このプラスチック事業部門は，クロイドン・モウルドライト社の買収とほぼ同時期に稼働しはじめたものと解される（Reader［1975］: pp. 345-6）。『ICI社年次報告書』（ICI, *Ann.Rep.*）によれば，1935年度には，他のグループと同格で「プラスチック」（Plastics）という事業名が記載されていたが（ICI, *Ann. Rep.,* 1935, pp. 14-5），翌1936年度からは，「プラスチック・グループ」として記載されるようになった。なお，プラスチック事業部門の当初段階のスタンスは，ビリンガム工場の尿素ホルムアルデヒド，一般化学製品グループのビニル樹脂，アーディア工場のニトロセルロース，染料グループのフェノール樹脂といった各種のプラスチック製品の研究・開発，事業化を調整（co-ordinate）することであった（Kennedy［1993］: p. 45；Reader［1975］: p. 346）。

58　ポリエチレンの販売量，利益を，1939，40，41，42，43，44，45年について見てみると，販売量（単位：トン）は，10，105，177，557，920，1274，1059，利益（単位：ポンド）は，1941年まで損失がつづき，1942年以降，8万5953，10万5530，17万3728，4万927と推移していた（Reader［1975］: Tab. 29）。

59　爆薬グループの組織管理や事業運営については，ICI, *Magazine,* Jan. 1936, pp. 8-13を参照。

60　イギリスの再軍備と経済・産業の関係については，Thomas［1983］，再軍備期におけるICI社の対応については，GBRCPMTA［1936］：15th Day, 5 Feb. 1936, pp. 439-70, 16th Day, 6 Feb. 1936, pp. 471-8；Hornby［1958］：pp. 107-12, 147-62；ICI, *Magazine,* Mar. 1936, pp. 197-200；Reader［1975］：Chs. 14-5：*Statist,* 2 May 1936, p. 748，再軍備期・戦時期のICI社ならびにIGファルベン社の事業展開については，Coleman［2005］：Ch. 3を参照。

61　アーディア工場を1923年と1948年について比較してみると，敷地面積が1000エーカーから1790エーカー，建築物が1200棟から1910棟，構内専用線路が10マイル（1マイル＝約1609メートル）から20マイル，台車用レールが30マイルから75マイル，水道管が37マイルから44マイル，蒸気管が30マイルから36マイル，雇用者数が2000人から7000人へと大幅に拡張されていた（ICI［1948］：Vital Statistics）。

62　なお，1930年代の金属グループの組織管理や事業運営については，ICI, *Magazine,* May. 1936, pp. 389-92を参照。

63　当初は，「政府の再軍備計画にともなう生産能力への要請には，通常の事業を妨げることなく（without interfering with normal business）応じる」（ICI, *Ann. Rep.,* 1936, p. 12）はずであった。

64　マッガワン会長は，王立調査委員会において，ICI社の「兵器製造企業的性格」を否定しつつも，国防のためにはいつでも事業の転換が可能であることを証言していた（GBRCPMTA［1936］：15th Day, 5 Feb. 1936, p. 442）。なお，ICI社の売上高に占める兵器・軍需製品の割合（単位：％）を，1930, 31, 32, 33, 34年について見てみると，1.5, 1.6, 2.0, 2.3, 1.6にすぎなかった（GBT［1935］：State. A）。

65　景気拡大期であった1935年の平均失業率は15.5％であり，失業者数も，1930年以来，はじめて200万人を下回ったにすぎなかった（Richardson［1967］：p. 29）。景気が最高潮に達した1937年ですら，失業保険給付率が9.1％，失業者数も140万人にのぼっていた（Aldcroft［1970］：p. 44）。雇用者（賃金労働者）数の変化（1931年＝100）を，1931, 33, 35, 37年について見てみれば，化学産業全体が，100, 104, 107, 117（Chapman & Knight［1953］：Tab. 44より算出）であったのに対して，ICI社の場合，100, 114, 135, 154（表3-9より算出）であったから，単純には比較できないものの，ICI社の雇用の急速な増大がうかがえる。なお，同時期のイギリスにおける失業の実態および失業対策については数多くの研究があるが，さしあたり，Glynn & Oxborrow［1976］：Ch. 5；Harris［1994］；Hatton［1994］；Stevenson & Cook［1994］：Chs. 4, 5；原田［1995］：第5-7章を参照。

66　減資は，後配株（10シリング［2分の1ポンド］）4株を，普通株（1ポンド）1株に交換する方法で行われた。この結果，後配株1086万8281ポンドが，すべて普通株543万4141ポンド分に転換され，その転換と同額分が減資された（ICI, *Ann. Rep.,* 1935, pp. 21-2, 24, 38-9）。

67　資産抹消政策の対象となった過剰設備・資産は，ビリンガム工場のアンモニア合

成事業および人造石油事業などの工場設備，スペイン，パレスティナおよび海外販売子会社などの国際事業であった。この間に，38ヵ所の工場が閉鎖され，集中計画には700万ポンドが費やされた（*Statist*, 1 May 1937, pp. 704-5）。

68　ヒトラーは，すでに1933年2月8日の閣議において「今後の5年間は再軍備に捧げられるべきである」（吉田［1977］：425頁）と発言しており，1935年には「ヴェルサイユ条約」（traité de Versailles）を破棄して，対外的に再軍備を宣言した（戸原［2006］：183-4頁）。

69　こうしたイギリスにおける「産業の軍需化」については，Anderson［1994］；横井［1997］：第6, 7章を参照。本項の叙述も同書によっている。

70　再軍備期・戦時期の軍需工場については，Edgerton［2012］：pp. 198-205, 軍工廠については，Hay［1949］：Chs. 2, 3, 代理工場については，Hornby［1958］：Ch. V, iiを参照。

71　個別の代理工場については，GBMA［1936-40］，GBMA［1939-40］，GBMA［1939-41］，GBMAP［1942-49］，GBMS［1946］でその詳細が記録されているが，本書で詳述する余裕はないので，あらためて他稿の課題としたい。

72　これらの毒ガス工場では，主としてマスタード・ガスや中間体の生産が行われていた（GBMS［1944］：Introduction, Ministry of Supply Factory）。

73　リーダーは，代理工場に対する「ICI社自社の勘定」（own account）として，1938年から1944年にかけて，総額2028万4000ポンドの支出を負ったとしている（Reader［1975］：p. 256；表3-31）。他方，キム・コールマン（Kim Coleman）も，代理工場に対する「ICI社自社の資本」（own capital）として，1938年から1945年にかけて，各製品の生産，すなわち爆薬・兵器に1350万ポンド，弾薬に550万ポンド，毒ガスに1680万ポンド，燃料に900万ポンド，化学製品に1390万ポンド，合計5870万ポンドを支出したとしている（Coleman［2005］：p. 60, Tab. 3.2）。両者があげた金額には大きな開きがある。それぞれICI社発行の資料に基づき叙述しているようだが，筆者は原資料を確認できなかったので，その開きについて本書で説明することができない。ただ，コールマンがあげた「ICI社自社の資本」は，政府によるICI社の代理工場の建設費用（資本支出）であったとも推測される。

74　景気の拡大にともなうICI社の利益の増大＝使用資本利益率の上昇について，若干の補足をしておくならば，（1）景気の拡大＝生産の増大が，「費用逓減産業」であったICI社にとって「規模の経済」を機能させた，（2）1930年代央以降，物価が大幅に上昇したのに対して，賃金率は緩やかにしか上昇*していなかった，（3）国内・帝国市場の「独占」にともない「独占利潤」を取得させた，という3点がその要因として指摘できよう。ただし，減資および資産抹消によって，使用資本額がほとんど増大していなかったことを考慮すれば，利益が増大すれば，おのずと使用資本利益率が上昇する点にも留意する必要があろう。

　　*　化学製品の卸売物価の推移（1931年＝100）を，1931, 33, 35, 36, 37年について見てみると，100, 101, 101, 104, 111であった（Mitchell & Deane［1962］：

p. 477 より算出。なお，原表は1930年＝100を基準としていたが，景気の底からの物価上昇を確認するために，同表を基にあらためて算出した）。一方，化学産業従事者の賃金率は，同年について，100, 100, 100, 102, 105（Chapman & Knight［1953］：Tab. 47）と推移しており，1930年代後半に向かって卸売物価と賃金率の差は徐々に拡大していた。

75　戦時期に至って，戦時課税や価格抑制政策など，政府による規制の強化が行われるようになった（Reader［1975］：p. 280）。

76　本章では，各種国際カルテルとともに，一連の保護関税により，イギリス国内市場が「保護」されていた点を強調した。この点，他産業との比較はできないものの，化学産業について見てみれば，後述するように（第5章 第2節），輸出に比較すると，国内生産＝販売が着実に拡大していた点が，よって立つところである。とはいえ，その「効果」を正確に測定することは容易ではない。たとえば，フォレスト・キャピー（Forrest Capie）は，イギリスの『生産統計』（*Census on Production*）を基に，保護関税の生産に対する寄与度を測定しており，30部門に分類された産業のうち，化学産業を比較的寄与度の高い順位である8位に位置づけている。一方，ジェイムズ・フォアマン＝ペック（James Foreman-Peck）は，同じ『生産統計』をもとにしながらも，14部門に分類された産業のうち，化学産業をもっとも寄与度の低い14位に位置づけており，まったく相いれない結果となっている。本書では，その詳細を論じないが，算出方法，算出結果（数値）などについては，さしあたり，Capie［1978］：Tab. 1, pp. 403-8；Foreman-Peck［1981］：Tab. 1, pp. 136-7 を参照。

第4章　ICI社の国際カルテル活動

　イギリスを代表する主要化学企業4社をICI社の設立に駆り立てた動機を振り返れば，国内的には，第1次世界大戦とそれにつづく戦後ブームによって，大規模な過剰生産設備を抱え込み，経営効率を悪化させていた，旧4社の事業を再編・合理化することであり，対外的には，巨大化ないし多角化によって台頭しつつあった，IGファルベン社やデュポン社などの主要国化学企業に対抗できる競争力を創出することであった。

　とりわけ，その対応策として対外的にICI社が選択した経営戦略とは，イギリス国内外市場において競合関係にあった主要国巨大化学企業とのあからさまな「対立」や「競争」を回避して，むしろ「協調」を図ることであった。ICI社のこうした経営戦略は，一方で，国内市場の「保護」を通じて，国内事業の成長・拡大を支える意義を有していたが，他方で，イギリス帝国諸地域をはじめとした海外市場を「確保」することで，イギリス本国からの輸出を有利に導き，さらには現地生産という広範な国際事業を促す意義をも有していた。

　本章では，こうしたICI社が「協調」を図るうえで採用していた国際経営戦略，換言するなら，同社の国内・国際事業の基盤をなしていたといってもよい，主要化学製品全般にわたる国際カルテルないし国際協定の実態について叙述する。

第1節　両大戦間期の国際カルテル

　両大戦間期においては，化学産業に限らず，製造業全般にわたって，各種の

表4-1 (a)　化学産業の国際カルテル：第1次世界大戦前 (1912年)

名称	加入国	主要目的
国際塩化石灰カルテル	ドイツ，フランス，ベルギー，イギリス，アメリカ	価格・販売協定
国際膠カルテル	オーストリア，ドイツ，ベルギー，スウェーデン，デンマーク，スイス，イタリア	価格・販売・原料購入協定
国際硼砂カルテル	ドイツ，アメリカ，フランス，オーストリア，ハンガリー，イギリス	原料購入協定
国際絹染色組合	ドイツ，スイス，フランス，イタリア，オーストリア，アメリカ	
国際カーバイド・シンジケート	ドイツ，フランス，イギリス，オーストリア，スイス，スカンジナヴィア	販売協定
国際ダイナマイト協会	ドイツ，フランス，イタリア	
国際火薬協会		
ドイツ・オーストリア過燐酸塩カルテル	ドイツ，オーストリア	
ベルギー・オランダ・オレイン・カルテル	ベルギー，オランダ	価格協定
国際窒素肥料販売組合	ドイツ，ノルウェー，スイス，イタリア	販売協定
ドイツ・オーストリア・イタリア鞣革販売組合	ドイツ，オーストリア，イタリア	販売協定
国際硝石カルテル		

出所：有澤・脇村［1977］: 240-1 頁より作成。

　国際カルテル[1]が顕著な増加を遂げていた。有澤廣巳と脇村義太郎の両氏は，1912年と1930年について国際カルテルを比較し[2]，「〔第1次世界〕大戦後，国内的独占が著しく進展するにつれ…量的に質的に著しき発展を遂げた[3]」としている。とはいえ，両氏が依拠している推計も，国際カルテルを完全に網羅していたわけではなかった。2国ないし3国間で締結された部分的協定については，さらに多数存在しており（有澤・脇村［1977］: 237頁），両大戦期間期について見てみれば，その急増ぶりは推計をはるかに上回るものであったと思われる。この点，国際連合（United Nations）による報告書は，両大戦間期を通じたその総数が250から300，また1930年代後半には200ほどであったという推定値をあげてはいるが，それですら控え目であるとしている（UN［1947］: p. 2. 訳書 3頁，また Tabs. 1-3 訳書 付表 I-III を参照）。

　こうした国際カルテルの展開を化学産業について見てみれば，「第2次世界

表4-1（b）　化学産業の国際カルテル：第1次世界大戦後（1930年）

名　称	加　入　国	主要目的
チュストナット侵出カルテル	ユーゴスラヴィア，ドイツ，イタリア	
国際膠カルテル	イギリス，イタリア，フランス，ドイツ，オーストリア，ベルギー，スペイン，オランダ，ハンガリー，ポーランド，ユーゴスラヴィア，ルーマニア，スイス，チェコスロヴァキア，デンマーク，リトワニア，ラトヴィア，スウェーデン	価格・原料購入協定
国際硫酸曹達カルテル	イギリス，ドイツ	価格・販路協定
国際染料カルテル	フランス，ドイツ	価格・販売協定
国際カーバイト・カルテル	チリ，フランス，イギリス，ノルウェー	
国際沃度カルテル		
国際加里協定	フランス，ドイツ	販路・販売協定
国際過燐酸塩カルテル	ベルギー，オランダ，イギリス，ドイツ，チェコスロヴァキア，デンマーク，フィンランド，フランス，ノルウェー，ポーランド，スウェーデン，仏領北アフリカ，南アフリカ	
キニーネ協定	オランダ，ジャワ，イギリス，ドイツ，フランス，イタリア，チェコスロヴァキア，デンマーク，フィンランド，ノルウェー，ポーランド，スウェーデン，仏領北アフリカ	
不揮発性窒素カルテル	ノルウェー，ドイツ	
ヨーロッパ窒素カルテル	チリ，ドイツ，イギリス，フランス，ベルギー，オランダ，イタリア，ノルウェー，ポーランド，チェコスロヴァキア	販路協定
国際鞣革カルテル	ベルギー，オランダ，イギリス，フランス，ドイツ，イタリア，スウェーデン	
国際硫酸カルテル	ポーランド，ドイツ	
国際セルローズ協定	チェコスロヴァキア，ドイツ	販路協定
国際パルプ協定	スウェーデン，ドイツ，フィンランド，ノルウェー，チェコスロヴァキア，オーストリア	生産協定
ドイツ・フランス臭素協定	ドイツ，フランス	
国際パラフィン・カルテル	アメリカ，イギリス，オランダ，ポーランド	販売・生産協定
国際石灰窒素カルテル	ドイツ，フランス，イタリア，ベルギー，ユーゴスラヴィア，チェコスロヴァキア，ルーマニア，ノルウェー，スウェーデン，スイス，ポーランド	販売・販路協定
国際鉛白協定	ドイツ，イギリス，イタリア，オーストリア，オランダ	生産・価格協定
国際サッカリン協定	フランス，チェコスロヴァキア，スイス，ドイツ	販路協定
中部ヨーロッパ・エナメル・カルテル	ドイツ，チェコスロヴァキア，ポーランド，オーストリア	販路協定

出所：有澤・脇村［1977］：240-1頁より作成。

大戦前の世界化学工業は，国際カルテルの歴史であった。数ある国際カルテルのうちでも，化学工業関係のものが占める比重はきわめて高く，いわば，この業界はカルテルの温床であった」（江夏［1961］：181頁〔辻吉彦執筆〕）とされるように，他の産業に勝る活発な展開を遂げていた。たしかに，1912年から1930年の18年間について比較してみると（表4-1 (a), 4-1 (b)），化学産業における国際カルテルの数が，12から21へと倍増し，加入国も，西ヨーロッパ諸国中心であったものが，北ヨーロッパならびに東ヨーロッパ諸国へと拡大していた。また，その目的や形態も，従来，価格協定ないし販売協定が主であったものが，販路協定や生産協定などと，多岐にわたっており，「〔第1次世界大戦前と比較して〕性格の違いというよりは，程度の違い，あるいはむしろ範囲の違い」（Haber［1971］: p. 277. 訳書421頁）が際立っていたといえよう。

ところで，両大戦間期において，化学産業のみならず製造業全般にわたって，なぜこうした国際カルテルが積極的に締結されたのであろうか。それを検討してみるなら，個々の事例によって差異があるとはいえ，おおむね第1次世界大戦で生じた「過剰生産能力の処理」[4]が，主たる要因であったといえよう。国際連合の報告書によると，大戦中および大戦後，とくに窒素や染料に代表される戦略的に重要な意義を有する工業製品（原料もまた同様）については，生産設備の新設ないし拡張が推進されたものの，平時になると，おのずと需要を喪失し，当然のように生産力が過剰とならざるをえなかった。これにくわえて，ヨーロッパの新興独立国の台頭も重要な要因となった。つまり，こうした新興独立国が，大戦後に政治的・経済的に独立を果たしたことによって，すでに海外諸国に十分な生産能力があったにもかかわらず，高い関税障壁を設けて，自国の既存産業を拡張し，新興産業の創出を図ることで，結果として，世界的規模で過剰生産能力を生じさせたのである（UN［1947］: pp. 8-9. 訳書14-6頁）。

国際カルテルは，こうした地域や市場において不均衡状態となった諸産業・諸国の関係を，戦前のそれに復帰させようと試みる手段にほかならなかった。化学産業をはじめとして，鉄鋼，機械，ガラス，製紙，繊維などの産業で締結された国際カルテルが，こうした形態に属しており，各産業において，世界的規模で生産能力と生産量の規制が図られていた（UN［1947］: p. 9. 訳書16頁）。

さらに，特許権と製法の交換，特許使用権の交付と相互保持などを目的とした「国際協定」の場合，相互の国内市場の確保と輸出市場の分割[5]を取り決めた「カルテル協定」（cartel arrangement）が，これを補完する役割を果たしていた。もっとも，こうした特許や製法などに関する「国際協定」と市場に関する「カルテル協定」との区分は明確ではない。「特許権供与協定」（patent licensing agreement）なども，「国際カルテル」の一種として包括されている。化学産業に見られる国際カルテルは，このようなさまざまな協定が相互に結びつくことによって形成されており，重複関係を見極めることは困難といってよい（UN [1947]：p. 9. 訳書16頁）。こうしてみると，もとより特許・製法の交換・供与を通じて事業範囲を拡大し，第1次世界大戦，さらには世界大恐慌の過程で，大規模な過剰生産設備・在庫を抱え込んでいた化学産業ないし化学企業が，その事業を展開するにあたって，国際カルテルを積極的に締結するのも，ある意味，妥当な経営戦略であったといえよう。

こうした国際カルテル活動をICI社について見てみれば，1929年時点で，大小含めておよそ800に及ぶ化学製品関連の協定を締結していた[6]とされ（Grant, et al. [1988]：p. 27：図4-1），いずれの国際カルテルも，ICI社の命運を握るきわめて重要な事業に関連するものばかりであった。たとえば，ICI社は，その設立にあたり，ブラナー・モンド社がソルヴェー社などのヨーロッパおよびアメリカのソーダ製造企業と締結していた，アルカリ（ソーダ）事業に関する「国際アルカリ・カルテル」，ノーベル・インダストリーズ社がデュポン社などと締結していた，爆薬事業に関する「国際爆薬カルテル」を継承していた（第2章 第2節1, 2）。

だが，その国際経営戦略としての国際カルテル活動がきわめて活発な展開を遂げることになったのは，むしろICI社が設立されて以降のことであった。それも，「国策事業」としての染料事業に関する「国際染料カルテル」，ICI社を窮地に追い込んだ窒素肥料（アンモニア合成）事業に関する「国際窒素カルテル」[7]（International Nitrogen Cartel），同事業を継承した人造石油事業に関する「国際水素添加特許協定」（International Hydrogenation Patents Agreement），さらには1930年代以降，ICI社が積極的に展開する海外における現地生産事業の基盤を

図4-1 ICI社の主要国際カルテル（1934〜1935年）

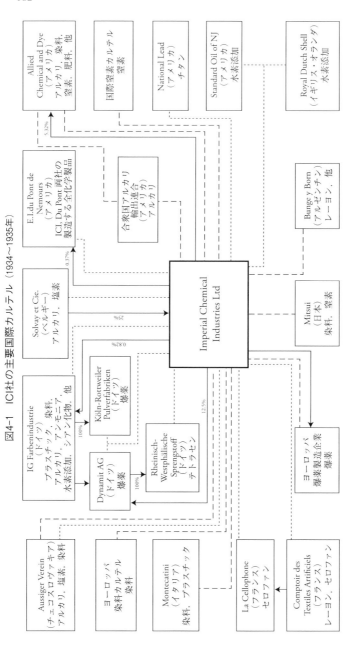

出所：Stocking & Watkins [1946]：Chart 5.

築いた,「盟友」デュポン社との主要製品分野を包括する「特許・製法協定」など, ICI 社の主力事業の全般に及ぶものであった。

次節以降では, こうした広範な事業にわたる ICI 社の国際カルテルないし国際協定の実態について, その締結の経緯を振り返りながら, とりわけ世界大恐慌を経験した1930年代を中心に叙述する。

第2節　旧国際カルテルの継承と強化

ICI 社は, その設立にさいして, 同社を構成することになったイギリス主要化学企業4社が国内外に有していたさまざまな経営資源とともに, その国際経営戦略としての国際カルテルをも継承・再編した。本節では, こうした国際カルテルとして, ブラナー・モンド社から継承した「国際アルカリ・カルテル」ならびにノーベル・インダストリーズ社から継承した「国際爆薬カルテル」が, ICI 社のもとで, 1920年代から世界大恐慌を経た1930年代にかけて, なおいっそう強化される過程を振り返る。

1　国際アルカリ・カルテル

まず, ICI 社がブラナー・モンド社から継承した, 世界化学産業の歴史において「最古のカルテル」(one of the oldest chemical cartels, Stocking & Watkins [1946]: p. 430) とされる, アルカリ（ソーダ）製品に関する「国際アルカリ・カルテル」[8]である。この「国際アルカリ・カルテル」の源流を探り, その歴史的展開を振り返るということは, まさに ICI 社の歴史それ自体をたどることに等しい。

あらためて,「国際アルカリ・カルテル」の端緒を探るならば, 1872年, ブラナー・モンド社の設立にあたって, ベルギーのソーダ（アルカリ）製造企業であったソルヴェー社から, 当時すでに支配的となりつつあったアンモニア・ソーダ法としてのソルヴェー法のイギリスにおける特許使用権を供与された時点にまでさかのぼる (Bertrams, *et al.* [2013]: pp. 38-9)。これを契機として, ブラナー・モンド社とソルヴェー社は, ソルヴェー法の技術情報の提供を介して,

アンモニア・ソーダ製品市場を確保するにあたり，企業間の連携としての「国際アルカリ・カルテル」を締結，ないしはソルヴェー・シンジケートを結成して，その紐帯をいっそう強化することになった。

　ブラナー・モンド社とソルヴェー社の連携が拡張する最初の一歩となったのは，ソルヴェー社がアメリカへの進出を試みたときのことであった。1881年，ソルヴェー社は，ブラナー・モンド社とともに，現地の実業家と共同出資[9]により，アメリカでは2番目の古さを誇るソーダ製造企業としてのソルヴェー・プロセス社[10]を設立した。このソルヴェー・プロセス社は，アメリカにおけるソルヴェー法の排他的使用権を供与されたことで，シラキューズ（Syracuse, ニューヨーク州）工場を拠点にして，アンモニア・ソーダの生産を一挙に増大させた[11]（Bertrams, et al.［2013］: pp. 48-50 ; Reader［1970］: pp. 64, 98）。

　アメリカへの進出を契機に，1885年から1887年にかけて，ブラナー・モンド社とソルヴェー社は，ソーダ（アルカリ）製品の世界市場「レーヨンズ」（Rayons, Bertrams, et al.［2013］: p. 83）の分割に向けて，いくつかの協定を締結した。その結果，(1) ソルヴェー社が，多数の子会社を有していた大陸ヨーロッパおよびロシア[12]を，(2) ブラナー・モンド社が，イギリス帝国諸地域および北アメリカ（アメリカについてはソルヴェー・プロセス社）を，それぞれ排他的市場として分割し，(3) その他地域については，両社で協議することとして，世界市場「レーヨンズ」の分割に成功した（Bertrams, et al.［2013］: pp. 83-4）。

　さらに，ソルヴェー社は，独自の展開として，東ヨーロッパへの進出も試みていた。1882年，同社は，オーストリア＝ハンガリー帝国では最大規模の化学企業であった，オーストリア帝国化学・金属製造連合社[13]（Öesterreichischer Verein für Chemische und Metallurgische Produktion AG：アウシッヒ連合社〔Aussiger Verein〕，1856年）とパートナーを組んだ。そして，オーストリアのエーベンゼー（Ebensee, ザルツカンマーグート〔Salzkammergut〕），ハンガリーのマロスウジヴァル（Marosújvár, 現在のルーマニアのオクナ・ムレシュ〔Ocna Mureş〕）に，2ヵ所のアンモニア・ソーダ工場を建設した。それらの工場は，それぞれ1885年と1886年に操業を開始し，両工場を併せて3万5000トンのソーダ灰の生産を実現した。こうしたアウシッヒ連合社との提携は一例にすぎず，ソルヴェー社は，東ヨーロッパ

各地[14]でも積極的な合弁事業を展開するなど，ヨーロッパの広範な地域にわたってその勢力を拡大させた（Bertrams, *et al.*［2013］: pp. 50-2；Haber［1971］: p. 21. 訳書 31-2頁）。

ソルヴェー・グループは，19世紀末葉以来，資本参加のみならず，技術情報の交換，価格の維持，販売領域の分割を規定した特許および市場協定，さらには合弁事業などによって，その世界的規模での連携をよりいっそう強化しつづけてきた。この結果，第1次世界大戦前[15]には，世界アルカリ（とくにアンモニア・ソーダ）製品市場において，ソルヴェー・グループによる「国際アルカリ・カルテル」が，支配的な地位を確立[16]することになり，こうした構造は，第2次世界大戦まで変わることはなかった（Stocking & Watkins［1946］: p. 430）。

第1次世界大戦後の1920年には，ソルヴェー・プロセス社を含む数社の大規模合併によって，アライド・ケミカル社が設立されるなどして（第1章註18，第2章註19），ソルヴェー社のアメリカにおける影響力にも陰りが見えはじめてはいた。それでもなお，ソルヴェー社は，アライド・ケミカル社に対して資本参加をつづけることで，その影響力を行使しようとした。そして，1922年には，ソルヴェー社，ブラナー・モンド社に，アライド・ケミカル社を加えて，「3社協定」(Tripartite Agreement) が締結され，相互の情報交換を含めて，アルカリ（ソーダ）製品の世界市場分割も成し遂げられた。これにより，(1) ソルヴェー社が，大陸ヨーロッパ，(2) ブラナー・モンド社が，カナダを除くイギリス帝国諸地域および極東，(3) アライド・ケミカル社（ソルヴェー・プロセス社の後身企業として）が，北アメリカを，あらためて市場分割するに至った（Bertrams, *et al.*［2013］: pp. 208-9）。こうして，ソルヴェー社，ブラナー・モンド社，アライド・ケミカル社という「国際アルカリ・カルテル」の基礎をなした3社の関係は，世界的規模でのアルカリ市場の規制を通じて，第2次世界大戦が終結するまで維持されることになった。

もっとも，こうした世界のアルカリ（ソーダ）企業をめぐる協調関係は，3社間だけのそれにとどまるものではなかった。1922年には，BASF社（IGファルベン社の前身企業）に対して，ソルヴェー社のドイツ子会社であったドイツ・ソルヴェー社株の25％（1億2500万マルク〔約625万ポンド，インフレ下であったた

表4-2　ICI社とALKASSOのアルカリ協定（1924～1936年）

協　定	ブラナー・モンド社 ユナイテッド・アルカリ社 ALKASSO 1924年協定		ICI社 ALKASSO 1929年協定（3年間）	
	ブラナー・モンド社	ALKASSO	ICI社	ALKASSO
一般協定	A-1～4		B-1～4	
割　当（全体）	明記せず	明記せず	1930年：77.5% 1931年：76.0% 1932年：75.0%	1930年：22.5% 1931年：24.0% 1932年：25.0%
排他的市場：				
イギリス帝国[1]：	明記せず	明記せず	明記せず	明記せず
英領西インド諸島	同上	同上	同上	同上
エジプト／レヴァント	同上	同上	同上	同上
イラク／イラン	同上	同上	同上	同上
ヨーロッパ[2]：	同上	同上	同上	同上
ALKASSO：				
カナダ	同上	同上	同上	同上
メキシコ	40%	60%	同上	同上
キューバ	申出により割当	申出により割当	同上	同上
ハイチ／サン・ドミンゴ	明記せず	明記せず	同上	同上
蘭領東インド諸島	同上	同上	同上	同上
蘭領西インド諸島	同上	同上	同上	同上
共同市場：				
南アメリカ	―	ソーダ灰　苛性ソーダ		
アルゼンチン	―	3,400t	同上	同上
ウルグアイ	―	1,000t　　400t	同上	同上
ブラジル	―	2,700t	同上	同上
ペルー	明記せず	明記せず	同上	同上
エクアドル	同上	同上	同上	同上
チ　リ	同上	同上	同上	同上
コロンビア	同上	同上	同上	同上
ヴェネズエラ	同上	同上	同上	同上
その他の南アメリカ諸国	同上	同上	同上	同上
中央アメリカ	同上	同上	同上	同上
中　国	同上	同上	同上	同上
インド	同上	同上	同上	同上
日　本	同上	同上	同上	同上
バーレーン諸島	同上	同上	同上	同上

表4-2 ICI社とALKASSOのアルカリ協定（1924～1936年）（続き）

協　定	ICI社 ALKASSO 1933年協定（3年間）		ICI社 ソルヴェー社 ALKASSO 1936年協定（5年間）	
	ICI社	ALKASSO	ICI社	ALKASSO
一般協定	C-1～8		D-1～7	
割　当（全体）	75%	25%	75%	25%
排他的市場:				
イギリス帝国[1]:	明記せず	明記せず	100%	
英領西インド諸島	同上	同上	明記せず	―
エジプト／レヴァント	同上	同上	100%	
イラク／イラン	同上	同上	100%	―
ヨーロッパ[2]:	―[3]		100%	―
ALKASSO:				
カナダ	明記せず	明記せず	―	100%
メキシコ	20%[4]	80%	―	100%
キューバ	明記せず	明記せず	―	100%
ハイチ／サン・ドミンゴ	同上	同上	―	100%
蘭領東インド諸島	同上	同上	―	100%
蘭領西インド諸島	同上	同上	―	100%[7]
共同市場:				
南アメリカ				
アルゼンチン	明記せず	明記せず	65%[8]	35%[8]
ウルグアイ	同上	同上	65%[8]	35%[8]
ブラジル	同上	同上	75%[9]	25%[9]
ペルー	同上	同上	明記せず	明記せず
エクアドル	同上	同上	同上	同上
チ　リ	同上	同上	同上	同上
コロンビア	同上	同上	同上	同上
ヴェネズエラ	同上	同上	同上	同上
その他の南アメリカ諸国	同上	同上	60%[10]	40%[10]
中央アメリカ	同上	同上	60%	40%
中　国	93%	7%[5]	80%[11]	20%[11]
インド	97%	3%[6]	明記せず	明記せず
日　本	明記せず	明記せず	65%[12]	35%[12]
バーレーン諸島	同上	同上	60%[13]	40%[13]

《一般協定事項》
A-1：割当領域において，Brunner, Mond & Co. Ltd. が価格を引き上げた場合，ALKASSO もその価格引上げに追随する。
A-2：アウトサイダーとの競合については，Brunner, Mond & Co. Ltd. と ALKASSO が共同で対処する。
A-3：ALKASSO メンバー独自による輸出は，ALKASSO の割当とする。
A-4：協定失効についての条項を設けない。
B-1：世界のいかなる領域においても，両者の競争を回避するため，徹底して協力する。
B-2：ALKASSO 内外における個別企業の輸出については，ALKASSO が規制する。
B-3：協定によって価格を固定する。
B-4：輸出総量を調整するため，四半期ごとに統計を提示しあって，割当を協定する。
C-1：特に明記されていない市場については，ICI Ltd. と ALKASSO が協定価格で販売する。
C-2：Magadi Soda Co. Ltd. の輸出については，ICI Ltd. が規制する。
C-3：輸出総量を調整するため，四半期ごとに統計を提示しあって，割当を協定する。
C-4：メキシコについては，販売代理店を通じて両者が販売する。
C-5：中国については，ICI Ltd. が両者の製品を販売する。
C-6：インドについては，ALKASSO の販売代理店および ICI Ltd. が協定価格で販売する。
C-7：アメリカからの個別企業の輸出については，ALKASSO による規制を免除する。
C-8：いずれかが通告すれば，本協定は 6 ヵ月で失効する。
D-1：それぞれが他者の排他的市場への輸出を防止し，共同市場における割当の監視を協定する。
D-2：相手の排他的市場に輸出した場合，賠償金を支払う。
D-3：共同市場において，割当を超過したり，割当に満たなかったりした場合，翌年度に繰り越す。
D-4：共同市場に対して，一方が輸出できなかった場合，他方はペナルティーなしに供給できる。
D-5：共同市場において，工場を設立した場合，その経営に参加するための条項を設ける。
D-6：いずれも，他者の同意なしに日本と協定してはならない。
D-7：本協定は，1940 年 6 月 30 日ないし同日以降，通告によって 1 年間で失効する。

註 1：ICI Ltd. の割当。ただし，カナダを除く。
　2：ICI Ltd. = Solvay et Cie. の割当。ただし，ロシアを除く。
　3：ICI Ltd. の輸出が，ICI Ltd. = Solvay et Cie. に協定に包括されなかった場合，ICI Ltd. = ALKASSO 協定で包括する。
　4：最大 5000t まで。
　5：最大 4000t まで。
　6：最大 2000t まで。
　7：1939 年 1 月 1 日から有効。
　8：輸出総量が 42,426t を超えた場合，超過分についての割当を ICI Ltd. 60％，ALKASSO 40％とする。
　9：輸出総量が 43,396t を超えなかった場合，割当を ICI Ltd. 60％，ALKASSO 40％とする。
　10：1939 年 1 月 1 日より，割当を ICI Ltd. 75％，ALKASSO 25％とする。
　11：輸出総量が 58％ Na_2O 換算で 50,995t を超えなかった場合，割当を ICI Ltd. 60％，ALKASSO 40％とする。
　12：輸出総量が 58％ Na_2O 換算で 55,033t を超えなかった場合，割当を ICI Ltd. 60％，ALKASSO 40％とする。
　13：1936 年 7 月 1 まで遡及して有効とする。
出所：USFTC [1950]：pp. 39-41.

め換算不可，参考として 1 ポンド = 20 マルクで換算〕）を相互交換で所有させることによって，BASF 社（さらには後身企業としての IG ファルベン社）との協調関係を構築した。その後も，こうした連携を基礎として，ソルヴェー社は，IG ファルベン社とともに，スイスでも合弁事業を開始するなど，大陸ヨーロッパにお

けるソルヴェー社を核とした企業間関係は，よりいっそう拡大する様相を呈していた (Bertrams, *et al.* [2013]：pp. 204-5；Stocking & Watkins [1946]：pp. 430-1)。

　このように，1920年代までに形成された，ソルヴェー法によるアンモニア・ソーダ（アルカリ）製品および関連製品に関する技術情報の交換と市場の尊重，さらには資本参加に基づく，ソルヴェー社，ブラナー・モンド社（後身企業としてのICI社），IGファルベン社という，ヨーロッパ主要化学企業3社による連携は，1930年代に至ってもなお，大陸ヨーロッパにおけるソーダ製品の主要生産者として，諸地域のソーダ製品市場を規制した。さらに，これら3社に，アライド・ケミカル社を加えた，主要国化学企業4社は，ヨーロッパのみならず，世界的規模での国際的な紐帯をなおいっそう強化することになった。

　ヨーロッパにおいて支配的地位を確立したソルヴェー法ソーダ製造企業であったが，その後，アメリカの電解法ソーダ製造企業[17]が台頭する過程で，新たな協調関係を構築することになった。その端緒となったのは，1924年に，ブラナー・モンド社（およびユナイテッド・アルカリ社[18]）が，アメリカの主要ソーダ製造企業によって組織されていたALKASSO[19]との間で，「1924年協定」(6年間有効) を締結したことであった (Stocking & Watkins [1946]：p. 433)。

　「1924年協定」[20]の締結にあたっては，ブラナー・モンド社が，ヨーロッパ側の窓口となって，ALKASSOとの交渉にあたり，以下のような協定を締結した。すなわち，(1) メキシコへの輸出比率を設定すること，(2) アルゼンチン，ウルグアイ，ブラジルにおいて，苛性ソーダおよびソーダ灰の販売量を制限すること，(3) 割当領域において，ブラナー・モンド社が価格を引き上げた場合，ALKASSOが同価格に追随すること，(4) アウトサイダーに対しては，両者が共同措置をとること，(5) ALKASSO加盟企業が，ALKASSOを通すことなく，直接，割当領域に輸出した場合，その輸出をALKASSOの割当に適用すること，(6) 統一した販売価格の維持や共同販売代理店を設立すること，などであった (表4-2)。

　その後，1926年になってICI社が設立されたことで，1930年に「1924年協定」が失効するのを前にして，ICI社の手によって，1929年にはあらたに「1929年協定」(3年間有効) が締結された。「1929年協定」では，世界市場にお

ける両者の輸出割当を段階的にシフトさせることで，最終的には，1932年に，ICI社75％，ALKASSO 25％[21]という割当が定着するなどして（以降の協定改変でも維持された），カルテル加盟者による世界アルカリ市場の分割は決定的なものとなった（Reader［1970］：pp. 344-5；Stocking & Watkins［1946］：pp. 433-5；USFTC［1950］：pp. 35-44）。

ところが，こうした両者の連携を脅かす事態も発生した。1930年代央に至って，アメリカの太平洋岸に拠点を置いていたアウトサイダーのソーダ製造企業が，ヨーロッパなどに対してアルカリ製品の輸出を開始し，その進出が，ICI社やソルヴェー社にとって脅威となりはじめたのである。これにさいして，ALKASSOは，1936年にカリフォルニア・アルカリ輸出連合[22]（California Alkali Export Association：CALKEX）を設立して，これらのアウトサイダーを傘下に収めることで，こうした事態への対処を図った。これを契機として，あらためて，(1) ソルヴェー社に，ヨーロッパ地域を，(2) ICI社に，カナダを除くイギリス帝国諸地域を，(3) ALKASSOに，カナダを含む北アメリカ地域を，市場として分割し，(4) 中国，日本，南アメリカについては，ICI社とALKASSOの両者が共同市場とする協定[23]が締結された（Hexner［1945］：pp. 302-3；Stocking & Watkins［1946］：p. 435；USFTC［1950］：pp. 24-7）。

このように，ICI社の，ソルヴェー社ならびにALKASSOとのきわめて良好な連携[24]は，この間，1933年（3年間有効），1936年（5年間有効），1941年（5年間有効）と，若干の改訂をともないつつも，協定が繰り返し締結・継承されることで（表4-2），第2次世界大戦が終結したのち，1946年まで維持された。この3者（ないし2者[25]）による一連の「国際アルカリ・カルテル」は，アルカリ（ソーダ）製品の世界市場を規制することで，国際的な競争を排除し，カルテル加盟企業の事業展開も安定させた。だが，その一方で，ICI社に限れば，最大規模の市場であったはずのアメリカにおける影響力が脆弱となってしまい，アメリカ市場におけるアルカリ製品の価格硬直化を招来することにもなった点は否定できない（Stocking & Watkins［1946］：pp. 435-6）。

最後に，こうした一連の「国際アルカリ・カルテル」が残した成果[26]を確認しておこう。1932年以降，ALKASSOの市場割当が25％にすぎなかったのに対

して，ICI社の割当は75％にのぼった。だが，この割当には，アメリカというきわめて大規模な市場への輸出は含まれておらず（表4-2），むしろ協定の締結にともなって，アメリカ市場をALKASSOに譲許したことが，ICI社にとっては大きな痛手になったといえる。

イギリスのアルカリ製品全体の生産量は，1924年の105万トンから，1935年には136万トンへと増大した（表2-1）。アルカリ製品の主力であったソーダ灰生産（そのうち約4分の3程度をICI社が占めていたと推測される）については，残念ながら，1929年（および恐慌期も）のデータが得られないため，この間の推移を把握することはできない。1930年代央以降については，すでに恐慌から急速に業績が回復していたにもかかわらず，1935年の80万トン（14.5％）に対して，1938年（ただし，同年は，1937年の好況から景気が後退し，生産も縮小していた）もまた80万トン（11.9％）と，生産量は不変にとどまり，世界シェアも2.6ポイント低下させた（この点については，日本などの新興国ソーダ工業の台頭

表4-3 主要国のソーダ灰生産能力（1939年）

国	生産能力	
	s.t.	％
連合国		
アメリカ	3,500,000	42.18
イギリス	1,500,000	18.08
ソヴィエト	700,000	8.44
カナダ	40,000	0.48
英領東アフリカ	40,000	0.48
中　国	20,000	0.24
英領インド	20,000	0.24
小計（連合国）	5,820,000	70.14
枢軸国		
ドイツ	1,250,000	15.06
オランダ	500,000	6.03
日　本	200,000	2.41
イタリア	100,000	1.21
チェコスロヴァキア	90,000	1.09
ベルギー	80,000	0.96
ポーランド	60,000	0.72
オーストリア	45,000	0.54
ルーマニア	35,000	0.42
ノルウェー	18,000	0.22
ユーゴスラヴィア	10,000	0.12
小計（枢軸国）	2,388,000	28.78
中立国		
スペイン	40,000	0.48
スイス	33,000	0.40
スウェーデン	13,000	0.15
アルゼンチン	4,000	0.05
小計（中立国）	90,000	1.08
合　計（世界）	8,298,000	100.00

出所：USFTC [1950]：Tab. 1.

表4-4 主要国の苛性ソーダ生産
(1935〜1938年)
(単位:1000t)

国	1935	1937	1938
ドイツ	150 [2]	n.a.	n.a.
アメリカ	652	876	753
イギリス	n.a.	400-450	n.a.
日本	233	353	460
イタリア	136 [2]	172	165
ソヴィエト	102	112 [1]	n.a.
フランス	n.a.	105-115	n.a.
スペイン	35 [1]	n.a.	n.a.
ポーランド	20	22	30
スウェーデン	9	16	16
フィンランド	4 [1]	10	n.a.

註1:前年度の数字。
 2:次年度の数字。
出所:庄司［1942］:第7表。

も看過してはならない)。他方,アメリカの場合,1935年に219万トン(39.8%)であったものが,大不況を経験しながらも,1938年には264万7000トン(39.5%)と,シェアこそわずかに低下させつつも,生産量を大幅に増大させた(表2-4)。

さらに,主力製品であったソーダ灰を例にとれば,1939年の生産能力(表4-3)と1938年の生産量(表2-4)を比較した場合,1年の相異があるとはいえ,イギリスにおいて過剰生産能力が発生していたことは明白であった。あくまでも,躍進するアメリカとの対比で見るなら,ソーダ灰を中核とするイギリスのアルカリ工業,換言するならICI社のアルカリ製品事業が,1930年代前半にこそ急速な回復を遂げながらも,後半に至って失速しはじめるなど,「相対的」にはイギリスの地位が後退しつつあったことがうかがえる。また,苛性ソーダの生産についても(表4-4),やはりデータが得られないため,イギリスの推移を読み取ることはできない。ただ,アルカリ製品全体の生産量が増大する一方で(表2-1),ソーダ灰の生産量が横這いをつづけていたことから推測すれば(表2-4),苛性ソーダの生産はある程度,増大していたとも考えられよう。それでも,ソーダ灰と同様に,アメリカの苛性ソーダ生産量は,1935年の65万2000トンから,1937年には87万6000トンと,やはり顕著に増大し(景気が後退した1938年には減少した),イギリスのおよそ2倍の生産量を誇っていたなど,両国のアルカリ工業には歴然とした差があったことは確かである(表4-4)。

主要国のソーダ貿易についても見ておけば,イギリスでは,各種ソーダ生産の3分の1程度が輸出に振り向けられる,いわば「輸出産業」としての側面が強かった。ソーダ灰輸出の場合,1935年から1938年にかけて,23万トン,24

表4-5 (a)　主要国のソーダ貿易：輸出（1935〜1938年）

（単位：1000t）

国	ソーダ灰			苛性ソーダ		
	1935	1937	1938	1935	1937	1938
イギリス	230	249	254	121	132	96
フランス	132	141	109	35	55	33
ドイツ	47[1]	n.a.	n.a.	96	n.a.	n.a.
アメリカ	39	50	46	63	93	91
ケニア	39	41	29	—	—	—
日　本	30	12	5	17	6	12
ノルウェー	n.a.	12	11	—	—	—
ポーランド	n.a.	13	10	—	—	—

註1：前年度の数字。
出所：庄司［1942］：第8, 9表。

表4-5 (b)　主要国のソーダ貿易：輸入（1935〜1938年）

（単位：1000t）

国	ソーダ灰			苛性ソーダ		
	1935	1937	1938	1935	1937	1938
英領インド	64	64	76	20	21	26
ベルギー	62	65	43	9	7	8
オランダ	49	56	58	19	22	14
日　本	38	17	22	20	27	0.3
オーストラリア	36[3]	32[3]	n.a	—	—	—
スウェーデン	31	40	40	—	—	—
中　国	27	27	21	19	23	17
アルゼンチン	24	29	n.a	15	21	n.a
デンマーク	19[2]	20	20	—	—	—
ハンガリー	15	17	18	—	—	—
メキシコ	14	14[1]	n.a	16	17[2]	n.a
ブラジル	n.a	n.a	21	n.a	n.a	25

註1：前年度の数字。
　2：次年度の数字。
　3：3月に終了する年度。
出所：庄司［1942］：第8, 9表。

万9000トン,25万4000トンと,大幅な変動はなかった。また,苛性ソーダ輸出の場合は,同じ1935年から,景気が拡大した1937年,後退した1938年にかけて,12万1000トン,13万2000トン,9万6000トンと,景気動向を反映した推移を見せていた。これに対して,アメリカの場合,大規模な国内市場に吸収されていたため,その輸出はイギリスに及ぶものではなかった。むしろ,ソーダ灰輸出では,フランスが,アメリカをはるかにしのぐほどであった(表4-5 (a),4-5 (b))。イギリスによるアルカリ製品の輸出については,後述するが(第5章 第2節2),数量,価額ともに,1930年代央以降,増大傾向にはあったものの,その後は,「国際アルカリ・カルテル」の援護がありながらも,恐慌以前の水準を超えるほどの増大には至らなかった。

19世紀末葉からの長期的な趨勢として見るならば,ドイツやアメリカのアルカリ(ソーダ)工業が台頭・躍進する過程で,かつては世界のアルカリ製品市場を席巻していたイギリスのアルカリ工業も,徐々に後退への途をたどりはじめていた(第2章 第1節1)。それでも,両大戦間期に至って,イギリスは,なんとかアメリカ,ドイツに次ぐ地位を死守してはいた(ソーダ灰の場合,表2-4)。また,ICI社内においても,他事業の成長に押されて,モンド事業部の中核をなすアルカリ事業の相対的地位はしだいに低下してはいたものの(表3-10),それでも同社の屋台骨を支えていたという点では,「国際アルカリ・カルテル」の有していた効果を「ある程度」認めることはできよう。

2 国際爆薬カルテル

つぎに,ICI社がノーベル・インダストリーズ社から継承した,爆薬事業における国際的連携としての「国際爆薬カルテル」[27]である。この「国際爆薬カルテル」もまた,その展開を叙述すること自体が,ICI社の両大戦間期に至る歴史をたどることに等しい。

もとより,国際的な連携を有していたノーベル・インダストリーズ社が世界的規模での爆薬カルテルを締結したのは,19世紀末葉のことであった。あらためて,その端緒から振り返ってみよう。ノーベル・インダストリーズ社は,アルフレッド・ノーベルによって発明された,安全発破用爆薬であるダイナマ

イトの使用権を供与されるとともに，ノーベル側から半額出資を受けることによって，1871年，爆薬製造企業，ブリティッシュ・ダイナマイト社として，グラスゴーで産声をあげた。その後，1877年になって，ノーベルズ・エクスプローシヴズ社に社名変更した同社は，1886年に，ヨーロッパを中心としてダイナマイトの世界市場を再編するために，ドイツのアルフレッド・ノーベル・デュナミート社とともに，持株会社であったノーベル＝ダイナマイト・トラスト社の傘下に入った（Reader［1970］: pp. 26-7, 84-8）。

ノーベル＝ダイナマイト・トラスト社の設立と時を同じくして，ノーベルズ・エクスプローシヴズ社は，アメリカ爆薬市場への参入を試みようとして，1886年に，ニューヨークの爆薬製造企業，スタンダード・エクスプローシヴズ社[28]（Standard Explosives Co.）発行株式10万ドルのうち，59％を取得した。だが，その後，スタンダード・エクスプローシヴズ社（ノーベルズ・エクスプローシヴズ社）と，アメリカ側，とりわけアメリカにおいてダイナマイト製造企業として台頭しつつあったデュポン社[29]の双方ともが，自国市場への相互進出に脅威を抱くようになった。そこで，1888年になって，アングロ＝ジャーマン・グループ（Anglo-German Group）としてのノーベル＝ダイナマイト・トラスト社とデュポン社を中心としたアメリカ火薬・爆薬製造企業の両者の間で，世界爆薬市場を3分割することを目的とした「1888年アメリカ協約」（American Convention of 1888）を締結することによって，早期のうちに事態の鎮静化を図ることで決着を見た。この「1888年アメリカ協約」により，(1) アメリカ側が，アメリカ合衆国，(2) ノーベル＝ダイナマイト・トラスト社側が，大陸ヨーロッパ，アジア，アフリカ，オーストラリア，タスマニア，(3) アメリカとノーベル＝ダイナマイト・トラスト社の双方が，均等な権利を有する領域として，カナダ，メキシコ，中央アメリカ，南アメリカ，カリブ海諸国，日本，中国，朝鮮を，市場分割するとともに，さらに爆薬の価格についても，固定価格を設定することになった（Reader［1970］: pp. 156-60；Taylor & Sudnik［1984］: p. 36）。

ところが，こうして，ノーベル＝ダイナマイト・トラスト社とデュポン社によって分割されたはずの世界爆薬市場ではあったが，それですらけっして安泰

ではなかった。1896年，アメリカの火薬製造企業，エトナ・パウダー社 (Aetna Powder Co.) が，南アフリカに向けてダイナマイトの輸出を開始したのである（伊藤［2009］：42頁）。これに応戦するかたちで，翌1897年には，ドイツのアウトサイダー爆薬製造企業，ライン＝ヴェストファーレン爆薬社 (Rheinisch-Westphälische Sprengstoff AG, 1894年) が，デュポン社のお膝元，ウィルミントンにもほど近い，ジェイムズバーグ (Jamesburg, ニュージャージー州) に土地を取得して，爆薬などの現地生産を試みようとした (Reader［1970］：p. 159；Taylor & Sudnik［1984］：p. 36)。

　こうした事態に直面して，デュポン社は，なんとしてでもドイツ爆薬製造企業のアメリカ進出を阻止しようと，ノーベル＝ダイナマイト・トラスト社や，ドイツ爆薬製造企業側の窓口となったケルン＝ロットヴァイル爆薬連合社 (Vereinignte Köln-Rottweiler Pulverfabriken, 1890年) といった，ヨーロッパ爆薬製造企業[30]との間で交渉を行い，解決の糸口を探ろうとした。その結果，同年10月には，世界爆薬市場における競争上の諸問題を排除して，良好な関係を構築するために，市場割当や利潤プールに関する「1897年協定」(1897 Agreement, 一般的には「アメリカ協定」〔American Agreement〕) があらたに締結された。この「1897年協定」により，(1) アメリカ側の排他的領域として，アメリカ合衆国，同属領・保護領，メキシコ[31]，中央アメリカ，コロンビア，ヴェネズエラ，(2) アメリカ側およびヨーロッパ側（ノーベルズ・エクスプローシヴズ社とドイツをはじめとしたヨーロッパ爆薬製造企業）両者のシンジケート領域として，南アメリカ（コロンビア，ヴェネズエラを除く），英領ホンデュラス，カリブ海諸国（スペイン属領を除く），(3) ヨーロッパ側の排他的領域として，上記以外の地域を，新たな爆薬市場として分割することになった (Reader［1970］：pp. 64, 159-60；Taylor & Sudnik［1984］：pp. 36-7)。

　もっとも，この「1897年協定」も，アメリカ側にとっては，取引の制限と独占を禁じた「シャーマン反トラスト法」(Sherman Antitrust Act, 1890年) に抵触する危険性をはらんでいたこともあって，協定の有効期限を待たずに，1906年にいったんは失効した。とはいえ，協定加盟国にとってみれば，世界爆薬市場を規制することは，不可避の課題であった。こうした危機感を受けて，

1907年には,「反トラスト法」への抵触を回避する方策として,1906年の利潤を基準とした超過利潤の分配[32]について,新たな規定を盛り込んだ協定案が提示された。そして,新規定を含む,爆薬製品に関する特許・製法の交換を通じた,世界爆薬市場の分割を骨子とする「1907年協定」(1907 Agreement) が,3者間で,再度,締結された。この「1907年協定」は,その後1913年まで維持され,第1次世界大戦直前の世界爆薬市場を規制することになった(Reader [1970]: pp. 199-205, 212-4;Taylor & Sudnik [1984]: pp. 37-41)。

こうして,20世紀初頭まで,世界爆薬市場を規制してきた「国際爆薬カルテル」であったが,その後は,大きく2つの路線に分かれて,発展的に維持されることになった。すなわち,1つは,ノーベルズ・エクスプローシヴズ社(ノーベル=ダイナマイト・トラスト社解体後は,ノーベル・インダストリーズ社,さらにその後はICI社へと継承)とデュポン社の2社による協定,もう1つは,ノーベルズ・インダストリーズ社(のちにICI社が継承)=デュポン社とドイツ爆薬製造企業の3者による協定である。

まず,ノーベルズ・エクスプローシヴズ社(ノーベル・インダストリーズ社,ICI社)とデュポン社の連携から見ていこう。まず,最初に焦点となったのはカナダである。カナダという地域は,イギリスの自治領であったとともに,アメリカに隣接した地域として,ノーベルズ・エクスプローシヴズ社,デュポン社の双方にとって,地理的・政治的・経済的諸要因が絡み合った複雑な事情を含む地域であった。こうした両社の利害が衝突しかねない地域については,その危険性を回避することが得策であるとの認識が早い段階から高まっており,最終的には,両社の協調によってカナダ爆薬市場の規制を図ることで落ち着いた。こうして,1910年,ノーベルズ・エクスプローシヴズ社とデュポン社は,カナダに,合弁による爆薬製造企業として,カナディアン・エクスプローシヴズ社(1927年にはカナディアン・インダストリーズ社に社名変更)を設立した。そして,両社は,このカナディアン・エクスプローシヴズ社に対して,カナダおよびニューファンドランドにおける,特定爆薬・化学製品に関する特許の非排他的使用権ならびにその無償使用という特権を供与したのである(Reader [1970]: pp. 173, 210;Taylor & Sudnik [1984]: p. 40;第6章 第5節)。

さらに、第1次世界大戦後の1920年になると、大戦によって一時的に断絶していたノーベル・インダストリーズ社とデュポン社の関係を、戦前のそれに回帰させるために、あらためて両社の爆薬事業に関する協定が締結された。それが、「1920年特許・製法協定」（Patents and Processes Agreement of 1920、ないし「一般爆薬協定」〔General Explosives Agreement〕）である。この「1920年特許・製法協定」により、爆薬分野での現在ならびに将来における特許・秘密製法に関する使用権を相互に交換する取決めがなされた。さらに、(1) ノーベル・インダストリーズ社が、アジア、アフリカ、オーストラレイシア、(2) デュポン社が、アメリカ合衆国、メキシコ、中央アメリカの大部分、コロンビア、ヴェネズエラ、(3) 両社が、南アメリカを、市場として分割することも確約された（GBBTIMD［1934-44］: pars. 34-5；Reader［1970］: pp. 395-6；Taylor & Sudnik［1984］: pp. 99-100）。

また、「1920年特許・製法協定」の締結にともない、ノーベル・インダストリーズ社とデュポン社の共同領域となった南アメリカについては、別途、「南アメリカ・プール協定」（South American Pooling Agreement）が締結された。これにより、チリを除く南アメリカにおける商業用爆薬の販売から生じる利潤のシェアとプール、南アメリカ全域における軍事用爆薬に関する政府発注情報の交換について取決めがなされた。くわえて、1921年には、商業用爆薬市場としての重要性を有するチリにおいて、アメリカの有力火薬製造企業であったアトラス・パウダー社（Atlas Powder Co. Inc., 1912年、事実上はデュポン社系企業[33]）に対して、「南アメリカ・プール協定」への参加を許容するとともに、同社に株式の15％を所有させる[34]ことで、ノーベル・インダストリーズ社、デュポン社、アトラス・パウダー社の3社による合弁事業として、爆薬製造企業である南アメリカ爆薬社が設立されることになった（GBBTIMD［1934-44］: pars. 36, 54-8；Reader［1970］: pp. 397-8；Taylor & Sudnik［1984］: p. 121；Stocking & Watkins［1946］: p. 439）。

その後も、1925年、1926年および1928年の各年には、ノーベル・インダストリーズ社（1928年段階ではICI社）が、デュポン社に対して、軍事用爆薬のヨーロッパ市場を供与するとともに、さらに1928年には、両社の間で、ヨー

ロッパ各国政府に対する特定タイプ爆薬の販売割当についても，新協定が締結されることになった。その結果，ニトロセルロース火薬については，ICI社30％，デュポン社70％，ニトログリセリン火薬は，ICI社が100％，TNTおよび起爆薬は，ICI社70％，デュポン社30％，ニトロセルロース発射火薬は，ICI社が100％という割当てがなされた。また，ICI社のニトロセルロース火薬およびデュポン社の大陸ヨーロッパにおけるTNTの販売量[35]は，ともに年最大300トンまでと制限され，かりに割当を超過した場合は，超過分に対して10％の違約金を支払うことなども謳われた（GBBTIMD［1934-44］：par. 43）。この間，1926年には，南アメリカにおいても同様の販売方式が採用されるようになり[36]，こうした軍事用爆薬の規制計画は，さらにアジアに向けても拡大されることになった（Stocking & Watkins［1946］：p. 441）。

ついで，ノーベル・インダストリーズ社（ICI社）＝デュポン社とドイツ爆薬製造企業との連携を見ておこう。1925年に，ドイツの爆薬製造企業，デュナミート社[37]（IGファルベン社系）が，ノーベル・インダストリーズ社＝デュポン社が支配する商業用爆薬市場に参入する意思を見せたのである。そこで，ノーベル・インダストリーズ社＝デュポン社は，デュナミート社との対立を回避するために，1926年以降，両社の協定に，デュナミート社を引き入れることで，3社を中心とした新たな「国際爆薬カルテル」としての「ICI社（当初は，ノーベル・インダストリーズ社）＝デュナミート社協定」（ICI-DAG Agreement, 'DAG' とはデュナミート社のこと）および「デュポン社＝デュナミート社協定」（Du Pont-DAG Agreement）を締結することで，3社による協調を図ることになった（GBBTIMD［1934-44］：pars. 48-53；Reader［1970］：pp. 409-10）。

締結された協定は，以下のような内容であった。(1) ノーベル・インダストリーズ社とデュポン社が，デュナミート社およびケルン＝ロットヴァイル爆薬社（ともにIGファルベン社系）の株式を保有する[38]，(2) デュポン社，デュナミート社，ケルン＝ロットヴァイル爆薬社の3社で，商業用爆薬の特許・製法に関する使用権を交換する，そのさい，デュポン社が，アメリカ，同属領，メキシコ，中央アメリカの大部分における排他的使用権を保持し，ドイツには，大陸ヨーロッパにおける排他的使用権を供与し，さらに南アメリカについては，

デュポン社とドイツが，非排他的使用権を交換する，(3) ノーベル・インダストリーズ社とデュナミート社が，(2) と同様の協定を締結するが，そのさい，ノーベル・インダストリーズ社が，イギリス帝国諸地域における排他的使用権を保持し，デュナミート社には，大陸ヨーロッパにおける排他的権利を供与する，(4) こうした再編に従い，ノーベル・インダストリーズ社＝デュポン社による「1920年特許・製法協定」について，一定の修正を加える，(5) 南アメリカについては，さらに「南アメリカ・プール協定」にデュナミート社を参加させ，ノーベル・インダストリーズ社，デュポン社のそれぞれが37.5％，デュナミート社が25％を出資することで，ロンドンに，爆薬販売会社としてのエクスプローシヴズ・インダストリーズ社（Explosives Industries Ltd.）を設立する。チリ，ボリヴィアでは，南アメリカ爆薬社とデュナミート社の売上合計額の25％を，デュナミート社に対して保証するとともに，残り75％については，ノーベル・インダストリーズ社とデュポン社が均等に分配することになった（GBBTIMD［1934-44］: pars. 48-53；Reader［1970］: pp. 409-12；Stocking & Watkins［1946］: pp. 442-4）。

　こうして成立した3社による世界爆薬市場の支配体制は，1930年代前半の世界大恐慌を経てもなお維持された。協定締結から10年後の1936年には，一連の「国際爆薬カルテル」の更新がなされ，各社が要求に応じて，他の爆薬企業との間に類似の協定を締結することも許容された。その後，1938年には，各種「反トラスト法」などの法的問題を回避する方策として，デュポン社は，エクスプローシヴズ・インダストリーズ社株を，ICI社ならびにデュナミート社に譲渡した。さらに，1939年には，デュナミート社が所有するエクスプローシヴズ・インダストリーズ社株を，ICI社の子会社が取得したことによって，エクスプローシヴズ・インダストリーズ社は，ICI社の完全所有子会社となった。その一方で，この間，ICI社とデュポン社は，1934年と1937年に，アルゼンチンおよびブラジルに合弁会社として，デュペリアル社（Duperial）を設立することで，両社の関係をさらに強化することになった（第6章 第6節2, 3）。また，チリを除く南アメリカにおける爆薬販売を，エクスプローシヴズ・インダストリーズ社（ICI社）とデュポン社に対して，均等に割り当てることも確約

された[39]（Reader［1975］：p. 222；Stocking & Watkins［1946］：p. 444）。

　以上のように，少なくとも第2次世界大戦が勃発するまでは，ICI社，デュポン社，デュナミート社（事実上はIGファルベン社）との間で締結された「国際爆薬カルテル」は，3社の関係はもとより，世界爆薬市場をも安定的に維持する機能を果たしていた。同時に，ICI社とデュポン社にとっては，両社の技術的利害を調整・保護するための協定にとどまることなく，世界爆薬市場を共同で開発することを企図した「パートナーシップ」（Stocking & Watkins［1946］：pp. 440-1）の形成をも促進するとともに，さらにこれがまた，いずれICI社とデュポン社の新たな連携としての「大同盟」に向けた礎となったのである。

　最後に，こうした「国際爆薬カルテル」が加盟国に与えた影響について検討したいところであるが，残念ながら，爆薬については，一般化学製品のように比較可能なデータがそろっていない。また，ICI社の爆薬事業については，世界大恐慌の発現にともなって，いったんは業績を悪化させたものの，1930年代央以降，急速に業績を回復させることに成功した（第3章 第2節 2，第3節 4，第4節 2）。だがこれも，1930年代央以降については，再軍備の影響という特殊な要因が重なっており，「国際爆薬カルテル」それ自体の影響を検出することは困難である。

　とはいえ，とくに軍事用爆薬については，デュポン社との無用な競争を回避して，ヨーロッパ市場を安定的に確保することができたメリットはきわめて重要であった。この点，アーヴィン・ヘクスナー（Ervin Hexner）は，イギリス＝アメリカによる軍事用爆薬市場の規制に，ドイツの爆薬製造企業が割って入ることを許さなかったことの意義を指摘している（Hexner［1945］：p. 352）。また，爆薬輸出については，すでに触れたように，安全性の面から，その輸出の依存度はけっして高くはなく，ここでもやはり「国際爆薬カルテル」が輸出に及ぼす影響を検証することには限界がある。それでも，少なくとも，第1次世界大戦終結以降は，世界爆薬市場が十分に規制できていたことで，イギリスの爆薬輸出に困難を生じさせる要因はなかった。高性能爆薬の輸出動向を見ても（表3-16（a）），ほぼICI社の爆薬事業の動向とパラレルに推移していたことが確認できる。

第3節　新国際カルテルの締結と展開

　本節では，ICI社がその設立以降，未曾有の世界大恐慌と相前後する過程で，あらたに締結した国際カルテルないし国際協定として，デュポン社との「特許・製法協定」，IGファルベン社をはじめとする主要国化学企業との「国際窒素カルテル」，「国際染料カルテル」，「国際水素添加特許協定」の締結とその展開について叙述する。

1　特許・製法協定

　まず，1929年にデュポン社との間で締結された「大同盟」として知られる「1929年特許・製法協定」[40]である。1920年代末までの時点で，ノーベル・インダストリーズ社とデュポン社が締結していた「国際爆薬カルテル」は，あくまでも爆薬事業に限定された協定にすぎなかった。しかし，ICI社の設立後，あらたに締結された「大同盟」は，その協定範囲を従来の爆薬や爆薬関連分野にとどめることなく，広範かつ主要な製品分野にまで拡充しようとするものであった。さらにまた，新協定は，たんに製品情報の交換や市場分割にとどまるものでもなかった。新協定に基づき，両社のきわめて大規模な連携体制として，合弁会社による海外諸地域での現地生産・販売体制を構築するなど，両大戦間期におけるICI社の国際経営戦略の基軸をなす役割をも果たしていた。とはいえ，ICI社は，その設立にともない，躊躇することなくデュポン社との間で「大同盟」を締結したわけではなく，一定の紆余曲折を経て到達したのであった。まずは，ICI社とデュポン社の両社による，爆薬事業を超えた広範な事業分野にわたる協力関係から振り返ってみよう。

　「国際爆薬カルテル」によって，従来から強固な連携を有していたノーベル・インダストリーズ社とデュポン社は，すでに第1次世界大戦中の1916年以降，染料や人造皮革，セルロイドなどの事業に関して協力を図るべく協議をつづけていた（Stocking & Watkins［1946］：p. 448）。ところが，1920年代に入って，デュポン社が，ラッカーの新製品であったデュコを海外で製造・販売しようとしたことにともない，すでに「国際爆薬カルテル」を通じて良好な関係に

あったICI社とデュポン社が，イギリス帝国市場をめぐって衝突することが懸念されるようになった。その結果，両社の無用な紛争を回避する方策として，1926年に，ノーベル・インダストリーズ社51％，デュポン社49％の共同出資により，ラッカー製造企業，ノーベル・ケミカル・フィニッシュイズ社を設立することになった。新設されたノーベル・ケミカル・フィニッシュイズ社は，カナダを除くイギリス帝国諸地域におけるデュコの製造・販売に関する排他的権利を供与されて，操業を開始した（GBBTIMD［1934-44］：par. 68；Reader［1970］：pp. 417-8；Taylor & Sudnik［1984］：p. 124；第2章 第2節 2)。

　その後，1926年には，カナダにおいて，ノーベル・インダストリーズ社とデュポン社が，カナディアン・エクスプローシヴズ社との間で，爆薬以外の化学製品の製造に関して，特許の排他的使用権を交換する「特許・製法協定」に調印した。また，1927年には，すでにICI社（ノーベル・インダストリーズ社の後身企業として）が操業を行っていた人造皮革事業についても，デュポン社が，人造皮革製品ファブリコイドのイギリスでの販売を中止した。さらに，同年，オーストラリアにおいても，やはりICI社51％，デュポン社49％の共同出資により，資本金40万ポンドをもって，人造皮革（セルロースを含む）製造企業，ノーベル・ケミカル・フィニッシュイズ（オーストラレイシア）社（Nobel Chemical Finishes Ltd. (Australasia)，のちにレザークロス社〔Leathercloth Pty. Ltd.〕に社名変更）を設立することで，両社の合弁による人造皮革事業を展開するようになった。このように，すでにICI社設立以前から，両社の間では，きわめて広範な分野にわたって緊密な連携が図られ，合弁事業が推進されていた（*Economist*, 19 Jan. 1935, p. 133；GBBTIMD［1934-44］：par. 70；Reader［1975］：p. 208, fig. 13)。

　ところが，このように，爆薬以外の事業分野においても，ノーベル・インダストリーズ社，さらにはその後身企業としてのICI社とデュポン社との間の協力体制が形成されていたにもかかわらず，ICI社が設立された当初，主要国化学企業との大規模連携は，むしろまったく異なった方向に向かおうとしていた。マッガワン社長は，ノーベル・インダストリーズ社の流れを汲むデュポン社との同盟を，ICI社の未来に向けた成長のステップとして期待していた。一方，

IGファルベン社の脅威に怯えるICI社首脳陣，とりわけアルフレッド・モンド会長やヘンリー・モンド執行取締役ら，ブラナー・モンド社系の幹部は，IGファルベン社，アライド・ケミカル社との「3社同盟」(Triple Alliance) を主張していた。しかし，結局のところ，モンド会長らが，マッガワン社長を押し切るかたちで，IGファルベン社との連携に向けて，交渉の席に着くこととなった（Reader［1975］: pp. 32, 38-9）。

1927年初頭から，IGファルベン社との間で，ICI社とIGファルベン社，双方の事業活動の基軸をなしながらも，生産過剰にあえいでいた窒素事業，染料事業，そして新たな展開が期待される人造石油事業について，市場分割などを骨子とする協定を締結するために，数次にわたる交渉[41]が行われていた。ところが，最終段階に至って，IGファルベン社の積極的かつ攻撃的な姿勢が，むしろICI社側に対して，「自己喪失」(lose their identity, Reader［1975］: p. 42) の恐怖を与えるようになっていた。さらには，「国策事業」たる人造石油事業に関する協定が，政府に許容される見込みもなかったことから，結局のところ，ICI社とIGファルベン社間の交渉は，合意を見ぬまま頓挫する[42]に至ったのである（Reader［1975］: pp. 42-6）。

こうした局面において再浮上してきたのが，デュポン社との同盟案であった。同時期，デュポン社もまたIGファルベン社との交渉に失敗していた[43]。ともにIGファルベン社の傲慢さを痛感していたICI社とデュポン社は，相互に「より強い一体感」(greater togetherness, Reader［1975］: p. 48) を見出すことで，あらためて，これまでにも増して近しい関係として，より強固な協定の締結を切望するようになったのである。こうして，ICI社とデュポン社は，1927年末より新たな交渉に入った。とはいえ，両社には，時間をかけて交渉を進める余裕などなかった。IGファルベン社の挑戦が影響を及ぼしうる分野については，早期のうちに相互防衛を図るための協定を締結せねばならないという危機感が，両社の間には高まっていたのである（Taylor & Sudnik［1984］: p. 124）。

当初の段階から，それまで締結していた「1920年特許・製法協定」を，爆薬および爆薬関連製品以外の事業分野にまで拡充する見直し案が議題にのぼっていたが，これらの事業分野についても，市場分割や技術情報の交換，特許使

用権などを含めることで交渉が進められた。この過程で，障害であったICI社保有のアライド・ケミカル社株の処理[44]やデュポン社の「反トラスト法」問題にも決着がついた[45]。こうして，1929年7月，ついにICI社とデュポン社との広範な事業分野にわたる連携を謳った，「大同盟」として名高い「1929年特許・製法協定」が，締結されるに至ったのである（Reader [1975]：pp. 47-52；Taylor & Sudnik [1984]：pp. 125-6）。

「1929年特許・製法協定」の概要を示すならば，対象品目は，非軍事用爆薬；セルロース，同系製品（プラスチック，フィルム）；防水加工繊維製品；ペンキ，ワニス，ラッカー；顔料，レーキ（深紅色顔料），塗料；有機酸，無機酸，一般重化学製品；染料；合成アンモニア，合成アルコール，固定窒素副産物；肥料；水素添加による石炭合成製品および石油合成製品；その他の有機化学製品；その他の合成アルコール，発酵アルコール；殺虫剤，殺菌剤，消毒剤とされており，ICI社とデュポン社が製造していた化学製品のうち，相当の領域に及ぶものであった[46]（GBBTIMD [1934-44]：par. 82；Reader [1975]：pp. 508-10）。これらのほぼ全品目について，技術情報の交換を行い，特許・秘密製法のもとでの製造・使用・販売の排他的使用権を相互に供与することが確認された。

また，市場分割については，(1) デュポン社が，北アメリカ（カナダ，ニューファンドランドを除く地域）と中央アメリカ（西インド諸島を含むカリブ海と太平洋の間のコロンビアからメキシコまでの地域），(2) ICI社が，イギリス帝国諸地域（カナダ，ニューファンドランドを除いた，エジプトを含む地域）を，それぞれ排他的領域，(3) その他の地域については，ICI社とデュポン社の非排他的領域，(4) カナダについては，ICI社とデュポン社の合弁会社であるカナディアン・インダストリーズ社（1927年にカナディアン・エクスプローシヴズ社から社名変更）の領域とすることになった（GBBTIMD [1934-44]：par. 84；Reader [1975]：pp. 53, 507-8）。とりわけ「カナディアン・インダストリーズ社」への社名変更は，文字どおり，ICI社とデュポン社の両社が，カナディアン・インダストリーズ社に対して，爆薬事業分野から広範な化学事業分野への進出を許容したことの証であった（第6章 第5節）。

こうして，締結なった「1929年特許・製法協定」は，その後も，たびかさなる改編がなされて，いっそうその強固さを増すことになった。まず，1931年には，デュポン社が，ICI社に対して東インドでの染料事業の権利を譲渡する一方で，ICI社もまた，アメリカでの染料販売代理店であったダイスタッフズ・アメリカ社（The Dyestuffs Corp. of America，1922年）をデュポン社に売却した。1934年には，各社が独自に開発した製品に関しては，相手の排他的領域での販売を許容するなど，「1929年特許・製法協定」に一定の修正を加えて更新がなされた（Stocking & Watkins［1946］：p. 452）。

　1935年になると，デュポン社が，ノーベル・ケミカル・フィニッシュイズ社ならびにレザークロス社の株式を，ICI社に売却することによって，最終的には，ICI社とデュポン社の両社は，相手の排他的領域から完全に退却することになった。こうして，1939年には，対象品目に，塩素製品，アンチノック剤，合成樹脂，プラスチック，医薬品，ネオプレン，ナイロンが加えられて（1939年に，一連の「特許・製法協定」とは別に，新協定を締結した，Taylor & Sudnik［1984］：p. 134），両社の製品の50～60％を包括する範囲で，「1939年特許・製法協定」（Patents and Processes Agreement of 1939）として更新された（GBBTIMD［1934-44］：pars. 108-10；Stocking & Watkins［1946］：p. 454）。

　こうして，「デュポン社とICI社の『対外関係』にとっての天然磁石」（Stocking & Watkins［1946］：p. 451）としての「大同盟」は，技術情報の交換および特許使用権の供与によって，両社間の競争を排除することを可能とした。さらに，研究・開発や投資の面での重複をも回避することにより，かつてはドイツ化学産業に対して脆弱であった，イギリスならびにアメリカ化学産業の再建を図るとともに，市場分割に基づいて強固な経済的領域の構築を成し遂げた。ICI社とデュポン社のこうした紐帯は，まさに「1930年代を通じてICI社の国際経営戦略における基盤」（Reader［1975］：p. 54）となって，世界大恐慌後のICI社による対外直接投資＝現地生産体制の全面展開を促進したのである。

2　国際窒素カルテル

　ついで，世界的規模での窒素製品過剰――ICI社がその命運を懸けた一大事

業であったアンモニア合成事業を完全に頓挫させ，その野望を完膚なきまでに打ち砕いた——に対処するために締結された「国際窒素カルテル」[47]である。この「国際窒素カルテル」は，世界大恐慌とも融合するに至った世界農業問題——とくに農産物の慢性的過剰状態[48]（宇野［1950］：352-3頁）——が一面で惹起した窒素肥料工業における資本過剰という問題を，主要国化学企業が国際的・組織的に解決するために選択した手段であり，世界大恐慌に直面する過程でICI社が国際経営戦略として採用した，もっとも典型的な対処方法でもあった。まずは，第1次世界大戦後，世界窒素工業が置かれてきた状況から振り返ってみよう。

すでに，たびたび関説したように（第1章 第3節 2, 第2章 第2節 1, 第3章 第2節 1), 世界窒素工業は，第1次世界大戦による軍事需要を背景として，政府の介入をともないつつ，飛躍的な発展を遂げていた[49]。世界の窒素生産量と生産能力の推移を，大戦勃発前の1913年と終結時の1918年について比較すると，全生産量が85万1400トンから115万9600トンへ，生産能力に至っては96万2500トンから150万7000トンへと大幅な増大を遂げていた（表4-6）。それも，戦後恐慌期には，需要の減退に応じて，一時的に生産量が減少し，生産能力も増大テンポが弱まっていた。だが，戦後恐慌から景気が回復に向かいはじめた1923年ごろには，大戦末期の生産量をほぼ回復し，その後も農業部門などにおける合成アンモニアを中心とした製品需要の増大に対する期待にも支えられ，依然として積極的な設備投資が行われていた。

こうした生産量および生産能力の増強と並行して，各国では，政府の保護育成政策を背景に，積極的な合成アンモニア製法の研究・開発が行われていた。同時期に開発されたおもな製法[50]は，いずれも空中窒素固定法（fixation of atmospheric nitrogen）を利用することによって，窒素と水素からアンモニアを合成する方法であった（Stocking & Watkins［1946］: pp. 131-2）。具体的には，ハーバー＝ボッシュ法をはじめとして，カザーレ法（イタリア），ファウザー法（Fauser process, イタリア），クロード法（フランス），ICI社法（ICI Ltd. process, あるいは改良ハーバー＝ボッシュ法〔modified Haber-Bosch process〕，イギリス），モン・スニ法（Mont Cenis process, あるいはシェル・ケミカル社法〔Shell Chemical Co. process〕,

表4-6 世界の窒素生産・生産能力（1913～1937年）

年	チリ硝石	副産窒素	シアン化窒素	合成窒素[1]	全生産量	対前年比[2]	窒素生産能力
	1000t	1000t	1000t	1000t	1000t	%	1000t
1913	472.7	312.5	42.0	24.2	851.4	12.6	962.5
1914	420.0	283.7	45.6	29.6	778.9	−8.5	1,001.0
1915	299.3	301.3	55.5	38.5	694.6	−10.8	1,067.0
1916	496.6	336.9	87.7	76.8	998.0	43.7	1,232.0
1917	511.7	365.7	95.0	124.0	1,096.4	9.9	1,342.0
1918	487.5	402.4	98.0	171.7	1,159.6	5.8	1,507.0
1919	290.4	287.9	100.2	147.4	825.9	−28.8	1,562.0
1920	430.2	318.3	103.5	141.8	993.8	20.3	1,551.0
1921	223.3	275.3	113.0	186.2	797.8	−19.7	1,540.0
1922	182.6	324.3	116.2	248.8	871.9	9.3	1,523.5
1923	324.5	356.9	112.5	270.6	1,064.5	22.1	1,617.0
1924	412.4	352.3	120.5	355.5	1,240.7	16.8	1,715.0
1925	433.4	368.6	145.7	432.3	1,380.0	11.3	1,900.0
1926	346.1	397.6	181.5	552.4	1,477.6	7.0	2,065.0
1927	277.0	440.3	207.9	703.1	1,628.3	10.3	2,392.0
1928	543.1	466.9	214.5	944.9	2,169.4	33.4	2,757.0
1929	554.8	496.6	250.7	1,102.1	2,404.2	11.0	3,278.0
1930	419.7	476.5	255.6	1,019.0	2,170.8	−9.9	3,917.0
1931	193.2	397.2	184.6	991.0	1,766.0	−18.7	4,448.0
1932	120.1	345.9	166.7	1,149.1	1,781.8	1.0	4,788.0
1933	75.6	356.6	198.5	1,264.1	1,894.8	6.3	4,955.0
1934	144.8	396.7	235.0	1,347.7	2,124.2	12.1	5,082.3
1935	205.0	434.3	275.6	1,545.4	2,460.3	15.8	n.a.
1936	219.4	498.2	308.6	1,779.1	2,805.3	14.0	n.a.
1937	237.0	519.2	328.5	1,988.5	3,073.2	9.5	n.a.

単位：窒素換算による。
註 1：電弧法および合成アンモニア工場の生産を含む。
　 2：全生産量の対前年度比。
出所：1913～34年は，USTC［1937］：Tab. 9；1935～37年は，Stocking & Watkins［1946］：Tab. 10.

ドイツ），ニトロジェン・エンジニアリング社法（Nitrogen Engineering Corp. process：NEC法，アメリカ），ゼネラル・ケミカル社法（General Chemical Co. Process：GC社法，アメリカ），アメリカ法（American process，アメリカ），東京工業試験所法（Tokyo Kogyo Shiken-jo process，日本）などに及んでいた（表4-7）。

これらの新製法については，従来，主流であった硝酸ナトリウムとしてのチリ硝石やコークス・ガスおよび余剰電力を利用した副産物としての副生アンモニア，空中窒素固定法の一種であった石灰窒素法による石灰窒素の生産を圧倒するほど，その研究・開発，さらには生産設備の増強が着々と進められていた[51]（USTC［1937］：pp. 4, 32-4, 42-5）。

1920年代央以降には，ブラナー・モンド社やデュポン社などの主要国化学企業も，従来の研究・開発段階から，実際に硫酸アンモニウムをはじめとした合成アンモニアを生産する段階に達し，1926, 27年ごろからは，生産能力，生産量ともに増大傾向を呈するようになっていた。1927年時点で，窒素の全生産量162万8300トンに対して，合成窒素（合成アンモニア）の生産量は，70万3100トンで，全生産量の43.2％を占めており，チリ硝石，副産窒素，シアン化窒素の生産量をはるかに凌駕していた（表4-6より算出）。

一方，合成アンモニア製法に押されて，やや生産に陰りが見えかけていたチリ硝石も，アメリカのコンツェルン，グッゲンハイム・グループ（Guggenheim Group）系のアングロ＝チリアン・コンソリデーティッド・ナイトレート社（The Anglo-Chilean Consolidated Nitrate Corp.）の支配力強化やグッゲンハイム法（Guggenheim process）の開発が進められたことで，生産力を増強しつつあった。さらにまた，チリ政府による輸出補助金政策なども，チリ硝石の生産増大を援護していた。こうした効果もあって，1928年には，前年の27万7000トンから54万3100トンへと，チリ硝石の生産は倍増し，輸出も増勢に転じるなど，その競争力を急速に回復させていた（Stocking & Watkins［1946］：pp. 133-5；表4-6）。

このように，世界窒素工業では，さまざまな製法が導入されるようになったことで，激しい競争状態に陥り，1920年代後半より，再度，生産力を増強させていた。ところが，最大の窒素需要を誇っていた世界農業は，1925年ごろより「農業諸国における，主要輸出産品の生産の増大，主要輸入国たるヨー

表4-7　主要国の製法別窒素生産能力（1934年）

(単位：t〔窒素換算〕)

国	ハーバー＝ボッシュ法	カザーレ法	ファウザー法	クロード法	ICI社法	モン・スニ法
ドイツ	880,000	59,400	4,950	38,500	—	101,200
アメリカ	—	35,000	—	65,000	—	28,000
フランス	18,400	92,700	—	78,850	—	22,000
イギリス	3,300	—	—	—	266,200	—
日　本	—	123,200	23,100	8,360	—	48,400
ベルギー	—	82,830	26,400	67,870	—	—
ソヴィエト	132,000	16,500	33,000	—	—	—
イタリア	—	23,100	85,800	7,150	—	—
オランダ	—	—	102,300	—	—	19,800
ノルウェー	105,050	—	—	—	—	—
ポーランド	—	—	41,250	9,350	—	—
満州国	—	—	—	—	—	39,600
カナダ	—	2,750	33,000	—	—	—
ユーゴスラヴィア	—	29,700	—	—	—	—
チェコスロヴァキア	—	—	—	24,200	—	—
スペイン	—	6,600	—	3,740	—	—
スイス	—	9,900	—	—	—	—
南アフリカ	—	—	—	—	8,250	—
ハンガリー	—	—	—	—	—	—
スウェーデン	—	—	5,280	—	—	—
合　計	1,138,750	481,680	355,080	303,020	274,450	259,000
構成比（％）	35.2	14.9	11.0	9.4	8.5	8.0

ロッパ主要資本主義国における自給化傾向，ヨーロッパ，アメリカにおける農業関税を中心とした自国農業保護政策の展開に…世界的な農産物の過剰の累加」（渡辺［1975］：227-8頁）を呈しはじめ，ついには世界大恐慌とも相まって，1931年には，農産物や原料価格の急激な低下[52]を惹起することになった（渡辺［1975］：257頁）。

これにともない，すでに世界大恐慌前の時点で，その生産能力と生産量の過剰が顕著となっていた世界窒素工業では，全生産量のおよそ80％を占めてい

表4-7 主要国の製法別窒素生産能力（1934年）（続き）

（単位：t〔窒素換算〕）

国	NEC法	GC社法	アメリカ法[1]	その他	合 計	構成比（%）
ドイツ	52,030	—	—	—	1,136,080	35.2
アメリカ	4,800	200,000	7,800	750[2]	341,350	10.6
フランス	61,600	—	—	1,100[3]	274,650	8.5
イギリス	—	—	—	—	269,500	8.3
日　本	15,400	—	—	—	218,460	6.8
ベルギー	28,050	—	—	—	205,150	6.3
ソヴィエト	—	—	—	—	181,500	5.6
イタリア	7,700	—	—	—	123,750	3.8
オランダ	—	—	—	—	122,100	3.8
ノルウェー	11,000	—	—	—	116,050	3.6
ポーランド	19,910	—	—	—	70,510	2.2
満州国	—	—	—	—	39,600	1.2
カナダ	—	—	—	—	35,750	1.1
ユーゴスラヴィア	—	—	—	—	29,700	0.9
チェコスロヴァキア	3,080	—	—	—	27,280	0.8
スペイン	—	—	—	—	10,340	0.3
スイス	—	—	—	—	9,900	0.3
南アフリカ	—	—	—	—	8,250	0.3
ハンガリー	6,600	—	—	—	6,600	0.2
スウェーデン	—	—	—	—	5,280	0.2
合　計	210,170	200,000	7,800	1,850	3,231,800	—
構成比（%）	6.5	6.2	0.2	0.1	—	100.0

註１：アメリカ農業省の窒素固定研究所法（Process of the Fixed Nitrogen Research Laboratory）。
　２：ヘッカー（Hecker）法として知られる製法。
　３：ジュルダン（Jourdan）法として知られる製法。
出所：USTC［1937］：Tab. 8.

た農業部面での窒素消費量が，1929／30肥料年度の175万トンから，1930／31年度の145万5000トンへと急落した。その過剰（全生産－全消費）は，1930／31年度こそ，窒素生産量それ自体が急減したために，7万2983トンにとどまったものの，1929／30年度時点では25万2743トンにまで及んでいた（表4-8, 4-9）。

表4-8 世界の窒素生産・消費（1928／29〜1935／36年度）

(単位：t)

年　度[1]	全生産	全消費	農業消費	その他の消費	全生産－全消費
1928／29	2,113,000	1,872,080	1,670,000	202,080	240,920
1929／30	2,203,540	1,950,797	1,750,000	200,797	252,743
1930／31	1,694,288	1,621,305	1,455,000	166,305	72,983
1931／32	1,585,217	1,555,334	1,412,000	143,334	29,883
1932／33	1,665,022	1,753,463	1,586,000	167,463	▲88,441
1933／34	1,792,266	1,877,590	1,673,000	204,590	▲85,324
1934／35	2,070,000	2,071,000	1,812,000	259,000	▲1,000
1935／36	2,378,000	2,400,000	2,068,000	332,000	▲22,000

註1：年度は，8月1日から翌年の7月31日までの肥料年度。
出所：*Econ., Com. Hist. & Rev.*, 1929-36 より算出。

　また，窒素の生産能力も，世界大恐慌が発現した1929年には，全生産量240万4200トンに対して，すでに327万8000トンにのぼっていた。その生産能力は，窒素の需要＝生産量をはるかに超える水準にまで達しており，1930年代央に向けて，世界的規模での過剰生産能力がなお増大しようとしていた（表4-6）。

　もっとも，全窒素生産量ないし消費量のおよそ50％弱が，合成アンモニア（硫酸アンモニウム）であったように，生産能力の過剰が発生する主たる要因は，アンモニア合成法による生産設備の増強であった。この点は，主要国の窒素と合成アンモニア（窒素＝合成アンモニアではない）の生産能力を比較しても，窒素について大規模な生産能力を有していた諸国は，合成アンモニアについても，ほぼ同様に大規模な生産能力を抱えていたことがわかる（表4-6，4-9，4-10，4-11）。

　こうした状況にあって，従来，窒素製品の輸入国であった日本，アメリカ，フランス，ベルギーなどの諸国は，合成アンモニアの生産においては後発国であったがために，とりあえずは自国市場を保護しようとしていた。また，ヨーロッパなどでは，さらに生産力の増強を図ろうとしていた国さえあった。ところが，窒素製品の輸出国であったドイツ（IGファルベン社），イギリス（ICI社）[53]，ノルウェー（ノルウェー水力発電社）[54]，チリなどの諸国は，窒素製品

表4-9　世界の窒素用途別消費 (1926/27〜1936/37年度)

(単位：1000 l.t.)

年　度	農業用					工業用	合　計
	チリ硝石	硫酸アンモニウム	カルシウムシアナミド	他の合成肥料	小　計		
1926/27	—	—	—	—	1,190.0	176.3	1,366.3
1927/28	—	—	—	—	1,460.0	182.4	1,642.4
1928/29	—	—	—	—	1,670.0	202.1	1,872.1
1929/30	320.1	811.8	217.9	400.2	1,750.0	200.8	1,950.8
1930/31	207.5	723.0	181.3	343.2	1,455.0	166.3	1,621.3
1931/32	132.1	792.1	144.7	343.1	1,412.0	143.3	1,555.3
1932/33	121.8	868.6	176.3	419.3	1,586.0	160.9	1,746.9
1933/34	156.6	832.0	196.1	488.3	1,673.0	204.6	1,887.6
1934/35	186.1	902.0	224.2	499.7	1,812.0	259.5	2,071.5
1935/36	210.3	1,034.2	261.7	599.8	2,106.0	334.5	2,440.5
1936/37	228.1	1,158.7	281.6	700.6	2,369.0	361.3	2,730.3

出所：LN, *Stat. Year-Book*, 1935/36-38/39.

の世界市場が縮小して需要が減退したことで，きわめて大規模な過剰生産能力[55]を抱え込んでいた（工藤［1978］：(2) 136頁；表4-12）。とりわけ，これら諸国のなかでも，いずれDENグループを結成することになるドイツ，イギリス，ノルウェーの3ヵ国（3社）は，世界全体の窒素ないし合成アンモニアの生産量および生産能力に占める比重がきわめて高く，生産能力の過剰も顕著であった（表4-7，4-10，4-11，4-13）。

　たとえば，1930/31肥料年度について見てみると，窒素の生産量では，世界全体が169万4200トンであったのに対して，DENグループは60万2900トンで，世界の35.6％を占めていた。窒素の生産能力に至っては，世界全体の284万5600トンに対して，DENグループのそれは138万トンにのぼり，世界の48.5％を占めるほどであった（表4-13より算出）。また，1930/31年度の稼働率（生産量／生産能力）を見ると，もっとも低いドイツが40.1％，イギリスが46.3％，もっとも高いノルウェーでさえも76.1％にすぎなかった（表4-13より算出）。さらに，企業別，工場別の窒素生産能力（表4-14，4-15）を見れば，とりわけIGファルベン社およびICI社のそれが突出していた。こうした状況を鑑

表4-10 主要国の窒素生産能力・生産（1931～1934／35年度）

国	1931			1935			1934／35	
	工場数	生産能力 t	構成比 %	工場数	生産能力 t	構成比 %	生産量 t	構成比 %
ドイツ	16	1,106,500	39.4	16	1,144,700	35.1	467,700	33.3
アメリカ	10	265,650	9.5	10	244,340	7.5	122,800	8.8
フランス	27	261,900	9.3	28	256,090	8.0	125,050	8.9
日本	19	245,290	8.7	25	361,200	11.1	236,250	16.8
イギリス	2	185,500	6.6	2	145,541	4.5	36,400	2.6
ベルギー	9	130,000	4.6	10	204,360	6.3	51,700	3.7
ノルウェー	5	122,000	4.3	5	121,000	3.7	83,000	5.9
イタリア	15	102,250	3.7	17	137,500	4.2	82,300	5.9
ポーランド	7	99,000	3.6	5	84,190	2.6	24,292	1.7
カナダ	3	86,000	3.1	3	102,200	3.1	43,500	3.1
オランダ	3	74,000	2.7	4	106,200	3.3	74,525	5.3
ソヴィエト	2	37,300	1.3	5	107,100	3.3	n.a.	—
ユーゴスラヴィア	4	33,000	1.2	3	23,900	0.7	15,120	1.1
スイス	2	18,000	0.6	4	13,200	0.4	7,600	0.5
チェコスロヴァキア	3	17,500	0.6	4	37,800	1.2	13,300	1.0
スウェーデン	3	8,000	0.3	3	11,250	0.3	5,200	0.4
スペイン	3	7,700	0.3	3	8,000	0.3	3,700	0.3
ルーマニア	1	6,400	0.2	2	8,000	0.2	1,990	0.1
エジプト	—	—	—	1	54,250	1.7	—	—
満州	—	—	—	1	40,000	1.2	6,400	0.5
南アフリカ	—	—	—	1	20,000	0.6	n.a.	—
中国	—	—	—	3	16,900	0.5	—	—
ハンガリー	—	—	—	1	5,740	0.2	1,810	0.1
ブラジル	—	—	—	1	3,500	0.1	—	—
英領インド	—	—	—	1	350	—	—	—
ブルガリア	—	—	—	1	60	—	n.a.	—
合計	134	2,805,990	100.0	159	3,257,371	100.0	1,402,637	100.0

出所：窒素協議会［1936］：1頁。

表4-11 主要国の合成アンモニア生産能力（1931～1935年）

国	1931			1935		
	工場数	生産能力 t	構成比 %	工場数	生産能力 t	構成比 %
ドイツ	11	972,500	42.6	10	1,015,000	36.2
アメリカ	9	225,650	9.9	10	244,340	8.7
フランス	20	211,300	9.3	20	224,840	8.0
イギリス	2	185,500	8.1	2	145,541	5.2
日本	7	168,750	7.4	13	286,000	10.2
ベルギー	8	126,000	5.5	9	198,760	7.1
ノルウェー	2	90,000	4.0	2	86,000	3.1
イタリア	11	82,250	3.6	12	108,600	3.9
オランダ	3	74,000	3.2	3	106,000	3.8
ポーランド	5	55,000	2.4	4	47,190	1.7
ソヴィエト	2	37,300	1.6	5	107,100	3.8
カナダ	2	15,000	0.7	2	31,200	1.1
ユーゴスラヴィア	1	14,000	0.6	1	11,500	0.4
チェコスロヴァキア	2	9,500	0.4	3	29,800	1.1
スペイン	3	7,700	0.3	3	8,000	0.3
スイス	1	6,000	0.3	1	6,600	0.3
スウェーデン	1	2,000	0.1	1	5,250	0.2
エジプト	―	―	―	1	54,250	1.9
満州国	―	―	―	1	40,000	1.4
南アフリカ	―	―	―	1	20,000	0.7
中華民国	―	―	―	3	16,900	0.6
ハンガリー	―	―	―	1	5,740	0.2
ブラジル	―	―	―	1	3,500	0.1
ルーマニア	―	―	―	1	600	―
英領インド	―	―	―	1	350	―
合計	90	2,282,450	100.0	111	2,803,061	100.0

出所：窒素協議会［1936］：2頁。

表4-12 主要国の窒素輸出入比較（1929~1934年）

(単位：t)

国	年度	輸出	輸入	輸出超過	輸入超過
チリ	1929	498,155	—	498,155	—
	1934	219,670	—	219,670	—
ドイツ	1929	311,368	28,023	283,345	—
	1934	121,924	21,662	100,262	—
イギリス	1929	138,747	17,064	121,683	—
	1934	66,077	3,716	62,361	—
ノルウェー	1929	52,777	487	52,290	—
	1934	81,672	169	81,503	—
カナダ	1929	47,489	6,991	40,498	—
	1934	32,111	7,262	24,849	—
オランダ	1929	8,012	87,429	—	79,417
	1934	56,839	35,755	21,084	—
ベルギー	1929	21,466	47,552	—	26,086
	1934	36,110	25,577	10,533	—
イタリア	1929	3,927	26,131	—	22,204
	1934	776	6,788	—	6,012
日本	1929	1,171	112,251	—	111,080
	1934	7,852	48,107	—	40,255
フランス	1929	9,577	139,217	—	129,640
	1934	9,736	30,155	—	20,419
アメリカ	1929	39,019	229,363	—	190,344
	1934	36,176	132,803	—	96,627

出所：USTC [1937]：Tab. 23 より作成。

みると，DENグループにとって，世界大恐慌に相前後して発生した窒素生産能力の過剰は，即座に対応せねばならない急務のきわめて重大な課題であったといえる。

こうした過剰生産能力の発生にともなう，世界窒素工業の危機的状況は，おのずと主要国化学企業間での国際的な組織化による対処を促した。すでに，1928年ごろから，ドイツ（IGファルベン社），イギリス（ICI社），ノルウェー（ノルウェー水力発電社）の間では，こうした問題への対処について協議が行わ

れていた。1929年になると，IGファルベン社，ICI社，ノルウェー水力発電社の3社（3ヵ国）と世界最大の窒素供給者であったチリ生産者連合（Chilean Producer's Association）——この4者（4ヵ国）で世界の窒素生産量の70～80％を包括していた——との間で，輸出割当，市場秩序の維持，競争的宣伝の停止，価格の引下げを目指す共同行動を規定した「カルテル協定」が締結された[56]ことで，世界窒素工業の規制に向けて，第一歩を踏み出した（Haber［1971］: pp. 276-7. 訳書419-20頁; Stocking & Watkins［1946］: pp. 135, 142-3）。

　もっとも，諸国間の連携はこれにとどまることなく，以降，その動きはよりいっそう加速していった。まず，翌1930年2月には，ICI社とIGファルベン社（ノルウェー水力発電社を含む）間で，北アメリカ大陸を除く全世界における，窒素の生産制限，販売割当[57]，協定販売機関の設置を規定した「窒素10年協定」（Nitrogen Ten-Years Agreement）が締結された。これを契機に，ドイツ，イギリス，ノルウェー[58]の3ヵ国（3社）によるDENグループが形成され，1930年代を通じて「国際窒素カルテル」を主導することになった（Haber［1971］: pp. 276-7. 訳書420頁; Reader［1975］: pp. 113-4, 147）。

　「窒素10年協定」の締結後，世界的な窒素過剰への対応を検討するために，DENグループおよびチリに，ヨーロッパ生産国を交えて，数次にわたる国際窒素会議が開かれた。ところが，ヨーロッパ生産国とチリとの対立，さらにヨーロッパ生産国内では，一律の全般的な生産制限によって輸出市場の確保を企図するDENグループと，自国市場の確保によって生産力の増大を期待するフランス，ベルギー，オランダ，チェコスロヴァキア，ポーランドといった合成窒素や副生窒素製品の生産国との対立など，各国間のさまざまな対立が露わとなった。このように，参加国間での確執がいっそう複雑化しはじめたことで，国際的な協調を目指す動きからは，なんら解決の糸口が見えない状況がつづいていた（工藤［1999a］: 200頁）。

　しかし，いずれの諸国にも増して大規模な過剰生産能力を有するDENグループにとって，こうした膠着状況は放置しうるものではなかった。結局のところ，DENグループが妥協することで，ようやく1930年8月，イギリス，ドイツ，ノルウェー，フランス，ベルギー，オランダ，チェコスロヴァキア，

表4-13 主要国の窒素生産能力・生産・販売・輸出（1930／31〜1932／33年度）

(単位：1000m.t.〔窒素換算〕)

	生産能力[3]			生産量		
年　度	1930／31	1931／32	1932／33	1930／31	1931／32	1932／33
ドイツ	1,010.0	1,273.1	1,278.6	404.8	344.0	257.5
イギリス	280.0	275.4	275.6	129.6	143.8	140.8
ノルウェー	90.0	95.5	98.0	68.5	50.7	63.0
小計（DEN）	1,380.0	1,644.0	1,652.2	602.9	538.5	461.3
小計（ヨーロッパ）[1]	1,917.2	2,403.2	2,546.7	933.9	905.2	865.7
アフリカ	0.1	2.2	4.3	0.1	0.1	0.1
アジア	91.6	144.1	198.6	79.4	138.3	162.3
アメリカ[2]	380.7	297.2	303.7	226.2	163.2	181.2
オーストラリア	5.1	2.6	3.7	3.7	2.6	3.7
小計（世界）	2,394.7	2,849.3	3,057.0	1,243.3	1,209.4	1,213.0
シアナミド	200.9	132.0	173.0	200.9	132.0	173.0
チリ硝石	250.0	180.0	100.0	250.0	145.0	100.0
合計（世界）	2,845.6	3,161.3	3,330.0	1,694.2	1,486.4	1,486.0

ポーランド，イタリアのヨーロッパ諸国に，チリを加えた10ヵ国により，1年間を期限とするCIAが締結されるに至った（Hexner［1945］: pp. 325-6；Stocking & Watkins［1946］: p. 143）。

そのCIAは，生産増大の制限，チリを除く締結国に対する非締結国への輸出割当，各国の出資による300万ポンドの共同基金[59]の設立，操業停止ないし削減を行った生産者への補償，とくにチリについては，輸出割当を免除する代替条件としての協定価格の維持などを，骨子とするものであった。こうしてCIAは，ヨーロッパの全窒素生産の98％，世界の80％を規制することになった。だが，結局のところ，締結国間，とくにチリにとっては基金への出資が過重となるなどして，翌1931年には更新されないまま，CIAは1年の短い命を終えることになった（*Econ. Com. Hist. & Rev.*, 1930, p. 50；Hexner［1945］: pp. 325-6；Reader［1975］: pp. 147-9；Stocking & Watkins［1946］: pp. 143-4）。

しかし，その後，ふたたび秩序を失った世界窒素市場では，全消費量が

表4-13 主要国の窒素生産能力・生産・販売・輸出（1930／31〜1931／32年度）（続き）

（単位：1000m.t.〔窒素換算〕）

年　度	本国販売		輸　出		合　計		合成製品比率（％）	
	1930／31	1931／32	1930／31	1931／32	1930／31	1931／32	1930／31	1931／32
ドイツ	263.5	232.0	211.1	229.9	474.6	461.9	40.0	30.1
イギリス	42.5	54.8	129.1	115.0	171.6	169.8	51.3	54.9
ノルウェー	5.1	4.0	—[4]	—[4]	5.1	4.0	—[4]	—[4]
小計（DEN）	311.0	290.8	340.2	344.9	651.2	635.7	42.0	34.0
小計（ヨーロッパ）[1]	530.1	534.9	399.3	432.1	929.4	967.0	41.8	34.8
アフリカ	0.1	0.1	—	—	0.1	0.1	—	—
アジア	58.4	103.0	4.6	4.6	63.0	107.6	66.3	71.6
アメリカ[2]	147.6	135.2	51.9	30.5	199.5	165.7	38.8	43.9
オーストラリア	3.7	2.6	—	—	3.7	2.6	—	—
小計（世界）	739.9	775.8	455.8	467.2	1,195.7	1,243.0	42.5	37.5
シアナミド	—	—	—	—	181.3	163.9	—	—
チリ硝石	—	—	—	—	244.3	114.0	—	—
合計（世界）	—	—	—	—	1,621.3	1,520.9	—	—

註1：DENグループを含む。
　2：南アメリカを含む。
　3：合成製品および副生製品。
　4：ドイツに含まれる。
出所：Reader［1975］：Tab. 7

1930／31肥料年度の162万1305トンから，翌年度には155万5334トンへとさらに減少し（表4-8），価格も暴落をつづけ[60]，なおかつ報復関税や輸入許可制度が導入されるなどして，より混迷の度合いを増していた。こうした状況を受けて，1932年7月，DENグループとその他のヨーロッパ諸国[61]（スイスがあらたに参加）により，あらためてCIAが復活を遂げることになった。新たなCIAは，事実上，DENグループによる部分的な制限を受けながらも，全加盟国によって締結される一般協定（general agreement）と各参加国が相互に短期的に締結する個別補足協定（separate supplementary agreement）とが並存する形態をもって，新たな協調として推進されることになった（Hexner［1945］：pp. 326-7；Reader［1975］：p. 150；Stocking & Watkins［1946］：pp. 144-6）。

　一般協定としては，まず委員会を設置し，その委員会のもとで，CIAの諸活

表4-14 主要国化学企業の窒素生産能力（1931年）

(単位：t)

国	会社名	生産能力
ドイツ	IG Farbenindustrie AG	804,000
イギリス	ICI Ltd.	200,000
アメリカ	Allied Chemical and Dye Corp. Inc.	104,000
イタリア	Montecatini Co.	91,000
ドイツ	Bayerische Stickstoffwerke AG	90,000
ノルウェー	Norsk Hydro Kvælstof A/S	87,000
アメリカ／カナダ	American Cyanamid Co.	74,000
日　本	Mitsubishi	65,000
フランス	Ets. Kuhlmann SA	59,000
アメリカ	E. I. du Pont de Nemours & Co. Inc.	58,000

出所：Plumpe [1990]：S. 231.

表4-15 主要工場の窒素生産能力（1935年）

(単位：t)

国	工場所在地	会社名	生産能力
ドイツ	ロイナ	IG Farbenindustrie AG	650,000
ドイツ	オッパウ	IG Farbenindustrie AG	150,000
イギリス	ビリンガム	ICI Ltd.	142,671
アメリカ	ホープウェル	Atmospheric Nitrogen Corp.	125,000
日　本	興　南	Chosen Chisso Hiryo K.K.	90,000
ノルウェー	リュカン	Norsk Hydro-Elektrisk Kvælstof A/S	90,000
アメリカ	ベル	E. I. du Pont de Nemours & Co. Inc.	79,000
カナダ	ナイアガラ	North American Cyanamide Co.	71,000
ドイツ	ステルクラード	Ruhrchemie AG	55,000
日　本	川　崎	Showa Hiryo K.K.	54,000

出所：Plumpe [1990]：S. 231.

動を機能させることになった。さらに，スイスのバーゼル（Basel）には，協定販売機関として国際窒素工業社（Cie. Internationale de l'Industrie de l'Azote SA, ないしInternationale Gesellschaft der Stickstoffindustrie）を設立し，同社を，1930年代を通じて世界窒素工業を規制する組織体として機能させようとした（Reader [1975]：p. 150）。

第4章　ICI社の国際カルテル活動　221

　個別補足協定としては，DENグループ内において，ICI社とIGファルベン社の「窒素10年協定」に基づき，まず両者（ICI社とIGファルベン社＝ノルウェー水力発電社）の競争を回避することが課題となった[62]。これについて，ICI社とIGファルベン社の販売規模を最大限に保証するために，3年間の期限付きで，ICI社に18.25％，IGファルベン社には81.75％の販売割当がなされた。超過販売が生じた場合には，ペナルティーを課すこと，世界窒素市場を分割し，そのうちの一部地域については，両者でシェアすることなども規定された。また，DENグループとして，CIAとアウトサイダー（とくにアメリカと日本）およびCIA内部における取引を可能とする措置もとられた。さらに，別途，CIAを構成する他のヨーロッパ諸国との間で，国産製品に対する本国消費量の制限，協定外市場に向けての輸出割当（他のヨーロッパ諸国がDENグループの輸出に若干依存），共同基金の設立を謳った個別協定も締結された（Reader［1975］：pp. 150-5）。
　その後，1934年には，CIAとチリ生産者[63]との間で「世界窒素協定」（World Nitrogen Agreement）が締結された。この協定の成立にともない，チリによるヨーロッパ市場向け特別輸出（ただし価格切下げを行わないことも確約）が可能になったとともに，1933年の輸出実績に等しい世界市場向け輸出割当も協定された（UN［1947］：Tab. 3. 訳書 付表III, 128-9頁）。さらに，1938年になると，CIAとチリ生産者との間で，CIA 79.623％，チリ20.377％の比率による輸出割当を行うとともに，とくにチリに対しては，一部協定国の国内市場における一定割合の販売を保証することになった。また，輸出市場において共通の価格政策にそった販売活動を行い，もし超過輸出が生じた場合には，ペナルティーを課すなどの条項も盛り込まれた。この協定の締結にさいして，CIAは，合弁による販売代理店としての国際窒素工業社，受託組織としての国際窒素連合社（International Nitrogen Association Ltd.），調停委員会（Board of Arbitration）の3組織を設立して，締結国が生産する窒素肥料の販売を管理することなどにも努めた（Hexner［1945］：pp. 327-9；Stocking & Watkins［1946］：pp. 146-7；図4-2）。こうして，CIAは，第2次世界大戦勃発時まで一連の協定を維持し，世界的規模での窒素過剰に対して長期的に対処していくことになったのである。
　最後に，一連の「国際窒素カルテル」を総括しておこう。世界全体の窒素の

222

図4-2 国際窒素カルテル (1939年)

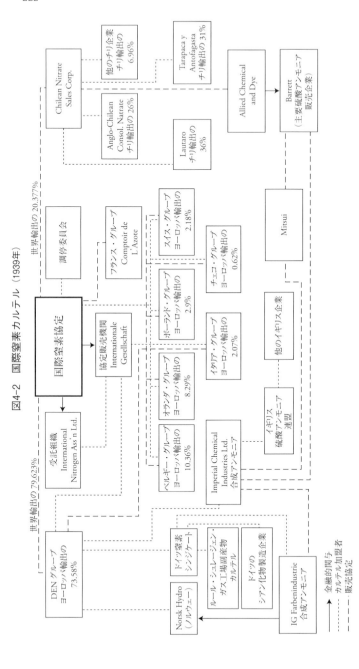

出所：Stocking & Watkins [1946]: Chart 1.

生産能力，生産量，消費量を見れば，農業用消費および全消費とも，1931／32肥料年度の141万2000トン，155万5334トンを底にして，1934／35年度には世界大恐慌前のピークを超え，181万2000トン，207万1000トンに達した（表4-8）。しかし，1934年時点でも，全生産量212万4200トンに対して，生産能力は508万2300トンと，2倍以上の過剰生産能力を抱えるなどして，生産量と生産能力の差は，1930年代央に向かっていっそう拡大するばかりであった（表4-6）。

また，ヨーロッパ諸国（DENグループを除く）とDENグループの窒素の生産能力と生産量を，1930／31肥料年度と1932／33肥料年度について比較すれば，ヨーロッパ諸国の場合，生産能力が53万7200トンから89万4500トン，生産量もまた33万1000トンから40万4400トンへとともに増大していた（表4-13より算出）。一方，DENグループについては，生産能力こそ138万トンから165万2200トンへと増大したものの，生産量は逆に60万2900トンから46万1300トンへと減少した（表4-13）。すなわち，DENグループを除くヨーロッパ諸国は，生産力および生産量を着実に増大させていたのに対して，DENグループでは，この間，よりいっそう過剰生産能力が増すことになったのである。

さらに，窒素の輸出については，世界全体で1929年に，2億4997万3000ドル（5101万4900ポンド），113万1708トンであったものが，1934年には，9109万9000ドル（1821万9800ポンド），66万8943トンと，価額で3分の1，数量で2分の1の水準にまで減少した（表4-12，4-16（a），4-16（b））。こうして，協定の締結によって，年々，CIA諸国の輸出削減が図られたことで，1930／31肥料年度に39万9300トンであったその輸出量も，1934／35年度には27万900トンにまで減少した。もっとも，DENグループ以外の諸国については，1930／31年度の5万9100トンから，1934／35年度の8万200トンへと，むしろ輸出を増大させた。その一方で，輸出額を減少させたのはDENグループであり，1930／31年度の34万200トンから，1934／35年度の19万700トンへと，ほぼ半減するほどの水準となった。また，CIA諸国の輸出に占めるDENグループのシェアも，同年について85％から70％まで低下するなど（表4-17），CIA諸国内で見れば，とりわけDENグループにとってきわめて厳しい結果を招来する

表4-16 (a) 主要国の窒素輸出:価額[1] (1929～1934年)

(単位:$1000)

国	1929	1930	1931	1932	1933	1934
チ リ	117,515	72,202	43,645	5,361	12,784	28,631
ド イ ツ	69,669	47,182	35,099	17,574	17,632	18,355
イギリス	28,214	22,256	12,568	8,235	9,418	8,431
ノルウェー	11,250	16,641	10,606	8,718	12,826	13,328
アメリカ	8,091	4,387	5,987	5,254	3,116	5,364
カ ナ ダ	7,291	5,384	1,614	2,074	2,132	3,122
ベルギー	3,217	3,407	6,178	4,035	4,310	4,117
フランス	1,999	1,484	1,556	1,330	1,861	2,295
オランダ	1,642	3,666	7,028	7,738	6,405	6,560
イタリア	949	702	924	844	421	168
日 本	138	309	291	500	618	727
合 計	249,973	177,620	125,497	61,664	71,523	91,099

註1:各国通貨を当該年の平均為替相場に基づいてドルに換算。
出所:USTC [1937]:Tab. 18A.

表4-16 (b) 主要国の窒素輸出:数量 (1929～1934年)

(単位:t)

国	1929	1930	1931	1932	1933	1934
チ リ	498,155	307,072	250,133	41,853	115,081	219,670
ド イ ツ	311,368	206,234	216,298	134,430	137,307	121,924
イギリス	138,747	131,480	96,282	103,134	80,562	66,077
ノルウェー	52,777	81,138	57,545	68,667	83,665	81,672
カ ナ ダ	47,489	36,403	12,899	22,087	25,404	32,111
アメリカ	39,019	24,951	32,096	33,902	21,671	36,176
ベルギー	21,466	25,718	52,925	49,062	43,893	36,110
フランス	9,577	7,837	9,244	8,302	9,291	9,736
オランダ	8,012	21,583	58,184	90,629	68,756	56,839
イタリア	3,927	3,826	5,644	7,784	2,337	776
日 本	1,171	2,156	2,510	5,857	7,230	7,852
合 計	1,131,708	848,398	793,760	565,707	595,197	668,943

出所:USTC [1937]:Tab. 18A.

表4-17 「国際窒素協定」(CIA) の窒素輸出 (1930/31～1934/35年度)

年度	CIA全体		DENグループ		DENを除くCIA諸国	
	t	%	t	%	t	%
1930/31	399,300	100	340,200	85	59,100	15
1931/32	432,100	100	344,900	78	87,200	22
1932/33	374,200	100	284,700	76	89,500	24
1933/34	357,600	100	262,950	73	94,650	27
1934/35	270,900	100	190,700	70	80,200	30

出所: Reader [1975]: p. 155 より作成。

ことになった。

ICI社にとって, 1930年代の世界窒素工業における危機を回避するために結成したCIAの「成果」はといえば,「窒素をめぐる国際的な関係を維持するために, DENグループに強いられた譲歩の結果」(Reader [1975]: p. 155) でしかなかった。すなわち, 世界大恐慌によって, きわめて大規模な過剰生産能力を抱え込んだDENグループが, みずから生産規模の縮小を図ることで, 世界窒素市場の回復を見据えねばならなかったということである。DENグループの「犠牲」[64]も含めた,「国際窒素カルテル」という「協調」により, 1930年代には, 窒素生産能力の増大テンポにも歯止めが掛かり, 在庫も徐々に削減された。だが, その一方で, ICI社はじめ, DENグループが払った代償は, きわめて多大であったといわざるをえない。

3 国際染料カルテル

つぎに取り上げる「国際染料カルテル」[65]もまた,「国際窒素カルテル」と同様に, 世界大恐慌下で危機的状況に直面したICI社が, 縮小する国内外市場を確保するために, IGファルベン社を中心としたヨーロッパ主要染料企業との間で締結した国際カルテルであるとともに, やはり両大戦間期にとられたもっとも典型的な対処方法でもあった。

すでに, 随所で述べてきたように (第1章 第1,3節, 第2章 第1節, 第2節4, 第3章 第3節2), 窒素とともに, 染料は, 第1次世界大戦以降の化学産業をさまざまなかたちで規定した, きわめて重要な製品分野であった。染料 (タール染

料)の場合，1913年時点で，世界生産のおよそ90％が，ドイツによって「独占」的に供給されていた。しかし，大戦の勃発にともない，主要国では染料の輸入が途絶したことにより，大戦期を通じて，政府支援のもとで積極的な染料工業の保護政策が推進され，製品の研究・開発や生産力の増強も図られた。その結果，たとえば，タール染料の生産量では，大戦終結以降，依然としてドイツの優勢はつづいていたものの，その地位は相対的に後退し（1924年のシェアは43.9％），他方で，イギリス（11.6％）やアメリカ（18.9％）などが台頭しはじめるなど，その世界地図は徐々に塗り変わりつつあった（表1-14）。

こうした世界染料工業にあって，国際カルテル結成への動きがはじまったのは，1920年代初頭のことであった。まず，1921年，勢力の回復を目論んで，ドイツ染料製造企業（主として，バイエル社，BASF社，カレ社，ヘキスト社，Hexner［1945］：p. 310）が，戦時下に設立されていたフランスの国民染料・化学製品社[66]（Cie. Nationale des Matières Colorantes et de Produits Chimiques）との間で技術協力に関する協定を締結したのである。同協定により，ドイツ染料製造企業が，フランス国民染料社に対して技術援助を行い，その対価としてロイヤリティーを受け取ることになった。さらに，ドイツ染料製造企業は，フランス本国・植民地・保護領市場に進出しない代わりに，その代償として，フランス国民染料社から補償金の支払いを受け，その一方で，フランス国民染料社もまた，ドイツへの輸出を行わないことなどが確約された。ところが，1924年[67]になって，国民染料社が，フランスの大手化学企業，キュールマン社に吸収・合併されたことで，同協定は，破棄されてしまったのである（Haber［1971］：p. 275．訳書417頁；工藤［1999a］：133-4頁）。

その後，1925年にIGファルベン社が結成され，国内の生産・販売組織の合理化によって，より対外交渉力が増強されたことを背景に，同社は，再度，国際協調路線を歩み出すことになった。まず，1927年，IGファルベン社は，キュールマン社を中心に，フランスの主要染料企業6社によって結成されていた，フランスの染料組合[68]（Centrale des Matières Colorantes）との間で，国際カルテルとしての「2者カルテル」[69]（Two-Party Cartel）を締結した。同カルテルの骨子としては，世界市場における染料の生産・販売比率を，ドイツ88.5％，フ

ランス11.5％とし、さらにフランス染料組合については、フランス本国・植民地・保護領に市場を限定して、他国に染料の輸出を行わないというものであった（GBBTIMD［1920-49］: p. 83 ; Hexner［1945］: p. 310 ; Schröter［1990］: pp. 121-4 ; 工藤［1999a］: 134頁）。

　1929年になると、IGファルベン社とフランス染料組合は、1927年の国際カルテルを更新するとともに、スイス染料製造企業にまでその協調体制を拡充した。これにともない、ドイツのIGファルベン社、フランス染料組合に、スイス染料企業3社（スイスIG〔Swiss IG〕）[70]を交えた、3ヵ国の染料製造企業による「3者カルテル」(Three-Party Cartel) ないし「大陸染料カルテル」が、あらたに締結されることになった。この「3者カルテル」により、アメリカ市場を除く世界染料市場について、ドイツ71.67％、スイス19.00％、フランス9.33％とする販売比率が設定された[71]。この結果、「3者カルテル」は、世界染料輸出の60～70％を掌握するほどの勢力を有するに至ったのである（GBBTIMD［1920-49］: p. 83 ; Hexner［1945］: p. 310 ; Schröter［1990］: pp. 125-9 ; 工藤［1999a］: 135頁）。

　こうした「3者カルテル」の結成により、国際カルテルの勢力が拡大する一方で、IGファルベン社は、新たな協調への道を模索することになった。IGファルベン社にとってみれば、国際的に染料事業を展開するうえでは、ヨーロッパ最大のアウトサイダーであったICI社との協調は、不可避なものであった。しかし、染料事業のみならず、窒素事業や人造石油事業にわたる広範な国際協定の締結を目指して、ICI社とIGファルベン社は、たび重なる折衝をつづけてはいたものの、この目論見は不調に終わっていた（本章 第3節1）。むしろ、ICI社は、選択肢として、デュポン社との間で「1929年特許・製法協定」を締結することによって、IGファルベン社との「対決」色をよりいっそう強めていったのである。

　ところが、世界大恐慌の発現は、こうしたICI社の染料事業をも窮地に追い込んだ。1930年、ICI社の染料売上高は、前年比13％減の166万1000ポンドにまで減少し、20万5000ポンドの損失を出すことになった。さらに、1920年制定の「染料（輸入規制）法」も、一度は期限の延長がなされたものの、最終

的には1932年に失効することになった（ICI, *Ann. Rep.*, 1930, p. 7；表3-20）。恐慌下の1930年代初頭，ICI社の染料事業を取り巻く状況は，よりいっそう厳しさを増す見込みとなっていたのである。

こうした状況は，おのずと，ICI社を国際的な協調へと向わせた。恐慌下の1932年，ICI社と「3者カルテル」との間で，1968年を期限とする国際カルテルが締結されたことにより，ヨーロッパの主要染料企業は，あらたに「4者カルテル」（Four-Party Cartel）として結束を固めることとなった。この「4者カルテル」の結成にともない，加盟企業の染料総売上を，IGファルベン社65.602%，スイス染料企業17.391%，フランス染料組合8.540%，ICI社8.467%に配分する

表4-18 主要国（主要企業）の染料売上高（1938年）

国（企業）	売上高	
	£1000 [1]	%
IG Farbenindustrie AG [2]	26,603	46.0
Swiss IG [2]	6,161	10.6
Centrale des Matières Colorantes [2]	2,453	4.2
小計（3者カルテル）	35,218	60.8
ICI Ltd. [2]	2,653	4.6
小計（4者カルテル）	37,870	65.4
イタリア	919	1.6
ポーランド	362	0.6
チェコスロヴァキア	309	0.5
小計（以上3国を含む4者カルテル）	39,460	68.2
アメリカ [3]	9,975	17.2
ソヴィエト	5,050	8.7
日　本	1,833	3.2
L. B. Holliday & Co. Ltd.・他のイギリス企業	542	0.9
その他	1,025	1.8
合　計	57,896	100.0

註1：原資料は，金マルクで表記されていたが，「凡例」の「通貨換算率表」に基づいて換算。
　2：各社の子会社を含む。
　3：IG Farbenindustrie AG の子会社を除く。
出所：Schröter［1990］：Tab. 12.

第 4 章　ICI 社の国際カルテル活動　229

取決めがなされた。さらに，ICI 社には，年間 19 万 5000 ポンド（イギリス市場 9 万ポンド，中近東・極東市場 7 万 5000 ポンド，オーストラリア市場 3 万ポンド）の売上保証もなされた。また，「3 者カルテル」が，ICI 社から年 5 万ポンドの染料と 8 万ポンドの染料中間体・原料を購入すること，イギリスにおける染料の現地生産を控えることなども確約された。こうした「4 者カルテル」は，1938 年時点で，世界染料輸出において，数量で 44.5％，価額で 86.3％（価額のみ 1937 年），世界総売上で 65.4％を支配するほどの勢力となった[72]のである（Fox [1987]：p. 182；GBBTIMD [1920-49]：p. 16；Reader [1975]：p. 194；Schröter [1990]：pp. 130-1；表 4-18）。

しかし，ICI 社にとって，「4 者カルテル」における協調はこれにとどまらなかった。イギリスにおけるアウトサイダー染料製造企業であった L. B. ホリデー社は，1930 年時点でイギリス染料売上高の 7％を占めていた。その後も，その勢力はいっこうに衰えることなく，景気の回復・拡大期以降もシェアを拡大しつづけ，1938 年には 13.5％を占めるほどまでに成長を遂げていた（表 3-19）。また，同時期，L. B. ホリデー社は，イギリス染料輸出の 25％（ICI 社が 75％）を担っており，1931 年秋のポンド相場下落にさいしても，その価格優位性を利用して輸出を展開しつづけ，市場拡大を図るなど，ICI 社にとっては脅威の的となっていた（Schröter [1990]：p. 133）。

こうした L. B. ホリデー社に対して，ICI 社と IG ファルベン社は，価格引下げや中間体の供給停止，買収などの対抗策を講じたが，それも功を奏することはなかった。なかんずく，IG ファルベン社の場合，L. B. ホリデー社に対して攻勢をしかけようにも，「4 者カルテル」の規定により，イギリスでの染料の現地生産が許容されていなかった。こうしたことから，最後の手段として，IG ファルベン社は，イギリスにおいて ICI 社との合弁事業による染料生産に踏み切ることで，イギリス染料市場に参入する途を選択した。その結果，1938 年には，授権資本額 50 万ポンド（ICI 社が 51％，IG ファルベン社が 49％を所有）をもって，合弁による染料製造企業として，トラッフォード・ケミカル社（Trafford Chemical Co.）が設立された（Fox [1987]：p. 183）。

このトラッフォード・ケミカル社の設立にあたっては，「特許・製法協定」

(Patents and Process Agreement）が締結され，IGファルベン社が，染料・同中間体の現在および将来にわたるイギリスにおける特許使用権を認めることになった。また，利潤については，ICI社とIGファルベン社の出資比率に応じて分配されることも規定された。こうして，合弁会社としてのトラッフォード・ケミカル社は，同協定のもとで，トラッフォード・パーク（Trafford Park，グレーター・マンチェスター〔Greater Manchester〕）工場を拠点として操業を開始し，第2次世界大戦末期の1944年までに，総量98万5000重量ポンドに及ぶ染料の生産を実現した（Fox［1987］：p.183；Reader［1975］：p.414）。このように，ICI社のみならず，IGファルベン社にとっても，けっして小さくはなかったイギリス染料市場については，アウトサイダーを抑えつつ，両社による協調が生かされたといってよい。

　最後に，IGファルベン社を軸に展開された「国際染料カルテル」を総括しておこう。主要国[73]のタール染料生産量を見ると，イギリスの場合，1920年代末に向かって顕著に増大し，1928年には2万3100トン（11.9％）に達していた。その後，恐慌によって，一度は生産が減少したものの，1932年には早くも回復に向かいはじめて，1928年水準を超える2万4000トン（12.2％）を記録した（表1-14）。1938年こそ，繊維産業の不振にともなう生産の減少を経験したものの（ICI, *Ann. Rep.*, 1932, p. 5, 1938, p. 5），「国際染料カルテル」ならびに「輸入関税法」によるイギリス国内染料市場の保護が功を奏して，イギリス（ICI社）の染料生産は，大不況下という時代背景を考慮するなら，1930年代を通じて，むしろ「好調」であったといってよい。

　ところで，「4者カルテル」加盟国のうち，ドイツのタール染料生産量を見ると，1928年の7万4800トン（38.6％）が，1932年に6万5000トン（33.0％），1938年には5万7400トン（26.1％）と，数量面では後退しつづけていた（表1-14）。他方で，IGファルベン社の染料売上高は，1932年の8300万ライヒスマルク（550万ポンド）から，1938年には1億5510万ライヒスマルク（1292万5000ポンド）へと急増していた（表1-12）。この点，「染料の国内売上高〔が〕…相対的安定期の水準をはるかに超えた」（工藤［1999a］：220頁）のも，国内「独占」によるかなりの高価格維持策がとられていたからであり，やはりドイツについ

ても，「国際染料カルテル」がもたらした「成果」を評価することができよう。

「4者カルテル」の残りの加盟国のタール染料生産量，シェアを見れば，同期間について，フランスが1万5000トン（9.1％）から1万2000トン（5.4％），スイスが1万トン（6.1％）から7300トン（3.3％）へと，やはりドイツ同様に，いずれも生産量が減少し，シェアを低下させていた。この点，1924年には生産量6000トン（3.7％）にすぎなかった日本の染料工業が，14年後の1938年になると，生産量を2万8300トン（12.9％）にまで増大させるなど，驚異的な成長を遂げたことも大きく影響していた（表1-14）。世界染料（タール染料）工業の動向を見るさい，表裏の関係として，日本やソヴィエト連邦などの「新興国」の台頭を看過してはならない。

ついで，染料輸出についても見ておこう。イギリスの場合，染料（合成染料）輸出数量では，1927年の1万8000トン（9.8％）から，1937年には2万9000トン（12.0％）へと順調に推移していた（表4-19 (a)）。もっとも，この点はのちに詳述するが（第5章 第2節 5），合成染料（タール染料）の輸出量については，恐慌前のピークが1929年であったから，その時点から見れば，恐慌によって輸出量がいったん激減したあと，1930年代央以降は，回復に向かったものの，1930年代を通じて，1929年水準に回帰することはかなわなかった（後掲 表5-5 (b)）。その一方で，染料（タール染料および中間体）輸出価額では，1929年の100万ポンド（5.6％）から，恐慌期の下落をわずかにとどめ，1937年には1.5倍の150万ポンド（6.7％）に達した（表4-19 (b)）。こうした点も，やはり国内と同様に，「国際染料カルテル」を背景に，海外市場をも保護しつつ，価格の釣り上げによって数量の減少に対処した，その「成果」といえよう。

ところが，ドイツの場合，事情がやや異なっており，数量面では，1927年に7万5000トン（40.8％）を記録しながら，1937年に7万トン（29.0％），1938年にはさらに減少して5万7000トン（25.9％）へと後退し（表4-19 (a)），世界シェアも，この間に，14.9ポイントも低下させた。一方，価額の推移を見ると，1929年の1060万ポンド（59.2％）から，1937年の1266万7000ポンド（56.3％）へと輸出は増大していた（表4-19 (b)）。ただし，これは同表が必ずしも実勢レートを正確に反映していなかったようで，あえてライヒスマルクで表示する

表4-19 (a)　主要国の染料輸出：数量[1]（1924〜1938年）

国	1924		1927		1937		1938	
	t	%	t	%	t	%	t	%
ドイツ	72,000	43.9	75,000	40.8	70,000	29.0	57,000	25.9
アメリカ	31,000	18.9	43,000	23.4	55,000	22.8	37,000	16.8
イギリス	19,000	11.6	18,000	9.8	29,000	12.0	21,000	9.5
フランス	15,000	9.1	14,000	7.6	12,000	5.0	12,000	5.5
スイス	10,000	6.1	10,000	5.4	8,000	3.3	8,000	3.6
ソヴィエト	6,000	3.7	10,000	5.4	25,000	10.4	35,000	15.9
日　本	6,000	3.7	8,000	4.3	24,000	10.0	28,000	12.7
イタリア	5,000	3.0	6,000	3.3	13,000	5.4	11,000	5.0
他のヨーロッパ	—	—	—	—	5,000	2.1	11,000	5.0
合　計	164,000	100.0	184,000	100.0	241,000	100.0	220,000	100.0

註 1：合成染料。
出所：Svennilson [1954]：Tab. A.53 より算出。

表4-19 (b)　主要国の染料輸出：価額[1]（1929〜1937年）

国	1929		1935		1936		1937	
	£1000[2]	%	£1000[2]	%	£1000[2]	%	£1000[2]	%
ドイツ	10,600	59.2	11,167	53.2	11,500	53.9	12,667	56.3
スイス	3,450	19.3	4,500	21.4	4,750	22.3	4,167	18.5
アメリカ	1,700	9.5	1,417	6.7	1,333	6.3	1,667	7.4
イギリス	1,000	5.6	1,333	6.3	1,333	6.3	1,500	6.7
フランス	550	3.1	1,250	6.0	1,167	5.5	1,083	4.8
日　本	35	0.2	417	2.0	333	1.6	417	1.9
他	565	3.2	917	4.4	917	4.3	1,000	4.4
合　計	17,900	100.0	21,000	100.0	21,333	100.0	22,500	100.0

註 1：タール染料および中間体。
　2：原資料は，ライヒスマルクで表記されていたが，「凡例」の「通貨換算率表」に基づいて換算。
出所：工藤 [1999]：表5-10 より算出。

なら，1927年の2億1200万ライヒスマルクから，1937年の1億5200万ライヒスマルクへと，やはり輸出は大幅に減少していた（工藤［1999a］：表5-10）。それでも，価額面では，依然として世界の染料輸出において50％を超えるシェアを維持していた点では，ドイツの対外競争力の強さがうかがえる。

　最後に，染料輸出市場の地理的分布を見ておこう。イギリスの場合，アジア

(とくに英領インド，香港)，オーストラリアといったイギリス帝国市場においてその強さを発揮していた（表4-20）。もっとも，この輸出市場としてのアジアでは，日本の染料工業が顕著に台頭していた。日本の染料輸入量を見ると，1925年の3100トンに対して，1938年には300トンと，輸入が大幅に抑制されるなど，他国からすると，輸出環境として厳しさを増していた（表1-17）。後述するように（第5章第2節5），イギリスから日本に向けた染料輸出も，恐慌期以降，後退に後退を重ねて，1930年代末には，ほぼ完全に日本市場を喪失してしまうなど，アジアにあっても，こと日本市場への輸出は困難を極めた

表4-20 主要国のタール染料輸出の地域別構成（1938年）

(単位：t)

輸出国＼輸出先	ヨーロッパ	アフリカ	アメリカ	アジア	オーストラリア
ドイツ	12,175	235	3,113	11,878	106
スイス	4,514	48	987	1,023	42
フランス	2,244	187	466	1,184	—
イギリス	783	175	416	1,266	1,143
アメリカ	732	8	1,480	1,972	1

出所：工藤［1999］：表5-11。

表4-21 主要国の対アジア染料輸出の国別構成（1933～1938年）

(単位：%)

国	1933	1937	1938
ドイツ	58.27	63.66	57.30
スイス／フランス	13.17	8.96	12.83
小計（3者カルテル）	71.44	72.62	70.14
イギリス	7.43	11.64	12.47
小計（4者カルテル）	78.78	84.62	82.61
チェコスロヴァキア／イタリア／オランダ	1.32	0.75	0.80
小計（以上3国を含む4者カルテル）	80.19	85.01	83.41
アメリカ	15.59	9.09	6.13
日本	4.22	5.90	10.46
合計	100.00	100.00	100.00

出所：Schröter［1990］：Tab. 13。

(後掲 表5-5（a），5-5（b））。

だが，IGファルベン社は，「4者カルテル」加盟企業やアメリカ染料企業とともに，日本の染料企業との間で個別市場協定を締結することで，日本の染料工業の攻勢に歯止めを掛ける[74]など，アジア染料市場の規制に向けた努力を怠らなかった（工藤［1999a］：223-4頁）。この結果，対アジア向け染料輸出については，「4者カルテル」内にあって，イギリスのシェアは，1933年の7.43％から，1938年の12.47％へと大幅に上昇した（表4-21）。こうして，イギリス＝ICI社は，競争の激化していたアジア染料市場から大幅に後退することなく（ただし，極東市場に限れば，後退は顕著であった，第5章 第2節5），また分割された市場（イギリス帝国諸地域）への染料輸出を増大させたことで，とくにICI社にとってみれば，「国際染料カルテル」は，有効に機能していたといえる。

4　国際水素添加特許協定

最後に叙述する国際カルテル（国際協定）は，ICI社がIGファルベン社などと締結していた，人造石油（合成ガソリン）製法に関する「国際水素添加特許協定」[75]である。これまで見てきた国際カルテル（国際協定）は，最終的には，それを通じて，国内および海外市場を分割・保護し，市場における安定的な事業展開を試みようとする，いわば販路協定を主要な目的とする傾向にあった。しかし，この「国際水素添加特許協定」は，販路協定のみならず，技術協力協定という性質を有しており，ICI社が締結していた他の国際カルテル（国際協定）とは，やや異なる形態のそれといってよい（ただし，「特許・製法協定」は，本協定に類似する側面を有していた）。

ICI社の人造石油（合成ガソリン）事業は，ビリンガム工場におけるアンモニア合成事業の頓挫を克服するうえで，その資産を継承する新規事業として，1930年代前半から本格化しはじめた（第3章 第3節1）。IGファルベン社などとの「国際水素添加特許協定」の締結もまた，これと時期を同じくしてはいるが，その端緒は，ICI社の設立直後にまでさかのぼる。

ICI社は，1927年，石炭を高温高圧下で水素と反応させて人造石油を製造するために，その製法の一種であるベルギウス法の特許を取得して，人造石油事

業に参入しようとしていた。その過程で，窒素事業や染料事業を含む広範な事業分野にわたる国際協定の締結に向けて，IGファルベン社との折衝も重ねられていた（Gordon [1935]：p. 71；Reader [1975]：p. 164）。しかし，窒素事業や染料事業と同様に，人造石油事業に関する協定もまた，最終的には不調に終わり，ICI社とIGファルベン社の両社による国際協定は，実現することはなかった。だが，IGファルベン社の側は，その後も着々と国際協定の締結に向けて歩みを進めていた。

IGファルベン社もまた，同時期，ICI社と同様に，ベルギウス法の特許を取得して[76]，人造石油の事業化を推進していた。もっとも，IGファルベン社にとっても，人造石油事業は未知の領域であり，石油業におけるマーケティング，販売，流通に関する経験が乏しく，同業界における海外主要企業との競争を回避する必要があった。その結果，IGファルベン社は，アメリカの石油事業大手，スタンダード・オイル・トラストの子会社であったスタンダード・オイル・オヴ・ニュージャージー社との提携に向かい，早くも1927年には暫定的な協力協定，1929年には正式協定として，広範な技術協力協定[77]を締結するに至った（Coleman [2005]：p. 44；工藤 [1999a]：241-2頁）。

1930年，IGファルベン社とスタンダード・オイル社は，リヒテンシュタインに，両社の子会社として，IHP社を設立し，水素添加法特許権のプールならびに全般的な情報交換を行うことになった。その後，スタンダード・オイル社が，自社の所有するIHP社株のうち50％を，ロイヤル・ダッチ・シェル・グループに売却したことで，人造石油事業をめぐって，IGファルベン社，スタンダード・オイル社，シェル・グループの3者による，国際的な連携体制が成立したのである（Gordon [1935]：p. 72；Reader [1975]：p. 169）。

一方，ICI社も，1932年には，ビリンガムにおいて，商業的規模を有する人造石油工場の建設に着手してはいたが，技術開発やコスト面などで多様な困難に直面していた。こうした事態を打開するにあたっては，おのずと欧米にまたがる一連の大規模な国際協定に参加するしか，もう余地は残されていなかったのである。結局，同年，ICI社も，IHP社との間で「国際水素添加特許協定」を締結することで，大規模な国際連携の一員として，人造石油事業[78]への本格

的な参入に向けて大きな一歩を踏み出した。

　締結されたIHP社との「国際水素添加特許協定」により，ICI社に許された人造石油の販売割当は，排他的市場としてのイギリス帝国諸地域における全石油製品消費の25％以内にとどまるものであった[79]。その一方で，IHP社からは，以下の権利を獲得した。すなわち，(1) イギリス帝国諸地域における水素添加特許・製法の排他的使用権，(2) 10％のロイヤルティーの取得，(3) スタンダード・オイル社およびシェル・グループを通じた同社名での人造石油の取引，(4) スタンダード・オイル社からの原油の購入，(5) 技術部門を担うIHP社の子会社，インターナショナル・ハイドロジェネーション・エンジニアリング・アンド・ケミカル社（International Hydrogenation Engineering and Chemical Co.）からの技術・工学的な援助，という内容であった（Coleman [2005]：pp. 49-50；Reader [1975]：pp. 169-70；Stocking & Watkins [1946]：pp. 490-1）。また，ICI社は，IHP社との協定とは別に，IGファルベン社との間で，直接，技術協力協定を締結することで，改良ベルギウス法としてのIG社法（IG process）を採用するなどして，技術面の脆弱性を補おうともした（阿部 [1938]：174-5頁；工藤 [1999a]：243-4頁）。

　こうして，ICI社は，一方で対外的には，「国際水素添加特許協定」により，主要国化学・石油企業との国際的な連携を図りつつ，他方で国内的には，1934年制定の「イギリス炭化水素石油製造法」により，政府の援護も受けながら，その人造石油事業をスタートさせた。だが，すでに触れたように（第3章第3節1），またここであらためて繰り返すまでもなく，ICI社の人造石油事業は，まったく採算の得られる水準に達することなく，第2次世界大戦勃発時には，ほぼ完全に頓挫するに至ったのである。

小　括

　ICI社がブラナー・モンド社およびノーベル・インダストリーズ社から継承した「国際アルカリ・カルテル」，「国際爆薬カルテル」，さらにICI社の設立後，あらたに締結した「特許・製法協定」，「国際窒素カルテル」，「国際染料カルテ

ル」、「国際水素添加特許協定」の各活動を、両大戦間期を中心に概観してきた。

　ICI社は、その設立にともない、国内においては、「独占」的地位を確立することによって、国内市場の「安定」を実現していた。その一方で、対外的には、IGファルベン社やデュポン社との競争が激化する「寡占」体制下にあって、イギリス帝国諸地域を中心とした輸出市場はもちろん、国内市場もまた、つねに主要国化学企業の「脅威」にさらされていた。こうした状況下において、「国際交渉および協力を成功に導くうえで不可欠な前提条件としての国内連合」（Wurm［1989］：p. 113. 訳書114頁、ただし、本文は訳書によっていない）としてのICI社の設立は、まさに国際カルテルの形成を通じて、主要国化学企業との「協調」を図るに足りる、対外競争力を準備する過程にほかならなかった。

　大規模合併によって対外競争力を身につけたICI社の国際カルテル活動では、一部に技術協力協定が見られたものの（「特許・製法協定」、「国際水素添加特許協定」など）、その主たる目的は、販路協定を通じた、主要国化学企業による世界市場の分割——ICI社にとっては、イギリス帝国市場の「確保」と「安定」——であった。とりわけ、世界大恐慌の発現にともなう長期大不況に直面していた1930年代には、ICI社のみならず、IGファルベン社やデュポン社もまた同様に、国内外市場の縮小による製品在庫の累積＝過剰生産設備の発生に苦慮していた。こうした状況下では、いずれの企業も、無用な「対立」や「競争」を回避して「協調」路線を歩むことで——その一方で、日本のようなアウトサイダーに「脅威」を感じつつ——、自社が展開する既存事業＝既得権益の「保護」が、何よりも最優先の課題であった。その点では、アルカリ、爆薬、窒素、染料、人造石油といったICI社の主要製品、そしてICI社とデュポン社が製造していたほとんどすべての製品にわたる、広範な国際カルテルないし国際協定は、ICI社の国内および国際事業を背後で支えつづける役割を十分果たしていたといえる。

　こうした国際カルテル活動は、1920年の「染料（輸入規制）法」を皮切りに、イギリス資本主義の保護主義化を決定的なものとさせた1932年の「輸入関税法」の援護（第5章第1節）、さらには比較的軽微であった世界大恐慌の衝撃から早期に立ち直り、回復・拡大するイギリスの景気とも相まって、1930年代

には，ICI社に対して着実な成長を遂げる「好機」を与えた。とはいえ，ICI社の国内外売上高のうち，およそ20％を占めていた輸出にとって（第6章第1節），こうした一連の国際カルテル活動は，いかなる「効果」を発揮したのであろうか。次章では，イギリス＝ICI社化学製品輸出の推移を確認することで，イギリスの対外経済政策とともに，あらためて国際カルテルが，ICI社の国際事業，とりわけ製品輸出にもたらした意義を検討する。

註

1 両大戦間期を中心とした国際カルテル（国際協定）の研究・報告は多数にのぼるが，ここではさしあたり以下のものをあげておく。国際カルテル全般については，Hara & Kudo [1992]；Hexner [1945]；Nussbaum [1986]；Plummer [1951]；Stocking & Watkins [1946]；Stocking & Watkins [1948]；UN [1947]；Wurm [1989]；有澤・脇村 [1977]：第10章；江夏 [1961]，化学産業に限定したものとしては，Grant, et al. [1988]：pp. 22-9；Haber [1971]：Ch. 9. 訳書 第IX章；Hexner [1945]：Pt. II, Ch. 2, F；Kudo & Hara [1992]：Pt. I；Smith [1992]；Stocking & Watkins [1946]：Chs. 4, 9, 10；江夏 [1961]：第7章（辻執筆），またイギリス産業の国際カルテルについては，PEP [1937]：pp. 93-124を参照。

2 有澤・脇村 [1977]：238-42頁，第1図表を参照。本書の表4-1 (a), 4-1 (b) も，同図表より作成したものである。

3 国際カルテルの主要目的は，国内ないし海外市場を確保することであり，個々の加盟者の生産量，販売量，輸出量について，総生産量，総輸出量の一定比率に制限する「割当協定」を組み合わせた場合を別とすれば，単純な「価格協定」はほとんど見られなかった。その対象となる商品は，工業用原料から生産財，消費財に至るまでさまざまであったが，主として工業製品がその対象であった。たとえば，鉱物，金属・同製品，木材・パルプ用材・紙製品，繊維，化学・医薬品，ガラス・陶磁器，電気製品などであった。また，その地理的分布は，原料の場合，一部にヨーロッパ，アメリカ以外の加盟者を含むものもあったが，それもわずかにすぎず，水銀，マグネサイト，セメント，苛性カリウム，パルプ用材などの国際カルテルは，ヨーロッパに集中していた。また，工業製品については，主としてヨーロッパの生産者によって構成されており，アメリカやその他の諸国が含まれるカルテルは，少数にすぎなかった（UN [1947]：pp. 1-5. 訳書 2-8頁）。なお，国際カルテルが産業構造および経済発展に及ぼす影響については，UN [1947]：Chs. II, III. 訳書 第2, 3章を参照。

4 化学産業における国際カルテル（国際協定）締結の要因を「過剰生産能力」に求める見解については，Haber [1971]：pp. 277-8. 訳書 421-2頁を参照。

5 国際カルテルは，さまざまなかたちで取引を規制するため，こうした活発な国際カルテルの展開は，いうまでもなく国際貿易にも影響を及ぼすことになった。世界大恐慌の発現にともなって，世界貿易が縮小するなか，1929年から1937年にかけて，国際貿易のうち42％が，国際カルテルの規制下にあった（Hara & Kudo ［1992］：p. 2），あるいは，1930年代には，世界貿易額のうち30〜50％が，国際協定ないし「ゆるやかな連合」（loose associations）の統制あるいは影響下に置かれていたともされる（Wurm［1989］：p. 111. 訳書141頁）。なお，国際カルテルが貿易に及ぼす影響については，UN［1947］：pp. 16-22. 訳書31-41頁を参照。

6 1930年代央の時点でICI社が締結していた国際カルテルないし国際協定の詳細については，GBT［1935］：State. Fを参照。

7 ここでは，便宜上，「国際アルカリ・カルテル」，「国際爆薬カルテル」，「国際窒素カルテル」，「国際染料カルテル」という呼称を用いている。しかし，これらの国際カルテルは，時期，地域，加盟者に応じて，さまざまな変遷を遂げ，一貫した体系を見出すことが困難な場合もある。したがって，その呼称も「一連の各種製品に関する国際カルテル（国際協定）」という程度の意味にすぎず，これらが正式な国際カルテル（国際協定）の名称ではないことに留意されたい。

8 「国際アルカリ・カルテル」については，Hexner［1945］：pp. 301-4；Stocking & Watkins［1946］：pp. 430-8；USFTC［1950］；江夏［1961］：196-201頁（辻執筆）を参照。

9 ソルヴェー・プロセス社の資本金30万ドルのうち，ソルヴェー社が3分の1にあたる10万ドルを出資し，残り20万ドルについては，現地経営者らが出資したという叙述もあるが（Bertrams, et al.［2013］：pp. 48-9），他方で，リーダーは，「ブラナー・モンド社が，ソルヴェー社とともに設立した」（Reader［1970］：p. 40）とも叙述している。

10 さらに，第1次世界大戦中には，ブラナー・モンド社が，ソルヴェー・プロセス社とともに，カナダに，ソーダ製造の合弁会社として，ブラナー・モンド（カナダ）社（Brunner Mond (Canada) Ltd.）を設立していた（Reader［1970］：p. 334）。

11 アメリカのソーダ市場におけるソルヴェー・プロセス社のシェアは，1886年の14％から，翌1887年には24.5％にまで上昇していた（Reader［1970］：p. 98）。

12 ソルヴェー社は，ドイツ，オランダ，フランス，イタリア，ロシアに子会社を所有し，さらにオーストリア，チェコスロヴァキア，ポーランド，ユーゴスラヴィア，ハンガリー，ルーマニアの企業ともパートナーシップを組んでいた（Stocking & Watkins［1946］：p. 430）。

13 アウシッヒ連合社は，オーストリア＝ハンガリー帝国のアウシッヒ（Aussig, 当時のスデーテンラント〔Sudetenland〕，現在のチェコ，ウースチー・ナド・ラベム〔Ústí nad Labem〕）に本拠を置く同国最大の企業であった。ソルヴェー社は，オーストリア＝ハンガリー帝国への進出後，アウシッヒ連合社との共同出資による工場を数ヵ所に設立していた。この点については，Haber［1971］：p. 165. 訳書249頁

を参照。
14 ソルヴェー社は，大陸ヨーロッパにおいては，とりわけ東ヨーロッパへの進出に積極的であった。たとえば，1937年時点でのチェコスロヴァキアの化学産業における対内直接投資を見ると，全直接投資額3億906万コルナのうち，ベルギーが最大規模の8374万3000コルナで，27.1％の比重を占めていた（Teichova［1974］: Tab. 1）。なお，チェコスロヴァキアの化学産業については，Teichova［1974］: pp. 277-94，カルテルの影響については，pp. 312-35を参照。
15 20世紀初頭から第1次世界大戦に至るイギリスを中心としたヨーロッパならびにアメリカのソーダ工業の動向については，Haber［1971］: pp. 136-45. 訳書209-21頁を参照。
16 第1次世界大戦前の製法別ソーダ生産量のデータは得られなかった。1913年当時，ソルヴェー社は，ベルギー国内に加えて，フランス，スペイン，ドイツ，ロシア，アメリカ，オーストリアに工場ないし子会社，関連会社を所有しており，これにブラナー・モンド社を加えた，ソルヴェー・グループ全体のアルカリの生産量は，190万トンにのぼった（Haber［1971］: p. 161. 訳書242-3頁）。1904年と1928年のソーダ灰生産量と比較するしかないが（表2-4），それでも，ソルヴェー法ソーダ生産量の規模の大きさがある程度，推測できる。
17 19世紀末以降，ソルヴェー社を中核としたアルカリ（とくにアンモニア・ソーダ）製品の世界的な「独占」に対して，新興勢力であった電解法ソーダ（苛性ソーダ）製造企業の存在が脅威を与えていた。これに対して，各化学企業が，さまざまな方法で対応を図った。ブラナー・モンド社の場合，電解法の一種であるキャストナー＝ケルナー法（Castner-Kellner process）による電解法ソーダ製造企業であったキャストナー＝ケルナー社を傘下に収めた。IGファルベン社もまた，ドイツ・ソルヴェー社や国内のソーダ灰および苛性ソーダ・カルテルと手を結び，価格や生産割当の維持，製品の販売などを通じて，ドイツにおける主要な電解法ソーダ製造企業となった。また，アメリカでは，従来，キャストナー・アルカリ社（The Castner Alkali Co.）が，キャストナー＝ケルナー法の特許に基づいて操業を行っていたが，1937年には，ICI社とソルヴェー社が，それぞれ独自に，ミシガン・アルカリ社（Michigan Alkali Co.）とペンシルヴァニア・ソルト社（Pennsylvania Salt Co.）との間で，電解法による苛性ソーダ工場建設のために必要な技術情報を受ける協定を締結していた（Stocking & Watkins［1946］: pp. 432-3）。なお，ソルヴェー社による，電解工業に対する対応については，Bertrams, et al.［2013］: Ch. 11を参照。
18 ブラナー・モンド社は，イギリス側ソーダ製造企業を取りまとめる役割も果たしていた。これらの企業のなかには，いずれICI社をともに構成することになるユナイテッド・アルカリ社も含まれており，すでに1920年ごろまでには，イギリス側の一員に加わっていた（USFTC［1950］: p. 32）。
19 ALKASSOは，取引制限を禁じた「シャーマン反トラスト法」ならびに「クレイトン反トラスト法」（Clayton Antitrust Acts）から，輸出取引にのみ関係する団体・

第 4 章　ICI 社の国際カルテル活動　241

企業を除外するために制定された「ウェッブ＝ポマーリン法」（Webb-Pomerene Act）に基づいて，1919 年に設立された組織であった。そのALKASSOは，アメリカの主要ソーダ製造企業によって組織され，加盟各社の生産量に応じた輸出割当により，アルカリ製品輸出を統制する販売代理店として活動していた（Haber [1971]：pp. 263-4. 訳書 402-3 頁；USFTC [1950]：pp. 14-5)。なお，ALKASSO の詳細については，USFTC [1950]：Ch. II, Sec. 1 を参照。

20　「1924 年協定」の詳細については，USFTC [1950]：Ch. V, Sec. 1 を参照。
21　アメリカのソーダ輸入量の推移については，USFTC [1950]：Tab. 7 を参照。
22　CALKEX の詳細については，USFTC [1950]：Ch. II, Sec. 2 を参照。
23　ICI 社と ALKASSO は，各地域の市場について，中国を 80％，20％，日本を 65％，35％，リヴァー・プレイト（River Plate，あるいはリオ・デ・ラ・プラタ〔Rio de la Plata〕，ラ・プラタ川流域）を 65％，35％，ブラジルを 75％，25％，その他（南アメリカ，中央アメリカ，蘭領インド諸島の残りの地域）を 60％，40％，バーレーン諸島を 60％，40％に分割した（USFTC [1950]：p. 54）。
24　こうした連携が功を奏したのも，「アメリカの個別企業を押さえつける（restrain）ALKASSO の力量のみならず，他の海外生産者を代弁する（speak for）ICI 社の力量による」（Stocking & Watkins [1946]：p. 435）ところも大きかった。
25　1941 年に，ソルヴェー社が，ICI 社，ALKASSO の 3 者による「国際アルカリ・カルテル」から離脱したため，以降は ICI 社と ALKASS の「2 者」によるカルテルとなった（Stocking & Watkins [1946]：pp. 433-4）。
26　各領域において「国際アルカリ・カルテル」がもたらした効果については，USFTC [1950]：Ch. V, Secs. 2, 3 を参照。
27　「国際爆薬カルテル」については，Stocking & Watkins [1946]：pp. 438-48；Taylor & Sudnik [1984]：Chs. 3, 7-11 を参照。
28　スタンダード・エクスプローシヴズ社を設立したサミュエル・アポロニオ（Samuel T. Apollonio）自身が，デュポン社が出資して設立したレポーノ・ケミカル社（Repauno Chemical Co., 1880 年）のレポーノ・ダイナマイト工場の経営者であった（Reader [1970]：p. 157）。
29　デュポン社は，当初，自社ではダイナマイトの生産を行っておらず，同社が設立したレポーノ・ケミカル社（本章註28）に，ダイナマイトの生産を担わせていた（Hounshell & Smith [1988]：pp. 19-20）。
30　このヨーロッパ爆薬製造企業とは，(1) 爆薬グループ（Explosives Group），すなわち (a) ノーベルズ・エクスプローシヴズ社，および (b) デュナミート社をはじめとした，ドイツのノーベル系爆薬企業で構成されるドイツ連合（German Union）の 2 者からなるノーベル＝ダイナマイト・トラスト社と，(2) ケルン＝ロットヴァイル爆薬社（当初，アメリカにおける操業の開始を要求してきたのは，ライン＝ヴェストファーレン爆薬社であった）を代表とする，パウダー・グループ（Powder Group）のことである（Reader [1970]：pp. 61, 86, 131 ff., 204）。

31 「1897年協定」により，メキシコは，アメリカ側の排他的市場となったが，1901年ごろに，ラテン・グループ（ノーベル系爆薬製造企業で構成されるグループ，第2章註32）の爆薬製造企業が，メキシコに進出しようとした。そのさい，デュポン社は，ラテン・グループの株式を取得することで，これを契機に，ヨーロッパ（とくにアングロ＝ジャーマン・グループとしてのノーベル＝ダイナマイト・トラスト社）に対する影響力を強化しようとしたが，最終的には目的を達することがかなわなかった（Taylor & Sudnik［1984］：pp. 37-8）。

32 「1907年協定」の新規定に従って，最終的には，アメリカ側が，ヨーロッパ側に利潤を分配することになった。その分配額を1909，10，11，12年について見てみると，9万4089ドル（1万9200ポンド），17万7282ドル（3万6180ポンド），21万2026ドル（4万3270ポンド），6万6383ドル（1万3550ポンド）であった（Reader［1970］：p. 213）。なお，1906〜12年のアメリカ，ヨーロッパ両者の利潤については，伊藤［2009］：表1-8，1902〜13年のヨーロッパ側の利潤については，Reader［1970］：Tab. A3 (a) を参照。

33 アトラス・パウダー社は，1912年，アメリカにおける「反トラスト法」訴訟によって，デュポン社が分割ないし解体を命じられたさいに，ハーキュリーズ・パウダー社（Hercules Powder Co. Inc.）とともに，3分割された企業のうちの1社である（Haber［1971］：pp. 181-2. 訳書270頁；Taylor & Sudnik［1984］：p. 33）。したがって，アトラス・パウダー社は，事実上，デュポン社系の火薬製造企業といってよい。

34 南アメリカ爆薬社の持株比率については，さまざまな論者がまちまちの数値をあげており，確定できない。本記述は，Stocking & Watkins［1946］：p. 439によっているが，そのほかにも，ノーベル・インダストリーズ社が50％，デュポン社とアトラス・パウダー社が残り50％（両社の割合は不明）とするもの（Reader［1970］：p. 397），ノーベル・インダストリーズ社とデュポン社が各41.5％で，残りがアトラス・パウダー社とするもの（Taylor & Sudnik［1984］：p. 121）などの諸説がある。

35 ICI社とデュポン社が，協定のもとで，ニトロセルロース火薬を販売していた国は，ベルギー，エストニア，ギリシャ，ブルガリア，オランダ，ラトヴィア，リトアニア，ポーランド，ルーマニア，トルコ，また無煙火薬を販売していた国は，ユーゴスラヴィア，ルーマニア，トルコ，ラトヴィア，オランダ，ベルギー，エストニア，フィンランドであった（Zilk［1974］：p. 301）。

36 ICI社とデュポン社が，協定のもとで，TNTおよびニトロセルロース火薬を販売していた国は，アルゼンチン，ボリヴィア，チリ，ブラジル，コロンビア，エクアドル，パラグアイ，ウルグアイ，ヴェネズエラと，南アメリカ全土に及んだ（Zilk［1974］：p. 301）。

37 ノーベル＝ダイナマイト・トラスト社の傘下にあったデュナミート社は，第1次世界大戦後，ケルン＝ロットヴァイル爆薬社，ライン＝ヴェストファーレン爆薬社とともに，IGファルベン社の支配下に置かれることとなった（Stocking & Watkins［1946］：p. 439）。したがって，新たな「国際爆薬カルテル」は，事実上，ノーベ

ル・インダストリーズ社（ICI社）＝デュポン社とIGファルベン社とのカルテルであり，換言すれば，世界爆薬市場が，この3社によって支配されていたことを意味する。

38　3社による「国際爆薬カルテル」の締結にともない，ノーベル・インダストリーズ社とデュポン社の両社が，IGファルベン社株を所有することになったが，その所有比率は，1％以下にすぎなかった（Reader［1970］：p. 413；Taylor & Sudnik［1984］：p. 114）。

39　ただし，第2次世界大戦の勃発にともない，チリでは，南アメリカ爆薬社によるデュナミート社への販売保証が停止された（Stocking & Watkins［1946］：pp. 444-5）。

40　「大同盟」＝「1929年特許・製法協定」については，GBBTIMD［1934-44］：pars. 51-112；Reader［1975］：pp. 46-54, App. IV；Stocking & Watkins［1946］：pp. 448-57；Taylor & Sudnik［1984］：pp. 124-37が詳細である。

41　交渉の詳細な内容や経過については，Reader［1975］：pp. 38-46を参照。また，交渉の対象が窒素，染料および人造石油事業に限定されていたのも，ICI社とIGファルベン社の双方の事業において重複していたのが，この3分野にすぎなかったからであり，かりにそのほかに重複する分野があったとしても，協定を締結するほどの重要性を有していなかったからである（Reader［1975］：p. 39）。

42　「アルフレッド・モンドは，IGファルベン社の提示する要求の内容が威圧的であったことにより，〔ICI社の〕あらゆる戦略が断念させられるにちがいないと確信するようになっていた」（Reader［1975］：p. 47）。さらに，交渉の決裂それ自体の衝撃もまた大きく，「IGファルベン社との交渉決裂により，アルフレッド・モンドが進めてきた国際経営戦略が総崩れとなってしまった」（Reader［1975］：p. 46）。

43　IGファルベン社は，ICI社との交渉をつづける一方で，デュポン社とも，アンモニアならびに染料分野に関する同様の協定を締結するために，同時並行的に交渉を行っていたが，同協定もやはり合意に至らぬまま終わっていた（Reader［1975］：p. 47；Taylor & Sudnik［1984］：p. 115）。

44　ICI社が，アメリカ国内において，デュポン社と競合するアライド・ケミカル社株を保有しつつ，両社の関係の再構築を図ることには，当然のごとく困難があり，結局，ICI社は，手元に1万316株だけを残して，アライド・ケミカル社株10万5600株を，ソルヴェー・グループに売却した（Taylor & Sudnik［1984］：p. 125）。

45　デュポン社側にとっては，「縄張り交渉」（territorial bargaining）や技術情報の交換が，「反トラスト法」に抵触するか否かが問題となっていたが，市場分割は，法的問題にはなりえず，技術情報の交換もまた，「反トラスト法」の枠内に納まるであろうとして了承された（Reader［1975］：p. 51）。

46　ただし，主要製品のうち，次の品目は除外されていた。レーヨンとセロファンについては，デュポン社のみが生産しており，同社はすでにフランス企業と協定を結んでいた。アルカリ製品については，ICI社のみが生産しており，同社はすでにソ

ルヴェー社やアライド・ケミカル社と協定を締結していた。軍事用爆薬についても，前述のように，すでに両社の協定で政府発注情報の交換が盛り込まれており，くわえて同協定以上のものは，政府の規制により不可能であった（Stocking & Watkins [1946]：p. 451；Taylor & Sudnik [1984]：p. 126）。

47　19世紀末葉以降の世界窒素工業の展開ならびに「国際窒素カルテル」を含む，窒素工業の国際的な連関については，数多くの研究・報告があるが，さしあたり以下のものをあげておく。Chadeau [1992]：pp. 98-109；Devos [1992]；Haber [1971]：pp. 84-107, 198-208, Chs. 8-9. 訳書 130-62, 304-17頁，第VIII-IX章（ただし，1920年代まで）；Hexner [1945]：pp. 323-30；Oshio [1992]；Plummer [1951]：pp. 102-10；Stocking & Watkins [1946]：Ch. 4；USTC [1937]（とくに「国際窒素カルテル」についてはpp. 82-6）；有澤・脇村 [1977]：259-64頁；工藤 [1999a]：197-204頁；作道 [1995]：第10章；田中 [1930] などである。

48　この点，渡辺は，「〔19〕30年代世界恐慌の主調は，世界農業問題に由来する農業恐慌にほかならなかった」（渡辺 [1975]：192頁）として，世界農業問題それ自体が誘因であったことを強調するなど，きわめて興味深い指摘をしている。

49　各国において，政府の介入を背景とした積極的な技術開発と設備投資により，大戦期央以降，窒素工業は急激に拡大を遂げた。たとえば，イギリスでは，1916年，軍需省が，イギリス窒素製品委員会（British Nitrogen Products Committee）を設置して，ハーバー＝ボッシュ法の研究やビリンガム工場の敷地提供（終戦後にブラナー・モンド社に売却）を行うなどしていた（Haber [1971]：p. 208. 訳書316-7頁；Parke [1957]：pp. 4-6）。だが，イギリスをはじめとして，各国とも，研究や設備が十分完成しないうちに終戦を迎えてしまった。なお，各国政府の介入については，Haber [1971]：pp. 198-208, 225-6, 236. 訳書 304-17, 346-7, 360-1頁を参照。

50　窒素を人工的に補給する方法としては，(1) 空中窒素固定法，(2) ガス工業の副産物，(3) 天然チリ硝石，豆粕，魚粕などの窒素含有物の利用がある。だが，第1次世界大戦期に至って，窒素需要が急速に増大したことにともない，空中窒素固定法が支配的な方法となった。さらに，この空中窒素固定法には，(a) 電弧法（arc process），(b) 石灰窒素法，(c) 合成アンモニア法の3種があり，同時期には，とりわけ合成アンモニア法と石灰窒素法が主流となっていた（田中 [1930]：9-10頁）。なお，各種窒素製品および製法については，Haber [1971]：pp. 84-107. 訳書 130-62；USTC [1937]：Chs. II, III, IVを参照。

51　ただし，実情は，各国の技術的蓄積や技術情報の不足から，1920年代央まで，技術開発は遅々として進まず，1926／27肥料年度でも，世界の合成アンモニア生産量54万4000トンのうち，ハーバー＝ボッシュ法による生産が88％を占めていた（工藤 [1978]：(2) 97頁）。

52　たとえば，4大小麦輸出国（アメリカ，カナダ，アルゼンチン，オーストラリア）の生産量に対するストックの割合は，1925年の16.9％から，1929年には38.9％に達していた（渡辺 [1975]：表30）。なお，農産物の過剰および価格低下

については，渡辺［1975］：227-33頁，表29, 30，図1-3を参照。
53　両大戦間期のアンモニア合成事業における，ICI社とIGファルベン社の関係については，Coleman［2005］：pp. 31-42を参照。
54　IGファルベン社およびノルウェー水力発電社の背後には，BASF社以来，同社，あるいはその後身企業であるIGファルベン社が主導権を握っていた，ドイツの窒素供給を独占的に支配する統制機関としてのドイツ窒素シンジケート（Deutsche Stickstoff Syndikat GmbH，ないしGerman Nitrogen Syndicate）が控えていた（工藤［1999a］：146, 198, 200-1頁）。イギリス硫酸アンモニア連盟およびこのドイツ窒素シンジケートは，販売機関として，それぞれ国内における販売統制を図る一方で，輸出事業にも進出するなどしていた（田中［1930］：45頁）。
55　各国の生産能力の状況については，USTC［1937］：Chs. IX, Xで，国別に詳細な報告がなされている。また，簡略なものとしては，田中［1930］：11-43頁；渡瀬［1938］：41-50頁を参照。
56　ただし，チリ側には，輸出について量的制限を課さず，ヨーロッパの小規模な窒素製造業者についても考慮しなかったため，同協定は現実性を欠くものであった（Haber［1971］：p. 277. 訳書420頁）。
57　ICI社の割当には，イギリス硫酸アンモニア連盟の，またIGファルベン社の割当には，ドイツ窒素シンジケートおよびノルウェー水力発電社の副生窒素製品も含まれていた（Reader［1975］：pp. 150-1）。
58　UN［1947］：Tab. 3. n. pag.の訳書 付表III, 128頁では，ベルギー，フランスを，DENグループの一員としているが，これは訳出の誤りである。
59　共同基金に対する各国の出資額は，各国の供給実績に応じて，ヨーロッパ各国の総計が225万ポンド，チリが75万ポンドとされた（Plummer［1951］：p. 106）。
60　この間，窒素製品の需要については，チリ硝石が33％，合成窒素および副生窒素製品が13.5％の減退となり，価格についても，世界的に見て50％に下落していた（Plummer［1951］：pp. 106-7）。また，イギリスでも，硫酸アンモニウムの価格が，1931年春に，1トン当たり9ポンド10シリングであったものが，1年後には，5ポンド10シリングと，約40％も下落していた（Reader［1975］：p. 149）。なお，硫酸アンモニウムの価格については，表3-12（本表は年平均価格）；USTC［1937］：Charts C, D, Tabs. 16, 17を参照。
61　チリ側は，直接的にはCIAに参加していなかったものの，ヨーロッパ各国と個別協定を締結するかたちで，CIAのプログラムに関わることとなった（Stocking & Watkins［1946］：p. 146）。
62　「こうした競争を回避する手段について，お互いに折り合いをつけることは容易ではないものの，ICI社とIGファルベン社が協定を締結したことによって，両社が結束することには成功した」（Reader［1975］：p. 151）。
63　1931年3月に，ナイトレート・オヴ・チリ社（The Nitrate Co. of Chile，ないしCia. de Salitre de Chile）が設立されたことで，同社が，チリにおけるチリ硝石生産

設備の95％を支配し，チリ生産者を代表するようになった（Stocking & Watkins [1946]: p. 137)．

64　むしろ，ICI社にとっては，輸出削減よりも，CIAに対する諸々の出資のほうが過重であったようで，その出資額は，共同基金への出資ならびに特別補償金支払を併せて，1932／33肥料年度は15万1361ポンド，1933／34年度は13万8545ポンドであった（Reader [1975]: p. 157)．

65　「国際染料カルテル」については，Fox [1987]: pp. 182-3；Hexner [1945]: pp. 308-12；Reader [1975]: pp. 183-196；Schröter [1990]；Schröter [1992]；伊藤 [2009]: 35-42頁；工藤 [1999a]: 133-41, 193-6頁；作道 [1995]: 第11章を参照．

66　国民染料社は，1917年に「国策会社」として設立された，同時期のイギリスのブリティッシュ・ダイズ社に匹敵する，フランスの国民的染料製造企業であった．その設立経緯，国家・金融機関との関係，事業展開については，作道 [1995]: 196-99頁を参照．

67　1924年，ドイツ染料製造企業は，ブリティッシュ・ダイスタッフズ社とも協調を図るべく折衝をつづけていたが，それも不調に終わった．その一方で，スイスの染料製造企業であるバーゼル化学工業社（Gesellschaft für Chemische Industrie Basel：CIBA社，1884年），サンド化学工業社（Chemische Fabrik vorm. Sandoz AG, 1895年），J. R. ガイギー社（J. R. Geigy AG, 1758年）との間で，染料製品について価格協定を結ぶことに成功していた（Hexner [1945]: p. 310)．なお，これら3社を「スイスIG」と呼ぶことがあるが，IGファルベン社の子会社あるいは関連会社ではない．スイスIGについては，Haber [1971]: pp. 307-9. 訳書468-71を参照．

68　染料組合を構成していた染料製造企業については，Schröter [1990]: p. 121を参照．

69　IGファルベン社を中心とした「2者カルテル」，「3者カルテル」および「4者カルテル」の結成とその行動については，Schröter [1990]: pp. 121-35を参照．

70　これらスイス染料製造企業とは，前出（本章註67）のスイスIG，すなわちCIBA社，サンド社，ガイギー社であった．

71　従来の協定が，個別製品ごとに締結されていたのに対して，この「3者カルテル」は，すべての品目を一括して，総売上を分配する方式を採用した，きわめて包括的な協定であった（工藤 [1999a]: 135頁)．この点については，Schröter [1990]: pp. 128 ff. を参照．

72　さらに，「3者カルテル」ないし「4者カルテル」は，イタリア，ポーランド，チェコスロヴァキアなどの染料製造企業との間で，特定品目・特定地域を対象とした個別市場協定を締結していた（工藤 [1999a]: 195頁)．この点については，Schröter [1990]: pp. 136 ff. を参照．

73　1930年代央までの主要国の染料工業については，日本学術振興会 [1935]: 1-60頁を参照．

74　「3者カルテル」および「4者カルテル」の対日戦略，同カルテルの日本の染料工

業に対する影響については，Schröter［1992］：pp. 43-7；工藤［1992］：第4章第1節，日本の染料工業については，東洋経済［1950］：第1巻 798-810頁，日本の染料工業政策については，原田［1938］：6を参照。

75 「国際水素添加特許協定」については，Hexner［1945］：pp. 313-21；Reader［1975］：Ch. 10；阿部［1938］：183-8頁；工藤［1999a］：241-4頁を参照。

76 1924年には，BASF社が，ベルギウス法による水素添加実験を開始しており，IGファルベン社の設立にともなって，IGファルベン社が株式の50％を所有していた石油石炭利用社（Erdöl- und Kohlenverwertung AG）を通じて，ベルギウス法の特許を保有する石炭ベルギン社（Steinkohlen Bergin AG）株の65％を所有するようになった（工藤［1999a］：157頁）。なお，1920年代を通じた，人造石油をはじめとした各種化学製品をめぐる協定に関する，IGファルベン社とスタンダード・オイル社の交渉の経過については，大東［1974］を参照。

77 技術協力協定の詳細については，工藤［1999a］：242-3頁を参照。

78 両大戦間期のICI社とIGファルベン社の人造石油事業については，Coleman［2005］：pp. 42-50を参照。

79 ヘンリー・モンド執行取締役によると，「相手〔IGファルベン社，スタンダード・オイル社，シェル・グループ〕と対立できるほど，我々〔ICI社〕は強くなどない」（Reader［1975］：p. 169）。

第5章　イギリスの化学製品輸出

　ICI社が主要製品の全般にわたって締結していた国際カルテルは，同社の設立にともなう国内的な「独占」の確立とも相まって，国際的な「寡占」体制のもとで，主要国化学企業との「競争」を回避し「協調」を図る機能を有していた。ICI社は，こうした国際経営戦略によって，世界大恐慌とこれにつづく1930年代の厳しい経営環境のもとで，国内外市場を確保し，その事業展開を安定的かつ有利に導こうとした。しかし，国内外市場の安定は，なにも国際カルテルによってのみ確保しえたわけではなかった。

　イギリス資本主義の場合，すでに第1次世界大戦期から徐々に保護主義的な傾向を強めていたが，恐慌期に至って「輸入関税法」が制定されたことで，国内市場の「保護」がよりいっそう強化され，さらにその後は，帝国ブロックの形成などによって，帝国市場全域の包括的な「保護」までもが可能となった。こうした政府によるさまざまな対外経済政策も，当然ながらICI社が市場を確保するうえで重要な機能を果たしていた。なかんずく，国内のみならず，海外にも広範な市場を有し，わけてもイギリス帝国諸地域を中心とした市場に大きなウェイトを置いていたICI社にとって，政府が展開する対外経済政策によるその「保護」は，国際カルテル活動とも相まって，絶大な効果を発揮することになった。

　では，実際に，こうした国際カルテルや対外経済政策は，イギリスの化学製品輸出——輸出に占めるICI社製品のウェイトの高さからすれば，事実上，同社の輸出といっても過言ではない——に対して，いかなる影響を及ぼしたのであろうか。本章では，イギリス＝ICI社による化学製品輸出——一方で輸出の

推移は，国内における業績に反映するが，他方で国際事業の指針ともなりうる――の推移を確認することによって，ICI社による国際カルテルおよびイギリス政府による対外経済政策がもたらした「効果」を検証する。

第1節　イギリスの対外経済政策

　産業革命によって資本主義の確立を迎えたイギリスでは，1820年代以降，一段と高まる自由貿易を要求する声に抗しきれず，相次いで保護主義的政策が緩和ないし廃止された。そして，ついには，1846年の「穀物条例」，1849年の「航海条例」の廃止をもって，輝かしき自由貿易体制を確立するに至った[1]。その後，19世紀後半以降，ドイツ，フランス，アメリカといった後進資本主義諸国が，つぎつぎと保護主義的政策を導入・強化する[2]間も，イギリス資本主義は，一貫して自由貿易政策を堅持しつづけ，20世紀を迎えることになった。

　しかし，第1次世界大戦中の1915年，自由主義の伝統を断ち切るかのように，保護主義的関税[3]として，各種の輸入製品に$33^{1/3}$％の関税を賦課する「マッケナ関税」(McKenna Duties)が採用された。これを皮切りに，戦後に至って，終戦直後の1919年に，「マッケナ関税」を修正してイギリス帝国諸地域からの輸入に対して特恵関税を課す「財政法」，1920年に，染料工業を保護する「染料（輸入規制）法」，1921年には，枢軸産業のための保護関税と反ダンピング関税を規定した「産業保護法」と，短期間のうちに立て続けに保護主義的関税が導入された（森［1975］：141-2頁；原田［1995］：258頁）。

　その後，相対的安定期の1920年代央に至っても，こうした動向には，歯止めが掛かることはなく，むしろよりいっそう強化された。1925年には，「マッケナ関税」(1924年に一度は廃止された)を復活させ，翌1926年には，5年間の時限立法であった「産業保護法」をさらに10年間延長させるかたちで更新し，新産業をはじめとした各種産業をその保護下に置いた。また，1925年春には，ロンドン金融市場の復活＝国際分業の拡大とイギリス産業の発展を目論み，旧平価による金本位制への復帰も実現した。こうして，金融・財政・貿易の多方面にわたる経済政策をもって，イギリス資本主義は，1920年代末に向かって

よりいっそう保護主義的な傾向を強めていった。1925年から1929年にかけては，こうした一連の保護主義的関税・特恵政策のかいもあって，イギリス貿易も緩やかに拡大に向かうなど（同時期に，輸出は20％，輸入は6％増大した），イギリス資本主義にとって，より有利な経済的環境が醸成されつつあった（森［1975］: 133-4, 142-3頁；森［1980］: 161頁）。

ところが，1929年に世界大恐慌が発現したことにともなって，渦中の1931年9月には，再度，その再建金本位制が放棄され，ポンドの大幅な切下げも行われた。さらには，イギリス資本主義の体制的危機を反映して，よりいっそう強固な保護主義的政策が，瞬く間につぎつぎと採用されることになった。まず，1931年11月，一般保護関税の先駆けともなった「異常輸入（関税）法」（Abnormal Importations (Customs Duties) Act）が成立したことを足がかりとして，同年12月に，「園芸品（緊急関税）法」（Horticultural Products (Emergency Customs Duties) Act），翌1932年2月には，恒常的保護関税となる「輸入関税法」が，一挙に成立したのである（森［1975］: 216-8頁；内田［1985b］: 67-9頁）。

こうしたイギリス国内市場に対する保護主義的政策は，おのずと帝国内市場をも確保する一連の対外経済政策の成立へと連動していった。イギリスは，1932年7月，自治領諸国やインド，南ローデシアなどとの間で「オタワ協定」を締結することによって，「帝国特恵関税」の導入に踏み切った。これによって，差別的な高関税障壁を張り巡らすことで防衛された帝国ブロック，さらにはこれと並行するように，諸国が自国通貨とポンドをリンクさせる一大通貨圏であるスターリング・ブロックも形成された。また，帝国外諸国（ヨーロッパ諸国，アルゼンチン，ブラジルなど）とも互恵通商協定を締結するなど，「公式帝国」のみならず，「非公式帝国」をも巻き込んだ，ブロック化によるイギリス資本主義の防衛体制は，雪崩を打って拡大していった（森［1975］: 219-27頁）。

とはいえ，結局のところ，「オタワ協定」によって，イギリスが自治領諸国からあらたに得た「特恵」はそう多くはなく，むしろ自治領諸国のほうが，イギリスの一般保護関税を利用して，さらなる「特恵」を得ることに成功した[4]（森［1975］: 220頁）。1929年から1938年に至るイギリスの輸出入および貿易収支を振り返って，その「効果」を確認してみよう。輸出は，7億2930万ポンド

から，ほぼ半減したあと，4億7080万ポンドにまで回復した。輸入もまた，12億2080万ポンドから，40％以上の減少を経験したあと，9億1950万ポンドまで増大した。輸出入ともに，恐慌直後に急減したあと，1930年代後半に向かって，緩やかに回復する傾向にはあったが，1930年代を通じて，恐慌前水準には及ばなかった。貿易収支[5]も，マイナス4億9150万ポンドから，その後，30％超の赤字幅縮小を経験したものの，再度，マイナス4億4870万ポンドまで増大して，輸出入よりも一足早く恐慌前水準に近づきつつあった（森[1975]：表53, 55より引用・算出）。もちろん，黒字に転じる様子など，微塵も見せることはなかった。

　つぎに，1929年と1938年のイギリス商品輸出の地域別構成[6]を比較してみよう。帝国内輸出の比重が44.5％から49.9％へ，帝国内輸入の比重が29.4％から40.4％へと，ともに顕著に増大していた。これによって，1920年代につづいていた世界貿易におけるイギリスの輸出シェアの低下にも歯止めが掛かった。同時期について，世界貿易におけるイギリスの輸出入シェアを見てみると，輸出シェアの場合，10.8％からいったんは低下したものの，その後，10.1％へと上昇し，恐慌前水準に接近した。また，輸入シェアも，15.2％から17.3％へと徐々に上昇していた（森[1975]：表53, 55, 63より引用・算出）。

　このように「オタワ協定」によって，イギリスの輸出は回復に転じ，貿易赤字幅も一時的には縮小傾向を示していた。だが，輸出面では，イギリスの輸出を帝国外市場から帝国内市場に振り向けることにこそ成功したものの，その一方で，帝国外市場を縮小させることになった。また，輸入面でも，自治領などの帝国諸地域への譲歩という性格をもつ「オタワ協定」によって，帝国外諸地域からの輸入は減少したものの，やはりその裏返しとして，帝国内諸地域からの輸入を増大させることになった。さらには，こうしたイギリスによるブロック化自体が，1930年代央以降，他の帝国主義列強によるブロック化[7]をも助長し，分極化した世界経済における列強間の競争[8]を，よりいっそう激化させることになった。

第2節　イギリスの化学製品輸出

　かつて，ブラナー・モンド社は，中国，日本，英領インド，オーストラリアといった，帝国内外の諸地域に設立した販売子会社を通じて，おもにアルカリ製品の輸出事業を展開していた。ICI社が設立されて以降も，1930年代央までに，アジアではマラヤ，中東ではエジプト，レヴァント（Levant，地中海東岸地域），南アメリカではチリ，ブラジル，ペルーにも，あらたに販売子会社を設立して，イギリス帝国諸地域を中心とした世界各地に向けて，アルカリ製品のみならず，窒素肥料や染料，爆薬といった各種化学製品を輸出するようになった（第6章 第1, 2節）。

　こうしたICI社による化学製品輸出は，イギリス化学製品輸出の半分程度を占めており（ICI [1955]：p. 71），わけてもアルカリや窒素，爆薬については，ほぼ完全にICI社が「独占」していたと推測される[9]。残念ながら，ICI社の製品輸出に関するデータは入手できなかった[10]。だが，イギリスの関税・間接税庁統計局（Statistical Office of the Customs and Excise Department）が発行する『貿易年次報告書』（GBSOCED, *Ann. Stat.*）が，イギリス化学製品輸出の国別・地域別構成について，きわめて詳細な統計を残しており，これをもって，ICI社による化学製品輸出の「推移」を，ある程度，把握することが可能である。

　したがって，本節では，1920年代末から1930年代末にかけてのイギリス化学製品輸出統計に基づいて，同時期のイギリス＝ICI社の化学製品輸出の動向を分析することで，ICI社の国際カルテル活動，さらにはイギリス政府の対外経済政策によって，帝国諸地域を中心とした海外市場に対する「保護」がもたらした「成果」を検討する。

1　化学製品輸出

　化学製品輸出は，1929年のイギリス商品輸出において，3.6％の比重を占めており，同じく新産業に属していた自動車の2.8％，電気製品の1.8％，人造絹糸・同製品の0.8％[11]（森 [1975]：表52）を上回る比重を有する「輸出産業」として，イギリス新産業を牽引していた。その化学製品輸出（高性能爆薬は，純粋

な化学製品にはあたらないため,輸出合計からは除外した[12])の推移を見ると,世界大恐慌直前の1929年に,2924万6600ポンドでピークに達して以降,1931年には1886万7900ポンドと,2年間で35.5%もの減少を記録した(表3-16(a)より算出)。それでも,商品輸出では,同時期に46.4%の減少であったから(森[1975]:表53より算出),「相対的」には,化学製品輸出の減少幅は大きくはなかったといえる。

その後,輸出は,1933年からは徐々に回復に向かい,世界的に景気が最高潮に達して,再軍備の影響が及びはじめた1937年には,急増して2465万3100ポンドと,恐慌後の最高を記録し,1929年からすれば,77.9%の水準まで回復した(表3-16(a)より算出)。この点,商品輸出では,71.5%の水準にまでしか回復していなかったから(森[1975]:表53より算出),化学製品輸出の回復が,より急速であったといえる。とはいえ,結局のところ,第2次世界大戦勃発時までには,一度として1929年の輸出額を超えることはなかった。他産業と比較してみると,新産業に列挙されていた自動車産業では1936年に,電気産業では1938年に,それぞれほぼ恐慌前の輸出水準を回復していた[13]。この点,他産業の輸出動向についても,より詳細な比較分析を加えなければ,軽々に論じることはできないものの,他の新産業に比較すれば,化学産業の輸出環境が相対的に厳しかったことだけはうかがえる。

つぎに,主要化学製品輸出の地域別構成を見てみよう。ちなみに,この「主要化学製品」とは,表3-16(a)にあげた「比較的広範な品目」から構成される輸出製品とは異なり,後掲 表5-2(a)〜5-5(b)にあげた「ICI社の主要輸出品目」にほぼ匹敵する,アルカリ(ナトリウム化合物),爆薬(高性能爆薬),窒素(硫酸アンモニウム),合成染料(タール染料)から構成される品目のことである。これらの輸出においては,ICI社製品の占める比重がきわめて高く,事実上,ICI社による輸出といっても過言ではなかった。

この主要化学製品の帝国内市場への輸出額を見ると,恐慌直前の時期にあたる1929年の428万5800ポンドを頂点として,1931年に262万3800ポンドで底に達し,1933年には早くも増大に転じて,1937年に至って472万900ポンドで恐慌前の輸出水準を超えた。主要化学製品輸出に占める帝国内市場の比重は,

表5-1　イギリスの主要化学製品輸出の地域別構成[1]（1927～1939年）

地　域	単　位	1927	1929	1931	1933	1935	1937	1939
帝国内	£1000	3,017.2	4,285.8	2,623.8	3,297.1	4,012.7	4,720.9	5,085.6
	％	36.7	38.6	39.0	51.1	58.7	63.7	66.6
帝国外	£1000	5,208.7	6,805.2	4,106.1	3,152.3	2,825.6	2,685.8	2,554.1
	％	63.3	61.4	61.0	48.9	41.3	36.3	33.4
合　計	£1000	8,225.9	11,091.0	6,729.9	6,449.4	6,838.3	7,406.7	7,639.7
	％	100.0	100.0	100.0	100.0	100.0	100.0	100.0

註1：表5-2～5-5のアルカリ（ナトリウム化合物），爆薬（高性能爆薬），窒素（硫酸アンモニウム），合成染料（タール染料）。
出所：GBSOCED, *Ann. Stat.*, 1927-39 より算出。

1929年に記録した38.6％から一貫して増大しつづけ，10年後の1939年には66.6％と，28ポイントもの大幅な増大を記録した（表5-1）。この点，同時期に，商品輸出でも，帝国内輸出の比重が，44.5％から49.9％へと，5.4ポイント高まってはいたものの（森［1975］：表53），主要化学製品輸出のそれとは比較にならないものであった。さらに，地域的に見れば，とりわけ，カナダ，オーストラリア，南アフリカ，英領インドといった，ICI社が販売・製造子会社ないし合弁会社を設置していた諸地域における増大ぶりがきわめて顕著であった（本節2～5）。

他方，帝国外市場への輸出額は，1929年の680万5200ポンドをピークにして，1931年には410万6100ポンドにまで減少し，以降，若干の増大は見られたものの，1930年代後半には，ほぼ横這いに等しい状態となった。したがって，裏返せば，帝国外市場の比重は，1929年の61.4％から，1939年には33.4％へと大幅に低下しており，1930年代を通じてイギリス主要化学製品の輸出先が帝国外市場から帝国内市場へとドラスティックにシフトした[14]ことになる（表5-1）。

ここで，イギリス化学製品輸入（ただし，これらの輸入品目が，ICI社が供給していた製品と合致するとは限らない）についても触れておけば，1929年の1804万3500ポンドをピークにして，1933年まで減少がつづき，恐慌前水準のほぼ半分にあたる990万3100ポンドで底を突いた。その後，イギリスの景気が回復・拡大に向かったこともあって，これに即して輸入も増大しはじめた。それ

でも、1930年代を通じて見れば、ピークにあたる1937年ですら1424万2400ポンドと、1929年の輸入額にははるかに及ばず、輸出よりもやや減少幅が大きかった（表3-16（b））。

あらためて、イギリス化学製品輸出について振り返れば、たしかに恐慌前水準に回帰することはかなわなかった。とはいえ、見方を変えれば、輸出先を、帝国外市場から帝国内市場に振り向けることで、むしろなんとかこの程度の減少で押しとどめたともいえよう。また、輸入については、景気動向に即して、ある程度、増大することは織り込みずみであったし、やはり恐慌前水準には及ばなかったという点では、十分にブレーキが利いていたといえよう。こうした、輸出の帝国内市場へのシフトと輸入に対する抑制を支えた要因は、やはり主要製品全般にわたる国際カルテル、さらには1932年の「オタワ協定」、それに並行して形成されたスターリング・ブロックによる帝国内市場の徹底した「保護」であった。もっとも、プラスの面のみならず、マイナス面にも目を向ければ、恐慌による海外市場の縮小[15]に加えて、帝国外市場――その大部分が国際カルテルによる「非排他的市場」ないし「協定外市場」であった――で、大幅に後退せざるをえなかったことが痛手となった[16]。

広範な化学製品を生産・輸出していたICI社であったが、そのうちの主要な輸出品目は、アルカリ、窒素肥料、染料であった（Reader [1975]: p. 199）。次節以降では、これらアルカリ（ナトリウム化合物）、窒素（硫酸アンモニウム）、合成染料（タール染料）に、爆薬（高性能爆薬）を加えた4品目について、製品別にイギリス化学製品輸出の推移を確認することで、個別の国際カルテルや対外経済政策がその輸出に与えた影響を検討する。

2 アルカリ（ナトリウム化合物）輸出

まず、「国際アルカリ・カルテル」によってイギリス帝国市場の保護に成功したアルカリ（ナトリウム化合物、すなわち各種ソーダ製品）の輸出から見ていこう。アルカリの輸出価額は、1929年に385万4200ポンドであったものが、恐慌後の1931年には一挙に285万1500ポンドにまで減少した。その後、1933年には早くも回復に転じて、300万ポンドの大台にまで達したものの、結局のと

ころ，1939年に至るまで300万ポンド台にとどまり，恐慌前の輸出水準を超えることはなかった（表5-2 (a)）。

これを輸出数量で見ると，1929年の1027万200cwts（cwt：ハンドレッドウエイト，1cwt＝112重量ポンド＝50.8キログラム）から，1931年には637万8900cwtsで底に達して，以降，徐々に回復に向かった。だが，恐慌後の最高を記録した1937年ですら，932万6000cwtsにとどまり，恐慌前の水準に及ぶことはなかったし，また輸出価額に比較してややその減少幅も大きかった（表5-2 (b)）。

つぎに，アルカリ輸出の地域別構成を見てみよう。子会社ないし合弁会社を有するとともに，「国際アルカリ・カルテル」によって排他的領域としても市場が確保されていた，英領インド，オーストラリア，南アフリカ，カナダなどの帝国諸地域では，それぞれ輸出価額・数量，比重ともに，1931年以降，順調に推移していた。帝国内輸出を，価額で見れば，1929年の151万5700ポンド（39.3％）から減少して，1931年に131万5500ポンド（46.1％）で底を突いた。だが，早くも1933年には上昇に転じて，その時点で恐慌前水準を超え，1939年には222万6400ポンド（60.2％）と，価額，比重ともに，1929年の水準をはるかに凌駕した。また，数量では，1929年の338万4900cwts（33.0％）から減少して，やはり1931年に280万7900cwts（44.0％）で底に達した。その後，価額に比べてやや遅れて，1935年に恐慌前水準を超え，1939年には487万4200cwts（54.1％）にまで増大した（表5-2 (a)，5-2 (b)）。こうした推移を見れば，やはり「国際アルカリ・カルテル」や対外経済政策が一定の「成果」を上げていたといえる。

もっとも，こうしたプラス効果のみを強調するわけにもいかない。帝国内輸出がきわめて好調であったということは，翻してみれば，帝国外市場に対する輸出がより厳しさを増していたことになる。1929年に233万8400ポンド（60.7％），688万5300cwts（67.0％）と，帝国内輸出をはるかに上回っていたものが，恐慌にともなう衝撃によって，1931年には153万5900ポンド（53.9％），357万1000cwts（56.0％）と，帝国内輸出にも増して大幅に減少した。その後，価額，数量ともに，1933年からは回復に向かったものの，1939年時点でも147万500ポンド（39.8％），413万3100cwts（45.9％）にすぎず，恐慌前水準に

表5-2(a)　イギリスのアルカリ(ナトリウム化合物)輸出の地域別構成:価額(1927～1939年)

国・地域	単位	1927	1929	1931	1933	1935	1937	1939
アイルランド[1]	£1000	89.2	112.6	103.2	107.5	120.5	99.6	130.3
	%	2.2	2.9	3.6	3.4	3.6	3.1	3.5
南アフリカ	£1000	163.1	176.1	163.3	196.1	243.2	264.3	332.6
	%	4.0	4.6	5.7	6.2	7.2	8.2	9.0
南ローデシア	£1000	—	—	—	68.9	90.8	80.9	63.9
	%	—	—	—	2.2	2.7	2.5	1.7
英領インド[2]	£1000	467.9	456.5	413.1	422.0	519.6	564.7	746.6
	%	11.5	11.8	14.5	13.4	15.3	17.5	20.2
香港	£1000	45.2	48.4	41.9	23.2	29.1	18.4	18.6
	%	1.1	1.3	1.5	0.7	0.9	0.6	0.5
オーストラリア	£1000	394.9	332.0	269.1	370.5	366.9	324.3	437.9
	%	9.7	8.6	9.4	11.8	10.8	10.1	11.8
ニュージーランド	£1000	86.1	102.2	76.2	86.0	77.4	85.5	88.2
	%	2.1	2.7	2.7	2.7	2.3	2.7	2.4
カナダ	£1000	123.7	129.8	116.9	130.4	146.9	151.6	155.0
	%	3.0	3.4	4.1	4.2	4.3	4.7	4.2
他の帝国内諸国	£1000	124.0	158.1	131.8	158.1	178.5	176.7	253.3
	%	3.0	4.1	4.6	5.0	5.3	5.5	6.9
帝国内	£1000	1,494.1	1,515.7	1,315.5	1,562.7	1,772.9	1,766.1	2,226.4
	%	36.7	39.3	46.1	49.8	52.3	54.8	60.2
スウェーデン	£1000	112.3	150.9	48.5	29.1	40.4	41.5	59.2
	%	2.8	3.9	1.7	0.9	1.2	1.3	1.6
オランダ	£1000	61.5	56.3	18.6	46.0	10.7	18.4	65.5
	%	1.5	1.5	0.7	1.5	0.3	0.6	1.8
蘭領インドネシア	£1000	68.1	89.8	74.6	52.9	39.0	13.6	18.1
	%	1.7	2.3	2.6	1.7	1.1	0.4	0.5
葡領東アフリカ	£1000	8.9	18.2	105.9	115.2	31.7	35.3	22.6
	%	0.2	0.5	3.7	3.7	0.9	1.1	0.6
エジプト	£1000	30.1	36.0	0.9	57.2	61.8	64.7	57.8
	%	0.7	0.9	1.5	1.8	1.8	2.0	1.6
イラン[3]	£1000	60.7	51.2	8.0	35.1	40.7	36.9	123.7
	%	1.5	1.3	0.3	1.1	1.2	1.1	3.3
中国	£1000	273.5	319.3	189.3	146.7	128.6	129.9	94.7
	%	6.7	8.3	6.6	4.7	3.8	4.0	2.6
日本	£1000	733.9	456.4	273.5	101.6	207.7	147.6	0.0
	%	18.0	11.8	9.6	3.2	6.1	4.6	0.0
アメリカ	£1000	61.9	87.2	23.0	16.6	3.2	4.0	15.6
	%	1.5	2.3	0.8	0.5	0.1	0.1	0.4
メキシコ	£1000	90.5	80.4	39.0	56.7	59.9	17.8	7.3
	%	2.2	2.1	1.4	1.8	1.8	0.6	0.2
チリ	£1000	54.1	69.5	23.6	20.8	30.3	31.1	38.6
	%	1.3	1.8	0.8	0.7	0.9	1.0	1.0
ブラジル	£1000	343.7	297.1	236.6	416.7	345.2	318.2	360.7
	%	8.4	7.7	8.3	13.3	10.2	9.9	9.8
アルゼンチン	£1000	219.7	244.0	148.2	170.0	166.3	207.1	252.3
	%	5.4	6.3	5.2	5.4	4.9	6.4	6.8
他の帝国外諸国	£1000	461.6	382.2	305.2	310.5	454.0	388.1	354.4
	%	11.3	9.9	10.7	9.9	13.4	12.1	9.6
帝国外	£1000	2,580.5	2,338.4	1,535.9	1,575.0	1,619.4	1,454.3	1,470.5
	%	63.3	60.7	53.9	50.2	47.7	45.2	39.8
世界	£1000	4,074.6	3,854.2	2,851.5	3,137.8	3,392.3	3,220.4	3,696.9
	%	100.0	100.0	100.0	100.0	100.0	100.0	100.0

註 1:1935年度以降,国名はエール。　2:ビルマを除く。　3:1931年度まで,国名はペルシャ。
出所:GBSOCED, Ann. Stat., 1927-39 より算出。

第5章 イギリスの化学製品輸出　259

表5-2(b)　イギリスのアルカリ(ナトリウム化合物)輸出の地域別構成：数量(1927～1939年)

国・地域	単位	1927	1929	1931	1933	1935	1937	1939
アイルランド[1]	1000cwts.	222.9	299.9	267.6	305.8	333.7	269.2	339.6
	%	2.3	2.9	4.2	4.5	3.9	2.9	3.8
南アフリカ	1000cwts.	110.1	113.6	144.3	196.0	167.0	215.4	311.9
	%	1.1	1.1	2.3	2.9	1.9	2.3	3.5
南ローデシア	1000cwts.	—	—	—	21.0	30.5	32.2	32.3
	%				0.3	0.4	0.3	0.4
英領インド[2]	1000cwts.	1,262.8	1,402.7	1,196.9	1,227.4	1,756.5	2,313.0	2,383.4
	%	12.9	13.7	18.8	18.1	20.5	24.8	26.5
香港	1000cwts.	163.0	163.6	162.6	103.0	130.5	125.6	108.5
	%	1.7	1.6	2.5	1.5	1.5	1.3	1.2
オーストラリア	1000cwts.	845.9	660.0	499.7	729.0	800.4	704.3	833.5
	%	8.6	6.4	7.8	10.8	9.3	7.6	9.3
ニュージーランド	1000cwts.	126.9	147.5	117.4	131.8	157.2	174.8	187.9
	%	1.3	1.4	1.8	1.9	1.8	1.9	2.1
カナダ	1000cwts.	355.0	321.5	148.1	163.0	138.2	161.0	140.6
	%	3.6	3.1	2.3	2.4	1.6	1.7	1.6
他の帝国内諸国	1000cwts.	223.9	276.1	271.4	279.5	350.1	436.3	536.5
	%	2.3	2.7	4.3	4.1	4.1	4.7	6.0
帝国内	1000cwts.	3,310.5	3,384.9	2,807.9	3,156.5	3,864.1	4,431.7	4,874.2
	%	33.8	33.0	44.0	46.6	45.1	47.5	54.1
スウェーデン	1000cwts.	742.9	1,372.6	404.9	243.1	438.5	381.2	410.2
	%	7.6	13.4	6.3	3.6	5.1	4.1	4.6
オランダ	1000cwts.	123.4	227.4	66.4	123.6	18.5	36.2	68.4
	%	1.3	2.2	1.0	1.8	0.2	0.4	0.8
蘭領インドネシア	1000cwts.	93.0	132.8	112.3	84.2	84.9	13.1	17.1
	%	0.9	1.3	1.8	1.2	1.0	0.1	0.2
葡領東アフリカ	1000cwts.	11.2	27.6	93.0	205.7	79.7	94.5	42.6
	%	0.1	0.3	1.5	3.0	0.9	1.0	0.5
エジプト	1000cwts.	46.7	57.6	88.5	108.6	136.0	146.3	113.4
	%	0.5	0.6	1.4	1.6	1.6	1.6	1.3
イラン[3]	1000cwts.	89.1	102.0	14.1	60.8	73.6	81.5	250.2
	%	0.9	1.0	0.2	0.9	0.9	0.9	2.8
中国	1000cwts.	924.8	1,035.9	642.7	568.4	523.3	750.2	544.0
	%	9.4	10.1	10.1	8.4	6.1	8.0	6.0
日本	1000cwts.	1,943.3	1,152.4	581.5	396.9	743.8	582.7	0.0
	%	19.8	11.2	9.1	5.9	8.7	6.2	0.0
アメリカ	1000cwts.	43.6	72.1	26.9	25.2	4.5	4.0	83.2
	%	0.4	0.7	0.4	0.4	0.1	0.0	0.9
メキシコ	1000cwts.	148.0	122.4	55.6	91.7	111.5	7.9	3.3
	%	1.5	1.2	0.9	1.4	1.3	0.1	0.0
チリ	1000cwts.	109.6	168.1	57.7	42.2	95.3	96.3	97.9
	%	1.1	1.6	0.9	0.6	1.1	1.0	1.1
ブラジル	1000cwts.	461.0	503.4	378.7	540.7	644.1	758.6	654.2
	%	4.7	4.9	5.9	8.0	7.5	8.1	7.3
アルゼンチン	1000cwts.	508.5	669.8	415.2	426.1	556.4	752.1	819.4
	%	5.2	6.5	6.5	6.3	6.5	8.1	9.1
他の帝国外諸国	1000cwts.	1,237.4	1,241.1	633.6	702.5	1,193.7	1,189.6	1,029.4
	%	12.6	12.1	9.9	10.4	13.9	12.8	11.4
帝国外	1000cwts.	6,482.5	6,885.3	3,571.0	3,619.8	4,703.8	4,894.3	4,133.1
	%	66.2	67.0	56.0	53.4	54.9	52.5	45.9
世界	1000cwts.	9,793.0	10,270.2	6,378.9	6,776.3	8,567.9	9,326.0	9,007.3
	%	100.0	100.0	100.0	100.0	100.0	100.0	100.0

註 1：1935年度以降，国名はエール。　2：ビルマを除く。　3：1931年度まで，国名はペルシャ。
出所：GBSOCED, *Ann. Stat.*, 1927-39 より算出。

ははるかに及ばず、なおかつ比重の低下は甚だしいものであった（表5-2（a），5-2（b））。

こうした帝国外輸出の厳しい状況について、個別地域の動向をより詳細に見てみよう。何よりも、「国際アルカリ・カルテル」の成立を背景にして、もともと比重こそ高くはなかったものの、きわめて巨大であったアメリカ市場について、ALKASSOに「譲歩」したことの影響は大きかった。アメリカ向け輸出の場合、価額では、1929年の8万7200ポンド（2.3%）から激減して、1935年には3200ポンド（0.1%）で底を突き、数量でも、1929年の7万2100cwts（0.7%）から、1937年の4000cwts（0.1%）で最低を記録するなどして、事実上、アメリカ市場を喪失したに等しい状況となった。その後、第2次世界大戦が勃発した1939年には、アメリカの需要拡大によって、大幅に輸出が増大したものの、これも例外的な変化にすぎなかった（表5-2（a），5-2（b））。

さらに、1929年には、価額で、45万6400ポンド（11.8%、英領インドとならんで最大の比重）、数量では、115万2400cwts（11.2%）と、帝国外諸地域では最大規模であった日本向け輸出が、1939年にはほぼ皆無に等しい状況にまで激減した。くわえて、日本に次ぐ大規模市場であった中国向け輸出でも、同時期について、31万9300ポンド（8.3%）、103万5900cwts（10.1%）から、9万4700ポンド（2.6%）、54万4000cwts（6.0%）と、価額で3分の1、数量で2分の1にまで減少した[17]。このように「〔国内でのアルカリの売上増大に反して〕中国や日本における競争が激化したことの影響」（ICI, *Ann. Rep.*, 1933, p. 5）も、きわめて大きかったといわざるをえない（表5-2（a），5-2（b））。

アルカリ製品（ナトリウム化合物）の輸出については、一方で、イギリス＝ICI社は、帝国内市場の保護には成功し、大不況下の1930年代にあって、大幅に輸出を増大させた。だが、他方で、勢力を増していた日本のソーダ工業によって激しい追撃を受け、極東市場を奪取された[18]ことにより、帝国外市場を大幅に縮小させた事態は、きわめて深刻であった。

それでも、イギリスの化学製品輸出全体を見ると、1931年には、対1929年比で35.5%の減少であったにもかかわらず、ナトリウム化合物（アルカリ製品）の場合、26.0%の減少にとどまり、さらには化学製品輸出全体に占める比重も、

1929年の13.2％から，1931年の15.1％，さらにその後，1933年には16.1％へと着実に増大していた（表3-16 (a)）。種々雑多な製品が混在する塗料類（塗装・印刷用塗料・材料）や「他の化学製品」を別にすれば，事実上，アルカリ製品（ナトリウム化合物）輸出は，イギリス＝ICI社にとっても最大規模の輸出事業であった。たしかに，生産面では，他国との競争から「相対的」に後退し，輸出面でも，恐慌前水準を超えるような大幅な増大は実現できなかった。それでも，こうしたアルカリ製品輸出の動向は，ICI社の国内のアルカリ事業と符合するように，恐慌期にあって業績を悪化させていたイギリス化学産業＝ICI社を，苦戦を強いられながらも，その中核的な工業＝事業部門として，なんとか根底で支えつづけていた[19]といえる。

3 爆薬（高性能爆薬）輸出

つづいて，爆薬（高性能爆薬）の輸出である。爆薬輸出の場合，輸送の危険性や費用の面から，現地生産に依拠する傾向が強かったことにより，アルカリや窒素，染料などと比較すれば，爆薬の輸出は必ずしも多額ではなかった。

その爆薬輸出の推移を見れば，1929年に70万2000ポンド，14万5100cwtsであったものが（もっとも，1927年のほうが，価額，数量ともに1929年を上回っていた），恐慌過程の1931年には，価額でほぼ半減して32万3200ポンド，数量では3分の1となる5万5700cwtsにまで激減するなど，景気動向に顕著に反応していた。だが，景気が回復に向かうと，これに即応して，価額では，1935年に71万8800ポンドで，また数量でも，少し遅れて1937年に17万4700cwtsで，それぞれ恐慌前の水準を超えた（表5-3 (a)，5-3 (b)）。爆薬の輸出先では，大不況下にあって景気振興政策としての公共事業の活発化や，さらには金鉱業の成長にともなって，爆薬の需要が増大したことにより（ICI, *Ann. Rep.*, 1935, p. 8），その輸出もまたきわめて好調な推移をたどった。

さらに，地域別構成では，帝国内輸出が，1935年には56万2900ポンド，10万6900cwtsを記録して，早くも恐慌前（1927, 29年とも）水準を凌駕した。ICI社の設立前から，「国際爆薬カルテル」によって，海外爆薬市場が保護されていたこともあり，帝国内輸出の比重は，1929年時点でも価額で65.0％，数量

表5-3 (a)　イギリスの爆薬（高性能爆薬）輸出の地域別構成：価額[1]（1927〜1939年）

国・地域	単位	1927	1929	1931	1933	1935	1937	1939
アイルランド[2]	£1000	—	—	—	10.9	8.4	17.0	28.2
	%	—	—	—	2.4	1.2	1.9	3.8
オーストラリア	£1000	266.1	172.6	38.6	83.0	211.2	165.0	49.1
	%	32.2	24.6	11.9	18.5	29.4	18.3	6.6
ニュージーランド	£1000	32.7	59.5	2.0	22.0	32.2	54.7	25.3
	%	4.0	8.5	0.6	4.9	4.5	6.1	3.4
英領西アフリカ	£1000	27.1	15.7	16.3	35.8	84.5	118.3	129.1
	%	3.3	2.2	5.0	8.0	11.8	13.1	17.4
英領インド[3]	£1000	80.4	103.2	91.3	81.2	132.0	91.5	141.6
	%	9.7	14.7	28.2	18.1	18.4	10.2	19.1
英領マラヤ[4]	£1000	12.6	16.9	14.6	8.1	20.1	46.5	45.6
	%	1.5	2.4	4.5	1.8	2.8	5.2	6.2
他の帝国内諸国	£1000	107.9	88.3	55.8	36.6	74.5	124.0	169.7
	%	13.1	12.6	17.3	8.1	10.4	13.8	22.9
帝国内	£1000	526.8	456.1	218.8	277.7	562.9	616.9	588.6
	%	63.7	65.0	67.7	61.7	78.3	68.5	79.5
エジプト	£1000	6.6	8.0	12.9	11.1	14.7	9.4	41.6
	%	0.8	1.1	4.0	2.5	2.0	1.0	5.6
イラン[5]	£1000	1.3	20.7	—	6.5	2.2	74.4	6.5
	%	0.2	2.9	—	1.4	0.3	8.3	0.9
中国	£1000	—	—	—	8.9	2.4	25.1	—
	%	—	—	—	2.0	0.3	2.8	—
日本	£1000	36.7	31.7	22.5	17.0	2.3	3.3	—
	%	4.4	4.5	7.0	3.8	0.3	0.4	—
朝鮮	£1000	2.4	26.7	21.1	36.9	—	—	—
	%	0.3	3.8	6.5	8.2	—	—	—
コロンビア	£1000	33.3	9.2	10.4	3.2	10.8	27.8	14.5
	%	4.0	1.3	3.2	0.7	1.5	3.1	2.0
ブラジル	£1000	19.2	17.1	22.6	19.7	36.2	42.0	29.7
	%	2.3	2.4	7.0	4.4	5.0	4.7	4.0
アルゼンチン	£1000	34.7	20.2	—	—	9.6	17.0	28.5
	%	4.2	2.9	—	—	1.3	1.9	3.8
他の帝国外諸国	£1000	165.6	112.3	15.0	68.8	77.7	84.9	31.0
	%	20.0	16.0	4.6	15.3	10.8	9.4	4.2
帝国外	£1000	299.8	245.9	104.4	172.1	155.9	284.0	151.7
	%	36.3	35.0	32.3	38.3	21.7	31.5	20.5
世界	£1000	826.6	702.0	323.2	449.8	718.8	900.9	740.3
	%	100.0	100.0	100.0	100.0	100.0	100.0	100.0

註 1：黒色火薬，コロジオン綿，トリニトロトルエン，ゼラチン状爆薬，非ゼラチン状爆薬。
　2：1935年度以降，国名はエール。
　3：ビルマを含む。
　4：1935年度まで，海峡植民地・同保護領，1937年度以降，海峡植民地・同保護領およびマレー諸国。
　5：1931年度まで，国名はペルシャ。
出所：GBSOCED, *Ann. Stat.*, 1927-39 より算出。

表5-3（b）　イギリスの爆薬（高性能爆薬）輸出の地域別構成：数量[1]（1927～1939年）

国・地域	単位	1927	1929	1931	1933	1935	1937	1939
アイルランド[2]	1000cwts.	—	—	—	1.7	1.5	2.8	4.1
	%				2.2	1.1	1.6	3.0
オーストラリア	1000cwts.	61.4	40.1	7.3	14.8	43.5	33.4	8.8
	%	36.0	27.6	13.1	19.1	32.6	19.1	6.4
ニュージーランド	1000cwts.	7.4	13.5	0.6	4.2	5.9	10.7	5.0
	%	4.3	9.3	1.1	5.5	4.4	6.1	3.6
英領西アフリカ	1000cwts.	5.4	3.0	2.8	6.4	15.2	22.1	24.8
	%	3.2	2.1	5.0	8.3	11.4	12.7	18.1
英領インド[3]	1000cwts.	15.6	20.6	15.7	14.1	21.5	16.6	25.3
	%	9.1	14.2	28.2	18.2	16.1	9.5	18.4
英領マラヤ[4]	1000cwts.	2.6	3.5	2.6	1.3	3.8	7.9	8.0
	%	1.5	2.4	4.7	1.7	2.8	4.5	5.8
他の帝国内諸国	1000cwts.	22.2	16.4	8.6	6.9	15.4	24.0	32.8
	%	12.9	11.3	15.4	8.9	11.6	13.7	23.9
帝国内	1000cwts.	114.6	97.2	37.5	49.5	106.9	117.5	108.8
	%	67.1	67.0	67.3	63.9	80.2	67.3	79.3
エジプト	1000cwts.	1.3	1.8	2.3	2.0	2.6	1.7	7.5
	%	0.8	1.2	4.2	2.6	2.0	1.0	5.5
イラン[5]	1000cwts.	0.2	3.2	—	1.2	0.4	13.6	1.2
	%	0.1	2.2	—	1.5	0.3	7.8	0.9
中国	1000cwts.	—	—	—	1.5	0.4	5.9	—
	%				1.9	0.3	3.4	
日本	1000cwts.	7.6	7.1	4.2	3.2	0.4	0.9	—
	%	4.5	4.9	7.6	4.1	0.3	0.5	
朝鮮	1000cwts.	0.6	6.0	3.8	6.7	—	—	—
	%	0.4	4.1	6.8	8.6	—	—	—
コロンビア	1000cwts.	7.0	2.0	1.8	0.6	1.8	4.9	2.4
	%	4.1	1.4	3.2	0.8	1.4	2.8	1.8
ブラジル	1000cwts.	2.5	2.6	3.1	2.9	5.5	7.6	5.6
	%	1.5	1.8	5.6	3.8	4.1	4.4	4.1
アルゼンチン	1000cwts.	4.9	2.6	—	—	1.9	3.3	5.4
	%	2.9	1.8	—	—	1.4	1.9	3.9
他の帝国外諸国	1000cwts.	32.2	22.6	2.9	10.0	13.4	19.3	6.2
	%	18.8	15.6	5.2	12.9	10.1	11.0	4.5
帝国外	1000cwts.	56.3	47.9	18.2	28.0	26.4	57.2	28.4
	%	32.9	33.0	32.7	36.1	19.8	32.7	20.7
世界	1000cwts.	170.6	145.1	55.7	77.5	133.3	174.7	137.1
	%	100.0	100.0	100.0	100.0	100.0	100.0	100.0

註1：黒色火薬，コロジオン綿，トリニトロトルエン，ゼラチン状爆薬，非ゼラチン状爆薬。
　2：1935年度以降，国名はエール。
　3：ビルマを含む。
　4：1935年度まで，海峡植民地・同保護領，1937年度以降，海峡植民地・同保護領およびマレー諸国。
　5：1931年度まで，国名はペルシャ。
出所：GBSOCED, *Ann. Stat.*, 1927-39 より算出。

で67.0％と，もとより高い水準にあった。それが，1939年にはそれぞれ79.5％，79.3％（表5-3（a），5-3（b））と，よりいっそうの高まりを見せた。このように，帝国内市場がその輸出を一貫して牽引していた爆薬とは，事実上，「帝国内市場向け製品」といっても過言ではない存在であった。

こうした爆薬輸出の推移についても，やはり「国際爆薬カルテル」の有効性は否定しえない。たとえば，最大規模の市場であったオーストラリア向け輸出は，1929年時点で，価額17万2600ポンド（24.6％），数量4万100cwts（27.6％）であったものが，ピークに達した1935年には，21万1200ポンド（29.4％），4万3500cwts（32.6％）にまで増大した。とはいえ，こうした輸出の増大も，1930年代前半にはオーストラリア，後半には英領インド（ビルマを含む）や英領西アフリカなど，一部地域における，1930年代に特有の需要（とくに金鉱業の拡大による需要増大，*Statist*, 2 May 1936, p. 747）に支えられていたにすぎなかった。けっして，帝国内全地域において，安定的に爆薬の輸出が増大していたわけではなかったのである（表5-3（a），5-3（b））。

なお，オーストラリアの場合，1937年の価額16万5000ポンド（18.3％），数量3万3400cwts（19.1％）に比較して，1939年には3分の1以下にすぎない，それぞれ4万9100ポンド（6.6％），8800cwts（6.4％）にまで輸出が急減した（表5-3（a），5-3（b））。一方で，金鉱業ブームの衰退による輸出の減少も考えられようが，それ以上に，ICIANZ社による爆薬製品の現地生産体制が強化された側面も看過してはならない（第6章第3節）。輸出はたしかに減少したものの，オーストラリア現地において生産が増大したことを考慮すれば，グローバルなレヴェルで「ICI社グループ」の事業規模が拡大したともいえよう。

ここで，帝国外市場に目を転じてみよう。アルカリと同様に，帝国外市場では，比較的比重の高かった極東市場（中国，日本，朝鮮）を完全に喪失してしまった影響もきわめて大きかった。1929年時点では，日本の場合，価額で3万1700ポンド（4.5％），数量で7100cwts（4.9％），朝鮮の場合，同じく2万6700ポンド（3.8％），6000cwts（4.1％）と，帝国外市場では，1，2位の比重を有していた。ところが，朝鮮については1930年代央，日本についても1930年代末には，それぞれ輸出に対する門戸を完全に閉ざしてしまった[20]（表5-3（a），5-3 (b))。「帝国内市場向け製品」と先述したが,翻せば,事実上,極東市場のみならず,帝国外市場から「撤退」したに等しいほど,比重の低下がもたらした意味は重大であった。

　もっとも,爆薬の場合,基本的には現地生産に適した製品であった。したがって,「国際爆薬カルテル」の効果を検証するならば,輸出の動向を分析する以上に,「国際爆薬カルテル」などの締結にともなって推進された,国際事業について確認する必要があろう。すなわち,各種の国際カルテルを背景とした主要国化学企業との連携によって,合弁会社や子会社による現地生産体制のもとで,ICI社の爆薬事業がどのような展開を見せたのかという点を確認することで,その真価が検証できるものといってよい。

4　窒素(硫酸アンモニウム)輸出

　ついで,イギリス化学産業＝ICI社はもとより,主要国化学産業にとっても,生産能力の過剰という,きわめて重大な問題を惹起していた,窒素(硫酸アンモニウム)の輸出である。窒素については,すでに「国際窒素カルテル」との関連で,さまざまな角度から考察を加えたので(第4章第3節2),ここでは簡単に触れておくにとどめる。

　窒素(硫酸アンモニウム)の輸出は,1929年に,最高額となる562万800ポンド,58万7500トンを記録して,イギリス化学製品(高性能爆薬を除く)輸出における比重でも19.2%を占めるなど(表3-16 (a),5-4 (b)),まさに主力輸出製品であった。また,窒素輸出の世界シェアでも,1929年には,価額で11.3%,数量で12.3%を占めており(表4-16 (a),4-16 (b)より算出),チリ硝石生産国であったチリを別とすれば,ドイツに次ぐ地位を有していた。ところが,世界大恐慌の発現によって,DENグループに属していたドイツ,ノルウェーとともに,大規模な過剰生産設備を抱え込んだイギリス＝ICI社は,窒素の生産のみならず,その輸出も大幅に減少させることになった(表4-13,4-16 (a),4-16 (b))。

　あらためて,イギリスによる窒素(硫酸アンモニウム)の輸出を見てみると,1929年に562万800ポンド,58万7500トンであったものが,底を突いた1935

表5-4 (a)　イギリスの窒素（硫酸アンモニウム）輸出の地域別構成：価額（1927～1939年）

国・地域	単位	1927	1929	1931	1933	1935	1937	1939
アイルランド[1]	£1000	140.2	187.1	111.8	142.6	148.5	150.1	172.9
	%	5.2	3.3	4.3	7.4	9.9	7.8	9.2
南アフリカ	£1000	—	—	—	44.8	64.1	57.2	95.7
	%	—	—	—	2.3	4.3	3.0	5.1
モーリシャス	£1000	45.8	83.3	39.8	71.8	57.9	98.2	81.1
	%	1.7	1.5	1.5	3.7	3.9	5.1	4.3
英領インド[2]	£1000	19.3	206.9	104.7	186.9	308.4	285.3	414.8
	%	0.7	3.7	4.1	9.6	20.6	14.9	22.2
英領マラヤ[3]	£1000	12.1	—	—	—	—	221.8	144.8
	%	0.4	—	—	—	—	11.6	7.7
セイロン	£1000	63.0	127.0	53.3	54.7	60.0	91.1	109.4
	%	2.3	2.3	2.1	2.8	4.0	4.8	5.8
香港	£1000	328.1	982.6	218.3	211.7	25.2	176.9	34.1
	%	12.1	17.5	8.4	10.9	1.7	9.2	1.8
オーストラリア	£1000	0.6	78.4	19.2	90.4	118.7	191.6	81.3
	%	0.0	1.4	0.7	4.7	7.9	10.0	4.3
ニュージーランド	£1000	0.4	89.7	31.0	18.6	28.2	30.0	28.7
	%	0.0	1.6	1.2	1.0	1.9	1.6	1.5
英領西インド諸島	£1000	23.8	44.7	26.1	81.0	48.0	95.5	108.0
	%	0.9	0.8	1.0	4.2	3.2	5.0	5.8
英領ギアナ	£1000	49.1	56.5	42.0	45.7	44.2	55.8	68.1
	%	1.8	1.0	1.6	2.4	3.0	2.9	3.6
他の帝国内諸国	£1000	29.0	101.3	56.5	54.4	79.8	61.2	79.7
	%	1.1	1.8	2.2	2.8	5.3	3.2	4.3
帝国内	£1000	711.4	1,957.7	702.7	1,002.5	983.0	1,514.4	1,418.5
	%	26.2	34.8	27.2	51.7	65.8	79.0	75.8
ジャワ	£1000	100.2	220.0	62.9	0.9	22.9	3.4	—
	%	3.7	3.9	2.4	0.0	1.5	0.2	—
ポルトガル	£1000	22.1	35.1	93.8	193.9	155.6	83.6	155.2
	%	0.8	0.6	3.6	10.0	10.4	4.4	8.3
スペイン	£1000	717.6	1,300.2	707.6	326.8	129.0	121.5	86.9
	%	26.4	23.1	27.4	16.8	8.6	6.3	4.6
カナリア諸島	£1000	135.3	147.9	138.3	104.4	100.1	62.0	60.1
	%	5.0	2.6	5.3	5.4	6.7	3.2	3.2
中国	£1000	54.2	88.0	192.2	98.0	4.7	92.3	108.9
	%	2.0	1.6	7.4	5.1	0.3	4.8	5.8
日本	£1000	873.0	1,694.1	472.4	138.2	28.5	—	—
	%	32.2	30.1	18.3	7.1	1.9	—	—
他の帝国外諸国	£1000	99.9	177.8	214.9	75.1	71.1	40.3	41.7
	%	3.7	3.2	8.3	3.9	4.8	2.1	2.2
帝国外	£1000	2,002.3	3,663.1	1,882.1	937.4	511.9	403.1	452.9
	%	73.8	65.2	72.8	48.3	34.2	21.0	24.2
世界	£1000	2,713.7	5,620.8	2,584.8	1,939.8	1,495.0	1,917.6	1,871.4
	%	100.0	100.0	100.0	100.0	100.0	100.0	100.0

註1：1935年度以降, 国名はエール。2：ビルマを含む。3：1935年度まで, 海峡植民地・同保護領, 1937年度以降, 海峡植民地・同保護領およびマレー諸国。
出所：GBSOCED, *Ann. Stat.*, 1927-39 より算出。

表5-4 (b)　イギリスの窒素（硫酸アンモニウム）輸出の地域別構成：数量（1927～1939年）

国・地域	単位	1927	1929	1931	1933	1935	1937	1939
アイルランド[1]	1000t	13.7	20.3	15.7	26.4	25.7	25.5	27.5
	%	5.2	3.5	3.9	8.1	10.1	8.2	9.6
南アフリカ	1000t	—	—	—	7.5	10.4	8.8	14.2
	%	—	—	—	2.3	4.1	2.8	5.0
モーリシャス	1000t	4.7	9.0	6.4	12.3	9.8	16.2	12.7
	%	1.8	1.5	1.6	3.8	3.8	5.2	4.4
英領インド[2]	1000t	1.8	22.0	16.6	31.8	52.3	44.1	61.0
	%	0.7	3.7	4.1	9.8	20.6	14.1	21.3
英領マラヤ[3]	1000t	1.2	—	—	—	—	34.2	20.8
	%	0.5	—	—	—	—	11.0	7.3
セイロン	1000t	6.3	13.8	9.1	9.2	9.8	13.9	16.1
	%	2.4	2.3	2.3	2.8	3.9	4.5	5.6
香港	1000t	31.0	99.0	31.1	35.3	5.1	31.0	6.1
	%	11.7	16.8	7.7	10.9	2.0	9.9	2.1
オーストラリア	1000t	0.1	8.3	3.3	15.0	20.4	31.5	12.2
	%	0.0	1.4	0.8	4.6	8.0	10.1	4.2
ニュージーランド	1000t	0.0	9.6	4.8	3.2	5.2	5.2	4.4
	%	0.0	1.6	1.2	1.0	2.0	1.7	1.5
英領西インド諸島	1000t	2.2	4.6	3.9	14.0	8.9	17.5	17.9
	%	0.9	0.8	1.0	4.3	3.5	5.6	6.3
英領ギアナ	1000t	4.8	5.8	6.3	7.8	8.1	10.4	11.8
	%	1.8	1.0	1.6	2.4	3.2	3.3	4.1
他の帝国内諸国	1000t	2.7	10.5	8.8	8.9	12.9	9.5	12.1
	%	1.0	1.8	2.2	2.7	5.1	3.0	4.2
帝国内	1000t	68.5	202.9	105.9	171.5	168.6	247.9	216.7
	%	25.8	34.5	26.3	52.9	66.4	79.5	75.7
ジャワ	1000t	9.1	22.2	8.9	0.1	4.1	0.5	—
	%	3.4	3.8	2.2	0.0	1.6	0.2	—
ポルトガル	1000t	2.2	3.8	14.9	31.8	26.3	12.6	21.1
	%	0.8	0.6	3.7	9.8	10.4	4.0	7.4
スペイン	1000t	72.1	140.7	118.9	52.2	19.6	20.2	13.2
	%	27.2	23.9	29.6	16.1	7.7	6.5	4.6
カナリア諸島	1000t	15.1	15.9	22.1	17.4	15.8	9.4	9.0
	%	5.7	2.7	5.5	5.4	6.2	3.0	3.1
中国	1000t	5.3	8.6	25.6	16.4	1.0	14.9	19.7
	%	2.0	1.5	6.4	5.1	0.4	4.8	6.9
日本	1000t	85.4	174.7	74.7	22.1	7.0	—	—
	%	32.2	29.7	18.6	6.8	2.8	—	—
他の帝国外諸国	1000t	7.6	18.7	30.8	12.6	11.5	6.4	6.6
	%	2.9	3.2	7.7	3.9	4.5	2.1	2.3
帝国外	1000t	196.8	384.6	296.0	152.7	85.3	63.9	69.5
	%	74.2	65.5	73.7	47.1	33.6	20.5	24.3
世界	1000t	265.3	587.5	401.9	324.1	253.9	311.8	286.2
	%	100.0	100.0	100.0	100.0	100.0	100.0	100.0

註1：1935年度以降，国名はエール。2：ビルマを含む。3：1935年度まで，海峡植民地・同保護領，1937年度以降，海峡植民地・同保護領およびマレー諸国。
出所：GBSOCED, *Ann. Stat.,* 1927-39 より算出。

年には149万5000ポンド,25万3900トンと,対1929年比でそれぞれ73.4%,56.8%の減少となった。とりわけ,製品価格の下落は激しく,価額での減少幅は,数量のそれをはるかに上回っていた。それでも,1937年には回復の兆しが見えつつあったものの,結局のところ,1930年代を通じて,価額でほぼ一貫して200万ポンドを下回り,数量でも30万トン前後にとどまっていた。1937年には,1930年代で最高水準の191万7600ポンド,31万1800トンに達したものの,恐慌前の水準にはまったく及ばなかった(表5-4 (a),5-4 (b))。

この間,ベルギー,オランダ,日本などが,着実に輸出を増大させていたその一方で,イギリスの場合,窒素輸出の世界シェアでは,1929年から1934年にかけて,価額で11.3%から9.3%へと,2.0ポイント,数量で12.3%から9.9%へと,2.4ポイント低下させた。こうして,ついには,ともにDENグループを構成していたノルウェーにも,価額で1932年に,数量でも1933年に追いつかれるなどして,イギリス=ICI社は,世界窒素工業におけるその地位を大幅に後退させた(表4-16 (a),4-16 (b) より算出)。

つぎに,こうした厳しい状況に置かれていた窒素(硫酸アンモニウム)輸出の地域別構成を見てみよう。帝国内輸出の場合,1929年の195万7700ポンド,20万2900トンから,いったんは大幅に減少したものの(やはり,価額の減少が顕著であった),その後,1939年には141万8500ポンド,21万6700トンにまで回復し,とくに数量では,恐慌前水準を凌駕することに成功した。この結果,おのずと帝国内輸出の比重も高まった。1929年に価額で34.8%,数量で34.5%であったものが,1939年には,それぞれ75.8%,75.7%と,ともに40ポイント以上,大幅に比重を高めるなど,他製品に比較して類を見ないほど,顕著に帝国内市場へとシフトした(表5-4 (a),5-4 (b))。

このように,たしかに窒素の帝国内輸出は好調であり,早くも1933年以降,価額,数量ともに回復に向かった。だが,数量では,1937年に24万7900トンと,恐慌前の水準を超えていたにもかかわらず,窒素(硫酸アンモニウム)価格の低下により(表3-12),価額では,最高に達した1937年ですら,151万4400ポンドにすぎず,恐慌前の水準にははるかに及ばなかった(表5-4 (a),5-4 (b))。

「国際窒素カルテル」による帝国内市場の確保が，ある程度，窒素（硫酸アンモニウム）輸出の減少を緩和してはいた。だが，裏返せば，帝国外市場への輸出については，きわめて厳しい状況に追い込まれていたことになる。帝国外輸出は，1929年の366万3100ポンド，38万4600トンから，1939年には45万2900ポンド，6万9500トンと，1929年に対して，価額で87.6％，数量で81.9％も減少してしまった（表5-4（a），5-4（b））。

　さらに，帝国外の個別市場について見てみると，とりわけ規模の大きかった市場からの，大幅な後退が目立っていた。たとえば，最大の市場であった日本向け輸出が，1929年の169万4100ポンド（30.1％），17万4700トン（29.7％）から，減少につぐ減少を重ねて，1937年には完全に停止してしまった[21]。また，日本に次ぐ規模の輸出先であったスペインでも，1929年の130万200ポンド（23.1％），14万700トン（23.9％）から，10年後の1939年には，価額で3分の2，数量では10分の1の水準にまで輸出が減少し，比重についても，ともに4.6％にまで縮小してしまった（表5-4（a），5-4（b））。

　このように，窒素（硫酸アンモニウム）については，とりわけ帝国外市場への輸出が大幅に減少し，その一方で，帝国内市場へのシフトが進展したものの，輸出それ自体の減少を食い止めることなどまったく不可能であった（表5-4（a），5-4（b））。振り返ってみれば，「国際窒素カルテル」自体，窒素市場でのシェア拡大という積極的な目的を追求する手段ではなく，むしろ主要国での生産力の増強＝生産の増大によって惹起された，窒素（硫酸アンモニウム）の過剰という問題を，いかに効率的に処理するのかという，「消極的」な側面が最大の目的であったといえる。

　結局のところ，ドイツ，ノルウェーとともに，最大規模の過剰生産設備を抱え込んでしまったイギリス＝ICI社にとっては，窒素（硫酸アンモニウム）をめぐる，DENグループとCIAとのせめぎ合いによって迫られた「譲歩」の代償を，輸出の大幅な減少はもとより，ICI社の命運を懸けたはずのビリンガム工場におけるアンモニア合成事業の頓挫というかたちで，支払わねばならなかった。その代償は，ICI社にとっては，きわめて重たい足枷となってしまったのである。

5　合成染料（タール染料）輸出

最後に,「国際染料カルテル」およびイギリス対外経済政策との関連において，染料輸出の動向を見ておこう。イギリスの染料輸出は，1929年時点で108万7100ポンドと，化学製品輸出全体に対する比重はわずか3.7％にすぎず，比重がもっとも高まった1935年ですら（輸出額が最大になったのは1939年），157万1300ポンド，7.4％であった（表3-16 (a)）。染料の輸出額については，アルカリや窒素の輸出額にはまったく及ばなかったものの（染料の場合，もともと精製化学製品として，その生産＝輸出額それ自体は，重化学製品に比較すれば小規模であった），軍需産業＝国防や繊維産業との関連においては，きわめて重要な位置を占める製品であった。

染料のうち，合成染料（タール染料）の輸出額については，世界大恐慌期にあっても，ほとんど陰りをみせることなく，きわめて順調な推移を遂げた。価額では，1929年に91万4100ポンドであったものが，恐慌期の1931年ですら，97万600ポンドと輸出を増大させた。その後もさらに増大をつづけて，1937年から1939年にかけてこそわずかに減少したものの，最終的には1939年に133万1100ポンドにまで達した。このように，合成染料の輸出は，着実なテンポで増大をつづけ，大不況下の10年間でおよそ1.5倍の増大を記録するなど，他のイギリス＝ICI社の主要化学製品輸出の推移とはまったく異なる動向を示していた（表5-5 (a), 5-5 (b)）。

ところが，この合成染料輸出を数量で見れば，1929年の13万6100cwtsから，1933年には40.3％減となる8万1300cwtsで底を突いた。景気が最高潮に達した1937年ですら，11万4600cwtsにまでしか回復せず，恐慌前のそれには及ばなかった。もっとも，この点，染料の場合，十分に「国際染料カルテル」が功を奏しており，数量の減少を価格の上昇が補うかたちで，むしろ輸出価額としては増大を遂げていた。また，こうした推移は，前述したように（第3章 第3節 2），ICI社の染料売上高にも反映しており，1930年に166万1000ポンドであった売上高が，1936年には304万3000ポンドと，6年間で倍増するなど，染料グループの業績向上にも大きく貢献した[22]といえる（表3-20）。

ICI社は，きわめて率直に「大きな期待の懸かった染料工業の世界市場につ

いては，イギリス市場のシェア拡大に関するヨーロッパの生産者との協定が，大きく影響を及ぼしている」(ICI, Ann. Rep., 1931, p. 6) と，恐慌下にあっても，「国際染料カルテル」に対して多大な期待を寄せていた。さらに，翌年以降も，繰り返し「国内外市場において染料の販売に顕著な増大が見られる」(ICI, Ann. Rep., 1932, p. 5) と，「国際染料カルテル」が輸出にもたらした「効果」を手放しで称賛していた。

では，これだけ好調であった合成染料輸出の地域別構成は，どのように推移していたのであろうか（表5-5 (a), 5-5 (b)）。英領インド，オーストラリア向け輸出（両地域の比重を併せると，1929年には価額で27.4％，数量で22.6％であった）に支えられて，帝国内輸出は，価額で，1929年の35万6300ポンドから，1939年にはおよそ2.4倍の85万2100ポンドへと，また数量でも，同年について4万1900cwtsから5万7500cwtsへと増大した。比重で見ても，1929年の価額39.0％，数量30.8％から大幅に増大して，1939年には価額で64.0％，数量で65.2％にまで達した。さらに，帝国外輸出についても，比重こそ大幅に縮小したものの，価額だけで見れば，1929年の55万7800ポンドから，1939年の47万9000ポンドへと，帝国外市場向け合成染料の減少幅は，前述のアルカリや爆薬，窒素の輸出などに比べればわずかにとどまった。

しかし，やはり合成染料輸出についても，帝国外市場での苦戦を回避することはできなかった。イギリス染料工業にとって最大の輸出先であった中国については，1929年の29万4500ポンド (32.2％)，6万3800cwts (46.9％) から，1939年には7万3200ポンド (5.5％)，5100cwts (5.8％) へと輸出を激減させた。この点は，日本についても同様であり，1929年の4万3000ポンド (4.7％)，1万1000cwts (8.1％) から，ともに大幅に減少して，1930年代末には，ほぼ完全に市場を喪失してしまった[23]（表5-5 (a), 5-5 (b), 1-17）。

主要国のアジア向け染料輸出については，「4者カルテル」内でこそ，シェアを拡大させた（第4章 第3節3）。だが，他の化学製品と同様に，合成染料輸出についても，やはり日本の染料工業が台頭しており，極東市場でのイギリス＝ICI社の後退は，きわめて顕著なものとなった。

表5-5 (a)　イギリスの合成染料（タール染料）輸出の地域別構成：価額[1]（1927～1939年）

国・地域	単位	1927	1929	1931	1933	1935	1937	1939
アイルランド[2]	£1000	23.1	21.4	21.0	22.1	26.0	33.4	45.8
	%	3.8	2.3	2.2	2.4	2.1	2.4	3.4
南アフリカ	£1000	12.0	10.9	12.4	13.4	15.3	17.2	26.3
	%	2.0	1.2	1.3	1.5	1.2	1.3	2.0
英領インド[3]	£1000	104.9	149.9	164.4	149.3	284.8	297.8	341.6
	%	17.2	16.4	16.9	16.2	23.1	21.8	25.7
香港	£1000	—	—	—	9.3	62.3	146.1	50.2
	%	—	—	—	1.0	5.1	10.7	3.8
オーストラリア	£1000	100.3	100.8	105.2	149.3	182.9	176.3	222.8
	%	16.4	11.0	10.8	16.2	14.8	12.9	16.7
ニュージーランド	£1000	9.7	7.5	6.6	8.9	10.1	9.9	18.1
	%	1.6	0.8	0.7	1.0	0.8	0.7	1.4
カナダ	£1000	19.9	17.5	28.7	72.6	85.7	102.2	108.1
	%	3.3	1.9	3.0	7.9	7.0	7.5	8.1
他の帝国内諸国	£1000	15.0	48.3	48.7	29.3	26.8	40.5	39.2
	%	2.5	5.3	5.0	3.2	2.2	3.0	2.9
帝国内	£1000	284.9	356.3	386.8	454.2	693.9	823.5	852.1
	%	46.6	39.0	39.9	49.3	56.3	60.2	64.0
スウェーデン	£1000	10.7	12.8	36.3	35.1	30.0	36.6	35.7
	%	1.8	1.4	3.7	3.8	2.4	2.7	2.7
ドイツ	£1000	5.7	15.8	23.6	45.5	32.3	40.1	14.1
	%	0.9	1.7	2.4	4.9	2.6	2.9	1.1
オランダ	£1000	6.2	10.6	7.3	10.6	12.8	10.3	18.6
	%	1.0	1.2	0.8	1.1	1.0	0.8	1.4
ベルギー	£1000	12.0	19.4	21.2	24.6	40.5	30.6	31.4
	%	2.0	2.1	2.2	2.7	3.3	2.2	2.4
フランス	£1000	27.5	32.5	52.1	52.3	64.1	70.2	53.0
	%	4.5	3.6	5.4	5.7	5.2	5.1	4.0
イタリア	£1000	9.7	21.9	8.2	8.9	6.8	1.1	3.5
	%	1.6	2.4	0.8	1.0	0.6	0.1	0.3
ルーマニア	£1000	—	18.9	9.2	23.5	1.9	5.0	3.6
	%	—	2.1	0.9	2.5	0.2	0.4	0.3
中国	£1000	161.3	294.5	227.9	73.6	102.3	104.2	73.2
	%	26.4	32.2	23.5	8.0	8.3	7.6	5.5
日本[4]	£1000	23.1	43.0	23.6	27.7	27.4	56.7	0.5
	%	3.8	4.7	2.4	3.0	2.2	4.1	0.0
アメリカ	£1000	19.9	11.8	12.1	14.4	7.0	4.6	8.3
	%	3.3	1.3	1.2	1.6	0.6	0.3	0.6
他の帝国外諸国	£1000	50.0	76.7	162.2	151.6	213.2	185.1	237.1
	%	8.2	8.4	16.7	16.4	17.3	13.5	17.8
帝国外	£1000	326.1	557.8	583.7	467.8	538.4	544.4	479.0
	%	53.4	61.0	60.1	50.7	43.7	39.8	36.0
世界	£1000	611.0	914.1	970.6	922.1	1,232.3	1,367.9	1,331.1
	%	100.0	100.0	100.0	100.0	100.0	100.0	100.0

註1：アリザリン染料，合成インディゴ，「その他」。2：1935年度以降，国名はエール。3：ビルマを含む。4：関東半島を含む。
出所：GBSOCED, *Ann. Stat.*, 1927-39 より算出。

表5-5 (b)　イギリスの合成染料（タール染料）輸出の地域別構成：数量[1]（1927～1939年）

国・地域	単位	1927	1929	1931	1933	1935	1937	1939
アイルランド[2]	1000cwts.	1.5	1.8	1.7	2.2	2.6	3.3	4.1
	%	2.2	1.3	1.6	2.7	2.6	2.8	4.6
南アフリカ	1000cwts.	0.7	0.7	0.8	0.9	1.2	1.5	2.1
	%	1.0	0.5	0.7	1.1	1.2	1.3	2.4
英領インド[3]	1000cwts.	13.7	21.1	17.0	13.1	18.2	18.2	15.4
	%	20.1	15.5	16.0	16.1	18.1	15.9	17.4
香港	1000cwts.	—	—	—	1.2	7.3	17.9	4.1
	%	—	—	—	1.4	7.2	15.6	4.7
オーストラリア	1000cwts.	8.3	9.6	10.1	14.0	18.4	19.3	20.6
	%	12.2	7.1	9.5	17.2	18.2	16.8	23.4
ニュージーランド	1000cwts.	0.7	0.6	0.5	0.9	1.0	0.9	1.5
	%	1.0	0.4	0.5	1.1	1.0	0.8	1.7
カナダ	1000cwts.	1.4	1.4	1.8	5.7	5.3	6.5	6.5
	%	2.1	1.1	1.7	7.0	5.2	5.7	7.4
他の帝国内諸国	1000cwts.	1.8	6.7	6.2	2.5	2.5	3.1	3.2
	%	2.6	4.9	5.8	3.1	2.5	2.7	3.6
帝国内	1000cwts.	28.1	41.9	38.0	40.5	56.5	70.6	57.5
	%	41.2	30.8	35.7	49.8	55.8	61.6	65.2
スウェーデン	1000cwts.	0.9	1.1	3.1	2.7	2.2	2.9	2.6
	%	1.3	0.8	2.9	3.4	2.2	2.6	3.0
ドイツ	1000cwts.	0.5	1.4	1.6	2.8	2.0	2.8	1.0
	%	0.7	1.0	1.5	3.5	1.9	2.4	1.1
オランダ	1000cwts.	0.8	1.4	0.6	0.9	1.0	0.7	1.2
	%	1.2	1.1	0.6	1.1	1.0	0.6	1.4
ベルギー	1000cwts.	1.4	2.3	2.4	2.3	3.8	2.8	2.2
	%	2.1	1.7	2.3	2.8	3.8	2.4	2.4
フランス	1000cwts.	2.0	2.2	3.4	2.2	2.5	3.1	1.9
	%	2.9	1.6	3.2	2.7	2.5	2.7	2.1
イタリア	1000cwts.	0.4	0.9	0.3	0.4	0.2	0.0	0.1
	%	0.6	0.6	0.3	0.4	0.2	0.0	0.1
ルーマニア	1000cwts.	—	1.4	0.5	1.7	0.1	0.3	0.2
	%	—	1.0	0.5	2.1	0.1	0.3	0.2
中国	1000cwts.	25.1	63.8	38.6	9.3	14.9	10.0	5.1
	%	36.8	46.9	36.2	11.4	14.8	8.8	5.8
日本[4]	1000cwts.	4.1	11.0	4.9	4.9	4.0	7.4	0.0
	%	6.0	8.1	4.6	6.1	4.0	6.4	0.0
アメリカ	1000cwts.	1.2	0.7	0.7	0.7	0.3	0.8	0.8
	%	1.8	0.5	0.7	0.8	0.3	0.7	0.9
他の帝国外諸国	1000cwts.	3.7	7.9	12.1	13.0	13.8	13.1	15.6
	%	5.4	5.8	11.4	16.0	13.7	11.5	17.7
帝国外	1000cwts.	40.1	94.2	68.4	40.8	44.8	43.9	30.7
	%	58.8	69.2	64.3	50.2	44.2	38.4	34.8
世界	1000cwts.	68.2	136.1	106.4	81.3	101.3	114.6	88.2
	%	100.0	100.0	100.0	100.0	100.0	100.0	100.0

註1：アリザリン染料，合成インディゴ，「その他」。2：1935年度以降，国名はエール。3：ビルマを含む。4：関東半島を含む。
出所：GBSOCED, *Ann. Stat.*, 1927-39 より算出。

小　括

　ICI社は，その国際事業の展開に期待を懸けて，主要製品の全般にわたる国際カルテルを締結することで，主要国化学企業間での国際競争を抑制しつつ，イギリス国内とともに，海外輸出市場を「保護・防衛」しようとした。さらに，大不況に突入した1930年代には，「オタワ協定」の締結およびスターリング・ブロックの形成など，政府による対外経済政策にも支えられて，イギリス帝国諸地域に自社の海外市場をリンクさせることで，ICI社＝イギリス化学産業は，よりいっそうその輸出拡大を企図した。

　1930年代を通じて，ICI社＝イギリス化学産業を脅かした日本などの新興勢力に，極東市場を奪取されたことに象徴されるように，帝国外市場――その大部分が国際カルテルによる「非排他的市場」ないし「協定外市場」であった――では，その競争力は顕著に脆弱となり，後退に後退をつづけた。その結果，染料を除く（価額のみ），化学製品全体，アルカリ，窒素，爆薬の輸出は，ともに容易に恐慌前水準を超えることができず，苦戦を強いられる[24]ことになった。

　しかし，国際カルテル活動やそれを補完する「オタワ協定」の締結，ならびにスターリング・ブロックの形成という，二重，三重にわたる海外市場の保護によって，化学製品の輸出先を，帝国外市場から帝国内市場に振り向けることで，帝国内輸出の比重は，商品輸出などに比較してもより大幅に増大した。たしかに，輸出全体では，恐慌前の水準を超えることはなかったものの，帝国内市場の確保によって，輸出のさらなる減少を食い止めたことで，輸出を「低位安定」にとどめることができたという点では，一連のICI社による国際カルテル活動やイギリス政府による対外経済政策の採用は，ある程度，功を奏した[25]と見てよいであろう。

　もっとも，翻ってみれば，こうした国際カルテルや対外経済政策は，市場分割などによってシェアを固定させてしまったことで，イギリス化学産業＝ICI社によるさらなる輸出攻勢，とりわけ帝国外市場に対する輸出拡大という機会を奪ってしまったことも否定できない。くわえて，ICI社にとってみれば，輸出のみならず，現地生産も含めた海外における事業活動が，本来，安泰であっ

第5章 イギリスの化学製品輸出 275

たはずの「帝国」というきわめて限定された地域に追い込まれたことで，むしろその帝国諸地域において，ICI社の競争力が試されることになった。

次章では，その限定された領域としての「帝国」におけるICI社の事業展開として，その真価が試されることになった進出先の現地企業や，さらには国際カルテルを締結することによって形成された主要国化学企業との「連携」に基づく，現地生産体制に代表される広範な国際事業活動について概観する。

註
1 イギリスの自由貿易体制が確立するまでの経緯については，宇野［1971］：111-35頁；遠藤［1965］：第2節を参照。
2 たとえば，ドイツでは1879年の「新関税法」，フランスでは1885年の「農業保護関税」，1892年の「メリーヌ関税」，アメリカでは1890年の「マッキンレー関税」などが実施されていた。なお，帝国主義段階の後進資本主義国における保護主義的政策については，宇野［1971］：231-43頁，とくにドイツについては，大内［1985］：434-41頁；藤村［1961］を参照。
3 両大戦間期におけるイギリスの保護主義や，それに基づく対外経済政策，帝国諸地域との関係，さらに貿易，国際金融，国際収支については，Drummond［1974］；Lloyd［1993］：pp. 204-13；RIIA［1944］：pp. 94-121．訳書115-48頁；内田［1985a］：第2節；内田［1985b］；大島［1965］：163-82頁（中野広策執筆），275-89, 307-21, 343-50頁（以上，江口雄次郎執筆）；原田［1995］：第Ⅳ部；森［1975］：105-25, 141-51, 216-28頁，とくに1930年代のイギリス保護主義とその影響については，Solomou［1996］：Ch. 6．またイギリスの対外経済政策や帝国との関係が産業に及ぼす影響については，イギリス産業連盟の一連の報告，FBI［1931］；FBI［1932］；FBI［1936］；FBI & EEU［1931］を参照。
4 イギリスが自治領諸国から得たものは，(1) 従来の特恵関税の維持，(2) 一部品目の特恵関税の拡大，(3) 過度の産業保護の自制であった。他方，自治領諸国がイギリスから得たものは，(1) 1932年の「輸入関税法」に基づく関税の免除措置などの継続，(2) 一部外国製品に対する関税の引上げあるいは新関税の設定，(3) 特定外国製品に対する一般関税率10％の5年間維持（自治領の承認なしには軽減しない），(4) 外国畜産物の輸入に対する割当の設定および帝国製品に対する既存特恵の10年保証であった（森［1975］：220頁；原田［1995］：267-9頁）。ところで，森は，こうした「オタワ協定」の「成果」について，自治領諸国に比較的有利に導かれたことの要因として，自治領諸国の工業保護育成政策の重視，イギリス市場の開放による帝国の経済的発展をあげており，さらには帝国の紐帯強化のもたらす政治戦略的意義が考慮されたことも指摘している（森［1975］：221頁）。

276

なお,「オタワ協定」の詳細については, Drummond ［1972］: pp. 89-104 ; Drummond ［1974］: Chs. 5-8 ; 大島 ［1965］: 282-9 頁（江口執筆）; 慶応義塾 ［1936］: 30-5 頁（濱田恒一執筆），イギリスの互恵通商協定については，慶応義塾 ［1936］: 35-7 頁（濱田執筆），スターリング地域の経済状況については, Feinstein, et al. ［2008］: pp. 140-7, イギリス帝国内経済関係については，慶応義塾 ［1936］: 前編 第3章（濱田執筆）を参照。

5 より詳細に，イギリスの輸出入および貿易収支（単位：ポンド）の変化を, 1929, 32, 35, 38年について見てみると，輸出が, 7億2930万, 3億6500万, 4億2580万, 4億7080万，輸入が, 12億2080万, 7億170万, 7億5600万, 9億1950万, 貿易収支が，マイナス4億9150万，マイナス3億3670万，マイナス3億3020万，マイナス4億4870万と推移していた（森 ［1975］: 表53, 55 より引用・算出）。

6 より詳細に，イギリス商品輸出入の地域別構成（単位：％）を, 1929, 32, 35, 38年について見てみると，帝国内輸出の比重が, 44.5, 45.3, 48.0, 49.9, 帝国内輸入の比重が, 29.4, 35.4, 37.6, 40.4 と，ともに増大していた。また，世界貿易に占めるイギリスの輸出入シェアの場合, 1929, 32, 37, 38年について，輸出シェアが, 10.8, 9.9, 9.9, 10.1, 輸入シェアも, 15.2, 16.3, 17.0, 17.3 と推移していた（森 ［1975］: 表53, 55, 63 より引用・算出）。

7 両大戦間期の世界貿易や通商政策については, Lewis ［1949］: Chs. XII, XIII. 訳書 第12, 13章 ; RIIA ［1944］: Ch. 9. 訳書 第9章 ; 大島 ［1965］: 48-73 頁（中野執筆），第2編 ; 川田 ［1961］; 馬場 ［1961］を参照。

8 ドイツの場合, 1934年の「新計画」（Neuer Plan）の導入以降，ナチス統制経済の一環として差別的通商政策が敷かれ，さらには1936年の「第2次4ヵ年計画」によって，「アウタルキー」（Autarkie）を追求する「生存圏」（Lebensraum）構想が打ち出されるに及んで，自立的再生産圏を確保するために広域経済圏を形成するに至った。また，アメリカの場合，イギリスに先行して，すでに「スムート＝ホーリー関税法」（Smoot-Hawley Tariff Act）によって，保護主義化を推進していたが, 1934年以降，締結されるようになった互恵通商協定は，国内市場を開放することなく，輸入抑制，輸出拡大を通じて，イギリス，ドイツに対抗するために，独自の封鎖的市場圏を拡大するに至った（木村 ［1979］: 44-5 頁）。

9 たとえば，1930年代央のICI社によるアルカリ輸出量は，年間約34万トンであった（Reader ［1975］: p. 199）。1935年のイギリスによるアルカリ輸出量が, 856万7900cwts（表5-2 (b)），すなわち43万5250トンであったから, ICI社がイギリスのアルカリ輸出の約80％程度を占めていたことになる。また, ICI社によるアルカリ輸出量34万トンは，同社のアルカリ生産量の3分の1にあたり，その輸出が, ICI社のアルカリ事業にとっても，大きなウェイトを占めていたことがわかる（Reader ［1975］: p. 199）。

10 ICI社の製品輸出に関するデータは得られなかったが，製品輸出額は，おそらく同社の海外総売上高の3分の2程度と推測される（第6章 第1節）。1937年につい

て見てみれば，イギリス化学製品輸出額（表3-16（a），ただしICI社の輸出品目とは必ずしも符合しない）が，2465万3100ポンドであり，ICI社の海外総売上高が，1892万2000ポンドであったから，おそらくイギリス化学製品輸出の半分程度をICI社が担っていたと推測される。

11　1929年の化学製品輸出（単位：ポンド，%）は，イギリス商品輸出総額7億2930万のうち，2660万（3.6）であった。また，自動車が2070万（2.8），電気製品が1320万（1.8），人造絹糸・同製品が600万（0.8）であったから，化学製品輸出は，新産業内でこそ首位の座にあった。だが，旧産業では，綿製品が1億3540万（18.6），鉄・鋼が6800万（9.3），石炭が5290万（7.3），羊毛製品が5050万（6.9）と，新産業をはるかに上回る水準であった。その後，1938年には，総額4億7080万のうち，2210万（4.7）と，化学製品の輸出額は減少したものの，比重は増していた（森［1975］：表52）。これは，むしろ旧産業が大幅に減退したことによって，相対的に高まったことによるものであった。さらに，新産業内にあっては，自動車が化学を上回る比重を占めるようになり，電気製品の比重も着実に増大していた。

12　表3-16（a）の輸出品目が，必ずしもICI社の輸出製品と合致するわけではない。輸出品目のうち，ナトリウム化合物（アルカリ），硫酸アンモニウム（窒素），染料，高性能爆薬（輸出合計からは除外）は，ICI社の主要輸出製品であり，事実上，「ICI社による輸出」といっても過言ではないほど，その比重が高かったと推測される。その一方で，塗料類（塗装・印刷用塗料・材料），油類（タール油・クレオソート油・重コールタール油）に占めるICI社製品の比重は，けっして高くはなく，また医薬品・医療調製品については，1930年代にはまだ本格的に生産を開始しておらず，さらに「他の化学製品」に至っては，広範にわたっており，ICI社の製品も含まれていたであろうが，主要輸出製品の規模に比較すれば，多額ではなく，その動向を左右するほどの輸出額ではなかったと推測される。

13　新産業の輸出（単位：ポンド）は，自動車産業の場合，1929，31，36年について，2070万，1280万，2050万，電気産業の場合，1929，32，38年について，1320万，580万，1340万であった（森［1975］：表52）。

14　表5-1を用いて，イギリス「主要化学製品」輸出の地域別構成を確認したが，ICI社の主要製品のみならず，イギリスの「より広範な化学製品」（表3-16（a）とは，多少，品目が異なり，なおかつ高性能爆薬の輸出額を含んではいるものの，地域構成に影響を及ぼすほどの比重ではなかった）輸出の地域別構成（単位：ポンド，%）を見ると，帝国内輸出は，1929年の1180万9100（44.4）を頂点にして，1931年に784万8900（46.0）で底に達し，1933年には増大に転じて，1937年に恐慌前の輸出額を超え，1939年には1377万9100（60.5）まで増大した。他方，帝国外市場への輸出は，1929年の1480万8200（55.6）から，1931年には919万9600（54.0）まで減少して，以降，やはり横這いで推移し，1939年には，1937年に比較すれば若干減少して，901万1400（39.5）を記録した（GBSOCED, *Ann. Stat.*, 1929-39より算出）。「より広範な化学製品」輸出の場合も，表5-1の「主要化学製品」輸

出（すなわち，ICI社製品が大きな比重を占めていた）と，ほぼパラレルな推移をたどってはいた。ただ，大きな相違としては，「より広範な化学製品」輸出の場合，帝国内市場の比重（単位：％）は，1929年の44.4から1939年の60.5へと，16.1ポイントの増大であったのに対して，「主要化学製品」輸出の場合，38.6から66.6へと，28ポイントも増大するなど，より大幅に帝国内市場へのシフトが進行していた。この点，輸出品目構成において，ICI社製品の占める比重が高いほど，ICI社によって採用された国際カルテルが，より効果を現していたことがうかがえる。

15 主要国の化学製品輸出額（表1-2）で見ても，世界全体，さらにドイツ，アメリカといった主要国のいずれもが，1930年代を通じて恐慌前水準を超えることはなかった。なお，同表によれば，イギリスの輸出額が，1938年には，1929年のそれを超えたかのように表れているが，ライヒスマルクからポンドに換算するさいの為替相場が，ややポンドを低く評価していたようで，基のライヒスマルクによれば，やはり1938年時点でも，1929年水準を超えてはいなかった。より正確な数値は，表3-16（a）に表れているので，同表を参照されたい。

16 ICI社の株主総会報告によると，輸出については，1933年の段階では「不況のどん底」(the depths of the slump) からの回復に期待を抱きつつも，農産物価格の低下や諸国の平価切下げにより，依然として国内の拡張には比較しえない状況＝「不況のどん底」にあるとしていた (*Economist*, 21 Apr. 1934, p. 893)。そして，多くの問題を残しながらも，「満足」(satisfactory) 感をはじめて言葉にしたのは，1934年のことであり (*Statist*, 4 May 1935, p. 753)，1935年になって，ようやく「拡張」(expansion) を表明するに至った (*Statist*, 2 May 1936, p. 747)。

17 ICI社は，1937年に，中国の大手化学企業，永利化学工業股份有限公司 (The Yongli Chemical Industries Co. Ltd.，ソーダ製造企業の永利製鹼股份有限公司〔The Yung Lee Soda Co. Ltd.〕が，1934年に改組・改称された企業) との間で，販売協定を締結することにより，アルカリ製品（ソーダ灰）の中国市場を，ICI社45％，永利化学工業公司55％に分割した (Kwan [2005]：p. 94)。同協定の締結により，ICI社の中国におけるアルカリ製品（ソーダ灰）の販売量，シェアは，減少・低下したが，見方を変えれば，むしろ「この程度」の輸出の減少にとどめることができたともいえる。中国におけるICI社と永利化学工業公司のソーダ灰の販売量とシェア（単位：担，1担＝133重量ポンド＝60.9キログラム，％）を比較すれば，1928年，ICI社84万5861（80），永利化学工業公司20万9421（20），1930年，107万6654（78），31万795（22），1933年，39万4030（45），48万5326（55），1937年，44万7400（41），65万5（59）であり，両社のシェアは，1934年以降，ほぼ同水準で推移していた (Kwan [2005]：Tab. 1)。

18 日本のソーダ工業は，金輸出再禁止にともなう，ソーダ灰の輸入抑制と相前後して，その需要も高まり，1930年代には急成長を遂げた。生産量においては，1931年にソーダ灰8万7043トン，苛性ソーダ4万9683トンであったものが，1937年にはそれぞれ23万9926トン，36万8680トンへと飛躍的な増産に成功した（楫西・

他［1963］：691-2頁，第242表）。橋本寿朗は，日本においてソーダ生産が急増した要因として，ソーダ灰については，旭硝子社によるソルヴェー塔，ソルヴェー式回転炉の導入（1928年），日本曹達社による日産40トンから80トンへの生産設備の増強（1928～29年），苛性ソーダについても，同じく日本曹達社による日産20トンから50トンへの生産設備の増強（1931年）など，規模の経済が機能しやすいアンモニア・ソーダ生産における生産設備の合理化などによる効果を指摘している（橋本［1984］：244頁）。こうした日本のソーダ工業の台頭による影響は，イギリス本国のICI社のみならず，ケニアの子会社，マガディ・ソーダ社からの日本向けソーダ製品輸出にも現れており，『マガディ・ソーダ社年次報告書』（Magadi, Proceedings）は，毎年のように，日本のソーダ工業に対する脅威とマガディ・ソーダ社が置かれた厳しい状況に言及していた。たとえば，Magadi, Proceedings, 1931, p. 3, 1932, p. 4, 1936, p. 5, 1937, p. 5, 1938, p. 5などである。なお，同時期の日本のソーダ工業については，庄司［1942］：38-47頁；東洋経済［1950］：第1巻 第4篇（前半）第2章；山田［1950］：175-208頁を参照。また，日本のアルカリ製品（ソーダ灰，苛性ソーダ）の生産能力，生産量，輸出量，輸入量については，表2-4, 4-3, 4-4, 4-5（a），4-5（b）も参照。

19　ICI社が「満足」感をはじめて言葉にしたのは，1934年のことであるとしたが（本章註16），ことアルカリ事業に限っては，1931年段階でこそ，アルカリ製品に大きく依存した輸出は，「大幅な減少」（sharp decline, ICI, *Ann. Rep.*, 1931, p. 5）となったが，翌1932年には，早くもアルカリ製品の取引には，「満足のいく改善」（satisfactory improvement, ICI, *Ann. Rep.*, 1932, p. 4）が見られたとしていた。

20　両大戦間期の日本の爆薬工業については，東洋経済［1950］：第2巻 第4篇（後半）第8章を参照。

21　日本の窒素肥料工業は，ICI社やIGファルベン社などのダンピングによる攻勢に対して，1931年の「硫酸アムモニヤ輸入許可規則」導入や金輸出再禁止による輸入抑制をもって，ようやく国内市場における支配権を獲得した（日本経済再建協会・他［1948］：43-4頁；田中［1930］：70-5頁）。こうした状況のもとで，とくに石灰窒素や過燐酸石灰に比較して，硫酸アンモニウムの生産増大は顕著であり，世界的規模で生産過剰に陥り，主要国でその生産が抑制されていた状況にあって，日本の硫酸アンモニウムの生産量は，1931年に39万3237トンであったものが，1937年には，2倍以上の93万1229トンにまで急増していた（楫西・他［1963］：692-4頁，第242表）。もっとも，たしかに硫酸アンモニウムの生産が増大し，自給率が高まったことで，輸入依存度も低下したが，他方で，国内での消費量が増大したことにより，1930年代を通じて，1920年代とほぼ同一数量の輸入も行われていた。とくに，イギリスからの輸入が減少したその一方で，関東州からの輸入が顕著に増大しており，その輸入量（単位：トン）を，1926, 29, 31, 36年について見てみると，920, 2856, 6781, 9万8876と推移していた（橋本［2004］：197-8頁，表3.15）。なお，日本の窒素（合成アンモニア），過燐酸肥料の生産能力，生産量，輸

出,輸入については,表1-8, 2-5, 4-7, 4-10, 4-11, 4-12, 4-14, 4-15, 4-16 (a), 4-16 (b),また両大戦間期の日本の化学肥料工業については,東洋経済［1950］：第1巻 第4篇（前半）第4章,硫酸アンモニウム工業については,橋本［2004］：第3章を参照。

22 イギリス染料輸出に占めるICI社の比重は,75％程度であったから（Schröter［1990］：p. 133），推測するところ,ICI社の染料売上高に占める輸出の割合は20％強であった。

23 日本の染料工業は,1930年には,金輸出解禁というよりも,むしろこれと相前後してなされた緊縮政策にともなう輸入抑制,国産染料推奨運動,各企業の合理化が,功を奏したとともに,さらに1931年の金輸出再禁止以降は,輸入抑制や政府による製造奨励の支えもあって,大幅な拡張を遂げた（原田［1938］：294-8頁）。こうした有利な状況のもとで,日本の染料生産量は,1932年の1万6500トン（8.4％）から,1938年には2万8300トン（12.9％）と,生産量,世界シェアとも急速に拡大していた（表1-14）。ところで,1931年12月に,ドイツ染料合名会社（IGファルベン社日本販売部）が,いったん染料の売止めを行い,他の輸入業者もこれに追随する行動に出た。その後,ドイツ染料合名会社が売止めを解除して,染料価格を10～20％引き上げたその一方で,日本側が,価格を据え置いたことにより,染料の需要はおのずと国産品に集中することになった。さらに,1932年には,繊維産業の反対を押し切って,染料の輸入関税が35％以上引き上げられるなどして,有利な条件が重ねられたことで,日本の染料工業は,急速な発展を遂げることに成功した（橋本［1984］：244-5頁）。なお,日本の染料の生産量,輸出,輸入については,表1-14, 1-17, 4-19 (a), 4-19 (b) を参照。

24 前述したように（本章註10）,ICI社の製品輸出額は,同社の海外総売上高の3分の2程度と推測される。ICI社の国内外売上高が,1929年の3500万ポンドから,1939年の6210万ポンドへと,10年間でほぼ倍増したことに比較して（表3-9）,イギリス＝ICI社の輸出は,1930年代を通じて,1929年の水準を超えることがなかった。このことを考え合わせると,1930年代のICI社の売上増大は,国内売上高の増大に負っており,輸出の貢献度はけっして高くはなかったといえる。

25 こうした両大戦間期,とくに1930年代の国際カルテルや対外経済政策が貿易に与える影響について,ハインツ・アーント（Heinz Wolfgang Arndt）が,イギリスの公的通商協定（official trade agreements）を補完する輸出促進策の第3の型として,商品協定（commodity control agreements）とともに,国際カルテルをあげてはいるものの,国際カルテルそれ自社は,直接的には輸出に対して影響を及ぼさなかったとしている（RIIA［1944］：pp. 113-5. 訳書139-41頁）。他方,クレメンス・ヴルム（Clemens A. Wurm）は,保護関税や平価切下げが,イギリス産業に競争力をもたらしたとともに,国際カルテルも,直接投資を補ったり,それに取って代わったりするほど,輸出に恩恵を与えたとしている（Wurm［1989］：p. 114. 訳書145頁）。

第6章　ICI社の多国籍事業展開

　資本主義経済の世界史的発展は，未曾有の世界大恐慌に直面したことにより，新たな局面を迎えた。古典的帝国主義段階においてすら自由貿易体制を堅持してきたイギリス資本主義も，1930年代には，イギリス帝国諸地域を包括的に「保護」する体制を構築することになった。ICI社についても，国際カルテル活動を積極的に展開することで，主要国化学企業との「競争」を回避して「協調」を図ることで，国内外市場を「保護」する経営戦略を採用した。
　こうした1930年代という資本主義経済の転換期におけるイギリス企業の国際事業展開について，ジェフリー・ジョーンズ (Geoffrey Jones) は，イギリス企業が両大戦間期に積極的に推進されていた国際カルテル活動に参加することによって，むしろ1920年代に比較して，1930年代にはイギリスの対外直接投資＝多国籍事業展開は衰退していた[1]としている (Jones [1984]：p. 148)。すなわち，国際カルテルの締結によって，イギリス本国からの輸出市場が，ある程度，「保護・防衛」されていたことで，対外直接投資＝海外現地生産＝多国籍事業展開の必要性が低下したという見解を提示しているのである。
　たしかに，少なくともイギリス化学産業ないしICI社の場合，国内市場については，売上高の大幅な増大に象徴されるように，自社による国際経営戦略，さらには政府による対外経済政策が一定の成果を上げた (第3章 第2～4節)。また，海外市場でも，帝国外市場からは一挙に後退したものの，帝国内市場の比重が大幅に増したことで，イギリス＝ICI社の化学製品輸出の減少には，ある程度の歯止めが掛かった。この点では，市場の「確保」には成功した。だが，他方で，ICI社にとってみれば，きわめて限られた範囲の，そしてなおかつ恐

慌下にあって競争の激化する諸地域——「非公式帝国」市場はもちろんのこと，それがかりに「公式帝国」市場であったとしても——における事業展開を余儀なくされたともいえる（第5章 第2節）。

こうしたICI社の国際事業における「危機的状況」は，おのずとその展開にも大きな転換を迫った。もとより，「多国籍企業」であったノーベル・インダストリーズ社の海外における現地生産事業を継承・再編したICI社は，とりわけ1930年代を通じて，イギリス帝国諸地域を中心に，よりいっそうその現地生産体制＝多国籍事業展開を強化したのである。本章では，こうしたICI社の海外諸地域における現地生産体制——現地資本の導入，現地労働者の採用，現地企業への権限委譲による現地化とそれに基づいた事業範囲・規模の拡大——に焦点を当てつつ，その国際事業としての多国籍事業展開について叙述する。

第1節　ICI社の国際事業展開

すでに叙述したように（第2章 第2節 1, 2, 第4章 第2節 1, 2, 第3節 1），ICI社は，その国際事業として，一方で，おもにブラナー・モンド社から継承した販売子会社を通じた化学製品の輸出事業とともに，他方で，おもにノーベル・インダストリーズ社から継承した子会社ないし合弁会社を基盤として，海外における現地生産事業を展開していた。

海外販売子会社の場合，ICI社が設立された1920年代後半の時点で，ブラナー・モンド社の事業を再編して，中国にICI（チャイナ）社（ICI (China) Ltd.），日本にブラナー・モンド（ジャパン）社，英領インドにICI（インディア）社（ICI (India) Ltd.），オーストラリアにブラナー・モンド（オーストラレイシア）社を有していた。さらに，1920年代末になって，より積極的な，そしてより現地市場に密着した化学製品の輸出ならびに販売事業を展開する必要性が生じたことから，あらたに南アメリカでは，アルゼンチンにICI（アルゼンチン）社（ICI (Argentine) Ltd., ないしICI SA Comercial e Industrial），ブラジルにICI（ブラジル）社（ICI (Brazil) Ltd., ないしCia. Imperial de Industrias Químicas do Brasil），チリにICI（チリ）社（ICI (Chile) Ltd., ないしCia. Imperial de Industrias Químicas de Chile），

表6-1（a）　ICI社の主要海外投資：販売子会社（1935年）

会社名	株式名	発行資本額	所有額	所有比率
		現地通貨[3]	現地通貨[3]	%
Brunner Mond & Co. (Japan) Ltd.	普通株	¥3,178,600	¥3,155,600	99.28
Chugai Semi Kogyo[1*]	普通株	¥155,000	¥155,000	100.00
ICI (Brazil) Ltd.	普通株	Reis.6,000,000	Reis.6,000,000	100.00
ICI (Chile) Ltd.	普通株A	$1,000,000	$1,000,000	100.00
同上	普通株B	$800,000	$800,000	100.00
ICI (China) Ltd.	普通株	Ts.1,016,000	Ts.1,004,500	98.87
同上	後配株	Ts.984,000	Ts.984,000	100.00
ICI (Egypt) SA	普通株	£E.125,000	£E.125,000	100.00
ICI (India) Ltd.	普通株	Rs.1,553,000	Rs.1,548,000	99.68
ICI (Levant) Ltd.	普通株	£p.165,000	£p.165,000	100.00
British & Levant Agencies Ltd.[1**]	普通株	£p.5,000	£p.5,000	100.00
ICI (Peru) Ltd.[2]	普通株A	$125,000	$125,000	100.00
同上	普通株B	$312,500	$312,500	100.00
ICI (Malaya) Ltd.	普通株	$100,000	$100,000	100.00
Kerlen & Co. NV	普通株	Fls.30,000	Fls.30,000	100.00
Mestfabriek, Java	株式A	Fls.220,000	Fls.217,000	98.64
同上	株式B	Fls.220,000	Fls.220,000	100.00

註1：下記の会社以外，すべて ICI Ltd. が所有．
　　　*　Brunner Mond & Co. (Japan) Ltd.
　　　** ICI (Levant) Ltd.
　2：原表には，'ICI Lima' と記述されていたが，'ICI (Peru) Ltd.' の誤りであろう．
　3：Reis. はレアル，Ts. はテール（銀両），£E. はエジプト・ポンド，Rs. はルピー，£p. はパレスティナ・ポンド，Fls. はフローリン．
出所：GBT［1935］：State. G より作成．

　ペルーに ICI（ペルー）社[2]（ICI (Peru) Ltd., ないし ICI SA Peruna），近東では，レヴァント（地中海東岸地域）に ICI（レヴァント）社（ICI (Levant) Ltd.），エジプトに ICI（エジプト）社（ICI (Egypt) SA），アジアでは，マラヤに ICI（マラヤ）社（ICI (Malaya) Ltd.）といった販売子会社をつぎつぎと設立するに至った（ICI, *Magazine*, May 1937, pp. 398-405；表6-1（a））．

　一方，現地生産事業を展開していた子会社ないし合弁会社の場合，1920年代後半時点で，オーストラリアに，主としてノーベル（オーストラレイシア）社の事業を再編した製造子会社である ICIANZ 社（本章 第3節），南アフリカに，

表6-1 (b)　　ICI社の主要海外投資：製造子会社（1935年）

会社名	株式名	発行資本額	所有額	所有比率
		現地通貨[2]	現地通貨[2]	％
ICIANZ Ltd.	7％優先株	£671,746	£603,877	89.90
同上	普通株	£1,646,954	£1,511,109	91.75
同上	後配株	£250,000	£250,000	100.00
Ammonia Co. of Australia Ltd.[1]	普通株	£43,000	£34,850	81.05
Brunner Mond (Australasia) Pty. Ltd.[1]	普通株	£150,000	£150,000	100.00
Kaikohe Development Ltd. (New Zealand)	普通株	£25,000	£25,000	100.00
Nobel (Australasia) Ltd.[1]	普通株	£1,198,950	£1,198,950	100.00
Victoria Ammonia Co. Pty. Ltd.[1]	普通株	£10,000	£10,000	100.00
AE & I Ltd.	普通株	£3,500,000	£1,750,000	50.00
Canadian Industries Ltd.	無額面普通株	C.$19,207,282	C.$8,489,649	44.19
Cia. Sud Americana de Explosivos	普通株	£400,000	£169,575	42.39
Industrias Quimica Argentinas 'Duperial' SA	—	Ps.14,570,000	Ps.7,285,000	50.00
Magadi Soda Co. Ltd.	普通株	£100,000	£100,000	100.00
同上	6％第2優先株	£328,047.10s	£13,767.10s	4.19
同上	12.5％優先株	£89,987.5s	£55,516.4s	61.75
同上	4％社債	£425,700	£2,300	0.54

註1：ICIANZ Ltd. が所有。それ以外は，すべて ICI Ltd. が所有。
2：Ps. はペソ。
出所：GBT［1935］：State. G より作成。

　現地鉱山会社との合弁会社であるAE & I社（本章 第4節），カナダに，デュポン社との合弁会社であるカナディアン・インダストリーズ社（本章 第5節），チリには，カナディアン・インダストリーズ社と同様に，デュポン社との合弁会社である南アメリカ爆薬社（本章 第6節1），またケニアには，例外的にブラナー・モンド社から継承したマガディ・ソーダ社[3]を擁していた。さらに，1934年と1937年には，デュポン社との合弁会社として，アルゼンチンおよびブラジルに，デュペリアル社を設立するなどしていた（本章 第6節 2, 3）。こうして，ICI社は，現地資本の導入，現地労働者の雇用などによる「現地化」を

表6-1（c）　ICI社の主要海外投資：市場性投資・関連会社（1935年）

会社名	株式名	発行資本額	所有額	所有比率
		現地通貨[1]	現地通貨[1]	％
Allied Chemical & Dye Corp. Inc.	無額面普通株	$12,006,440	$56,860	0.47
Anglo American Corp. of South Africa	普通株	£2,000,000	£8,571	0.42
Belge de Banque	無額面株式	Frs.200,000,000	Frs.1,250,000	0.625
Berlin Ilsenburger Metallwerke AG	普通株	RM970,000	RM252,000	25.98
Cartoucherie Francaise	普通株	Frs.3,600,000	Frs.840,000	23.33
Cia. Continentale du Pergamoid	普通株	Frs.11,424,600	Frs.528,500	4.63
Cechoslovak Explosives Co. Ltd.	—	Kr.60,000,000	Kr.19,200,000	32.00
De Beers Consolidated Mines Ltd.	後配株	£2,726,285	£7,500	0.27
Dynamit AG	普通株	RM47,000,000	RM3,750,000	7.97
E. I. du Pont de Nemours Inc.	普通株	$220,970,140	$387,720	0.175
Explosives Industries Ltd.	普通株	£10,000	£3,750	37.50
Farbenindustrie AG	—	RM680,000,000	RM18,388,300	2.70
General Motors Corp. Inc.	普通株	$435,000,000	$3,900,000	0.896
Het Jagershuis (Holland)	ギルダー株	Gulden 250,000	Gulden 4,850	1.94
Hungarian Explosives Co. Ltd.	—	Pengo 1,500,000	Pengo 180,000	12.00
Industria Comercio y Mineria SA	株式B	Pts.9,000,000	Pts.90,000	1.00
Int. Gesellschaft de Stickstoff AG	普通株	S.Frs.1,200,000	S.Frs.137,500	11.475
Int. Hydrogenation Eng. Co.	6％優先株	Fls.200,000	Fls.20,000	10.00
International Nickel Co. of Canada	無額面普通株	$60,766,771	$500,400	0.82
Irish Metal Industries Ltd.	普通株A	£5,000	£1,666.10s	33.33
同上	普通株B	£5,000	£5,000	100.00
Malagash Salt Products Ltd.	6.5％抵当権付減債基金	$500,000	$50,000	10.00
Nobel Bickford AG, Trencin	普通株	Kc.2,000,000	Kc.500,000	25.00
Roumanian Explosives Co. Ltd.	—	Lei.55,000,000	Lei.11,000,000	20.00
Soc. Anon. d'Arendonck	普通株	Frs.740,000	Frs.221,200	29.89
Soc. Meches de Vise	—	Frs.600,000	Frs.250,000	41.66
Soc. Electro Quimica Hispana	—	Pts.500,000	Pts.100,000	20.00
Synthesia Chemical Works Ltd.	—	Kc.18,000,000	Kc.5,760,000	32.00
Union Espanola de Explosivos	—	Pts.60,000,000	Pts.600,000	1.00
United Rlys of Havana	5％優先株	£3,554,262	£10,000	0.003
Uruguayan Gold Bonds	6％金貨債券	£12,540	£12,540	—
Yellow Truck & Coach	7％優先株	$15,000,000	$500,000	3.33

註1：Frs. はフラン、Kr. はクローネ、Gulden はギルダー、Pengo はペンゴ、Pts. はペセタ、S.Frs. はスイス・フラン、Fls はフローリン、Kc. はコルナ、Lei. はレウ。
出所：GBT［1935］：State. G より作成。

表6-2 ICI社の海外取引における使用資本（1937年）

会　社	帝国内取引 £100万	%	帝国外取引 £100万	%	全世界取引 £100万	%
国内グループ	10.8	58.4	7.7	41.6	18.5	100.0
海外販売子会社	1.2	38.7	1.9	61.3	3.1	100.0
カナダ合弁会社	3.3	100.0	—	—	3.3	100.0
オーストラリア子会社	2.4	100.0	—	—	2.4	100.0
南アフリカ合弁会社	1.5	100.0	—	—	1.5	100.0
南アメリカ合弁会社	—	—	1.2	100.0	1.2	100.0
合　計	19.2	64.0	10.8	36.0	30.0	100.0

出所：Reader [1975]：p. 200 より作成。

表6-3 ICI社の国内外取引における使用資本利益率
（1935／36～1936／37年度）

（単位：%）

会　社	帝国内取引	帝国外取引
1935／36年度　ICI社全体	9.66	1.32
1936／37年度　ICI社全体	10.34	3.12
本国内グループ[1]	7.42	2.43
海外販売子会社[1]	4.35	3.77
ICIANZ Ltd.	7.20	—
AE & I Ltd.	34.16	—
Canadian Industries Ltd.	13.48	—
南アメリカ合弁会社[2]	—	6.29
ブラジル合弁会社[3]	—	9.66

註 1：本国における輸出品の生産に対する使用資本は含まれてはおらず，おそらく海外販売子会社の使用資本に含まれているものと思われる。
　　2：E. I. du Pont de Nemours & Co. Inc. との合弁。
　　3：Remington Arms Co. との合弁。
出所：Reader [1975]：pp. 229-30.

一挙に推進することで，より有利に現地市場ないし帝国内外市場に向けて広範な分野にわたる化学製品の供給を展開する[4]ことになった（表6-1 (b), 6-1 (c)）。

　こうしたICI社の国際事業と国内事業の規模を1937年について比較してみよう。まず，使用資本である。ICI社全体の使用資本額は，9480万ポンドであっ

た(表3-9)。ICI社の国際事業，すなわちイギリス国内グループによる輸出事業と海外グループによる現地生産・販売事業を併せた，海外取引に関する使用資本額が，3000万ポンド(ICI社全体の使用資本額に占める比重は31.6%)であったから，これを差し引くと，国内事業，すなわち国内グループによる国内市場向け生産事業に対する使用資本額は，6480万ポンド(68.4%)となる。他方，国際事業のうち，海外グループによる海外取引に関する使用資本額は，1150万ポンド(12.1%)であった。その内訳は，オーストラリア，カナダ，南アフリカ，南アメリカにおける現地生産事業に対する使用資本額が，840万ポンド(8.9%)，海外販売子会社による現地販売事業に対する使用資本額が，310万ポンド(3.3%)であった。また，国内グループによる海外取引，すなわちイギリス本国からの海外向け輸出事業に対する使用資本額が，1850万ポンド(19.5%)であった。ちなみに，国内グループによる，イギリス国内向け生産，海外向け輸出の両事業を併せた使用資本額は，8330万ポンド(87.9%)となる(表6-2，6-3)。

つぎに，売上高で比較してみよう。1937年のICI社全体の国内外売上高5866万9000ポンドに対して(表6-4，ちなみに表3-9では，海外売上高を含む総売上高が5410万ポンドであった)，海外売上高(本国からの輸出および海外での生産・販売，すなわち表6-4の「その他の地域」)は，1892万2000ポンド(国内グループの輸出事業の使用資本額から概算すれば，輸出額はおそらくこの3分の2程度となろう)であり，ICI社の国内外売上高に占める海外売上高の比重もまた32.37%と，けっしてその比重は低くなかった。このように，ICI社の事業活動が，イギリス本国からの輸出ないし海外での生産・販売というかたちで，少なからず海外市場に依存

表6-4　ICI社の国内外売上高 (1934~1937年)

年	イギリス／アイルランド		その他の地域		ICI社全体	
	£1000	%	£1000	%	£1000	%
1934	26,955	64.34	14,942	35.66	41,897	100.00
1935	29,863	65.77	15,539	34.23	45,402	100.00
1936	32,762	68.43	15,111	31.57	47,873	100.00
1937	39,677	67.63	18,922	32.37	58,669	100.00

出所：Reader [1975]：Tab. 10.

していたことがうかがえる。なお，売上高の推移を確認すると，国内では，1934年の2695万5000ポンド（64.34％）から1936年の3276万2000ポンド（68.43％）へと，売上高，比重ともに順調に増大していた。その裏返しとして，海外（現地での生産・販売も含む）では，同年について，1494万2000ポンド（35.66％）から1511万1000ポンド（31.57％）へと（表6-4），売上高の増大がやや頭打ちとなり，比重も4.09ポイント下げるなど，輸出の減少に起因する[5]かたちで，若干のブレーキが掛かり，海外への依存度が低下していた。もっとも，その後，景気が最高潮に達した1937年には，国内，海外ともに，売上が急増したことで，海外の比重もわずかに上昇した。

第2節　販売子会社による事業展開

　本節では，ICI社の国際事業のうち，主要な海外販売子会社について，その事業の概略を紹介する。ICI社は，自社製品について，販売代理店などを通すことなく，ICI社として，直接，現地の顧客に販売することを基本方針としていた。イギリス本国ならびに海外で生産されたICI社製品を輸入し，現地の顧客に対して販売する事業を担っていたのが，世界各地の主要市場に設立された海外販売子会社であった。これら海外販売子会社は，それぞれ現地の法令に則って設立・登記された現地法人という形態を採っていた。また，各海外販売子会社には，それぞれ取締役会も設置されており，ある程度，自律的に現地における事業の管理・運営を行っていたが，他方で，イギリス本国のICI社にも，海外販売部門（Overseas Sales Department）が設置されており，海外販売子会社は，本社との連携を図りつつ，現地の経営環境に即した輸入・販売事業を展開していた（ICI, *Magazine*, May 1937, p. 398；Mitchell［1938］：p. 43）。

1　中国および日本

　ICI社の海外市場のうち，とりわけ帝国外諸地域において最大の市場規模を誇っていたのが，極東地域であった。1930年代に，10社程度あったICI社の海外販売子会社のうち，もっとも歴史のある販売子会社が，極東の中国を事業領

表6-5 ICI（チャイナ）社の取引（1932／33と1933／34年度）

取　引	1932／33（実績）		1933／34（概算）	
	£	%	£	%
アルカリ	548,049	29	478,073	30
染　料	273,479	15	243,072	15
肥　料	473,990	25	352,941	22
代理取引	280,696	15	275,304	17
ベンチャー取引	294,229	16	254,299	16
総売上高	1,870,443	100	1,603,689	100
利　益	87,753		▲ 17,320	

出所：Brodie［1990］：Tab. 4.

域としていた，ICI（チャイナ）社[6]であった。このICI（チャイナ）社の端緒は，1900年に，ブラナー・モンド社が，中国に販売支店を設立した時点にまでさかのぼる。同支店は，中国での事業が拡大する[7]に従って，より自律的な事業運営が不可欠であるとして，1920年に会社組織としてのブラナー・モンド（チャイナ）社に生まれ変わった。このブラナー・モンド（チャイナ）社は，香港の法令に則って設立され，将来にわたって成長の期待される中国での大規模な事業展開を見据えて，上海に本社を構えた（Brodie［1990］：p. 60；ICI, *Magazine,* May 1937, p. 398）。

その後，1926年のICI社設立にともなって，1928年には，新会社，ICI（チャイナ）社として再スタートを切った。このICI（チャイナ）社は，上海本社を拠点に，香港，漢口，天津，大連に地域支社（Divisional Office）を設置し，さらに地域支社のもとに，中国南部，中国北部，満州国の各地に8ヵ所の地区支社（District Office）を置き，中国全土を市場として事業を展開していた（Brodie［1990］：pp. 64-5；GBBTDOT［1930］：pp. 2-3；ICI, *Magazine,* May 1937, p. 398）。

外国企業が，中国において事業を展開する場合，買弁資本（compradore）と結託することが通例となっていたが，ICI（チャイナ）社は，こうした買弁資本とは距離を置き，現地の政府，さらには商工業関係者との近しい関係を背景にして，現地に密着した事業を推進しようとしていた。その中国は，工業および農業両部門の成長が顕著であり，日本とならんで，帝国外地域としてはもち

ろん，製品によっては帝国内地域と比較しても遜色のないほど，きわめて大規模な市場を形成していた。ICI（チャイナ）社は，こうしたビジネス・チャンスを有する中国市場において，爆薬と金属を除いた，ICI社の主要製品および他のイギリス企業製品の輸入・販売を担うなど，きわめて広範な事業を展開していた。もっとも，こうした大きな期待を寄せていた中国市場ではあったが，1930年代には，現地企業の台頭も顕著であり，競争は激化していた（第5章第2節）。これに対処すべく，ICI社は，中国の国内外でさまざまな協定を締結することによって，事業展開を有利に導こうと試みたものの，結局は苦戦がつづき，市場を大幅に縮小させてしまった（ICI, *Magazine,* May 1937, pp. 398-9；5章註17；表6-5）。

つぎに，中国とならんで，極東最大規模の日本市場で事業を展開していた，ブラナー・モンド（ジャパン）社である。ブラナー・モンド社は，1902年から，日本の販売代理店を通じて，自社製品を日本市場向けに輸出していた。1907年になって，その販売代理店を買収して，あらたにブラナー・モンド社の販売支店を設立した。その後，1920年に，法令上は香港に本社を登記するという形態を採りつつ，日本におけるブラナー・モンド社の海外販売子会社として，ブラナー・モンド（ジャパン）社が設立された[8]（Dick [1973]：p. 65；ICI, *Magazine,* May 1937, p. 399）。

そして，1926年にはICI社が設立された。本来であれば，これにともなって，社名を変更するところであったが，このブラナー・モンド（ジャパン）社に限っては，他のICI社の海外販売子会社とは異なり，引き続いて従来の社名である「ブラナー・モンド（ジャパン）社」を名乗らざるをえなかった。というのも，大日本帝国（Japanese Empire）側から，社名に「帝国」（Imperial）を冠することが許されなかったからである。こうして，旧社名のまま，あらためて再スタートを切った「新生」ブラナー・モンド（ジャパン）社は，1930年には事業編成を整え，神戸本社を中心に，東京，門司，大阪，高雄（台湾）に支社を設置するなどして，拡大しつづける日本市場の未来に大きな期待を懸けていた（ICI, *Magazine,* May 1937, p. 399）。

ブラナー・モンド（ジャパン）社のおもな事業は，ICI（チャイナ）社と同

様に，ICI社製品のみならず，他のイギリス化学企業製品の輸入も担うなどして，工業化の進展する日本市場向けに各社の製品を供給することであった。だが，きわめて大規模な市場を有していた日本ではあったものの，他方で，日本の工業化が顕著に進展するなか，日本の化学企業の成長も目覚ましかった[9]。なおかつ，時まさに昭和恐慌下であり，日本政府もまた，さまざまな経済政策を講じて，日本市場の保護に努めていた。そのため，前述のように（第5章 第2節），イギリス＝ICI社による日本向け輸出は，徐々に厳しさを増し，1930年代末には，事実上，日本市場を喪失してしまった。その結果，1930年代後半には，神戸本社と東京支社の小規模な事務所だけを残して，細々と業務をつづけるほか途はなかったのである（ICI, *Magazine*, May 1937, p. 399）。

2　英領インドおよび英領マラヤ

つづいて，アジアのなかでも，イギリス帝国を構成していた，そして比較的大規模な市場を有していた英領インドと英領マラヤである。まず，英領インドのICI（インディア）社[10]から見ていこう。ブラナー・モンド社は，1910年，カルカッタ（Calcutta，現在のコルカタ〔Kolkata〕）にインドで最初の販売支店を開設し，さらに1915年にはボンベイ（Bombay，現在のムンバイ〔Munbai〕）に2ヵ所目の支店を設置した。その後，化学関連事業の成長が期待できるインドにおいて，より大規模な事業展開が必要であることを感じていたブラナー・モンド社は，1923年になって，従来の販売支店を再編することで，あらたにブラナー・モンド（インディア）社を設立した。このブラナー・モンド（インディア）社は，設立後数年のうちには，インドのみならず，ビルマ（現在のミャンマー）やセイロン（現在のスリランカ）などの諸地域において，現地の製品保管施設や流通業者，顧客センターとのネットワークを形成することで，主要港につぎつぎと支社を設置するなど，事業規模を急速に拡大させていった[11]（ICI, *Magazine*, May 1937, p. 400）。

ICI社が設立された翌年の1928年になると，ブラナー・モンド（インディア）社は，ICI（インディア）社へと社名を変更するとともに，カルカッタに本拠を構え，販売子会社としてICI社製品などの販売を行うようになった。

もっとも，ICI（インディア）社の事業は，こうした製品の販売のみにとどまらなかった。1938年になると，ICI（インディア）社が援助することで，69万7500ポンドをもって，アルカリ・アンド・ケミカル・オヴ・インディア社（The Alkali and Chemical Corp. of India Ltd.）が設立された。そして，アルカリ・アンド・ケミカル社は，すぐさまパンジャブおよびベンガルのアルカリ・塩素工場の建設に着手した。その後，第2次世界大戦の勃発にともなう混乱により，一時的に工事が中断されたものの，1940年になってようやくアルカリ・塩素の現地生産を開始するに至った。このように，ICI（インディア）社は，各種化学製品の現地生産にまで手を染めるなど，その事業展開は，本来の販売会社の事業範囲を超えて，広がりを見せていた（*Chem. & Ind.*, 30 Apr. 1938, p. 435；ICI, *Ann. Rep.*, 1938, p. 17, 1939, pp. 16-7；Ray [1979]：p. 169）。

ついで，英領マラヤのICI（マラヤ）社である。このICI（マラヤ）社の歴史は比較的新しく，ICI社設立後の1930年に，それまでの販売代理店が行っていた業務を継承するかたちで，シンガポール（Singapore）に新規に設立された販売子会社であった。当初，ICI（マラヤ）社は，英領マラヤ，シャム（現在のタイ），英領ボルネオを事業領域として，爆薬，塗料を除くICI社の主要製品や，他社の肥料，染料をはじめとした各種化学製品の販売事業を展開していた。その後，ペナン（Penang）に支社が開設され，さらにクアラ・ルンプル（Kuala Lumpur）に農業指導部門（Agricultural Advisory Department）も設置されるなど，ICI（マラヤ）社の事業範囲は，徐々に拡大していった（ICI, *Magazine*, May 1937, pp. 399-400）。

1933年になると，ICI（マラヤ）社は，スマトラにまで事業領域を拡張するとともに，傘下に収めた販売代理店を通じて，ジャワでの事業活動を管理・運営するようになった。もっとも，ICI（マラヤ）社の事業も，やはり単なる化学製品の販売にとどまらなかった。ICI（マラヤ）社の農業指導部門は，農園関係者とも連携して，ゴムや稲，オイル・パーム，その他のさまざまな作物の栽培実験を通じて，科学的な農業知識の修得をも支援していた。このように，ICI（マラヤ）社は，地域に根差した事業を展開しており，ICI社や他のイギリス企業製品の輸入・販売により，大幅に売上を増大させただけではなく，現地

で生産された製品の輸出をも手掛けるなど，事業の範囲も広範に及んでいた (ICI, *Magazine,* May 1937, p. 400)。

3 レヴァントおよびエジプト

つぎに，近東地域のうち，地中海東岸にあたるレヴァントのICI（レヴァント）社である。このICI（レヴァント）社は，1930年に設立された比較的新しい販売子会社であった。同社は，ハイファ（Haifa）に本社を置き，パレスティナ，シリア，イラク，トルコ，キプロスおよびトランスヨルダン（現在のヨルダン）といった広範な地域における事業の拡大を目論んで，14カ所の支社を開設した。だが，ICI（レヴァント）社は，間もなく事業の縮小を余儀なくされ，最終的には，支社も，ハイファ，ジャファ（Jaffa），ベイルート（Beyrouth），アレッポ（Aleppo），イスタンブール（Istanbul），バグダッド（Baghdad）の6カ所だけに絞られることになった。ICI（レヴァント）社の場合，地域的な広さのみならず，異なる政治・国家体制や宗教，言語，通貨など，「多様性」のもとで事業を展開せざるをえず，つねに困難と背中合わせであった（ICI, *Magazine,* May 1937, pp. 400-1）。

ICI（レヴァント）社の主たる取引製品は，肥料，苛性ソーダ，ソーダ灰，銅・真鍮，塗料，染料であり，これらの製品だけで，同社の売上高の約60％を占めていた（ICI, *Magazine,* Mar. 1936, p. 202）。もっとも，ICI（レヴァント）社は，こうした製品の輸入・販売のみならず，広範な領域にわたる事業にも参入していた。1932年には，ICI（レヴァント）社の子会社として，ブリティッシュ・アンド・レヴァント・エイジェンシーズ社（British and Levant Agencies Ltd.）を設立して，農業，灌漑，機械関連の事業や各種製品の供給も担うようになった。その後，1937年までに，このブリティッシュ・アンド・レヴァント社は，現地資本も仰ぎつつ，ICI社本社が株式の50％を所有することで，あらたにエンジニアリング・オヴ・パレスティナ社（The Engineering Corp. of Palestine Ltd.）として再スタートを切り，さらなる事業拡大に期待を懸けていた（ICI, *Magazine,* May 1937, p. 401）。

最後に，エジプトのICI（エジプト）社である。このICI（エジプト）社は，

肥料事業を展開すべく，1929年にカイロ（Cairo）に最初の支店が設立されたことに端を発する。その後，肥料のみならず，各種ICI社製品の取引が徐々に増大したことを受けて，1934年，正式に会社組織としてのICI（エジプト）社が設立された。同社は，カイロに本社を構えるとともに，アレクサンドリア（Alexandria）にも支社を設置した。その事業領域としては，エジプト全域をカバーするとともに，エジプトの南方に位置するスーダン市場向けにも製品の供給が行われていた。さらに，1930年代後半には，イギリスとエジプトの両国資本による大規模な繊維工場が建設されたことで，同工場向けに各種の化学製品や染料の供給も増大するなど，さらなる事業拡大の可能性を秘めていた（ICI, *Ann. Rep.*, 1938, p. 20, 1939, p. 19；ICI, *Magazine,* May 1937, p. 401）。

第3節　製造子会社による事業展開――オーストラリア

本節では，イギリス自治領としてのオーストラリア連邦におけるICI社の事業展開について概観する。オーストラリアでの事業活動は，後述する南アフリカ，カナダ，南アメリカ諸国の例とは異なり，主としてICI社の製造子会社であるICIANZ社[12]によって担われていたが，しだいに現地資本の導入，現地政府との協調などを通じて，広範な製品分野にわたる現地生産体制を強化するようになった。

1　ICIANZ社の設立過程

ICIANZ社が，ICI社の前身企業であったノーベル・インダストリーズ社およびブラナー・モンド社によるオーストラリアの事業を継承・再編する過程から振り返ってみよう。オーストラリアでは，1851年に，ニュー・サウス・ウェールズ州およびヴィクトリア州で金鉱が発見された。これにともなうゴールド・ラッシュにより，爆薬の需要が急増したことで，諸地域からのオーストラリアに向けた爆薬輸出が，活況を呈しはじめた（Reader [1970]：pp. 67-8）。

ノーベルズ・エクスプローシヴズ社（ICI社の前身企業）も，設立の当初から，爆薬需要の高まるオーストラリアを重要な輸出市場の1つとして位置づけてい

た。19世紀末以降，ノーベルズ・エクスプローシヴズ社は，ともにノーベル＝ダイナマイト・トラスト社の傘下にあったデュナミート社や，イギリスに本拠を置いていた爆薬製造企業のキノッホ社，銃火薬・爆薬製造企業のカーティシズ・アンド・ハーヴェイ社との間で，オーストラリアの爆薬市場をめぐって激しい輸出競争を繰り広げていた (Reader [1970]: pp. 156, 211)。

この過程で，1897年に，ノーベル＝ダイナマイト・トラスト社が，ディア・パーク (Deer Park, メルボルン [Melbourne] 近郊) に工場を所有していた，現地でもっとも影響力を有する爆薬製造企業，AE & C社を買収することで，現地での爆薬生産に参入しようとした。だが，ノーベルズ・エクスプローシヴズ社は，こうしたノーベル系爆薬製造企業による現地生産事業に参加することもなく，関税の壁を越えて，独自にイギリスからオーストラリアに向けた爆薬輸出をつづけていた (Reader [1970]: pp. 156, 211)。

しかし，第1次世界大戦の勃発によって事態は大きく動いた。1915年にノーベル＝ダイナマイト・トラスト社が解体されたことにともない，1918年には，ノーベルズ・エクスプローシヴズ社が，あらたに設立された持株会社としてのエクスプローシヴズ・トレーズ社 (1920年にはノーベル・インダストリーズ社に社名変更) の傘下に入った[13]のである (第2章 第2節2)。この結果，エクスプローシヴズ・トレーズ社が，ノーベル＝ダイナマイト・トラスト社の資産であったAE & C社を継承することで，オーストラリアにおける爆薬の現地生産事業を開始することになった。その後，1925年には，あらためてAE & C社の資産を核に，資本金111万ポンドをもって，ノーベル・インダストリーズ社のオーストラリア子会社として，ノーベル (オーストラレイシア) 社が新規に設立された (Reader [1970]: pp. 306-9, 404)。

もっとも，ICIANZ社の前身企業のうち，オーストラリアで事業活動を行っていたのは，ノーベル・インダストリーズ社だけではなかった。世界各地に販売拠点を有して，アルカリ製品の大規模な輸出を展開していたブラナー・モンド社も，1924年には，ブラナー・モンド (オーストラレイシア) 社を設立し，オーストラリアに向けて輸出を開始していた。このとき，すでにオーストラリアでは，19世紀末からつづく工業化とそれにともなう経済発展が顕著に進展

するなど[14]，アルカリ製品を中心とした重化学製品の輸出市場として期待を懸けるには，十分な可能性を秘めていた[15]のである (Reader [1970]: pp. 335-40)。

こうして，ノーベル・インダストリーズ社，ブラナー・モンド社，両社のオーストラリア子会社がそろった直後の1926年にICI社が設立された。この時点で，すでにオーストラリアについては，イギリス本国からの輸入に加えて，ノーベル（オーストラレイシア）社のディア・パーク工場で爆薬や過燐酸肥料，さらにフットスクレイ (Footscray，メルボルン近郊) 工場ではスポーツ用薬莢，スポッツウッド (Spotswood，メルボルン近郊) 工場では緩燃導火線などの現地生産が行われており，ある程度の多角化も進展していた (Reader [1975]: pp. 206-8)。

しかし，オーストラリア市場では，製造業のみならず，鉱業や農業においても多様な製品の需要が見込まれていながらも（本章註14)，1908年以降，きわめて保護主義的色合いの濃い関税率の引上げが実施され[16] (Boehm [1971]: p. 144. 訳書141頁)，さらには現地企業や欧米企業の参入も予想されていた。こうした状況を踏まえるならば，各種化学製品の供給にあたっても，イギリス本国からの輸入に依拠するよりも，むしろオーストラリアの利害関係者と手を結んで，現地生産体制をなおいっそう強化したほうが，より有利に事業を導くことが可能であった。

2 ICIANZ社の多角化

こうした戦略に則って，ICI社は，1928年までにさまざまな企業の買収や新規設立を推進していた。たとえば，肥料事業への参入を目論んで，アンモニア・オヴ・オーストラリア社 (The Ammonia Co. of Australia Ltd.)，ヴィクトリア・アンモニア社 (Victoria Ammonia Co. Pty. Ltd.) といった肥料製造企業の買収を行っていた。さらに，こうしたICI社独自の路線のみならず，カナダ，南アメリカ諸国の例にならって，オーストラリアにおいても，デュポン社との協調が推進されていた。1927年，ICI社とデュポン社は，すでに資本金40万ポンド，ICI社51％，デュポン社49％の共同出資により，メルボルンに人造皮革製造企業，レザークロス社を設立していた（第4章 第3節 1)。このレザークロス社は，

ディア・パークに工場を有しており，自動車の内装および幌用素材として，年産125万ヤード（約115万メートル）の人造皮革「ファブレックス」（Fabrex）および50万ヤード（約46万メートル）のラバークロスの生産に着手していた（Forster [1964]：p. 45；GBBTIMD [1934-44]：par. 70；ICIANZ [1939]：Sec. Leathercloth）。

また，同じくICI社とデュポン社の合弁事業としては，1928年に，現地でも有数の大規模塗料製造企業であったブリティッシュ・オーストラリアン・リード・マニュファクチャラーズ社（British Australian Lead Manufacturers Ltd.）とともに，20万ポンドの建設費用を支出して，キャバリタ（Cabarita，ニュー・サウス・ウェールズ州）に，ニトロセルロース・ラッカー工場を設立することで，デュコの生産も開始した。さらに，肥料事業への参入を企図して，デュポン社から現地の副生アンモニア製造企業の支配権を取得するなど，オーストラリア子会社によるデュポン社や他社との連携は，きわめて広範にわたっていた（Forster [1964]：p. 45；Reader [1975]：p. 208）。

こうして，ICI社の設立後，オーストラリアでの現地生産体制の強化と事業のさらなる多角化をにらんで，積極的な企業買収が推進されていたさなか，オーストラリアにおける新会社がスタートを切ることになった。1928年，形式的には独立した存在であったノーベル（オーストラレイシア）社とブラナー・モンド（オーストラレイシア）社という，前身企業の子会社を統合することで，資本金250万ポンドを擁して，ICI社のオーストラリア子会社として，あらためてICI（オーストラレイシア）社（ICI (Australasia) Ltd.）が設立された[17]のである。さらに，翌1929年になると，ICI（オーストラレイシア）社は，ICIANZ社へと社名が変更されるとともに，多角的な現地生産体制を本格化させることになった（*Chem. & Ind.*, 27 Jul. 1928, p. 776；Clarke [1984]：p. 139；ICIANZ [1953]：p. 3）。

新たな滑り出しを迎えたICIANZ社ではあったが，その設立にあたって，設立者のひとりであったベンジャミン・トッドハンター（Benjamin Edward Todhunter, 1865-1952）ICI社執行取締役は，無機重化学工業分野，すなわち窒素肥料やその関連製品を含む，合成アンモニア，さらには苛性ソーダ，塩酸，塩化水素酸といった，各種化学製品の現地生産事業[18]に最大の期待を懸けてい

た。そして，当初の段階では，こうした現地生産体制を実現するうえで，現地資本を大規模に導入する[19]ことによって，ICIANZ社の設立を図ろうとすらしていた（Reader［1975］: pp. 208-9）。

しかし，折悪しく，1920年代末の世界窒素工業の先行き不透明感から，所期の資本参加（500万ポンド）を得ることはかなわなかった。結局，ICIANZ社の発行資本額は，ICI社が91％を保有するかたちで，当初の目論見の半分以下にすぎないおよそ225万ポンドにとどまった[20]。さらには，農業恐慌にともなう窒素肥料の過剰[21]により，アンモニア合成事業も，一時的に棚上げされることになった（Reader［1975］: pp. 208-10）。

とはいえ，ICIANZ社は，設立後間もない1929年にオーストラリアを襲った世界大恐慌を「うまく切り抜けた」（well weathered, ICI, *Ann. Rep.*, 1931, p. 8）。1932年になると，「オタワ協定」の効果[22]もあって，ICIANZ社を取り巻く経営環境は改善に向かい，「よりよい成果」（better results, ICI, *Ann. Rep.*, 1932, p. 7）を上げるようになった。さらに，1933年には，前年に比べて「着実に改善した」（improved steadily, ICI, *Ann. Rep.*, 1933, p. 8）とされるように，ICIANZ社の業績は，早くも好転して，回復に向かいはじめた。

3　ICIANZ社の現地生産体制強化

オーストラリアの景気が1933年ごろから回復過程に入ると，産業活動もまた活発化しはじめた[23]。これに歩調を合わせるように，ICIANZ社の事業も，回復にとどまらず，生産合理化のための工場の改築や生産増大のための工場の拡張と，さらなるステップに向けて歩みを進めるようになった（ICI, *Ann. Rep.*, 1935, p. 16）。

恐慌前からの懸案事項であったICIANZ社の肥料事業については，依然として厳しい状況にあり，またイギリス本国のICI社による輸出にも影響が及びかねなかったものの，1935年には，あえて肥料（硫酸アンモニウム）のオーストラリア現地における生産増大に着手した。また，1930年代前半から好調であった金鉱業[24]に対応して，爆薬事業の拡張も図られた。このように，1930年代央に向かう過程で，ICIANZ社の各種事業は，すでに回復から拡大に向か

いはじめていたのである（ICI, *Ann. Rep.*, 1934, p. 8, 1935, p. 16；ICI社株主総会報告, *Statist*, 2 May 1936, p. 747）。

　オーストラリアの景気が回復から拡大に向かう過程で，スポーツ用弾薬事業も好調の波に乗った。1930年代前半から，スポーツ用銃器の薬莢であるショット・ガン用薬莢ならびにリム・ファイアー薬莢の需要が，高まりを見せるようになっていた。ICIANZ社は，こうした需要に対応すべく，かねてよりディア・パークにおいて，ショット・ガン用薬莢ならびにリム・ファイアー薬莢製造工場の建設を進めていた。1934年になって，このディア・パーク工場が完成したことで，スポーツ用薬莢の商業的生産も一挙に増大し，ICIANZ社は，その市場シェアの拡大にも成功した。こうしたオーストラリアのICIANZ社におけるスポーツ用弾薬事業の拡張にともなって，従来，オーストラリア向けに各種弾薬を生産・輸出していた，イギリス本国のICI社金属グループが擁していた，ウィットン工場のスポーツ用弾薬事業は，むしろ縮小に向かわざるをえなかった。もっとも，ウィットン工場では，1935年以降，再軍備に向けた軍事用薬莢・弾薬などの新たな需要が高まったことで，スポーツ用弾薬事業の縮小それ自体が，金属グループの事業に支障を及ぼすことはなかったといえよう（ICI, *Ann. Rep.*, 1935, p. 16；ICIANZ［1939］：Sec. Sporting Ammunition；ICI社株主総会報告, *Statist*, 4 May 1935, p. 754）。

　1930年代央をすぎると，ICIANZ社は，既存事業の拡張のみならず，新たな事業に参入することによって，さらなる多角化を進展させはじめた。ICI社とデュポン社との「特許・製法協定」により，両社の協調を図るうえで，双方が相手の排他的領域から完全に退却することになっていた。その一環として，ICIANZ社は，1936年に，デュポン社との合弁事業であったレザークロス社について，デュポン社が保有していた49％分の株式を取得することで，同社を完全に傘下に収めることになった。レザークロス社が生産していた人造皮革（ファブレックス）およびラバークロスについては，本来，新産業として成長過程にあった自動車産業に対して，ともに幌やシートの素材として供給されていた。しかし，ICIANZ社としては，自動車以外にも，住居，事業所，鉄道車輌などの壁紙やテーブル，日用品など，広範な素材として利用可能な，そして将

来的にも需要が高まることが予想される，これらの製品を生産するにあたり，レザークロス社を傘下に収めることに大きな期待を懸けていた。くわえて，イギリス本国のICI社から輸入していた染料（ICIANZ社は，染料を生産していなかった）などの製品を，材料として投入するメリットもあり，レザークロス社の事業が秘めた可能性はきわめて広範であった（ICI, *Ann. Rep.,* 1936, p. 16；ICIANZ [1939]: Sec. Leathercloth, Rubbercloth)。

　こうした新規事業への参入は，ICI社の主要製品にも及んだ。アルカリ製品（とくにソーダ灰）については，ブラナー・モンド社以来，長年にわたって，イギリス本国のICI社およびケニアのマガディ・ソーダ社からの輸入に負っていた。だが，この主要製品分野においても，いずれ他社（現地および外国企業）の参入が予想される状況下では，オーストラリアのアルカリ製品市場を確保することは不可欠であった。ICIANZ社にすれば，依然としてスケール・メリットの点ではコスト高であっても，早期に現地生産に入ることが最善の方策であるとの判断が下った[25]。この結果，1936年には，ポート・アデレード（Port Adelaide, サウス・オーストラリア州）に工場用地および塩田を取得して，工場の建設に着手した。その後，1939年に，同工場は操業を開始し，ソーダ灰，苛性ソーダなど，各種ソーダ（アルカリ）製品の現地生産をスタートさせた（*Chem. & Ind.,* 15 Mar. 1935, p. 240；ICI, *Ann. Rep.,* 1938, p. 15, 1939, p. 14；ICI社株主総会報告, *Statist,* 2 May 1936, p. 747)。

　1930年代後半になると，ICIANZ社の設立時から長きにわたって課題となっていたアンモニア合成事業についても，ようやく大きな進展が見られた。アルカリ製品と同様，合成アンモニアについても，やはり従来はイギリス本国のICI社から輸入していた。この間，イギリス側と繰り返し折衝がもたれたが，最終的にはICI社本社の反対を押し切って，合成アンモニアの現地生産が実現することになった。1939年には，年産能力約3000ショートトン（2700トン）と小規模ながらも，硝酸，硝酸アンモニウムを含む，アンモニア合成工場をメルボルンに完成させた。これに先立つ1938年には，ポート・アデレードのアルカリ工場やメルボルンのアンモニア合成工場の建設など，既存事業の拡張および新規事業の推進に要する資金を調達するために，現地資本市場で100万ポ

表6-6　ICIANZ社の事業所・事業内容（1939年）

事業所	所在地	事業内容
本　社	メルボルン	
支　社		
Sydney 支社	シドニー	
Brisbane 支社	ブリスベン	
Brunner, Mond & Co. Ltd.		
New Zealand 支社	ウェリントン	
工　場		
Deer Park 工場	メルボルン	爆薬，弾薬，ライトニング・ファスナー，レザークロス，綿火薬，合成アンモニア製品[1]
Yarraville 工場	メルボルン	各種化学製品
Spotswood 工場	メルボルン	緩燃導火線
Port Adelaide 工場	サウス・オーストラリア州	アルカリ製品[2]
販売代理店	サウス・オーストラリア州	
	ウェスタン・オーストラリア州	
	タスマニア州	

註 1：1939 年時点では，工場建設前。
　 2：1939 年時点では，工場建設中。
出所：ICIANZ［1939］より作成。

ンドの5％優先株（1株額面1ポンド）を公募するまでになっていた（ICI, *Ann. Rep.,* 1938, p. 16, 1939, p. 14；Reader［1975］：pp. 210-2；ICI社株主総会報告, *Statist,* 13 May 1939, p. 618）。

　こうした既存事業の拡張，新規事業への参入，現地化の一方で，ICIANZ社は，1930年代央以降，イギリス本国のICI社と同様に，再軍備に備えるべく，連邦政府との連携に基づいた多角化もまた積極的に推進するようになっていた。1936年には，本来，参入する意思のなかった航空機産業についても，「〔ICI社が〕オーストラリアの防衛に貢献する姿を連邦政府に示す[26]」（マッグワン会長, Reader［1975］：p. 212）ために，連邦政府が要請する軍需製品の生産に応えることになった。ICIANZ社は，現地を拠点とする鉱業会社のブロークン・ヒル社（Broken Hill Pty. Ltd., 1885年），製錬企業のブロークン・ヒル・アソシエーティッド・スメルターズ社（Broken Hill Associated Smelters Pty. Ltd., 1915年），自動車製造

企業のゼネラル・モーターズ＝ホールデンズ社（General Motors-Holdens Ltd., 1856年）の3社とともに，資本金60万ポンドをもって，メルボルンにコモンウェルス・エアクラフト社（The Commonwealth Aircraft Corp. Pty. Ltd.）を設立した。このコモンウェルス・エアクラフト社は，設立後間もない1937年に，政府から航空機40機の発注を受けるほどの信頼を得て，積極的に国防にも貢献することになった（ICI社株主総会報告，*Statist,* 1 May 1937, p. 705）。さらに，第2次世界大戦勃発時には，こうした連邦政府（供給・開発省〔Supply and Development Department〕）との「密接な協力関係」（close co-operation）に基づいて，軍事目的での発射火薬および化学製品を供給するために，新工場の建設も推進されるなど，ICIANZ社は，高まる軍事需要にも積極的に呼応するようになった（ICI, *Ann. Rep.,* 1939, pp. 14-5）。

オーストラリアにおいては，ICIANZ社の設立時，爆薬などを除き，多くの製品をイギリスなどからの輸入に依拠していた。だが，ICIANZ社は，第2次世界大戦勃発時には，株式の公募を含めて，積極的に現地資本を導入し，多数の利害を有する現地企業，さらには連邦政府とも連携することで，爆薬，緩燃導火線，弾薬，肥料，重化学製品，レザークロス，ラバークロス，塗料，アルカリ製品，合成アンモニア製品といった，きわめて広範な分野にわたる製品の現地生産を積極的に展開し，その事業を定着させることに成功した[27]（表6-6）。

第4節　合弁会社による事業展開――南アフリカ

イギリス自治領としての南アフリカ連邦におけるICI社の事業活動は，オーストラリアや後述するカナダ，南アメリカ諸国の場合とは，若干，形態を異にしていた。ノーベル・インダストリーズ社と，南アフリカにおいてダイヤモンド採掘をはじめ鉱業部門を中心に事業活動を展開していた，デビアス・コンソリデーティッド・マインズ社[28]（De Beers Consolidated Mines Ltd., 1888年）との合弁会社，AE&I社[29]を継承して，爆薬の現地生産事業を展開することになったのである。

1 AE & I 社の設立過程

　南アフリカでは，19世紀後半になって，各種の鉱脈がつぎつぎと発見されるようになった。まず，1867年以降，ホープタウン（Hopetown, オレンジ自由国）やグリカラント・ウェスト（Griqualand West, ケープ植民地）では，ダイヤモンド鉱が立て続けに発見された。さらに，1886年には，ヴィットヴァーテルスラント（Witwatersrand, トランスヴァール共和国）でも，金鉱が発見された（Houghton［1967］：p. 104. 訳書100-1頁）。こうした鉱脈の発見と，これにともなう鉱業の成長により，おのずと掘削に使用する爆薬の需要も急速に増大した。

　1888年，高まる爆薬の需要に応えるべく，南アフリカ爆薬社（Cie. Zuid Afrikaansche Maatschappij van Ontplofbare Stoffen Beperket）が設立された。この南アフリカ爆薬社に対しては，爆薬の輸入・生産・販売について，トランスヴァール共和国政府から独占的な許可が与えられ，高性能爆薬などの現地生産が開始された。その後，1894年には，ノーベル＝ダイナマイト・トラスト社[30]とその系列にあったラテン・グループ[31]の両者が，南アフリカ爆薬社株を取得することで，同社を南アフリカ爆薬工業社（De Zuid Afrikaansche Fabrieken voor Ontplofbare Stoffen Beperket）へと改組した（Cartwright［1964］：pp. 45-6；ICI, *Magazine*, Mar. 1930, p. 256, May 1937, p. 410；Reader［1970］：pp. 63, 155）。

　南アフリカ爆薬工業社は，急速に爆薬の需要が高まる南アフリカにおいては，輸入に依存するよりも，むしろ爆薬の現地生産を行うほうが，収益的にはより有利に違いないと判断した。そこで，翌1895年に，モッダーフォンテイン（Modderfontein, ヨハネスブルグ〔Johannesburg〕近郊）に工場[32]を建設して，やはりトランスヴァール共和国政府による独占許可のもとで，ダイナマイトや工業用爆薬などの現地生産を開始した。さらに，1896年には，モッダーフォンテインにニトログリセリン工場も建設され，ニトログリセリン爆薬の生産にも着手するなど，製品の範囲は初期段階から広がりを見せていた（ICI, *Magazine*, Mar. 1930, p. 256, May 1937, p. 410；Reader［1970］：pp. 63, 154-5, 493）。

　その後に勃発したボーア戦争[33]（Boer Wars, 1899-1902）でイギリスが勝利したことによって，1902年には，南アフリカ爆薬工業社の資産の大部分が，イギリス政府に接収されることになった。これにともない，新会社として，ロン

ドンに本社を置くブリティッシュ・サウス・アフリカン・エクスプローシヴズ社（The British South African Explosives Co. Ltd.：BSAE 社）が設立された。この BSAE 社は，資本金110万ポンドを擁しており，イギリスのノーベルズ・エクスプローシヴズ社（ICI 社の前身企業）に加えて，ノーベル＝ダイナマイト・トラスト社，ノーベル系爆薬製造企業で構成されていたラテン・グループとしてのサントラル・ドゥ・ディナミット社（第2章註32，第4章註31）が主要株主となって，同社を支配することになった。新設 BSAE 社は，既存のモッダーフォンテイン工場を吸収して，ダイナマイトなど，各種爆薬の生産にあたるとともに，ノーベル＝ダイナマイト・トラスト社およびサントラル・ドゥ・ディナミット社とは，販売協定を交わすことで，両社の南アフリカ向けダイナマイト輸出を許容していた（ICI, *Magazine,* May 1937, p. 410；Reader［1970］：pp. 155-6）。

　BSAE 社の設立にともなって，南アフリカ爆薬市場も，いったんは安定に向かったかに見えた。ところが，1903年には，BSAE 社による独占的支配を打破するために，鉱業会社のデビアス社が，爆薬製造企業，ケープ・エクスプローシヴズ・ワークス社（Cape Explosives Works Ltd.）を設立したのである。このケープ・エクスプローシヴズ社は，サマセット・ウェスト（Somerset West，ケープ植民地）に工場を建設して，爆薬の現地生産に着手するとともに，さらには肥料の生産まで手掛けるなど，広範な事業への参入を目論んでいた。こうして，ケープ・エクスプローシヴズ社の登場により，南アフリカ爆薬市場は，一挙に寡占化の様相を呈し，爆薬企業間での激しいシェア争いがはじまった（Reader［1970］：pp. 156, 211-2）。

　ところが，南アフリカ爆薬市場をめぐる争いは，BSAE 社とケープ・エクスプローシヴズ社の関係だけにとどまらなかった。ケープ・エクスプローシヴズ社に遅れること4年，1907年には，イギリスの爆薬製造企業であったキノッチ社も，南アフリカへの進出を果たしたのである。1909年からは，ウムボギントゥウィニ（Umbogintwini，ナタール共和国ダーバン〔Durban〕近郊）の爆薬工場で操業を開始し，南アフリカ向けに爆薬の供給を展開するようになった。こうして，BSAE 社，ケープ・エクスプローシヴズ社に，キノッチ社が加わったことで，南アフリカ爆薬市場をめぐって，この3社がつねに激しく鎬を削ること

になった (ICI, *Magazine*, Mar. 1930, p. 256, May 1937, p. 410；Reader［1970］：pp. 212, 398)。

　その後，第1次世界大戦の勃発にともない，1915年には，ノーベル゠ダイナマイト・トラスト社が解体された。この結果，1918年には，ノーベルズ・エクスプローシヴズ社を傘下に収める持株会社として，あらたにエクスプローシヴズ・トレーズ社が設立された（第2章 第2節 2）。エクスプローシヴズ・トレーズ社は，その設立にあたって，イギリス国内外においてつねに競合関係にあったキノッチ社を支配下に置くことに成功した。この結果，それまで，南アフリカ爆薬市場をめぐって激しく争っていた3社のうち，BSAE社とキノッチ社が，ともに完全にエクスプローシヴズ・トレーズ社の手中に収まった[34]ことで，2者（エクスプローシヴズ・トレーズ社系2企業とケープ・エクスプローシヴズ社）による新たな対立の時代を迎えた。

　BSAE社とキノッチ社が，ともにエクスプローシヴズ・トレーズ社のもとに統合されたとはいえ，3社ないし2社の競合関係は，20世紀初頭以来，10年以上に及んでいた。この間にも，ケープ・エクスプローシヴズ社は，爆薬の生産を顕著に増大させ，成長を遂げていた。鉱山開発により大規模な爆薬需要を誇っていたデビアス社が使用する爆薬のほぼ半分を，このケープ・エクスプローシヴズ社が供給していたのである。もっとも，ケープ・エクスプローシヴズ社の攻勢は，南アフリカ連邦内にとどまりはしなかった。さらに，1910年前後からは，BSAE社と同系列のノーベルズ・エクスプローシヴズ社が市場としていた，オーストラリアに向けても爆薬輸出を増大させはじめたのである。これに端を発して，ドイツ爆薬製造企業との連携，さらにはイギリス進出の可能性と，限りなく広がりを見せる攻撃的なまでのケープ・エクスプローシヴズ社の事業拡大に対して，BSAE社は，きわめて深刻な脅威を感じるようになっていた。こうした事態に直面して，ノーベルズ・エクスプローシヴズ社とケープ・エクスプローシヴズ社も，なんとか善処を図ろうと，数年にわたって討議をつづけていた。その結果，収益力のある既存事業を保護して，さらには肥料製造などの新たな事業を展開するうえでは，このまま競争をつづけて消耗するよりも，むしろ協調を図って新会社を設立するほうが，より得策であるという

結論に達したのである（Cartwright［1964］：pp. 126-7；ICI, *Magazine,* Mar. 1930, p. 256-8；Reader［1970］：p. 398）。

2　AE＆I社の多角化

　こうして，1924年，ノーベル・インダストリーズ社（エクスプローシヴズ・トレーズ社の後身企業）と，鉱業部門を中心に事業活動を展開していたデビアス社の両社が，折半出資による資本金220万ポンドをもって，爆薬製造企業としてのAE＆I社を設立するに至った。新会社，AE＆I社は，ヨハネスブルクを経営の中枢として本社を構えるとともに，同地には取締役会も設置された。また，ロンドンには，マッガワン（当時のノーベル・インダストリーズ社会長）が委員長を務める常設諮問委員会が設置され，イギリスおよび南アフリカの両地から，新会社ににらみを利かせる[35]ことになった。こうして，AE＆I社は，BSAE社（キノッチ社を含む）およびケープ・エクスプローシヴズ社を傘下に収めることで，これらの既存事業を継承しつつ，以降，南アフリカにおいて，きわめて積極的な事業展開を試みることになった（Cartwright［1964］：p. 174；ICI, *Magazine,* May 1937, p. 411；Reader［1970］：p. 402）。

　あらためて，新規設立されたAE＆I社の編成を確認しておこう。爆薬事業については，モッダーフォンテイン，ウムボギントゥウィニ，サマセット・ウェストの3工場で，各種爆薬の生産を展開することになった。このうち，ウムボギントゥウィニ，サマセット・ウェストでは，爆薬のみならず，肥料の生産も行われていた。さらに，生産事業のみならず，ノーベル・インダストリーズ社や他社が生産する製品を取り扱う販売代理店としての役割も担うなど，AE＆I社は，当初から広範な事業を展開していた（ICI, *Magazine,* Mar. 1930, pp. 258-9）。

　とはいえ，AE＆I社の主要事業といえば，基本的には爆薬事業であり，新会社の設立後は，まず爆薬の売上高を着実に増大させることに精力が傾けられた。設立初年度の1924年には，前年度比で8万5000ケース（1ケース＝50重量ポンド＝約22.7キログラム）増の95万9024ケースの爆薬を生産して，8万9870ポンドの純利益を上げた（Cartwright［1964］：p. 181）。しかし，AE＆I社の目論見としては，「古い秩序を変える」（the old order changes, Cartwright［1964］：p. 178）こ

とで，従来の爆薬企業にとどまることなく，総合化学企業へと脱皮を図る狙いがあった。

　AE & I 社が，こうした目論見にそって，設立早々にまず着手したのは，企業買収による多角化であった。従来，供給の大部分を輸入に依拠していた肥料（過燐酸肥料）について，その現地生産を増大させるとともに，南アフリカ連邦の北東に位置する，南ローデシア（現在のジンバブェ）への事業展開も企図していた。その第一歩として，AE & I 社は，肥料製造企業のローデシア・ファーティライザー社（The Rhodesia Fertilizer Co. Ltd.）を買収した。これにともない，ローデシア市場における肥料の売上が一挙に倍増するとともに，南ローデシア北部のソールズベリー（Salisbury, 現在のハラレ〔Harare〕）に新工場を設立することで，爆薬ならびに過燐酸肥料の生産にも着手した（Cartwright［1964］：p. 181；ICI, *Magazine,* Mar. 1930, p. 259）。

　さらに，1926年になると，塗料事業への参入を企図して，ネイラー・ブラザース（ロンドン）社（Naylor Brothers (London) Ltd., 1907年）を買収することで，同社との協力によって，1万7850ポンドの建設費用でウムボギントゥウィニに塗料工場（のちにICI社の子会社となる）を建設した（Cartwright［1964］：pp. 181-2）。また，すでに進展していた洗羊液，各種スプレー，殺虫剤事業についても，同分野の世界的企業であったクーパー・マクドゥーガル・アンド・ロバートソン社（Cooper, MacDougall and Robertson Ltd.：CM & R社）を支配下に置いて，一定のロイヤルティーを受領しつつ，世界的に知名度の高いCM & R社の名のもとで，肥料を含む各種化学製品の販売事業を展開するようにもなった。このように，初期段階から，多角的な生産・販売事業をきわめて積極的に推進していたAE & I 社は，1926年には46万5032ポンドの利益を上げるなど，早くもその事業は軌道に乗りはじめていた。すでに，ICI社の設立前の時点で，資本金が設立時の220万ポンドから300万ポンドへと引き上げられるなど，AE & I 社は，さらなる事業拡大に向けて，ビジネス・チャンスをうかがっていた（Cartwright［1964］：pp. 181-4；Reader［1975］：p. 205）。

　順調なスタートを切ったAE & I 社は，1926年にICI社が設立されたことにともなって，その傘下に入り，ICI社の主要製造子会社の一翼を担うことになっ

た。ICI社の一員となって以降も，AE&I社は，その事業の規模と範囲の拡大テンポを緩めなかった。1920年代後半には，南アフリカにおける金の増産やローデシアでの銅鉱業の成長などによって，AE&I社製品（爆薬など）への需要が増大しつづけるとともに，さらには爆薬生産に投入する硝酸を得るための合成アンモニアの需要[36]までもが高まりを見せるようになった（ICI社株主総会報告, *Statist,* 20 Apr. 1929, p. 720）。そのため，1930年には，合計58万ポンドを支出して，ICI社が有する技術のもとで，モッダーフォンテインにアンモニア合成工場（建設費30万ポンド）およびアンモニア酸化工場（同18万ポンド），サマセット・ウェストに同じくアンモニア酸化工場（同10万ポンド）を建設する決定がなされ，1932年にはフル操業を開始するに至った（Cartwright［1964］: pp. 189-92；Reader［1975］: p. 205）。

こうした1920年代央からの多角化により，すでに1920年代末の時点で，AE&I社が生産する製品は，広い範囲に及んでいた。たとえば，爆薬・同関連部品，酸・その他化学製品，肥料という従来の製品に加えて，羊・家畜用洗浄液，防疫用殺菌剤，樹木用散布剤・燻蒸剤，紙袋・紙箱，ブリキ缶，ドラム缶，塗料，水性塗料など，鉱工業のみならず，農業・牧畜業などの産業も繁栄しつつあった南アフリカの地域性を織り込んだ製品を手掛けるとともに，さらに繰綿工場をも所有していた。また，この時点での雇用者数も，4500人を超える規模に達するなど，AE&I社は，すでに南アフリカにおいても有数の企業へと成長していた（ICI, *Magazine,* Mar. 1930, p. 259）。

3 AE&I社の成長

AE&I社設立後6年，ICI社設立後3年が経過して，AE&I社の事業が一挙に多角化するなか，世界大恐慌の波は，南アフリカにも襲いかかった[37]。恐慌が，鉱業，工業，農業などの主要部門に対して激しい打撃を与えたことで，1932年までには南アフリカからの外貨流出も進行し，ついには1932年12月，南アフリカも，金本位制——1931年のイギリス金本位制廃止にも追随することなく堅持していた——を離脱することになった（de Kiewiet［1941］: p. 174. 訳書175-6頁）。ところが，こうした動向が，国内外における金需要の増大や金価格の高

騰を惹起したことで，鉱山会社が乱立するなど，南アフリカの金鉱業は，むしろこれまでにも増して活況を呈しはじめた[38]（Cartwright［1964］：pp. 194-5；de Kiewiet［1941］：pp. 174-5. 訳書 176-7 頁）。さらに，1930 年代央までには，ダイヤモンド鉱業も再興に向ったことで，爆薬の需要も一挙に高まりを見せはじめるなどして，モッダーフォンテイン工場では即座に増産体制が整えられた（ICI 社株主総会報告，*Statist*, 2 May 1936, p. 747）。

折しも，1930 年代初頭にアンモニア合成設備が完成して，新たな滑り出しを迎えようとしていた AE & I 社のアンモニア合成事業（アンモニアは爆薬の原料にもなりうる）には，「革命的」（revolutionary，ICI 社株主総会報告，*Statist*, 21 Apr. 1934, p. 637）ともいえる最良の条件が与えられることになった。巨大な需要に支えられた AE & I 社の爆薬生産は，この間に一挙に増大した。1930 年までに，モッダーフォンテイン工場では，爆薬の生産能力が年産 65 万ケースから 100 万ケースに引き上げられるなど，生産体制の増強が図られた。また，同時期，サマセット・ウェスト工場でも，年間約 70 万ケースの爆薬が生産されていた。これら両工場を併せて，1937 年には 200 万ケースの爆薬が生産され，翌 1938 年には 234 万 8897 ケース[39] という驚異的な生産量を記録するに至った（Cartwright［1964］：pp. 195-6）。

一方，AE & I 社の事業活動において，爆薬事業と双璧をなす肥料事業については，ウムボギントゥウィニ工場やサマセット・ウェスト工場を基盤に，過燐酸肥料の生産が行われていた。AE & I 社は，1930 年代前半の時点で，南アフリカ市場に向けて，その需要量の 50～60％ に匹敵する肥料を供給していた（Reader［1975］：p. 206）。もっとも，こうした肥料事業も，恐慌時には窒素それ自体の過剰や農産物価格の低下により（Houghton［1967］：p. 57. 訳書 56 頁），一時的に打撃を被った[40]。だが，1932 年末に南アフリカ政府が金本位制を廃止したことで，農産物の輸出状況が好転し，肥料事業も回復の兆しを見せはじめた（ICI 社株主総会報告，*Economist*, 15 Apr. 1933, p. 829）。そして，1936 年に至っては，「〔南アフリカ〕農業の状況には，依然として困難がともなうものの，昨年〔1935 年〕の肥料に対する需要は増大」（ICI 社株主総会報告，*Statist*, 2 May 1936, p. 747）に向かったと，肥料事業の拡大に期待をのぞかせていた。こうして，ウ

ムボギントゥウィニ工場を中心とした肥料や，その他の事業が，「AE & I 社の活動において，きわめて収益力のある部門」(マッガワン会長, Reader [1975]: pp. 205-6) として，同社を牽引していくことになった。

AE & I 社の事業活動の進展は，南アフリカ連邦のみならず，ローデシアにおいても顕著であった。1930年には，南ローデシア市場向けの肥料を生産するために，ソールズベリーに肥料工場「ローディア」(Rodia) が設立された。一方，北ローデシア(現在のザンビア)にも，爆薬工場が建設されていたが，1920年代末以降の銅鉱業の発展[41]にともなって需要が高まったことにより，1930年代初頭には，年13万ケースの爆薬生産を行うことが可能となった(Cartwright [1964] : pp. 197-8)。さらに，北ローデシアでは，同国はもちろん，ウガンダ，ケニア，ニアサランド(現在のマラウィ)といった，東アフリカ地域における農業の発展をもにらんだ，肥料ならびに爆薬工場の建設も計画された(ICI, *Magazine,* May 1931, p. 451)。1930年代央には，ローデシアおよび南アフリカにおける爆薬および同部品生産の進展により，卑金属部門の拡張も図られるなど (ICI社株主総会報告, *Statist,* 2 May 1936, p. 747)，AE & I 社の事業展開は，南部アフリカ全域を拠点として，広範な地域にまで及ぶようになった。

1930年代の後半に至っても，AE & I 社の事業展開は，積極的な姿勢を崩さなかった。1930年代を通じた，南アフリカおよびローデシアの両地域における鉱業(主として金および卑金属)の活況により，爆薬事業は拡張を重ねた。1930年代央に着工されたモッダーフォンテインの爆薬工場の建設も完了して，1937年には操業を開始した。これと同時に，さらに同工場とサマセット・ウェストの爆薬工場の大規模な拡張工事にも着手し，1938年までには爆薬の生産を開始するなど，爆薬事業の拡大はとどまることを知らなかった。また，イギリス本国のICI社が苦境に陥っていたアンモニア合成(窒素肥料)事業についても，1930年代央からの農業の復興によって，爆薬事業とともに，AE & I 社の主要事業として好調な展開を見せていた (ICI, *Ann. Rep.,* 1937, p. 17, 1938, p. 17, 1939, p. 17)。

だが，こうした通常事業に加えて，AE & I 社は，新たな責務を負うことになった。南アフリカの地にあったAE & I 社もまた，イギリスの再軍備の影響を

免れることができなかったのである。1937年，南アフリカ連邦政府は，現地における弾薬工場の建設を決断して，ICI社との間で協定を締結した。生産対象は，弾薬のみならず，コルダイトや雷管にも及んだ。こうした軍需製品の生産に対応すべく，プレトリア（Pretoria，トランスヴァール州）には，弾薬生産が可能な工場に加えて，小規模ながら年250トンのコルダイト生産に対応できる工場も建設された（Cartwright［1964］: pp. 205-6）。

さらに，1938年になると，軍事物資局（War Supplies Board）から，TNTの生産，砲弾・爆弾の充塡工場の建設，軍事物資の保管施設の提供，重火器充塡用コルダイトの増産というさらなる要請がなされた。AE＆I社は，最終的にその要請を受諾し，モッダーフォンテインのコルダイト工場を年産3000トン規模に拡張するとともに，サマセット・ウェストのTNT工場も生産体制を増強するなどして，対応を図る[42]ことになった。1939年9月にイギリスとドイツが戦闘状態に入って以降，とくにモッダーフォンテイン工場などは，攻撃に備えて徹底的に防備を固めたうえで，軍事物資の生産に力を尽くした（Cartwright［1964］: pp. 206-8）。

戦時期に移行したことで，平時の事業活動との正確な比較はできなくなったが，それでもAE＆I社にとっては，たとえ戦時下であっても，ICI社のモットーに従って「通常事業」（business as usual）をこなすことが，本来なすべき課題であった。とりわけ，1930年代初頭以来，鉱業の活性化にともなって，主要事業としての爆薬の生産が急増したことで，この間もその高い生産水準を維持しつづけた。1940年時点での爆薬生産量は，276万5932ケースに達し，翌年には300万ケースの大台に乗せるなど，AE＆I社の出発点としての爆薬事業は，衰えることを知らずに拡張しつづけた（Cartwright［1964］: pp. 208-9）。

最後に，あらためて，AE＆I社の業績を確認してみよう。ICI社設立時の発行資本額250万ポンドは，その後，徐々に増大して，1935年には2倍の500万ポンドに達した[43]（表6-7）。また，売上高，利益の増大も着実であった。1936年の売上高400万ポンドは，1927年の47％増しであり（Reader［1975］: p. 206)，利益も同時期について36万4449ポンドから93万141ポンドへと，およそ約2.5倍の増大となった。世界大恐慌による業績悪化も，1931, 32年の2年間に

表6-7　AE & I社の発行資本・利益・配当（1927～1936年）

年	発行資本	利　益	配当率（%）	特別配当率
	£	£	%	%
1927	2,500,000	364,449	10.0	—
1928	2,500,000	436,947	10.0	—
1929 [1]	2,750,000	377,456	10.0	—
1930 [2]	3,250,000	489,935	10.0	—
1931	3,500,000	469,193	12.5	1.0
1932	3,500,000	452,920	12.5	2.5
1933	3,500,000	789,636	12.5	9.0
1934	3,500,000	878,028	12.5	12.5
1935	5,000,000	900,100	12.5	5.0
1936	5,000,000	930,141	12.5	6.0

註　1：暦年で9月29日まで。
　　2：暦年で9月30日まで。
出所：Reader［1975］：p. 206.

とどまり，なおかつそれも軽微にすぎないものであった（表6-7）。さらに，雇用者数も，1937年の時点で4950人に達して，恐慌前水準を超えた（ICI, *Magazine,* May 1937, p. 411，なお恐慌期の雇用者数は不明）。こうしたデビアス社との合弁による爆薬および同部品事業，CM & R社との連携による肥料および農業用製品事業の着実な発展は，1930年代の大不況という経営環境の激変に敏感に対応した，AE & I社の事業展開のなせる業であった。資料に乏しく，単純に結論づけることはできないものの，1936／37年度について，AE & I社の使用資本利益率を見れば，34.16％と（表6-3），ICI社傘下の他グループ・他社の追随を許さぬほどの高率であり，まさにAE & I社は，「ICI社のなかでもっとも成功した企業の1つ」（Reader［1975］：p. 206）へと躍進を遂げたのである。

第5節　合弁会社による事業展開──カナダ

　イギリス自治領としてのカナダ連邦においても，オーストラリアと同様に，従来，ノーベル・インダストリーズ社ならびにブラナー・モンド社が，それぞれ事業を展開していた。ICI社の設立以降は，ノーベル・インダストリーズ社

と「盟友」関係にあったデュポン社との連携として，合弁会社であったカナディアン・インダストリーズ社[44]を継承し，イギリス本国からの輸出に加えて，より徹底した現地生産事業を展開することになった。

1　カナディアン・エクスプローシヴズ社の設立過程

カナダでは，19世紀初頭以来の鉱業の発展や，19世紀後半の鉄道の建設にともない，爆薬に対する需要が高まりを見せていた。ノーベル系爆薬製造企業も，こうしたカナダにおける爆薬の需要に応えるべく，1899年に，ノーベルズ・エクスプローシヴズ社（ICI社の前身企業）が，カミングスヴィル（Cummingsville, オンタリオ州バーリントン〔Burlington〕近郊）で黒色火薬の製造を行っていたハミルトン・パウダー社（The Hamilton Powder Co. Inc., 1862年）を買収した。そして，モントリオール（Montréal, ケベック州）に，ノーベル＝ダイナマイト・トラスト社のカナダ子会社を設立することで，初の北アメリカ進出の足がかりとした[45]（CIL［1964］：pp. 1-2；CIL［1966］：p. 7）。

カナダは，イギリスの自治領ではあったが，アメリカ合衆国に隣接した地域でもあり，地理的にはもちろん，経済的にも，政治的にも，イギリスとアメリカの利害が衝突しかねない市場であった。すでに，「国際爆薬カルテル」の端緒であった「1888年アメリカ協約」において，イギリス側のノーベルズ・エクスプローシヴズ社とアメリカ側のデュポン社との間には，一定の協調関係が生まれていた。こうした状況のもと，ノーベル系爆薬製造企業が，カナダに進出を試みるとなれば，おのずと両社の協調関係をカナダにおいても生かしたほうが，より有利に事業を展開することができよう。それでも，両社間では，「長期間にわたる協議」（Reader［1970］：p. 173）が繰り返されたが，最終的には，ノーベルズ・エクスプローシヴズ社とデュポン社との合弁事業として，新会社を設立することで決着がついた。

1910年，ノーベル＝ダイナマイト・トラスト社（事実上は，ノーベルズ・エクスプローシヴズ社）とデュポン社は，その協調体制の一貫として，資本金1500万カナダ・ドル[46]（300万ポンド）をもって，持株会社としてのカナディアン・エクスプローシヴズ社を設立することになった。カナディアン・エクスプロー

シヴズ社に対しては，カナダおよびニューファンドランドにおける，商業用爆薬に関する特許の非排他的使用権とその無償使用という特権が供与された。新設されたカナディアン・エクスプローシヴズ社は，ハミルトン・パウダー社を中核として，高性能爆薬，黒色火薬，薬莢，化学製品といった各種製品の製造企業など，数社を傘下に収め[47]，翌1911年には操業を開始した（CIL［1964］: p. 2 ; ICI, *Magazine,* May 1937, p. 406 ; Taylor & Sudnik［1984］: p. 121）。

カナディアン・エクスプローシヴズ社は，設立後間もない1913年に，組織再編と事業拡大の一環として，ジェイムズ・アイランド（James Island，ブリティッシュ・コロンビア州バンクーバー〔Vancouver〕近郊），ノーベル（Nobel，オンタリオ州トロント〔Toronto〕北方）において新工場の建設に着手した。その一方で，カナディアン・エクスプローシヴズ社の設立に加わった諸企業が有していた6ヵ所に及ぶ工場をつぎつぎと閉鎖して，2ヵ所の新工場と旧ハミルトン・パウダー社所有のベルーユ（Beloeil，ケベック州モントリオール近郊）工場にすべての機能を統合した（CIL［1964］: pp. 2-3）。

こうした組織再編および工場拡張とほぼ時期を同じくして，第1次世界大戦が勃発した。カナディアン・エクスプローシヴズ社は，ベルーユの爆薬工場に加えて，新工場を急遽完成させ，カナダおよびイギリス両政府の要請に応えて，大量のコルダイト，TNTの供給に努めた。また，子会社であったドミニオン・カートリッジ社（The Dominion Cartridge Co., 1886年）のブラウンズバーグ（Brownsburg, ケベック州モントリオール近郊）工場でも，ライフル銃用弾薬の生産を行うなど，戦時需要に即座に対応した（CIL［1964］: pp. 2-3 ; ICI, *Magazine,* May 1937, p. 407）。

大戦が終結した直後の1920年には，ノーベル・インダストリーズ社（1915年にノーベル＝ダイナマイト・トラスト社が解体され，ノーベルズ・エクスプローシヴズ社もその傘下に入った，第2章 第2節 2）とデュポン社の両社から，カナディアン・エクスプローシヴズ社に対し，従来の特定爆薬に加えて，カナダおよびニューファンドランドにおける各種化学製品に関する特許・製法の非排他的使用権が供与された。カナディアン・エクスプローシヴズ社は，この新協定を背景に，従来の爆薬企業から総合化学企業へと脱皮すべく，多角化[48]に向けて地

歩を固めることに成功した（CIC［1949］: p. 309 ; Taylor & Sudnik［1984］: p. 121）。

ところで，ここまで，主としてノーベル・インダストリーズ社とデュポン社の連携に基づき，カナダにおける爆薬を中心とした現地生産事業の展開について概観してきた。だが，これら2社のみならず，ブラナー・モンド社についても，大戦中に，アメリカのソルヴェー・プロセス社との合弁事業として，きわめて例外的ではあったが，アルカリ（ソーダ）製造子会社として，ブラナー・モンド（カナダ）社を所有していた。しかし，1920年には，ソルヴェー・プロセス社がアライド・ケミカル社に統合されるなどしたため，1925年には，ブラナー・モンド（カナダ）社も売却され，その短い命を終えていた。オーストラリアのように，いずれICI社が設立されるさい，新会社の傘のもとに，ノーベル系企業とともに統合されることはなかったのである（Bertrams, et al.［2013］: p. 209 ; Reader［1970］: p. 344）。

2　カナディアン・インダストリーズ社の多角化

1926年にICI社が設立されたことによって，カナダにおいては，ノーベル・インダストリーズ社とデュポン社の合弁事業として，カナディアン・エクスプローシヴズ社が継承された。1920年代，カナダでは，化学・爆薬製品にとって，広範かつ大規模な需要が期待される新産業として，新聞用紙，自動車，鉱業などの各種産業や公共事業（水力発電）が，急速に成長を遂げていた[49]（Pomfret［1981］: pp. 183-4. 訳書244-5頁）。カナディアン・エクスプローシヴズ社も，こうした製品需要に対応して，従来の爆薬を中核とした製品構成から脱却して，重化学製品をはじめとした広範な事業分野への拡張に拍車をかける必要性に駆られた。1927年には，経営実態に合わせて，その社名を，カナディアン・エクスプローシヴズ社からカナディアン・インダストリーズ社に変更し，名実ともに爆薬企業から総合化学企業へと転身を遂げた。同時に，従来，カナディアン・エクスプローシヴズ社が管理・運営していた各種の事業についても，持株会社としてのカナディアン・インダストリーズ社のもと，当初は8事業部門，その後は3グループ，すなわち，セルロース・グループ（Cellulose Group），化学グループ（Chemical Group），爆薬グループ（Explosives Group）に再編された[50]（ICI,

Magazine, May 1937, p. 407；Taylor［1981］：p. 371；Taylor & Sudnik［1984］：p. 128）。

　翌1928年になると，カナディアン・インダストリーズ社の事業再編が一挙に進展した。まず，アメリカの火薬企業，アトラス・パウダー社が所有していたカナディアン・インダストリーズ社株（同社発行株式の約9%）が買い戻され[51]．ICI社とデュポン社が，カナディアン・インダストリーズ社株の90%以上（1590万カナダ・ドル〔325万ポンド〕に相当）を均等に所有することになった。さらに，デュポン社は，自社のカナダにおける重化学製品事業を，カナディアン・インダストリーズ社に譲渡することにした。その結果，デュポン社がカナダに所有していた子会社，カナディアン・アンモニア社（The Canadian Ammonia Co. Ltd.）およびグラッセリ・ケミカル社が，カナディアン・インダストリーズ社に売却された。ICI社もまた，同様の意図のもとに，翌1929年，そのカナダ子会社であったカッセル・サイアナイド社（Cassel Cyanide Co. Ltd.）を，カナディアン・インダストリーズ社に譲渡した。こうして，カナディアン・インダストリーズ社は，新体制の成立にともなう事業再編をひととおり完了させた（GBBTIMD［1934-44］：pars. 73-5；Reader［1975］：p. 212；Stocking & Watkins［1946］：p. 446；Zilk［1974］：p. 246）。

　1929年には，ICI社とデュポン社の間で「1929年特許・製法協定」が締結された（第4章第3節1）。これにともない，カナディアン・インダストリーズ社，ICI社，デュポン社の3社間で，カナディアン・インダストリーズ社が展開する事業の位置づけについても，あらためて以下のような合意がなされた。すなわち，(1) カナディアン・インダストリーズ社に対して，他地域における同社の特許・製法の使用権と交換に，カナダおよびニューファンドランドにおけるICI社およびデュポン社の特許・製法の使用権，さらには両社の一部製品（染料など）輸出を確保したうえで，その製品の生産・販売権が供与されること，(2) カナダおよびニューファンドランドにおけるICI社とデュポン社による製品の生産および輸出取引については，カナディアン・インダストリーズ社が主導するとともに，その販売価格も，カナディアン・インダストリーズ社が設定する価格に基づくこと，という内容であった（Stocking & Watkins［1946］：pp. 457-8；Taylor & Sudnik［1984］：p. 128）。

こうしたICI社とデュポン社の合弁事業におけるカナディアン・インダストリーズ社への権限委譲について，ラモー・デュポン（Lammot du Pont, 1880-1952）デュポン社経営委員会議長は，ICI社とデュポン社の関係がつづくかぎり，両社の「カナダにおける産業活動の橋渡し役」（the vehicle of industrial effort, GBBTIMD [1934-44]: par. 115）として，たとえ少数持分株主であったとしても，カナディアン・インダストリーズ社の主導によって，カナダにおける事業活動を推進する必要があるとの認識を表明していた。

　こうして「1929年特許・製法協定」の締結にともなって，カナディアン・インダストリーズ社の多角的な事業展開に向けた体制が整備された[52]。カナディアン・インダストリーズ社に対して，一定の権限委譲がなされたことで，同社は，カナダ市場の急速な成長に即応するために，以降，積極的に事業の範囲・規模を拡張することになった。もっとも，カナダの場合，ある程度の工業化が進展していたこともあって，重化学工業分野においては，現地企業やアメリカのソーダ・塩素製造企業であるマシスン・アルカリ社（Mathieson Alkali Co., 1892年）などの台頭が顕著であった。カナディアン・インダストリーズ社にとっては，シフトを試みようとしていた重化学製品分野の市場を早期に防衛するとともに，将来の多角化をもにらんで，さらなる攻勢が不可避となっていた。

　1928年以降，カナディアン・インダストリーズ社による市場防衛と多角化に向けた旺盛な企業買収が，一挙に進展することになった。トロントに工場を有していたカナディアン・アンモニア社を取得したのも，窒素肥料などに使用される無水アンモニア，洗浄液や医薬品など広範な用途を有するアンモニア水溶液の生産を手掛けることが目的であった。ハミルトン（Hamilton, オンタリオ州トロント近郊）に拠点を置いていた硫酸製造企業のグラッセリ・ケミカル社の買収も，過燐酸肥料分野への進出を念頭に置いたものであった。さらに，サンドウィッチ（Sandwich, オンタリオ州ウィンザー〔Windsor〕近郊）に工場を有していたカナディアン・ソルト社（The Canadian Salt Co. Ltd.）も買収した。これは，紙・パルプの漂白剤などに使用される液体塩素と苛性ソーダの製造を試みようとするものであった。これに加えて，一方で，アメリカのアライド・ケミカル社との連携を狙い（最終的にはその連携は成就しなかった），他方で，マシスン・

アルカリ社の進出を阻止しようとする意図も込められていた。また，インターナショナル・ニッケル・オヴ・カナダ社（International Nickel Co. of Canada Ltd.）との協定を締結することで，カパー・クリフ（Copper Cliff, オンタリオ州サドベリー〔Sudbury〕近郊）に，150万カナダ・ドル（30万ポンド）を支出して，あらたに工場を建設した。この新工場は，1930年に操業を開始し，排出製錬ガスから得られる硫酸やニッケルと銅を分離する過程で発生する硫酸水素ナトリウムの製造にあたるなど，カナディアン・インダストリーズ社の事業は，短期間のうちに一挙に範囲を拡大した（Chem. & Ind., 9 Nov. 1928, p. 1191, 26 Apr. 1929, p. 430；CIL［1964］：p. 4；CIC［1949］：pp. 16, 50；Reader［1975］：pp. 213-4）。

こうした一連の事業範囲と規模の拡大過程にあって，カナディアン・インダストリーズ社が大きな期待を懸けていた事業こそが，イギリス本国のICI社や海外子会社・合弁会社のICIANZ社，AE＆I社と同様に，アンモニア合成（窒素肥料）事業であった。カナディアン・インダストリーズ社は，カナダにおける肥料需要の増大[53]に対応するために，1929年に肥料事業部門（Fertilizer Division）を設立するとともに，1930年以降，カナダ各地に，つぎつぎとアンモニア合成（窒素肥料製造）工場を完成させ，その増産を試みようとした。くわえて，ウィンザーの塩工場にも，合成アンモニアの生産設備が建設された。この設備で生産された合成アンモニアは，ベルーユの爆薬工場に供給され，あらたに採用されたアンモニア酸化法（ammonia-oxidation method）を利用して硝酸を生産するために使用された。さらに，ベルーユには，過燐酸肥料および混合肥料工場も建設され，隣接した爆薬工場で排出された硫酸を利用して，各種肥料の生産も行われた。また，ハミルトンにも，同様の過燐酸肥料および混合肥料工場が建設された。この結果，従来，有していたニュー・ウェストミンスター（New Westminster, ケベック州バンクーバー近郊）工場に加えて，これらベルーユ，ハミルトンの両工場を併せて，カナダの東西にわたる3工場で，過燐酸肥料および混合肥料を生産する万全の体制が整ったのである（CIL［1964］：pp. 4-5；CIC［1949］：p. 66）。

だが，これらの工場がいっせいに操業を開始した1930年の夏には，カナダも，農業恐慌と融合した世界大恐慌の波に襲われ，カナディアン・インダスト

リーズ社が大きく期待を懸けていた肥料事業も，早々に頓挫する[54]ことになった。カナダの場合，アメリカ経済の動向を色濃く反映していたこともあって，恐慌による景気の落ち込みは激しく，容易に景気の回復をなしえず[55]，苦境を脱するには困難を極めた。こうしたなか，カナディアン・インダストリーズ社も，さらなる多角化によるリスク分散を図りつつ，イギリス，カナダ両政府による経済政策やカルテルに基づいた経営戦略を展開することで，カナダ市場の保護・防衛を企図することになった。

3 カナディアン・インダストリーズ社の支配力拡大

　積極的な多角化を推進しようとしていた一方で，肥料事業では挫折するという，明暗を分ける滑り出しを迎えたカナディアン・インダストリーズ社は，その後，ICI社とデュポン社の染料輸出をめぐって，両社との間に確執を生むことになった。1920年代央以降，ICI社がイギリス本国からカナダ市場向けに輸出していた，主要製品であるはずの染料の売上が，頭打ちとなっていた[56]。カナディアン・インダストリーズ社を通じたICI社染料グループの売上高を見てみると，1927年には，染料1万2865ポンド，その他製品513ポンドで，併せて1万3378ポンドにすぎなかった（表6-8, 6-9）。

　こうした事態に対して，ICI社は，イギリス本国からの染料輸出を増大させようと，カナディアン・インダストリーズ社を通じた染料販売を，ICI社とデュポン社に均等に割り当てるとともに，価格については，各社が自由に設定できるよう，デュポン社に対して要求した。ICI社に勝るシェアを占めていたデュポン社は，抵抗を示しつつも，価格の自由設定を条件付きで了承した（ただし，販売の均等割当については了承が得られなかった）。この結果，1928年以降，ICI社のカナダにおける染料の売上高は急激に増大して，シェアも拡大した。たとえば，恐慌が厳しさを増しつつあった1931年を例にとると，売上高は，染料2万1064ポンド，その他製品1万5580ポンドで，併せて3万6644ポンドと，ともに一挙に増大した（表6-8）。

　その後，1932年秋には，「オタワ協定」が締結されたことにともない，「帝国特恵関税」が施行された。これによって，帝国外企業から輸入される染料に

表6-8 カナディアン・インダストリーズ社における
ICI社染料グループの売上高 (1927～1936年)

年	染料		他の染料グループ製品		合計	
	£	%	£	%	£	%
1927	12,865	96.2	513	3.8	13,378	100.0
1928	16,234	64.6	8,910	35.5	25,114	100.0
1929	17,056	62.2	10,386	37.8	27,442	100.0
1930	18,776	58.9	13,123	41.1	31,899	100.0
1931	21,064	57.5	15,580	42.5	36,644	100.0
1932	44,498	79.3	11,647	20.7	56,145	100.0
1933	58,451	91.1	5,716	8.9	64,167	100.0
1934	76,971	95.5	3,627	4.5	80,598	100.0
1935	66,486	93.0	5,018	7.0	71,504	100.0
1936	76,665	92.8	5,915	7.2	82,580	100.0

出所：Reader [1975]：p. 215 より算出。

表6-9 カナディアン・インダストリーズ社における
ICI社およびデュポン社の染料売上比率(1931～1937年)

(単位：%)

年	ICI社	デュポン社
1931 [1]	44.27	55.73
1932	56.75	43.25
1933	63.91	36.09
1934	70.68	29.32
1935	62.25	37.75
1936	59.00	41.00
1937	54.00	46.00

註1：1930年1月から1931年6月まで。
出所：Reader [1975]：p. 215.

は，依然として10％の関税が賦課されてはいたものの，カナディアン・インダストリーズ社がイギリス本国のICI社から輸入する染料については，その関税が免除されることになった（Reader [1975]：p. 216）。この結果，ICI社からのカナダ向け染料輸出は，さらに好転の兆しを見せはじめた[57]（表6-8）。

くわえて，同年，締結された「国際染料カルテル」に基づく規制により，ICI社は，カナダにおける染料の販売割当として，カナディアン・インダスト

リーズ社が販売する染料の50%を担うことにも成功し，従来のシェアをさらに大幅に増大させた。これにともなって，カナディアン・インダストリーズ社を通じたICI社の染料売上のシェアは，1931年の44.27%から，いったん1934年に70.68%まで拡大して，その後1937年には54.00%で落ち着いた。染料売上高もまた，1927年の1万2865ポンドから，10年後の1936年には7万6665ポンドへと，1930年代の大不況の影響をほとんど感じさせることなく，ICI社設立後の10年間におよそ6倍にまで増大した（表6-8，6-9）。

　ところが，こうした染料輸出を巡るICI社とデュポン社のせめぎ合いの過程で，蚊帳の外に置かれていたカナディアン・インダストリーズ社が，独自路線として，南アメリカにおける弾薬事業への参入を企図したのである。本来，「1929年特許・製法協定」では，カナディアン・インダストリーズ社による海外への輸出については制限が設けられていた。だが，この点については，かねてより，カナダ政府も，カナディアン・インダストリーズ社の社長であったアーサー・パーヴィス（Arthur Blaikie Purvis, 1890-1941）に対して，幾度となく圧力を掛けることにより，とりわけ大不況下における雇用の増大を狙って，同社による輸出事業の拡張を促していた（Reader［1975］: p. 217 ; Taylor［1981］: p. 372 ; Taylor & Sudnik［1984］: pp. 162-3）。

　こうした事態を受けて，カナディアン・インダストリーズ社は，その主要株主であったICI社ならびにデュポン社との間で新たな協定を提唱した。そして，1936年，「1929年特許・製法協定」にそった「3社協定」（Tripartite Agreement）があらたに締結され，3社の関係が全面的に再編された。その要点としては，(1) ICI社ならびにデュポン社が，カナディアン・インダストリーズ社に対して，ICI社ならびにデュポン社のそれぞれが保有する特許・発明・製法のカナダおよびニューファンドランドにおける排他的使用権を保証する，(2) カナディアン・インダストリーズ社もまた，ICI社ならびにデュポン社に対して，カナディアン・インダストリーズ社が保有する特許・発明・製法のカナダおよびニューファンドランド以外の地域における排他的使用権を保証する，というものであった（GBBTIMD［1934-44］: pars. 117-9 ; Taylor & Sudnik［1984］: pp. 162-3）。

この「3社協定」が締結されたことを契機として，カナディアン・インダストリーズ社は，自律的な地位を確保し，支配権を拡大するとともに，独自の経営戦略を展開することになった。対外的には，カナディアン・インダストリーズ社が独自に展開する国際事業が，ときにはICI社やデュポン社を脅かすことすらあった。また，国内的にも，台頭する現地企業との新たな関係を形成し，成長の足がかりを構築することになった。その独自路線として，カナディアン・インダストリーズ社は，国内外化学企業との間で，主要製品について，カルテルを締結することにより，カナダ国内市場を安定的に確保しつつ，いっそうの多角化と生産の増大を企図したのである。こうしたカナディアン・インダストリーズ社の攻勢によって，同社は，カナダでも最大規模の化学企業として躍進を遂げていくことになった。

　まず，この間の事業展開を振り返ってみよう。カナディアン・インダストリーズ社は，1932年にデュポン社からセロファンの特許権を取得していた。これにともない，前年から，シャウィニガン（Shawinigan, ケベック州モントリオール北方）で建設が進められていたセロファン工場を買収し，成長が期待されていたセロファンの生産を開始することで，新規事業への参入を果たした。このセロファン事業は，その後，1930年代の後半になってカナディアン・インダストリーズ社が進出を試みる，電気化学事業の基礎となりうる事業でもあるなど，長期的な展望に立った事業選択が行われたといえる（CIL［1964］：p. 5）。

　独自路線を歩みはじめた1930年代央になると，カナディアン・インダストリーズ社は，カナダ経済の景気回復に即応して，新規事業への参入を積極的に展開することになった。紙・パルプの漂白剤として使用されていた過酸化水素については，従来，輸入によって賄われていた。だが，カナディアン・インダストリーズ社は，シャウィニガン工場に過酸化水素の生産設備を建設することで，1935年には，カナダ現地において生産・供給が可能な体制を整えた。同じシャウィニガン工場では，翌1936年から，金属脱脂やドライクリーニング作業で使用される溶剤として需要が高まっていた，トリクロロエチレンやパークロロエチレンの生産も開始された（CIL［1964］：p. 5）。

さらに，1930年代央以降，業績が回復に向かいはじめたカナダ最大規模の産業であるパルプ・製紙工業ならびに将来の発展が期待されていたレーヨン工業に対して，液体塩素および苛性ソーダを供給するために，コーンウォール (Cornwall，オンタリオ州モントリオール西方) に新工場を建設して，1935年に生産を開始した。同じ1935年には，塗料事業への参入を企図して，モントリオールの塗装製品製造企業，R. C. ジェイミソン社 (R. C. Jamieson & Co. Ltd.) の買収も行われた。翌1936年になると，このジェイミソン社との合弁事業として，チタン顔料製造・販売企業，カナディアン・チタニウム・ピグメンツ社 (Canadian Titanium Pigments Ltd.) が設立され，塗料の生産と販売を実現することで，新たな事業分野への参入を果たした (CIL [1964]：p. 5；Reader [1975]：p. 214)。

　また，このころから，カナディアン・インダストリーズ社は，主要国化学企業との連携を徐々に強化しはじめた。アメリカの石鹸製造企業であるプロクター・アンド・ギャンブル社 (Procter and Gamble Ltd.，1837年) のカナダ子会社とともに，ガーディノル・オヴ・カナダ社 (The Gardinol Corp. of Canada Ltd.) を設立して，特殊繊維洗浄剤の生産も開始した (Stocking & Watkins [1946]：p. 458)。さらに，1930年代後半になると，1939年には，将来の成長が期待されていたヴィスコース・レーヨンやスフ (ステープル・ファイバー)，セロファンなどの製造に使用する二硫化炭素の生産を試みようともした。この二硫化炭素について，IG ファルベン社が有する技術のカナダおよびアメリカにおけるその排他的使用権を供与されていたのが，ストーファー・ケミカル社 (The Stauffer Chemical Co.，1886年) であった。そこで，カナディアン・インダストリーズ社は，このストーファー・ケミカル社とともに，合弁会社として，コーンウォール・プロダクツ社 (Cornwall Products Ltd.) を設立して，二硫化炭素事業への進出を果たした (Stocking & Watkins [1946]：p. 459)。このように，カナディアン・インダストリーズ社による合弁や企業買収などを基礎とした事業の多角化は，1930年代を通じて積極的に推進された[58]。

　もっとも，カナディアン・インダストリーズ社が展開していた経営戦略は，こうした多角化だけではなかった。同社は，主要企業との間で協定を締結する

表6-10 カナディアン・インダストリーズ社の業績 (1930〜1935年)

年	売上高	利益	1株当たり収益
	C.$1000	C.$1000	C.$
1930	18,300	3,700	5.09
1931	18,300	3,400	4.65
1932	16,300	2,400	3.65
1933	18,300	3,500	4.63
1934	22,800	5,100	6.43
1935	24,700	4,500	5.85

出所：Reader [1975]：p. 218 より算出。

ことによって，カナダ市場を規制する戦略も採用していたのである。たとえば，1936年までには，カナディアン・インダストリーズ社（厳密には，同社を通じてICI社とデュポン社）が，カナダにおいてレーヨンの生産を行わないことを条件として，イギリスのレーヨン製造企業であったコートールズ社もまた，カナダにおいて苛性ソーダや硫酸，類似の化学製品を生産しないことを協定した。また，カナディアン・インダストリーズ社が，製紙事業に進出しないことを条件に，アメリカの大手製紙企業，インターナショナル・ペーパー社（International Paper Co., 1898年）のカナダ子会社であったカナディアン・インターナショナル・ペーパー社（The Canadian International Paper Co. Ltd.）もまた，化学製品の生産を行わないことを協定した（GBBTIMD [1934-44]：par. 130；Stocking & Watkins [1946]：p. 458）。

さらに，既存事業としての合成アンモニアの生産増大と将来的な将来の電気化学事業への参入をにらみ，カナダでも最大規模の水力発電会社であった，シャウィニガン・ウォーター・アンド・パワー社（Shawinigan Water and Power Co., 1898年）の子会社で，同社の安価な電力を利用して，炭化カルシウムならびにその派生製品を生産していた，シャウィニガン・ケミカルズ社（Shawinigan Chemicals Co. Ltd.）との関係を強化した（Reader [1975]：p. 214；Taylor [1981]：p. 378）。これにともない，カナディアン・インダストリーズ社が，アセチレンおよびその派生製品を生産しないことを条件に，シャウィニガン・ケミカルズ社もまた，同事業分野にとどまり，その事業を拡大しないことを協定した

(GBBTIMD［1934-44］: par. 129 ; Stocking & Watkins［1946］: pp. 458-9)。このように，カナディアン・インダストリーズ社は，主要企業との協定によって，カナダ市場を規制することで，広範な化学製品に対する支配力を維持・強化しようともしていた。

最後に，この間のカナディアン・インダストリーズ社の業績を確認してみよう。売上高，利益は，1930年の1830万カナダ・ドル（370万ポンド），370万カナダ・ドル（80万ポンド）から，恐慌で業績が底を突いた1932年には，1630万カナダ・ドル（410万ポンド），240万カナダ・ドル（50万ポンド）まで減少した。その後，1933年からは，厳しい状況ながらも業績は好転して，1935年には売上高が2470万カナダ・ドル（500万ポンド）まで増大し，最悪の状況は脱した。もっとも，依然として景気は不安定な様相を呈しており，「物価の変動に起因して」(*Chem. & Ind.,* 24 Apr. 1936, p. 240；表6-10)，利益については，1934年の510万カナダ・ドル（100万ポンド）から，1935年には450万カナダ・ドル（90万ポンド）と，わずかに減少した（表6-10）。翌1936年になると，売上高のみな

表6-11　カナディアン・インダストリーズ社の主要製品（1937年）

グループ	部門	主要製品
化学	一般化学製品	アンモニア，晒粉，苛性ソーダ，塩素，塩化鉄，塩酸，過酸化水素，硫酸水素ナトリウム，芒硝，二酸化ナトリウム，次亜塩素酸ソーダ，二塩化硫黄，一塩化硫黄，硫酸，トリクロロエチレン
	有機化学製品[1]	染料，採掘用化学製品，その他有機化学製品
	塩製品	工業塩，食塩
セルロース	セロファン	セロファン，防湿セロファン，彩色セロファン
	ファブリコイド	各種レザークロス，各種ゴム引布
	塗料・ワニス	塗料，ワニス，合成樹脂仕上品，セルロース仕上品
	プラスチック	パイラリン関連製品
爆薬・弾薬	爆薬	高性能爆薬，黒色火薬，コルダイト，スポーツ用火薬，導火線用火薬，発破用火薬，硝酸，硫酸ナトリウム
	弾薬	ショットガン用弾薬筒，金属製弾薬筒，雷管，爆破用雷管，鉄道信号
肥料		混合肥料，過燐酸肥料

註1：販売のみ。
出所：ICI, *Magazine,* May 1937, p. 406 より作成。

らず，利益もまた増大に転じ，さらには多角化の影に隠れていた爆薬・同関連製品事業も，鉱業部門の活況に呼応して，その生産を増大させるなど，1937年までカナディアン・インダストリーズ社の業績は順調に推移した（ICI, *Ann. Rep.*, 1936, pp. 15-6）。

　だが，カナダは，イギリス自治領とはいえ，隣国アメリカの経済動向を色濃く反映していた。1937年にアメリカの景気が後退に向かったことに引きずられて，1938年になると，レーヨン工業も停滞しはじめ，カナディアン・インダストリーズ社が供給していた関連製品の生産も減少するようになった。さらに，好調であったはずの爆薬の生産までもが，わずかな増大にとどまるなど，アメリカを「発信源」とした恐慌の悪夢から完全には脱却できずにいた（ICI, *Ann. Rep.*, 1938, p. 16）。そんなカナダでも，第2次世界大戦が勃発した1939年になると，ようやく景気が息を吹き返した。このころには，モントリオールの塗料工場や，1937年に着工されたシャウィニガンの塩素・苛性ソーダ工場なども完成して，カナディアン・インダストリーズ社が供給する各種製品の生産も増大に向かいはじめた（CIL [1964]: p. 6；ICI, *Ann. Rep.*, 1939, p. 16）。

　ICI社とデュポン社の非排他的領域であったカナダでは，ICI社とデュポン社の連携を基礎にしつつも，カナディアン・インダストリーズ社に対して，一定の主導権が与えられたことで，同社のカナダにおける支配力は拡大した。さらに，カナディアン・インダストリーズ社は，広範な事業分野にわたる企業買収や，国内外化学企業との協定を通じて，カナダ市場の規制を図ることで，多角的な現地生産体制を積極的に追求し，1930年代以降，その事業範囲・規模をいっそう拡大させる[59]ことで，カナダでも有数の総合化学企業へと成長を遂げた[60]のである（CIL [1966]: p. 12；表6-11）。

第6節　合弁会社による事業展開——南アメリカ諸国

　南アメリカ諸国は，自治領ないし植民地として「イギリス帝国」を構成していたわけではなかったものの，アルゼンチンやブラジルなどは，「非公式帝国」[61]として，従来からイギリスとの貿易やイギリスによる投資が盛んに行わ

れていた地域でもあった。南アメリカ諸国におけるICI社の国際事業活動も，その設立以前から，すでにチリやボリヴィアにおいては，ノーベル・インダストリーズ社が爆薬の生産事業を展開し，アルゼンチン，ブラジルについても，ブラナー・モンド社やユナイテッド・アルカリ社がソーダ灰の輸出市場として取引を行っていた（Reader [1975]: p. 219）。その後，ICI社の設立にともなって，南アメリカ諸国における事業活動，とりわけ現地生産事業は，「1929年特許・製法協定」を背景とした，デュポン社との強固な連携による合弁事業[62]を中心として展開されることになった。本節では，こうしたチリ，アルゼンチン，ブラジルにおけるICI社の現地生産体制について叙述する。

1 チリ——南アメリカ爆薬社

南アメリカについては，「1920年特許・製法協定」の締結にともない，ノーベル・インダストリーズ社とデュポン社の非排他的領域，つまり共同領域とする「南アメリカ・プール協定」が締結されていた。この「南アメリカ・プール協定」では，南アメリカにおける商業用爆薬ならびに軍事用爆薬の取引に関して規定がなされてはいたものの，チリについては，同協定の対象外地域とされていた。だが，隣国のボリヴィアとともに，主要産業であった硝石や銅，錫をはじめとした鉱業で使用される，商業用爆薬の需要が高いチリでは，将来的に，主要爆薬製造企業が進出することによる企業間の衝突も懸念されていた。こうした無用な衝突を事前に回避するためにも，主要爆薬企業による協調を図ることが得策であるとして，チリにおいては，合弁事業による爆薬の現地生産・販売事業が推進されることになった（本章註2も参照）。

ノーベル・インダストリーズ社時代の1921年，チリにおける商業用爆薬の需要に応えるために，ノーベル・インダストリーズ社42.5％，デュポン社42.5％，アメリカの火薬企業であったアトラス・パウダー社15％という出資比率による，3社の合弁事業として爆薬製造企業の南アメリカ爆薬社が設立された（第4章第2節2）。以降，この南アメリカ爆薬社は，1924年に完成したリオ・ロア（Rio Loa，アントファガスタ〔Antofagasta〕内陸部）工場を基盤として，当初から爆薬・同関連製品を中心に，現地生産事業を展開するようになった

(ICI, *Magazine,* Apr. 1928, p. 292；Reader［1975］：pp. 219-20；Taylor & Sudnik［1984］：p. 121)。

　1926年のICI社設立後も，南アメリカ爆薬社の事業は継承された。だが，世界大恐慌の嵐がチリを襲った[63]ことによって，1次産品輸出国であったチリも，甚大な被害を被った。そして，政治的・経済的混乱がつづくさなかの1932年には，第2次アルトゥーロ・パルマ（Arturo Alessandri Palma, 1868-1950）政権が成立した。新政権の成立にともなって，強まる「経済ナショナリズム」[64]（economic nationalism）のもとで，チリは，従来の自由貿易体制を放棄して，保護主義的な工業化，すなわち輸入代替工業化[65]を志向することになった（細野［1983］：250-2頁）。

　こうした政策の転換は，南アメリカ爆薬社の事業に対しても，少なからず制約を与えた。だが，それ以上に負担となったのは，1925年の「南アメリカ・プール協定」の修正に基づく，デュナミート社（IGファルベン社系）との関係であった。修正された「南アメリカ・プール協定」によれば，チリ，ボリヴィアでは，南アメリカ爆薬社とデュナミート社による商業用爆薬の売上合計額のうち，25％をデュナミート社に対して保証するとともに，残り75％については，ノーベル・インダストリーズ社とデュポン社が均等に分配することになっていた（GBBTIMD［1934-44］：par. 165；第4章 第2節 2)。

　1930年代初頭，農業恐慌にともなう天然肥料としてのチリ硝石の需要縮小により，爆薬の需要もまた大幅に減少した。南アメリカ爆薬社，デュナミート社，ノルウェー水力発電社（これら2社はともにIGファルベン社系），その他企業の爆薬販売量（生産量・輸入量）は，1929年の8138ショートトンから，最悪となった1932年にはおよそ8分の1の1053ショートトンにまで激減した。これを，南アメリカ爆薬社について見てみれば，輸入量が，1929年の243ショートトンから1933年の159ショートトンへの減少にとどまったのに対して，生産量は，同年について4085ショートトンから604ショートトンへと大幅に減少した（表6-12)。

　それでも，南アメリカ爆薬社は，爆薬の販売量に占める生産量の比率を，当初は1929年の50％から，1931年の70％にまで上昇させたものの，需要が回復

表6-12　チリにおける主要企業の爆薬生産・輸入（1929～1933年）

(単位：s.t.)

	会社名	1929	1930	1931	1932	1933
生　産	Cia. Sud Americana de Explosivos	4,085	3,154	2,236	644	604
輸　入	Cia. Sud Americana de Explosivos	243	161	272	287	159
	Norsk Hydro Kvælstof A/S	2,626	1,001	650	11	315
	Dynamit AG	912	1,028	219	111	145
	Trojan Powder	272	—	100	—	—
	ベルギー企業	—	—	—	—	35
	合　計	8,138	5,344	3,477	1,053	1,258
生産比率（％）	Cia. Sud Americana de Explosivos	50	60	70	60	50

出所：Reader［1975］：Tab. 13.

に向かいはじめた1933年からは，逆に一転して50％へと低下させた。その一方で，とくにノルウェー水力発電社およびデュナミート社の爆薬輸入量は，1932年の11ショートトン，111ショートトンから，1933年には315ショートトン，145ショートトンへと，関税障壁を越えて急増を遂げる[66]ようになった。この間，南アメリカ爆薬社では，人員削減も始まり，1930年代央の生産設備の稼働率は15％にすぎないものとなっていた（Reader［1975］：p. 220；表6-12）。

こうした結果は，いうまでもなく，1925年の「南アメリカ・プール協定」に基づき，チリ，ボリヴィアにおける商業用爆薬の販売のうち，一定割合をデュナミート社に対して保証せねばならなかったことに起因するものであった。その後も，南アメリカ爆薬社とデュナミート社による市場分割は継承され，最終的に事態に決着がついたのは，1930年代末のことであった。つまり，第2次世界大戦の勃発にともなって，敵国となったドイツの企業であるデュナミート社にとっては，チリ，ボリヴィアに対する商業用爆薬の輸出それ自体が不可能となったからである。これにより，市場分割をめぐる協定も，1940年をもって正式に終了することになった。また，南アメリカ爆薬社についても，1942年にアトラス・パウダー社が所有していた株式をデュポン社が取得したことにより，南アメリカ爆薬社，すなわちチリ，ボリヴィアの商業用爆薬市場それ自体も，ICI社とデュポン社が支配することで落ち着いた（GBBTIMD［1934-44］：

pars. 168-9；Reader［1975］：p. 220）。

　なお，チリについては，南アメリカ爆薬社を中心に概観してきたが，同社とは別に，ICI社完全所有の販売子会社も，事業を展開していた。補足的に，この販売子会社の事業についても触れておこう。チリの販売子会社であったICI（チリ）社は，1928年，チリならびにボリヴィア市場向けに，ICI社製品のみならず，他社製品も含めた各種化学製品の販売を行うために設立され，サンティアゴ（Santiago）に本社，ヴァルパライソ（Valparaiso，サンティアゴ西方の港湾都市）に支社を構えた。チリについても，他の南アメリカ諸国と同様に，経済ナショナリズムの高まりが顕著であり，とくに海外製品の輸入事業については，為替管理[67]などによるさまざまな制約があった。そこで，ICI（チリ）社は，1934年，「エル・ペピノ」（El Pepino）と称する工場を買収して，小規模ながらも各種化学製品の現地生産を行うようになった。技術的には，ICI社アルカリ・グループの指導を受けてはいたが，現地の原料を利用して製品を生産するなど，現地密着型の事業を順調に展開していた（ICI, *Magazine,* May 1937, p. 402）。

　あらためて，振り返るならば，世界大恐慌以降のチリの場合，ICI社は，チリ側の利害——とくに雇用促進や現地の工業的発展——を考慮した現地生産事業を展開する必要があった。しかし，それ以上に，デュナミート社やノルウェー水力発電社という，「競合」関係にあったIGファルベン社系企業との「協調」をむしろ最優先として，相手に譲歩を図る[68]ことで，ICI社は，非排他的領域であったチリ，ボリヴィアでの事業活動を維持せねばならなかったのである。

2　アルゼンチン——デュペリアル・アルゼンチン社

　アルゼンチンの場合，両大戦間期には，すでに工業化が顕著に進展しており，化学産業にとっても，多角化による広範な製品を供給するメリットを秘めていた[69]。したがって，ICI社の前身企業も，早くからビジネス・チャンスを狙ってアルゼンチンに進出していた。まず，1913年の時点で，ブラナー・モンド社やユナイテッド・アルカリ社が，ブエノス・アイレス（Buenos Aires）の販売

第6章　ICI社の多国籍事業展開　331

代理店ないし販売子会社を通じて，イギリスからアルカリ・塩素製品の大規模な輸出を展開していた。また，ノーベル・インダストリーズ社も，1922年から，ブエノス・アイレスの貿易商社との間で，アルゼンチン進出に向けて折衝をつづけていた。1925年になると，ブエノス・アイレスの郊外にスポーツ用薬莢の製造工場を有していたスペイン系弾薬製造企業，アルゼンチン・オルベア弾薬社（Cartucheria Orbea Argentina SA）の支配権を取得することに成功した（ICI, *Magazine*, May 1937, p. 404；Reader［1975］：pp. 221-2）。

　その後，1926年になってICI社が設立された。これにともなって，1928年には，ICI社の完全所有子会社として，ICI（アルゼンチン）社が設立された。このICI（アルゼンチン）社は，ブエノス・アイレスに本社，アルゼンチンの隣国であるウルグアイのモンテヴィデオ（Montevideo）に支社を構えて，アルカリ製品をはじめとしたICI社製品の輸入・販売を手掛けるなど，販売会社としての役割を担っていた。さらに，同じ1928年，つぎなるステップとして，ICI社本社が，ソルヴェー社ならびにアルゼンチン最大規模の輸出業者であったブンゲ・イ・ボルン社（Bunge y Born Limitada SA Comercial, Financiera e Industrial, 1884年）と手を結び，リヴァダヴィア社（SA Industrial y Comercial Rivadavia）を買収した。このリヴァダヴィア社は，硫酸，硝酸，塩酸，肥料などの広範な化学製品を生産する化学企業であったが，ICI社としては，リヴァダヴィア社の取得を皮切りに，アルゼンチンにおける各種化学製品の現地生産事業に参入する目論見があった。とりわけ，工業化が進展していただけではなく，農業の比重も高かったアルゼンチンは，将来的に肥料などの農業関連製品の生産・供給が増大

表6-13　ICI社のアルゼンチン投資（1932年）

会社名	ICI社所有額	所有比率	ICI社の費用
	£	%	£
Cartucheria Orbea SA	165,390	89.4	217,121
ICI SA Com. e Ind.	152,174	100.0	147,915
SA Rivadavia	52,174	40.0	52,594
Barraca Amberense SA	4,348	100.0	4,348
合　計	374,086	—	421,978

出所：Reader［1975］：Tab. 15.

する展望も有していたのである。これ以降，こうした状況を背景として，ICI社は，現地資本を積極的に導入しつつ，多角的な事業を展開することになった（ICI, *Magazine*, May 1937, p. 404；Reader［1975］：p. 224；Taylor & Sudnik［1984］：p. 134；表6-13）。

　こうして，各種化学製品の生産ならびに販売体制が整った恐慌下[70]の1930年代初頭，ICI社のアルゼンチンにおける経営戦略を大きく転換させる事態が生じた。ICI社がアルゼンチンにおいて重化学製品分野への進出を計画していた1931年から1932年にかけて，デュポン社もまた，同様に競合する分野である重化学製品工場の建設に向けて，アルゼンチンへの投資[71]を試みようとしていた（Taylor & Sudnik［1984］：p. 134）。ここにきて，ICI社とデュポン社の衝突が懸念されるに至ったのである。たしかに，「1929年特許・製法協定」によれば，南アメリカは，ICI社とデュポン社の両社にとって「非排他的領域」であり，それぞれの投資には，なんら規制はなされていなかった。だが，「〔両社の〕利害の衝突を回避して，市場における協力的な地位を強化し，さらに経済ナショナリズムによって鼓舞された現地生産者に対抗するため」（Stocking & Watkins［1946］：p. 460）には，ICI社とデュポン社の協力関係がここでも不可欠であった。その結果，カナダ，チリの例にならって，アルゼンチンにおいても，既存の子会社（同時期，すでにデュポン社はアルゼンチンに2企業を所有していた）を統合して，新会社を設立することで，ICI社とデュポン社の合弁によって，アルゼンチンにおける現地事業を推進することで決着をみた（Taylor & Sudnik［1984］：p. 134）。

　1934年，現地企業（とくにブンゲ・イ・ボルン社）を排除して，ICI社とデュポン社の両社が折半出資することで，デュペリアル・アルゼンチン化学工業社（Industrias Químicas Argentinas 'Duperial' SA Industrial y Comercial）が設立された。デュペリアル・アルゼンチン社には，他地域と同様に，ICI社およびデュポン社が有する製品の特許・製法・情報について，アルゼンチン，ウルグアイ，パラグアイにおけるその排他的使用権などが供与された。以降，ICI社とデュポン社の両社は，デュペリアル・アルゼンチン社を通じて，既存のアルゼンチン市場に，ウルグアイおよびパラグアイ市場を加えた新たな地域における，アルカ

表6-14 アルゼンチンにおけるICI社の売上高（1928〜1931年）

(単位：£)

製　品	1928	1929	1930	1931
主要製品				
アルカリ・塩素製品	287,513	—	—	243,774
爆薬・関連製品	—	32,887	14,791	—
スポーツ用火薬	—	18,597	16,459	—
弾薬（Cartucheria Orbea SA）	—	180,787	107,766	—
硫酸（SA Rivadavia）	—	75,211	102,637	—
非主要製品				
金　属	—	4,317	4,029	—
電極類	—	453	202	—
人造皮革	—	690	2,111	—
窒素製品・肥料	—	1,491	5,151	—
薬　莢	—	893	1,097	—
Lighting Trades Ltd. 製品	—	600	600	—

出所：Reader［1975］：Tab. 14.

リ・塩素製品を中心とした各種化学製品や弾薬などの輸入取引や現地生産・販売事業を展開することになった（GBBTIMD［1934-44］：pars. 139-40；Stocking & Watkins［1946］：p. 460；表6-14）。

　デュペリアル・アルゼンチン社は，1930年代央のその設立以降，一方で，現地企業との確執を深めて，その解決に苦慮しながらも，他方では，そうした現地企業との宥和も図って連携しながら，広範な多角化を推進することになった。デュペリアル・アルゼンチン社は，1935年以降，現地の大手ガス会社，プリミティヴァ・ガス社（Cia. Primitiva de Gas）から，その生産過程で得られる副生無水アンモニアを購入するようになった。デュペリアル・アルゼンチン社は，購入した無水アンモニアを，一方で，ICI社やデュポン社向けに販売するだけではなく，他方で，ヨーロッパ向け輸出業者にも供給するなどして，アルゼンチン国内外企業との摩擦を回避しようとした（GBBTIMD［1934-44］：par. 142；Stocking & Watkins［1946］：pp. 461-2）。

また，同じ1935年，デュペリアル・アルゼンチン社は，レーヨン事業に新規参入するために，デュシロ社（Ducilo SA）を設立して，新たに工場を建設した。そのさいにも，ICI社とデュポン社は，アルゼンチンでの特許・製法権を所有していたフランスの人造繊維コントワール[72]に対して，デュシロ社株の15％を供与することで，アルゼンチンにおけるレーヨンの現地生産を実現した。他方で，レーヨン事業への参入を企図していたブンゲ・イ・ボルン社に対しても，15％の資本参加を認めることで，その参入阻止を果たして，アルゼンチンでのレーヨン生産をより円滑に推進するようになった（GBBTIMD［1934-44］：pars. 144-5；ICI, *Ann. Rep.*, 1935, p. 17；Stocking & Watkins［1946］：pp. 461-2）。

翌1936年になると，ブンゲ・イ・ボルン社が，デュペリアル・アルゼンチン社と競合する硫酸・酒石酸事業への攻撃的な進出を試みようとした（Taylor & Sudnik［1984］：p. 135）。当時まだ，アルゼンチンの重化学製品市場は狭隘であったため，デュペリアル・アルゼンチン社としては，ここでブンゲ・イ・ボルン社と衝突することだけは，可能なかぎり回避したかった。そこで，デュペリアル・アルゼンチン社は，一方で，硫酸の価格を引き下げて，ブンゲ・イ・ボルン社の出ばなを挫くことで，同社の硫酸事業への参入を阻止しつつ，他方で，利害の少ない酒石酸については，ブンゲ・イ・ボルン社に対して，酒石酸市場を保証するなど，両社の無用な対立・衝突を回避するよう対応を果たした（Stocking & Watkins［1946］：p. 461）。

しかし，同じ1936年には，ブンゲ・イ・ボルン社が，IGファルベン社やキュールマン社，ソルヴェー社の援護を受けて，パルプ・製紙企業のアルゼンチン・セルロース社（La Celulosa Argentina SA）を買収するという事態も発生した。このアルゼンチン・セルロース社は，パルプ・製紙業にとどまることなく，電解法による苛性ソーダ・塩素事業にまで触手を伸ばしはじめていたのである（Taylor & Sudnik［1984］：p. 135）。苛性ソーダをはじめとしたアルカリ製品は，ICI社にとってとりわけ重要性の高い取引製品であったがため，デュペリアル・アルゼンチン社は，その攻勢に対してなんとしても対処を図らねばならなかった。そこで，デュペリアル・アルゼンチン社は，アルゼンチン・セルロース社との折半出資（のちにデュペリアル・アルゼンチン社は，その持株のうち22.2％

〔全社では11.1%〕をIGファルベン社に，11.0%〔同5.5%〕をソルヴェー社に譲渡した〕により，新会社として，デュタルコ社（SA Industrial y Comercial 'Dutarco'，のちにアルゼンチン電解塩素社〔Electroclor SA Argentina〕へと社名変更）を設立することで，衝突を回避するなどした（GBBTIMD［1934-44］: pars. 148-50; Stocking & Watkins［1946］: pp. 462-3; Taylor & Sudnik［1984］: p. 135）。すなわち，デュペリアル・アルゼンチン社が，セルロース社——換言すれば，ICI社＝デュポン社が，現地の有力企業であったブンゲ・イ・ボルン社——との間で協定を締結して，協調を図ることで，「ほとんどの製品について，熾烈な競争（keenly competitive）がつづいていた」（ICI, *Ann. Rep.*, 1936, p. 17）アルゼンチン市場において，うまく共存していく方策を選択したのである。

　最後に，この間のアルゼンチン子会社の業績を振り返ってみよう。アルゼンチンもまた，他地域と同様に，世界大恐慌の衝撃を被ってはいたが，デュポン社との連携がささやかれはじめた1933年ごろには，ICI社のアルゼンチン子会社の業績も，徐々に好転に向かいはじめていた（ICI, *Ann. Rep.*, 1933, p. 8）。1930年代央には，為替制限を受けて，貿易面では厳しい状況がつづいていたものの，デュポン社との合弁事業が軌道に乗りはじめたことで，その先行きに期待をのぞかせていた（ICI, *Ann. Rep.*, 1935, p. 16）。もっとも，南アメリカの場合，カナダと同様に，アメリカ合衆国の経済動向を色濃く反映していた。アルゼンチンも，1937年になると，早くもアメリカ合衆国の景気後退による影響を受けはじめた。デュペリアル・アルゼンチン社の事業では，製品の販売量こそ，前年を上回ったものの，価格の低下により，売上高では低位にとどまっていた（ICI, *Ann. Rep.*, 1937, p. 18）。その後，第2次世界大戦に突入した1939年になると，前年までの厳しい状況から脱却して，デュペリアル・アルゼンチン社の業績も好転し，アルゼンチン電解塩素社による苛性ソーダ・塩素事業も進展を見せるなど，ようやく「期待がもてる」（promises well，ICI, *Ann. Rep.*, 1939, p. 18）状況へと転換した。

3　ブラジル——デュペリアル・ブラジル社

　ブラジルについては，ICI社の設立以前に，ブラナー・モンド社やユナイ

テッド・アルカリ社が，それぞれブラジル現地の販売代理店を通じて，アルカリ製品などの輸出を展開していた。また，エクスプローシヴズ・インダストリーズ社を介して，爆薬の輸出も行われていた（第4章 第2節 2）。その後，1926年にICI社が設立されたことにともない，1928年には，ICI社が所有する販売子会社として，ICI（ブラジル）社が設立された。ICI社は，このICI（ブラジル）社を通じて，主としてアルカリ・塩素製品および酸・同関連製品のブラジル向け輸出・販売を行うようになった[73]（ICI, *Magazine,* May 1937, p. 404； Reader［1975］：p. 226）。

しかし，ICI（ブラジル）社の設立後間もなく世界大恐慌が発現し，その衝撃がブラジルを襲った[74]。ICI（ブラジル）社を通じたイギリス本国からのICI社製品の輸出に依拠した事業活動も，おのずとより厳しさを増した。とりわけ，経済ナショナリズムの高まりが顕著であり，政情不安に，政府による厳しい為替管理も重なって，閉鎖的となっていたブラジル市場において，アメリカ，ドイツ，日本といった諸国との競争が激化する過程で，これに対処可能な方策としては，現地生産・販売によって事業活動を維持するしか手段は残されていなかった。

そこで，1935年，ICI社は，レミントン・アームズ社（デュポン社系[75]）との折半出資（各4100コント〔4万5000ポンド〕[76]）によって，現地の弾薬事業を買収し，サン・パウロ（São Paulo）にブラジル弾薬社（Cia. Brasileira de Cartuchos SA）を設立した。さらに，同じ1935年，ICI社は，約6800コント（7万4000ポンド）で，株式の95％を取得して，レザークロス事業を支配下に置き，アツェヴェド・ソアレス・ニトロセルロース製造社（Cia. Productos Nitrocellulose Azevedo Soares）を設立した（Reader［1975］：pp. 226-7）。こうして，結果として見れば，ブラジルにおいても，他地域と同様に，デュポン社との連携に基づいた現地生産体制に向けた準備が徐々に整いつつあった。

1937年になると，カナダやアルゼンチンの前例に従い，ブラジルでも，ICI社とデュポン社の合弁事業が，具体的に進展しはじめた。デュポン社首脳陣のなかには，この選択について懐疑的な見方も広がってはいた。だが，最終的には，ICI（ブラジル）社と，すでにブラジルで操業を行っていたデュポン社の

ブラジル子会社，デュポン・ド・ブラジル社（SA du Pont do Brasil）との合弁事業として，両社が折半出資をすることで，1万4000コント（15万2000ポンド）をもって，デュペリアル・ブラジル化学工業社（Industrias Químicas Brasileiras 'Duperial' SA）が設立された。このデュペリアル・ブラジル社の設立にともない，同社によって，アツェヴェド・ソアレス社の残り5％の株式が取得された。これにより，アツェヴェド・ソアレス社も，完全にデュペリアル・ブラジル社の傘下に入った。こうして，デュペリアル・ブラジル社は，主としてICI社やデュポン社製品の販売を行いながら，さらには重化学製品を中心とした各種化学製品の現地生産事業に参入することも企図していた（ICI, *Magazine*, May 1937, p. 403；Reader［1975］：p. 227；Taylor & Sudnik［1984］：p. 136）。

もっとも，1930年代末の時点でも，デュペリアル・ブラジル社の事業は，化学製品の販売が主体であった。参入の意思を示していた生産事業も，アツェヴェド・ソアレス社については，株式を所有していただけで，事実上はアツェヴェド・ソアレス社の従来の経営者がその管理・運営にあたっていた。重化学製品事業についても，リオ・デ・ジャネイロ（Rio de Janeiro）に拠点を置き，石鹸や接着剤の製造など，広範な用途を有する珪酸ソーダ製造企業の株式を所有してはいたものの，現地向けに製品を供給する比較的小規模な企業にすぎなかった。むしろ，ICI社の事業のうち，デュペリアル・ブラジル社に吸収されなかったブラジル弾薬社については，サン・パウロの工場を拠点として，スポーツ用薬莢の現地生産事業を維持しつづけていた（ICI, *Magazine*, May 1937, pp. 403-4）。

ICI社にとっては，カナダやアルゼンチンと同様に，このデュペリアル・ブラジル社もまた，「現地生産にとっての橋渡し役」（the vehicle for the local manufacture, ICI, *Magazine*, May 1937, p. 403）という位置づけではあった。しかし，一方のデュポン社の場合，ICI社に比較すれば，ブラジルでの取引が小規模であったため，デュペリアル・ブラジル社に対する投資が過重となるなどして，しだいに両社の間に認識のズレが生じるようになってしまった（Reader［1975］：p. 228；Taylor & Sudnik［1984］：p. 136）。さらには，第2次世界大戦の勃発や，アメリカによる反トラストへの対応の違いも重なるなどして，デュペリアル・ブラジル社に

よる事業活動，とりわけ現地生産事業については，十分な進展を見ることがなかった。各種化学製品の現地生産を目論んで設立されたデュペリアル・ブラジル社ではあったが，結局のところ，化学製品の輸入に重きを置いた販売会社の域を脱することができなかったのである。

小　括

　ノーベル・インダストリーズ社の海外諸地域における生産事業を継承・再編したICI社は，もとより「多国籍企業」であった。しかし，世界大恐慌の発現によって長期不況に見舞われた1930年代には，「公式帝国」であるオーストラリアの子会社，南アフリカ，カナダおよび「非公式帝国」であった南アメリカのチリ，アルゼンチン，ブラジルの各合弁会社では，こうした現地生産体制——現地資本の導入，現地労働者の採用，現地企業への権限委譲による現地化とそれに基づいた事業範囲・規模の拡大——がよりいっそう強化された。ICI社は，まさしく「多国籍企業」として，その国際事業を全面展開させたのである。それは，国際カルテルが有していた機能によって海外市場が安定していたことで，恐慌下でも輸出が進展し，対外直接投資＝多国籍事業展開の必要性が低下したという，ジョーンズの見解とは異なる状況であった。
　すなわち，ICI社は，主要化学製品の全般にわたる国際カルテル活動によって，イギリス帝国市場を排他的領域——「公式帝国」であるカナダや「非公式帝国」である南アメリカは非排他的領域であった——として，「保護・防衛」しつつ，大不況下では，「オタワ協定」を通じて，その輸出をなお帝国内市場に振り向けようとした。こうした一連の国際経営戦略，さらにはそれを援護した対外経済政策によって，ある程度，輸出の減少に歯止めを掛けることに成功した。ただし，そのことは，見方を変えれば，ICI社に対して，「帝国」という限定された市場における事業展開を余儀なくさせたに等しい。
　しかも，こうした市場では，現地有力企業の台頭が著しく，ときには盟友であるデュポン社との競合（カナダの場合）や協定相手のIGファルベン社への譲歩（チリの場合）など，ICI社の現地における事業展開に脅威を与える要素が

十二分に存在していた。さらには，イギリスからの輸入すら拒むほど，進出先の現地政府による輸入代替工業化政策までもが推進されていた（オーストラリアや南アメリカ諸国の場合）。また，その一方で，こうした進出先は，いずれも新興工業国として，20世紀に入って以降，工業化が進展するなど，ICI社にとっては，その事業の規模と範囲の拡大を受け入れうる可能性もまた十分に秘めていた。つまり，イギリス帝国諸地域を中心としたICI社の海外市場は，本国からの製品輸出に依存しつづけるには，あまりにも「危険」と「機会」という相矛盾する要素をはらみすぎていたのである。

ICI社が市場として依拠していた「公式帝国」および「非公式帝国」の諸国・諸地域においては，体制が危機的状況に瀕して，「経済ナショナリズム」が台頭するなど，政治的・経済的に紐帯強化が叫ばれていた。ICI社は，こうした諸国・諸地域において，現地資本を導入することで，これらとの連携を図り——現地資本に投資機会を供与しつつ，競争をも抑制する——，現地生産体制を採用することで，現地での雇用創出にも協力し，「帝国」(「非公式帝国」を含む）の紐帯強化に尽力する姿を示そうとした。さらには，進展が期待される工業化に対応するために，デュポン社や現地企業との連携を背景に，よりいっそうの事業の規模と範囲の拡大を推進しようとした。

すなわち，ICI社は，保護主義や現地企業の台頭という「危険」を回避して，事業範囲・規模を拡張しうる「機会」を確実に掌握するために，「公式帝国」ないし「非公式帝国」という海外市場において，その国際事業活動の発展を企図したのであった。1930年代という大不況下における体制の危機と転換の時期にあって，ICI社がその活路をイギリス帝国市場に求めるうえで，本国からの輸出にとどまることなく，現地生産体制を敷くことによって，より積極的な国際事業展開としての多国籍事業展開を志向したといってよい。

註

1 イギリス企業の多国籍事業展開が，1930年代に縮小傾向にあったという点については，たしかにジョーンズの見解のみならず，ローレンス・フランコ（Lawrence George Franko）があげている主要諸国の海外子会社設立数の推計によっても，ある

程度,裏づけられる。アメリカの場合,1920～29年に299社であった海外子会社設立数が,1930～38年には315社と増加していたのに対して,イギリスの場合,同時期に118社から99社へと減少していた(Franko [1976]: Tab. 1.2, pp. 8-12)。とはいえ,こうした議論や推計は,あくまでも「総論」であって,「各論」としての個別産業ないし個別企業の多国籍化に関する事例との間に乖離が生じることもありえよう。

　なお,「多国籍企業」が,両大戦間期,さらには第1次世界大戦以前という,歴史上の比較的早い時期に登場した企業形態ないし資本輸出形態であったことは,マイラ・ウィルキンス(Mira Wilkins)のアメリカ多国籍企業史に関する業績,Wilkins [1970];Wilkins [1974]によって,通説になったといってもよい。同様に,イギリス多国籍企業史についても,Jones [1984];Jones [1986a];Jones [1986b];Jones [1994];Nicholas [1982];Stopford [1974]などの実証的・理論的研究がなされている。また,広く諸国の多国籍企業史を扱った研究としては,Cantwell [1989];Corley [1989];Dunning, et al. [1986];Fieldhouse [1986];Hertner & Jones [1986];Jones [1996];Jones [2005];Teichova, et al. [1986];Teichova, et al. [1989]などがある。

2　ICI(ペルー)社は,1929年に設立された販売子会社であり,リマ(Lima)に本社を置き,ペルーのみならず,エクアドルをも事業領域として,化学製品の輸入・販売事業を展開していた(ICI, *Magazine*, May 1937, p. 402)。

3　マガディ・ソーダ社については,その社史として,Hill [1964](とくに両大戦間期については,Chs. VI-VIIIを参照)がある。

4　1937年時点での,その他の地域におけるICI社の国際事業については,ICI, *Magazine*, May 1937, pp. 402 ff.を参照。

5　なお,表3-16 (a) では,1934～37年のうち,1935, 37年の輸出額をあげたが,1934, 36年の輸出額(単位:ポンド)についてもあげておくと,ナトリウム化合物(アルカリ)が,321万6000から297万1000,硫酸アンモニウム(窒素)が,167万から129万5000,染料が136万5000から154万1000へと,主要製品では,染料を除いて,やはり輸出額が減少していた(GBBT, *Stat. Abstr.*, 1929-37)。

6　ICI(チャイナ)社については,その社史として,Brodie [1990](とくに両大戦間期に関しては,Chs. 4, 5を参照)がある。また,両大戦間期を中心とした中国におけるICI社を含むイギリス製造企業の事業展開については,GBBTDOT [1930];Osterhammel [1984];Osterhammel [1989]: pp. 200-10。1920年代後半から1930年代後半の中国の化学産業については,Reardon-Anderson [1991]: Part IIIを参照。

7　ブラナー・モンド(チャイナ)社は,1918年にはブリティッシュ・ダイスタッフズ社に統合される前のレヴィンシュタイン社,1920年にはICI社の設立に結集する前のユナイテッド・アルカリ社とも,輸入代理店契約を結ぶなど,自社以外のイギリス化学企業が生産する化学製品の輸入・販売も行っていた(ICI, *Magazine*, May 1937, p. 398)。

第6章　ICI社の多国籍事業展開　341

8　ブラナー・モンド（ジャパン）社は，ICI（チャイナ）社と同様に，当初は，ユナイテッド・アルカリ社とも輸入代理店契約を結んでいた（ICI, *Magazine*, May 1937, p. 399）。

9　日本の化学産業は，満州事変の勃発後，製品のもつ戦略的な重要性と，金輸出再禁止による円相場の下落により，目覚ましい発展を遂げた。とくに，硫酸，塩酸，硝酸，苛性ソーダ，ソーダ灰，硫酸アンモニウムなどの基礎化学製品や火薬，人絹の生産増大が急速であった。日本の化学産業生産額の推移を，1931, 33, 35, 37年について見てみると，5億3644万7000円，8億9676万2000円，12億5793万9000円，22億2892万4000円と急増していた（楫西・他［1963］：690頁，第242表）。なお，日本のソーダ，窒素，染料の生産量などについては，第5章註18, 21, 23を参照。

　ところで，1933年秋の日本を含む極東の視察訪問から戻ったマッガワンICI社会長は，1934年1月に，こうした日本の化学産業の動向について報告を行っていた。そのなかで，日本の競争力（Japanese competition）の高さについて言及しており，その根拠の1つとして，日本の産業の効率性や規模をあげていた。恐慌下にあって，ICI社は，国際カルテルなどを通じて，国内外市場の保護を推進してはいたが，「〔市場の〕保護だけでは，〔日本の高い〕効率性に勝てはしない」と戒めており，むしろ「自分たちの手法」（own methods）を追求すべきであるとしていた（ICI, *Magazine*, Mar. 1934, p. 212）。詳細については，ICI, *Magazine*, Mar. 1934, pp. 209-12を参照。また，ICI社内においては，こうした日本の化学産業全体に対する脅威が，経済ナショナリズムの高揚とあわせて，極東市場の縮小に対する強い懸念として，1930年代初頭から，つねにさまざまなかたちで取り沙汰されていた。たとえば，*Economist*, 15 Apr. 1933, pp. 829-30；*Econ., Com. Hist. & Rev.*, 1932, p. 48；*Statist*, 4 May 1935, pp. 753-4, 2 May 1936, pp. 747-8, 23 Apr. 1938, pp. 639-40などである。

　なお，両大戦間期の日本の化学産業については，東洋経済［1950］：第1巻 第4篇（前半），第2巻 第4篇（後半），重化学工業（化学工業以外の工業分野も含む）については，伊藤［1987］；林・他［1973］：156-66, 279-92頁（山崎広明執筆），また重化学工業と経済政策については，三和［2003］：第3章を参照。

10　両大戦間期を中心としたインドにおける，ICI社を含む化学産業の展開については，Hara-Gopala［1945］；Ray［1979］：pp. 168-76, 221-5, 271-6；Tyabji［1995］：Ch. 4，イギリス製造企業（化学企業を含む）のインドにおける事業展開については，Tomlinson［1986］；Tomlinson［1989］を参照。

11　「ICI社の事業がインド市場にうまく浸透できたのは，1930年代央までに，インド亜大陸全域にわたって，1500ヵ所の製品保管施設，1万5000人の流通業者，2500人のスタッフとともに，企業を1つにまとめた大規模な販売ネットワークを構築していたからである」（Tomlinson［1986］：p. 159）。

12　ICIANZ社に関するまとまった文献・資料はほとんどない。ICIANZ社設立以降の展開については，さしあたり，ICIANZ［1939］；Reader［1975］：pp. 207-12を

参照。

13 エクスプローシヴズ・トレーズ社の新設にともなって，オーストラリアで競合関係にあったキノッチ社とカーティシズ・アンド・ハーヴェイ社は，ともにエクスプローシヴズ・トレーズ社の子会社となった（Reader［1970］: p. 313）。

14 オーストラリアの産業構造を確認しておくと，1900／01年度，1913／14年度，1928／29年度について，対GNP比の生産額（単位：％）では，農牧業の19.3，23.5，21.2に対して，工業では12.1，13.4，16.7へと，徐々に工業化が進展しており，さらに工業部門においては，雇用と生産額の3分の2が，金属・機械（とくに着実に伸長），食料・飲料，衣料・繊維に集中していた（Boehm［1971］: Tab. 1, pp. 126-8. 訳書 表1, 124-5頁）。また，製造業に占める化学工業の比重（単位：％）を見ると，1919／20年度の2.1から，1927／28年度には2.7に，化学工業指数（1919／20年度 = 100）もまた，1927／28年度には192.4にまで高まっていた（Schedvin［1970］: Tabs. 8, 9）。

　なお，オーストラリアの長期的な経済成長については，Butlin［1970］（とくに1891年から1939年の構造変化は，pp. 301-18. 訳書307-24頁），1920年代の経済成長については，Schedvin［1970］: Ch. III（とくに産業発展はpp. 51-62），製造業の動向については，1861年から1938／39年度は，Butlin［1962］: Ch. VIII，1910年から1948／49年度は，Haig［1975］，またイギリスとオーストラリアおよびニュージーランドの歴史的関係については，McIntyre［1999］（また，その章末のSelect Bibliography）を参照。

15 もっとも，1925年3月末の時点で，ブラナー・モンド社が所有していた海外販売子会社の発行株式（優先株，普通株，単位：ポンド）を見ると，オーストレイシアが10万，4万9250であったのに対して，中国が50万，12万5000，日本が25万，31万2000，インドが17万5000，10万3000と，規模としては，オーストレイシアの子会社が最小であった（Reader［1970］: p. 339）。

16 オーストラリアでは，1908年を皮切りに，保護主義的政策が推進され，1928年から1929年にかけて，関税率の大幅な引上げがなされたことで，1907年水準の2倍となり，さらに1932年にも倍増した（Butlin［1970］: p. 313. 訳書319頁）。こうして，大戦中および大戦後に発展した国内産業（とくに工業部門）を輸入品（イギリスも含む）から保護することにより，輸入代替工業化が，1930年代に入っていっそう促進されることになった（Boehm［1971］: pp. 143-5, 151-5. 訳書140-1, 148-52頁; Butlin［1970］: pp. 313-4. 訳書319-21頁）。ちなみに，化学工業の輸入代替化（供給に占める国内生産の比率，単位：％）を1913, 19／20, 24／25, 28／29年度について見てみると，32.3, 48.0, 52.2, 53.1へと，徐々に増大してはいたが，オーストラリア経済が停滞状況にあった1920年代後半にはやや鈍化した（Schedvin［1970］: Tab. 7）。また，この間には，オーストラリア経済のイギリス離れも進み，輸入に占めるイギリスの比率も，1920／21～1928／29年度平均45.1％から，1929／30～1938／39年度平均37.9％へと低下した（Boehm［1971］: Tab.

39、訳書 表39）。

17　1930年3月の時点で，ICIANZ社は，製造子会社として，ノーベル（オーストラレイシア）社およびブラナー・モンド（オーストラレイシア）社，主要持分保有のアンモニア製造企業2社，少数持分保有の肥料製造企業3社，さらにノーベル（オーストラレイシア）社は，その傘下に完全所有の弾薬製造企業を有していた。また，ICIANZ社とノーベル（オーストラレイシア）社は，それぞれ現地企業であるカミング・スミス社（Cuming Smith & Co. Pty. Ltd.）およびマウント・ライアル・マイニング・アンド・レイルウェイ社（The Mount Lyell Mining and Railway Co. Ltd.）とともに，過燐酸肥料製造企業を擁していた。さらに，ICI社がイギリスにおいて支配する2社が出資するアンモニア製造企業やICI社本社とデュポン社による塗料，人造皮革，金属，人造石油などの合弁会社も，オーストラリア市場を舞台に事業を展開していた。こうした1930年時点でのICIANZ社の利害関係図については，Reader［1975］：facing p. 210を参照。

18　1930年代にICIANZ社が製造していたおもな製品は，爆薬，ライトニング・ファスナー（Lightning Fastners），スポーツ用弾薬，クレイ・バード（Clay Birds），ニトロセルロース，レザークロス，ラバークロスなどであった（ICIANZ［1939］：each Sec.）。なお，1939年の時点でICIANZ社が生産していた製品の詳細については，ICIANZ［1939］：App. を参照。

19　オーストラリアにおいて，もっとも影響を及ぼしうる金融グループであったブロークン・ヒル・グループ（Broken Hill Group）を筆頭に，カミング・スミス社，マウント・ライアル社といった現地有力企業とICI社が，それぞれ125万ポンド，25％を出資して，資本金500万ポンドをもってICIANZ社を設立する計画であった（Reader［1975］：pp. 209-10）。

20　その後，ICIANZ社が増資を進める過程で，徐々に現地資本の導入を図り，1939年までには，前述（本章註19）のブロークン・ヒル・グループやカミング・スミス社，マウント・ライアル社などがICIANZ社株を取得したことで，ICI社の株式保有率は，78％に低下していた（Reader［1975］：p. 210）。

21　オーストラリアの窒素生産量は，1929年の4950トンから，1931年にはほぼ半減して，2535トンに落ち込み，1934年には3000トンへと回復に向かってはいたものの，恐慌前水準のおよそ60％にすぎなかった（表1-8）。なお，オーストラリアの窒素の生産能力，生産量，売上高，輸出量については，表1-8，4-13参照。

22　オーストラリア経済における「オタワ協定」の「効果」については，Drummond［1974］：pp. 391-408を参照。

23　恐慌・回復・拡大過程のオーストラリア経済の動向を，1929／30，31／32，34／35，37／38年度について見てみると，国内総生産（要素費用表示，単位：ポンド）が，7億2050万，5億5340万，6億5250万，8億5010万，製造業生産（同）が，1億2940万，8590万，1億250万，1億4230万，民間総固定資本形成（同）が，4887万，2483万，5138万，8074万（Butlin［1962］：Tabs. 1, 2, 4），また，化学工業生

産（単位：ポンド，1928／29年度価格，1928／29年度＝100）が，697万（99），602万（86），826万（112），1100万（157）（Haig［1975］：Tabs. 1, 2）と推移していた。1931／32年度に底に達した景気は，おおむね1936／37年度には恐慌前（1929／30年度）水準を凌駕してはいたが，化学工業については，早期に回復を遂げ，1933／34年度には同水準を超えていた。

　なお，1930年代のオーストラリア経済については，Boehm［1971］：pp. 21-3, 126-30. 訳書23-5, 124-7頁；Boehm［1973］；Eichengreen［1988］；Schedvin［1970］（とくに回復過程はCh. XII）；慶応義塾［1936］：189-226頁（橋本勝彦執筆），同時期の製造業については，Butlin［1970］：pp. 313-4. 訳書319-21頁；Thomas［1988］を参照。

24　鉱業部門にあって，とりわけ金鉱業の生産は，顕著に増大した。その生産額は，1929年に181万ポンドにすぎなかったものが，1939年には1600万ポンドと，およそ9倍に増大し，鉱業部門全体でも，同時期について，1825万ポンドから3710万ポンドへと倍増した（Butlin［1962］：Tab. 55）。

25　従来のオーストラリア向けアルカリ輸出には，ICI社がケニアに有していた子会社，マガディ・ソーダ社から輸出されていたソーダ灰も多分に含まれており，現地生産への移行は，当然，マガディ・ソーダ社の売上高を減少させる可能性もあったが，現地生産の意義を考慮するならば，マガディ・ソーダ社への影響は，無視せざるをえなかった（ICI社株主総会報告，*Statist,* 4 May 1935, p. 754；鬼塚［1968-69］：(8) 77頁）。

26　航空機産業への参入には，600人に及ぶ熟練労働者の雇用が期待されていたが，同時に，航空機燃料としての人造石油製造事業への利害も絡んでいた（ICI社株主総会報告，*Statist,* 1 May 1937, p. 705）。

27　こうしたICIANZ社の事業拡大は，化学工業に関するマクロ的指標にも表れている。1938／39年度の工業生産指数（1928／29年度＝100）を見た場合，製造業全体が124にすぎなかったのに対して，化学工業は158を記録し，繊維工業に次ぐ拡大を遂げていた（Haig［1975］：Tab. 2）。また，化学工業の粗投資も，1931／32年度に46万9000オーストラリア・ポンドであったものが，1936／37年度には88万9000オーストラリア・ポンドと倍増していた（Schedvin［1970］：Tab. 38）。なお，長期間にわたるが，製造業に占める化学工業の比重（1910年価格）は，1910年に3.0％であったものが，1948／49年度には6.6％に達していた（Haig［1975］：Tab. 6）。

28　デビアス社は，ケープ植民地の首相を務めたこともあるセシル・ローズ（Cecil John Rhodes, 1853-1902）が，1888年までに，デビアス・マイニング社（De Beers Mining Co. Ltd.），キンバリー・セントラル・ダイヤモンド・マイニング社（Kimberley Central Diamond Mining Co.），喜望峰フランス・ダイヤモンド鉱山社（Cie. Fran?aise des Mines de Diamont du Cap de Bon Esperance）などをつぎつぎと吸収して，設立した鉱山会社であり，当時の南アフリカでも最大規模の企業であった

第 6 章 ICI 社の多国籍事業展開　345

(Cartwright [1964]：p. 80；北川 [2001]：111-2 頁)。

29　AE＆I社については，その社史として，Cartwright [1964] がある。とくに，AE＆I社設立以前の事業展開については，Cartwright [1964]：Chs. XI-XIV；ICI, *Magazine,* Mar. 1930, pp. 256-9, May 1937, pp. 410-1，設立後，第2次世界大戦までの時期については，Cartwright [1964]：Chs. XIV-XIX；Reader [1975]：pp. 204-7 を参照。

30　1902年にボーア戦争が終結するまで，トランスヴァール共和国は，イギリス領ではなく，ボーア人の共和国の1つであったため，イギリス企業としてのノーベルズ・エクスプローシヴズ社の利権が及ばず，南アフリカ爆薬工業社の設立にも参加しなかった (Reader [1970]：p. 63)。

31　この南アフリカ爆薬工業社の出資者について，リーダーは，ノーベル＝ダイナマイト・トラスト社 (ノーベルズ・エクスプローシヴズ社とデュナミート社，いわゆるアングロ＝ジャーマン・グループ) とラテン・グループと記述している (Reader [1970]：pp. 63, 155, 493)。他方，ICI社の発行する資料では，ノーベル＝ダイナマイト・トラスト社とその子会社であるデュナミート社としている (ICI, *Magazine,* Mar. 1930, p. 256, May 1937, p. 410)。

32　南アフリカ爆薬工業社の工場は，モッダーフォンテインにあったが，現地本社は，プレトリア (トランスヴァール共和国)，ヨーロッパ事務所は，ノーベル＝ダイナマイト・トラスト社の本社があったドイツのハンブルクに設置されていた (ICI, *Magazine,* May 1937, p. 410)。

33　ボーア戦争は，植民地における利害を背景にした列強間の衝突という典型的な帝国主義戦争であった。以下のような言説が，それを物語っている。「ボーア人の諸共和国の征服ならびにそれらの地域の我が南アフリカ自治領への編入は，帝国主義過程のもっとも新しい，そしてもっとも著しい実例…〔であり〕…力ずくの掠奪を正当化するために…直接の経済的要素が支配的であった。トランスヴァールの鉱山所有者達は…イギリスの統治に移すことに明確な利害関係をもった」(Hobson [1902]：pp. 48-9. 訳書 (上) 16頁)。

34　BSAE社とキノッチ社の合併による合理化で，モッダーフォンテイン工場が，爆薬の生産に特化し，ウムボギントゥウィニ工場については，爆薬の生産設備を閉鎖して，過燐酸肥料や洗羊液，殺虫剤の生産に向けた転換が図られた (Reader [1970]：p. 398)。

35　AE＆I社は，ノーベル・インダストリーズ社とデビアス社の立場を均等に保つことを原則としており，取締役会のメンバーは，各社4名ずつの計8名で，社長はつねにデビアス社側，副社長はノーベル・インダストリーズ社側が，務めることになっていた (Reader [1970]：p. 402)。

36　爆薬の製造に使用する硝酸は，従来，輸入チリ硝石に依存していた。だが，輸入に比較すれば，硝酸を自社製造するほうが，費用面でも有利であったことから，すでにアンモニア合成の事業化は懸案事項となっていた。1925年1月のAE＆I社取締

役会では，ノーベル・インダストリーズ社の諮問委員会が，南アフリカにおける硝酸合成工場の建設について検討をはじめており，かりに17万ポンドを支出して工場を建設したとしても，毎年，9万3000ポンドの経費削減が可能であるとする報告がなされていた（Cartwright［1964］: p. 183）．

37　世界大恐慌期の南アフリカでは，工業部門で，総生産額が，1929／30年の1億5700万ラント（7850万ポンド）から，1932／33年には1億3500万ラント（6750万ポンド）に，雇用者数が，同時期について14万2000人から13万3000人に減少していた．また，鉱業部門では，金生産量が，1928～30年の1万494オンスから，1931～33年には1万1153オンスと，むしろ増大していたが，他方，ダイヤモンドの場合，同時期について，3733カラットから1141カラットへと激減しており（星・林［1978］: 135-6頁〔林晃史執筆〕），ダイヤモンドの減産の影響は，AE & I 社も含めた南アフリカの経済や産業にとって，きわめて大きな打撃となった．

　なお，この時期の南アフリカ経済については，Franklin［1954］（とくに農業，鉱業，製造業は，IV, VI, VII）；Houghton［1967］（とくに農業，鉱業，製造業は，Chs. 3, 5, 6. 訳書 III, V, VI）；de Kieweit［1941］（とくに鉱業，製造業は，Chs. VII, X. 訳書 7, 10章，両大戦間期の工業保護政策は，pp. 257 ff. 訳書 251頁以降）；慶応義塾［1936］: 70-102頁（おもに南アフリカ，小島榮次執筆），また，イギリス＝南アフリカ関係史については，Walker［1941］（やや政治史の趣がある，とくに両大戦間期は Ch. VI），イギリスと南部アフリカの歴史的関係史については，Marks［1999］（また，その章末の Select Bibliography），南アフリカの金鉱業については，佐伯［2003］: 第 I 部，ローデシア経済については，北川［2001］: 第3部を参照．

38　南アフリカにおける金産出額（単位：ポンド）を，1928, 29, 30, 31, 32, 34, 35年について見てみれば，4398万2122，4422万8747，4552万163，4620万5860，（以降は収入）4858万7782，7065万927，7479万876へと，堅実な伸びを示しており，とくに金本位制離脱後は顕著であった（*Economist*, 15 Feb. 1936, p. 361；サウス・アフリカ・スタンダード銀行〔the Standard Bank of South Africa Ltd.：SBSA〕株主総会報告，*Economist*, 26 Jul. 1930, p. 194, 30 Jul. 1932, p. 242）．また，1オンス当たりの金価格については，1925～32年の平均が8.495ラント（4.25ポンド）であったのに対して，金本位制離脱後の1933年には12.473ラント（6.4ポンド），1935年に14.206ラント（7ポンド），1939年に15.433ラント（7.7ポンド）と上昇していた（星・林［1978］: 140頁〔林執筆〕）．

39　1924年当時，サマセット・ウェストおよびモッダーフォンテイン工場における爆薬の生産量は，年産2万5000トンであったが，1936年には同4万8000トンと，12年間でほぼ倍増していた（ICI, *Magazine*, May 1937, p. 411）．

40　1930年時点で，両工場を併せた肥料の生産能力は，年産18万トンであったが，恐慌時の AE & I 社の肥料に対する需要は，2万トンを下回るほどであった（Cartwright［1964］: p. 198）．とはいえ，政治的にきわめて重要な位置にある農民に背を向けて，AE & I 社が肥料事業から撤退することなど，南アフリカ政府ならび

にICI社との関係からすれば不可能でもあった（Reader［1975］: p. 206）。

41　北ローデシアでは、1920年代末に、中部のカパー・ベルト（Copper Belt）で銅の富鉱が発見されたことにともなって、南アフリカでの銅の販売・出荷額は、1928年の60万3243ポンドから1929年の66万7999ポンド、また南アフリカからの銅鉱石・銅精鉱の輸出額は、1928年の52万5360ポンドから1929年の70万3011ポンドへと急増した（SBSA株主総会報告、*Economist*, 26 Jul. 1930, p. 194）。

42　サマセット・ウェストのTNT工場建設については、まさに代理工場と同様に、政府が建設費用を負担し、AE＆I社が管理・運営するという形態を採用していた（Cartwright［1964］: p. 207）。

43　1938年には、大規模な資本支出に備えて、さらに100万ポンドの4%担保付社債を発行していた（ICI, *Ann. Rep.*, 1938, p. 18）。

44　カナディアン・インダストリーズ社に関するまとまった文献・資料はほとんどない。両大戦間期の事業展開については、デュポン社との関係において、GBBTIMD［1934-44］: pars. 114-34; Stocking & Watkins［1946］: pp. 439-59; Taylor & Sudnik［1984］: pp. 124-8, 132-7, 161-8で解説されている。また、カナディアン・インダストリーズ社に焦点をあてたものとしては、Reader［1975］: pp. 212-8; Taylor［1981］などを参照。

45　もっとも、1877年にノーベルズ・エクスプローシヴズ社として再編されたあと、同社は、カナダ向けにダイナマイトの輸出を開始しており、さらにカリヨン（Carillon、ケベック州）には、製品保管施設も建設していた（CIL［1964］: p. 1）。

46　カナディアン・エクスプローシヴズ社株に対する、ノーベル＝ダイナマイト・トラスト社とデュポン社の所有比率には諸説がある。CIL［1964］: p. 2; Stocking & Watkins［1946］: fn. 37 on p. 439では、両社が「均等」の利害を所有していた、Reader［1970］: p. 210; Taylor［1981］: p. 370では、ノーベル＝ダイナマイト・トラスト社が55%、デュポン社が45%所有していたと、記述されている。

47　カナディアン・エクスプローシヴズ社傘下の企業については、CIL［1964］: p. 2; Reader［1970］: p. 210を参照。

48　カナディアン・エクスプローシヴズ社では、新協定の締結以前に、すでに多角化に向けた準備が進められていた。たとえば、デュポン社は、1914年、トロントに、レザークロス製造企業のデュポン・ファブリコイド・オヴ・カナダ社（The Du Pont Fabrikoid of Canada Co.）、1916年、同じくトロントに、ニトロセルロース製造企業のフリント・ヴァニッシュ・アンド・カラー・ワークス・オヴ・カナダ社（The Flint Vanish and Colour Works of Canada Ltd.）を設立していた。カナディアン・エクスプローシヴズ社は、1919年にこれらの企業を買収して、すでに子会社として操業を開始していた（CIL［1964］: p. 3; CIC［1949］: pp. 340-1）。

49　1920年代に急成長した産業のうち、たとえばカナダ最大の製造業であったパルプ・紙の生産量は、1920年の86万7000トンから、1929年には270万トンと、また自動車の生産台数も、同時期について、9万4000台から26万3000台へと、ともに

348

3倍に増大していた（Pomfret［1981］：pp. 183-4．訳書244-5）。

50　カナディアン・インダストリーズ社の再編に先立ち，1922年には，ノーベル・インダストリーズ社およびデュポン社に，アトラス・パウダー社を加えた3社が設立した，ノーザン・ジャイアント・エクスプローシヴズ社（Northern Giant Explosives Ltd.）が，カナディアン・エクスプローシヴズ社に吸収されていた（Reader［1970］：p. 404）。また，3グループのうち，セルロース・グループは，塗料，プラスチック，化学グループは，染料，アルカリ，爆薬グループは，爆薬の各事業を再編したものであった（Taylor［1981］：p. 371）。なお，カナディアン・インダストリーズ社の組織編成（ただし，1930年代央の編成）については，ICI, *Magazine*, May 1937, p. 406を参照。

51　カナディアン・エクスプローシヴズ社設立時の持株比率については，諸説あったが（本章註46），1926年に，アトラス・パウダー社が，カナディアン・エクスプローシヴズ社に爆薬製造企業2社を売却して，これと交換に，カナディアン・エクスプローシヴズ社株約9％を取得したとされる（Stocking & Watkins［1946］：pp. 445-6）。

52　カナダにおける多角的な合弁事業は，他地域のモデルともなりうるほど成功を収めており，「1929年特許・製法協定」の締結を契機に，各地での合弁事業が，いっそう積極的な展開を見せることになった。「カナディアン・インダストリーズ社が十分な利益を上げていると証明されたことにより，親会社〔ICI社ならびにデュポン社〕も，産業化の推進に向けて『第一歩を踏み出す』ために，類似した機会〔合弁事業〕として，1930年代初頭までには他の発展途上諸国〔南アメリカなど〕についても検証をはじめた」（Taylor & Sudnik［1984］：p. 134）。

53　カナダの肥料消費量は，1925年から1930年にかけて300％上昇し，22万トンに達していた（Reader［1975］：p. 214）。

54　カナダの窒素生産量は，1929年の6万2640トンから，1931年には1万8695トンへと，70％減少して，1934年でも4万1080トン，1929年水準の65％にとどまっていた（表1-8より算出）。また，1931年の窒素生産能力が，8万6000トンであったから，稼働率（生産量／生産能力）は，21.7％にすぎなかった（表4-10より算出）。なお，カナダの窒素（ないし合成アンモニア）の生産能力，輸出価額・数量，輸出入量の比較については，表4-7, 4-10, 4-11, 4-12, 4-16 (a), 4-16 (b) を参照。

55　カナダの景気は，主要工業国で回復が始まった1932年に底を突き，1934年になって回復に転じたものの，恐慌前の水準には容易に達しなかった（Green & Sparks［1988］：p. 109）。国民総生産，製造業総生産（単位：カナダ・ドル，1935～39年価格）を，1929, 31, 37年について見てみると，国民総生産が，53億，45億，52億，製造業総生産が，39億，26億，36億であった（Rosenbluth［1957］：Tab. 3）。また，カナダ，イギリス，アメリカの国民所得指数（1929年＝100）を，1933年と1937年について比較すると，イギリスが85, 111であったのに対して，

カナダは 55, 85, アメリカも 48, 84 と, カナダは, アメリカとほぼパラレルな動きを示していた (Pomfret [1981]: Tab. 9.2. 訳書 表 9-2)。

なお, 恐慌期のカナダ経済については, Green & Sparks [1988]: pp. 104-10 (ただし, オーストラリアについての記述も含む); Pomfret [1981]: pp. 183-8. 訳書 244-50; 慶応義塾 [1936]: 245-312 頁 (伊藤岱彦執筆), 第 2 次世界大戦期までのカナダの製造業, とくにその資本の集中・集積については, Rosenbluth [1957]: Chs. I, III, V, 同時期のカナダ企業 (化学企業を含む) の事業展開については, Taylor & Baskerville [1994]: Chs. 17-8, またカナダ, イギリス, アメリカの歴史的関係については, MacKenzie [1999] (また, その章末の Select Bibliography) を参照。

56 カナダの染料市場におけるイギリスのシェアは, 1917 年の 35.2% から, 1927 年には 3.4% にまで低下していた。1927 年の主要国のシェアが, アメリカ 55.4% で, ドイツ 27.1%, スイス 12.9% であったから (Reader [1975]: p. 214), 他国との格差は, 容易に埋められるものではなかった。なお, 主要国のタール染料生産量については, 表 1-14 を参照。

57 カナダ経済における「オタワ協定」の「効果」については, Drummond [1974]: pp. 411-8 を参照。

58 カナディアン・インダストリーズ社の事業活動は, 製造事業のみならず, 株式投資にも及んでいた。代表的な例をあげると, 1920 年代末までに, タイヤ・ゴム製造企業のダンロップ・タイヤ・アンド・ラバー・グッズ社 (Dunlop Tire and Rubber Goods Co. Ltd.) 発行株式のうち 3 分の 1 を所有していた。1932 年になると, ダンロップ社の筆頭株主からの要請もあり, 同社の経営権を取得し, 1947 年までその権限を保有しつづけていた (CIL [1964]: p. 5)。

59 事業が拡大したとはいえ, 1930 年代を通じて景気が低迷していたカナダでは, 化学製品生産額も, 1927 年の 2500 万ポンド (2.2%) から, 景気回復が緒に就いた 1935 年には, 3300 万ポンド (1.9%) を記録して, 恐慌前水準を超えたものの, 好況期の 1938 年でも, 3300 万ポンド (1.5%) と, 生産は横這いとなり, 世界シェアも低下するなど, きわめて厳しい状況がつづいていた (表 1-1; CIL [1960]: Chart IV)。なお, カナダの化学製品輸出については, 表 1-2 を参照。

60 1937 年時点のカナディアン・インダストリーズ社の資産は, 市場価格にして 1100 万ポンドにのぼり, 雇用者数は 3000 人, さらに関連会社でも 900 人を雇用しており, まさしくカナダで, もっとも大規模な製造企業の 1 つであった (ICI, *Magazine*, May 1937, p. 407)。

61 「非公式帝国」としての南アメリカについては, Knight [1999] (また, その章末の Select Bibliography); 天川 [1974] を参照。

62 南アメリカの合弁会社に関するまとまった文献・資料もやはりほとんどない。両大戦間期の事業展開については, デュポン社, デュナミート社との関係において, GBBTIMD [1934-44]: pars. 135-56; Stocking & Watkins [1946]: pp. 438-48 で関説されている。また, 南アメリカの合弁会社に焦点をあてたものとしては, Reader

[1975]：pp. 219-29 を参照．

63　チリの場合，南アメリカ諸国のなかでは，もっとも世界大恐慌の打撃が大きく，1932年には，輸出が1929年の12％以下，輸入が同年の20％以下にまで落ち込んだ（中川・他［1985］：82頁〔遅野井茂雄執筆〕）．

64　「経済ナショナリズム」とは，保護主義や為替操作などの手段により，輸入の抑制，輸出の増進を図ることにより，競争相手国の犠牲によって自国の経済発展を推進しようとする思想性のことであり，とくに1930年代には，雇用の促進，産業の保護，通貨準備の擁護などを理由に，先進国で広く採用され，国際経済をブロック化に導いた（石崎［1979］：i頁）．エドワード・カー（Edward Hallett Carr）は，「ナショナリズム」の高揚を3期に分類しており，1870年代以降を，その第3期として位置づけ，とりわけ第3期のナショナリズムは，1914年から1939年の間に極点に達したとしている．その第3期のナショナリズムこそが，経済ナショナリズムであり，レッセ・フェール（laissez-faire）的な国家による経済秩序と区別して，社会奉仕国家（'social servise' state）を誕生させた．しばしば，レッセ・フェール以前の諸政策と同一の手法を採るために，「新重商主義」（neo-mercantilist）と称されることもあるが，けっして過去への回帰でなく，とりわけ中間階級の優越から大衆への優越，あるいは自由民主主義から大衆民主主義への移行の過程における前進的段階を意味していた．さらに，国民国家の機能も，政治的であると同様に，経済的でもあり，ナショナリズムが政治的なそれから経済的なそれに移行する過程では，国際経済秩序の廃棄を前提としており，その結果として，単一の世界経済は，多数の国民経済に代位され，国民経済は，その構成員の利益のために没頭することになった（Carr［1945］：pp. 21-2. 訳書32-3頁，33頁 注）．なお，両大戦間期を中心とした経済ナショナリズムについては，Carr［1945］：pp. 17-34. 訳書27-50頁；Hobsbawm［1990］：Ch. 5. 訳書 第5章（広義のナショナリズムについて議論）；石崎［1979］：8-13頁を参照．

65　チリのみならず，世界大恐慌下の南アメリカ諸国では，輸出の減少と交易条件の悪化による輸入能力の低下にともなって，輸入制限が実施され，おのずと国内工業の保護と輸入代替工業化が推進されることになった．とりわけ，従来の工業化を基盤として政策的に工業化を推進しつつ，1次産品輸出部門に代わって工業部門をリーディング・セクターとして，国内市場に依存した，したがって生産の増大と国民所得の向上に依存した経済構造を形成しようとした（細野［1983］：71-2頁）．なお，南アメリカ諸国の輸入代替工業化については，細野［1983］：第I部 第3章を参照．

66　デュナミート社にとっては，輸出割当が削減されれば，ヒトラー政権によって工場が閉鎖されてしまう危険すらあった（Reader［1975］：p. 220）．

67　1930年代には，チリのみならず，アルゼンチンやブラジル，さらにはコロンビアなどの南アメリカ諸国でも，通貨政策として平価切下げと為替管理が併用された．当初，為替管理は，資本逃避を警戒した通貨政策目的で実施されていたが，しだい

に商品輸入の統制という通商政策目的の手段へと移行していった（川田［1961］：338, 365-70頁）。結果として，平価切下げとならんで，この為替管理により，イギリスからの輸出は困難を極め，その裏返しとして，南アメリカ諸国は，輸入を抑制することで，輸入代替工業化を基盤として，工業化と国内市場の拡大にともなった経済成長をより有利に追求することになった。

68　一方，南アメリカ爆薬社の社長（チリ人）を含めたチリ側には，競合する他社との間にいかなる協定を締結する意思もなく，「チリ法人〔南アメリカ爆薬社〕の利害は，現地経営に苦慮しつづけたあげく，間違いなくICI社の広範な利害の犠牲となってしまった」（Reader［1975］：p. 221）。

69　1846年に「穀物条例」が廃止され，イギリスで消費される食糧の海外依存が高まるなか，アルゼンチンは，開放政策のもとで，イギリスの農工国際分業体制の一翼を担うかたちで，農畜産物輸出部門の育成を図ることになった。そして，19世紀中葉以降，鉄道敷設を対象としたイギリス資本をはじめ，ヨーロッパ資本や工業製品，労働力の流入が増大したことで，国内市場もしだいに拡大し，新興国として工業化も進展するようになっていた（中川・他［1985］：280-1頁〔松下洋執筆〕；細野［1983］：38-42頁）。ちなみに，1900～30年にかけての就業構造は，労働人口のうち，工業部門（鉱工業，建設業を含む）が26％，サーヴィス業（商業，金融業，個人サーヴィス業，輸送業，通信業，電力業，その他）が38％，農牧業が36％を占めており（Ferrer［1963］：p. 140. 訳書144-5頁），第1次世界大戦以降の工業生産の成長率は，1915～19年13％，1920～24年49％，1925～29年32％と推移していた（Cueva［1980］：p. 167）。

70　アルゼンチンもまた，世界大恐慌によって受けた衝撃が大きく，1929, 30, 31, 32, 33年の主要経済指標（1928年＝100）は，輸出が，90.4, 58.1, 60.7, 53.7, 46.7, 輸入が，103.0, 88.3, 61.7, 43.9, 47.2, 新規総固定資本投資が，114.4, 96.3, 58.9, 42.0,（1933年はデータなし），と年々低下していた（佐野［1986］：表3-4）。こうした逆境を打開するために，1933年には「ロカ＝ランシマン協定」（Roca-Runciman Agreement）が締結され，イギリス資本への特恵待遇を許す一方で，アルゼンチンもまた，イギリス向け農畜産物輸出を確保し，さらに輸入制限による保護のもとで，輸入代替工業化をも促進することになった（Cueva［1980］：pp. 174-7；細野［1983］：250-2頁）。ただし，第1次世界大戦前から，すでに輸入代替工業化への動きははじまっており，1918年から1923年にかけて，数種の保護主義的関税が設定され，戦後恐慌期には，強力な利益集団たるアルゼンチン工業連盟（Unión Industrial Argentina）やアルゼンチン農牧協会（Sociedad Rural Argentina）からも，国内製造業の保護を要求する声が上がっていた（佐野［1986］：55-60頁）。

　なお，輸入代替工業化を中心とした世界大恐慌期の経済政策など，両大戦間期のアルゼンチン経済については，Cueva［1980］：pp. 167-80（ただし南アメリカ全域）；Ferrer［1963］：Capítulo XIII-XV. 訳書 第13-15章；佐野［1986］：第2章（ただし1920年代まで）を参照。

71　ICI社との連携に積極的であったデュポン社の対外関係部門（Foreign Relations Department）のウェンデル・スウィフト（Wendell Swift）は，デュポン社の投資にとって，アルゼンチンは，「『とくに好都合な』環境…〔にあり〕…アルゼンチンの将来とともにある最高の化学企業とは，現地生産に投資する企業である」（Taylor & Sudnik［1984］: p. 134）と，なみなみならぬ投資意欲を見せていた。

72　人造繊維コントワールとの間では，翌1936年に，同コントワールのアルゼンチン子会社であるセロファン社とデュポン社を通じて，デュシロ社によるセロファンの現地生産も行われるようになった（Stocking & Watkins［1946］: p. 462）。

73　もっとも，少なくとも1935年までは，ICI（ブラジル）社の取り扱っていた製品のうち，ICI社製品が占める比重はさほど多くはなく，むしろベンチャー事業の占める比重のほうが高かった（Reader［1975］: p. 226）。

74　ブラジル経済は，コーヒーを中心とした1次産品輸出に多大に依存していたが，その輸出も，世界大恐慌によって，1929年の9500万ポンドから，翌1930年には6600万ポンドにまで激減した。同時に，資本逃避の増大と外国資本流入の停止によって，資本移動が逆流するなど，従来の構造が崩壊して，民族工業ブルジョワジー（national industrial bourgeoisie）の台頭を許すことになった（Frank［1967］: pp. 174-5. 訳書179-80頁）。その過程で登場したジェトゥリオ・ヴァルガス（Getúlio Dorneles Vargas, 1882-1954）大統領のもとで，輸入制限やすでに一定の発展を遂げていた工業部門を強化することで，従来の1次産品輸出経済から輸入代替工業を基盤とする経済への転換が図られた（細野［1983］: 235-7頁）。国内金融への依存と帝国主義中枢からの相対的孤立が，むしろブラジル工業製品の価格上昇と需要増大をもたらし，工業生産は，1929〜37年におよそ50％，あるいは1931〜38年に100％も上昇した（Frank［1967］: pp. 175-6. 訳書180-1頁）。

75　デュポン社もまた，このときすでに，デュポン・ド・ブラジル社を通じて，ブラジルに対し，染料・同関連製品，「クラーラペル」（Clar-Apel，透明セルロース・フィルム），仕上塗料，また規模はさほど大きくはなかったが，レザークロスやレーヨンの輸出を行っていた（Reader［1975］: p. 226）。なお，デュポン社は，1933年にレミントン・アームズ社株の60％を取得しており（第1章 第2節 2），このレミントン・アームズ社を通じたICI社との合弁事業は，ブラジルにおける事業展開の「足がかり」（foothold）とされていた（Reader［1975］: p. 227）。

76　当時，公定為替相場が，1コント＝17.7ポンドであったのに対して，実勢為替相場は，1コント＝10.9ポンドであった（Reader［1975］: fn. on p. 227）。本書では，実勢為替相場に基づいてポンドに換算した。

終　章　概要と総括

　イギリス化学産業において「独占」的地位を確立していた巨大総合化学企業，ICI社の国内から海外に拡張する，その事業展開を，「寡占」体制下における主要国化学企業との関係にも触れつつ，両大戦間期を中心に叙述してきた。いま一度，その展開を概観することで，イギリス資本主義，さらには世界経済の転換期――世界大恐慌の発現を契機に，国家体制が危機的状況に直面する過程で，国家による経済過程への介入として，資本主義の組織化が推進された――にあって，イギリス化学産業を代表する存在としてのICI社の国際事業展開が有していた意義をあらためて考察してみることにしよう。

1　本書の概要

第1章　両大戦間期の世界化学産業　第1次世界大戦勃発時，有機合成染料工業を中心に，世界化学産業において，事実上，支配的地位にあったドイツ化学産業は，敗戦にともないその地位から大幅に後退した。その結果，失地回復を図るべく，主要化学企業6社の大規模合併によってIGファルベン社が設立された。IGファルベン社は，1920年代後半以降，染料，窒素，人造石油といった部門を中心に事業規模を拡大して，着実に発展を遂げることで，主要国化学企業にとって大きな脅威の的となった。

　一方，大戦前には，すでに世界経済における覇権を確立していたアメリカは，1920年代に至って，「永遠の繁栄」を享受していた。化学産業においても，デュポン社が，企業買収と研究・開発を基礎に事業の規模と範囲を拡大させることで，火薬企業からの脱却を図り，総合化学企業へと転身を遂げつつあった。

その後，世界大恐慌の発現によってアメリカ資本主義それ自体は大きく動揺したものの，デュポン社は，これに動じることなく成長を遂げ，IGファルベン社，ICI社とならぶ地位を確立するに至った。

第2章　1920年代央までのイギリス化学産業　かつて世界の無機重化学工業に君臨していたイギリス化学産業は，技術的な立ち遅れとドイツ，アメリカ両国化学産業の台頭を前にして，徐々に競争力を弱め，19世紀末葉以降，後退をつづけ，第1次世界大戦前には，化学製品生産において世界第3位にまで転落していた。その後，大戦によって，その後退にもやや歯止めが掛かり，イギリス国内にあって，化学産業は，新産業として頭角を現しつつあった。だが，大戦と戦後ブームによって急成長を遂げた化学産業は，その反動としての戦後恐慌の過程で大規模な過剰生産設備を抱え込むに至った。

この点は，個別企業についても同様であり，いずれICI社に結集する主要化学企業4社，すなわちブラナー・モンド社，ノーベル・インダストリーズ社，ユナイテッド・アルカリ社，ブリティッシュ・ダイスタッフズ社の各社は，ともに大戦終結以降，経営効率を悪化させ，その業績は，長期的な凋落傾向を示して，なんら回復の兆しを見せようとしていなかった。くわえて，対外的にも，アメリカでは，デュポン社が事業の範囲と規模を一挙に拡大させ，つねに脅威の的であったドイツでも，大規模合併によって，IGファルベン社が設立され，生産力を増強させるなど，1920年代央，イギリス化学産業は，国内外にわたって「危機的状況」に直面していた。こうした暗雲の立ち込めるなか，化学産業の大規模な再編ないし主要企業の合併による，その「保護・防衛」が，急務の課題となっていた。

第3章　ICI社の国内事業展開　その結果，1926年12月，イギリスを代表する化学企業4社の大規模合併によって，ICI社が設立されるに至った。とりわけ，そのICI社は，国内的には，「独占」的地位を確立し，過剰設備の廃棄と効率的設備・部門への特化・集中による合理化を断行する一方，国際的には，厳しい「寡占」体制のもと，対立する主要国化学企業との国際カルテルを基礎に，「競争」を回避して「協調」を図ることで，主としてイギリス帝国諸地域——たとえ帝国外市場を放棄しても——における事業活動の発展を維持し，その地

位を回復・強化しようとした．

　ICI社は，1920年代央以降，成長が期待されていたアンモニア合成事業に対し，同社の未来を懸けて多額の投資を行ったが，農業恐慌をともなった世界大恐慌の発現により，同事業が完全に頓挫することで，再度，大規模な過剰生産設備を抱え込むに至った．ところが，イギリスでは世界大恐慌の衝撃が比較的軽微にとどまり，景気は早期に回復に転じた．さらに，こうした景気動向や，「帝国特恵関税」をはじめとした国家による一連の保護関税の導入ならびにスターリング・ブロックの形成，ICI社による国際カルテル活動にともなう，イギリス帝国諸地域を中心とした国内外市場の「保護」，国内市場の「独占」にも支えられ，その業績は着実に回復に向かった．

　さらに，1930年代央以降，実質賃金の抑制，国家による各種優遇措置および「再軍備計画」の実施，「大規模かつ持続的な」景気の拡大など，きわめて有利な諸条件を追い風に，その業績は一挙に好転し，第2次世界大戦勃発時には，恐慌前の水準をはるかに凌駕した．ICI社は，こうした事業の拡大にさいして，徹底した過剰生産設備の整理と合理化，旧設備の有効な利用によって，対応を果たそうとした．その結果，資本支出，研究・開発費が横這いをつづけるなど，現実投資はきわめて抑制されていたが，それゆえに，こうした多額の投資を，減価償却，本社基金，一般準備金による豊富な内部資金で賄いえたことで，ICI社は，1930年代を通じて，ほぼ完全なる「自己金融体制」を堅持しながら苦境を乗り切った．

第4章　ICI社の国際カルテル活動　ICI社が国際事業の柱に据えていた経営戦略こそが，主要国化学企業との国際カルテル活動であった．イギリスからの輸出を主としていたアルカリ製品については，ブラナー・モンド社から「国際アルカリ・カルテル」を継承して，イギリス帝国市場を確保することで，ソルヴェー社やアメリカ化学企業との連携を強化し，競争を回避しようとした．また，従来から現地生産体制を敷いていた爆薬事業については，ノーベル・インダストリーズ社から「国際爆薬カルテル」を継承して，帝国市場を防衛する一方で，デュナミート社（IGファルベン社系）の脅威が波及していた南アメリカ市場では，デュポン社との連携＝合弁事業を展開していた．

こうした国際カルテル活動は，ICI社の設立以降も活発になされた。IGファルベン社の攻勢から，市場を相互防衛するために，デュポン社との間で「大同盟」として名高い「特許・製法協定」を締結することによって，広範な製品分野にわたって技術情報の交換や秘密製法の使用権を相互に供与するとともに，両社の共同領域であったカナダ市場では，合弁事業の拡充をも図った。また，世界大恐慌に至る過程で顕在化した窒素製品＝生産設備の過剰については，DENグループの結成によって，ライバルであったIGファルベン社との協調を図り，「国際窒素カルテル」のもとで，輸出シェアの縮小をともないつつも，危機的状況を乗り切ろうとした。第1次世界大戦期以降，もっとも保護が期待されていた染料についても，IGファルベン社を中心としたヨーロッパ染料製造企業との間で「国際染料カルテル」を締結することによって，帝国市場の「保護」に成功した。さらに，頓挫したアンモニア合成事業を継承した人造石油事業についても，技術不足を補い，帝国市場を確保するために，IGファルベン社，スタンダード・オイル社，シェル・グループとの間で「国際水素添加特許協定」を締結することによって，事業の安定と拡大を試みようとした。

第5章　イギリスの化学製品輸出　こうして活発に展開された主要製品全般にわたる国際カルテル活動は，イギリス帝国市場を「確保」することで，ICI社の業績回復・拡大に貢献した。さらに，イギリス＝ICI社の化学製品輸出に目を転じるならば，一連の国際カルテルは，「帝国特恵関税」の導入，スターリング・ブロックの形成といった，イギリス政府による対外経済政策にも支えられ，帝国諸地域を輸出市場として「保護」することを可能とした。

その結果，アルカリ，窒素，染料，爆薬といった，イギリス＝ICI社の化学製品輸出は，帝国外市場——これらの市場は，国際カルテルによる「非排他的市場」ないし「協定外市場」であった——でこそ大幅に減少した。だが，他方で，輸出を帝国外市場から帝国内市場に振り向けたことで，帝国内輸出の比重は大幅に増し，価額，数量ともに恐慌前の水準を凌駕した。輸出全体として見れば，第2次世界大戦勃発時に至っても，恐慌前の水準には及ばず，ICI社の国内事業の着実な回復・拡大に比較するならば，輸出面では苦戦を強いられつづけてはいた。それでも，少なくとも国際カルテル活動を積極的に展開するこ

とにより，帝国内輸出が拡大したことで，輸出の減少にある程度の歯止めを掛けることには成功した。こうして，ICI社の国際カルテル活動は，一定の「成果」を残すことができた。もっとも，それと同時に，ICI社は，「帝国」を中心とした限られた地域における事業展開をも余儀なくされた。

　第6章　ICI社の多国籍事業展開　イギリス帝国市場の「確保」に成功したICI社ではあったが，大不況下の1930年代に至って，同社は，「安泰」であるはずの「公式帝国」および「非公式帝国」の諸国・諸地域——現地政府による輸入代替工業化が進展するとともに，現地企業の台頭も顕著であった——において，直接投資として，現地生産体制をなおいっそう強化することになった。

　「公式帝国」としてのオーストラリアでは，現地有力企業に対して，ICI社の製造子会社であったICIANZ社株の保有を許容し，さらには現地資本市場での公募も図りつつ，爆薬からアルカリ，合成アンモニアへと事業の多角化を進展させ，連邦政府の要請にも応えて，航空機産業への参入をも果たした。南アフリカについても，デビアス社との合弁会社であったAE＆I社のもと，有力企業の協力を仰ぎながら，金鉱業をはじめとした各種鉱業の活況にともなう，爆薬および関連製品の需要，さらには回復途上にあった農業向け製品の需要が増大したことで，同社の事業は，1930年代を通じてきわめて順調な成長を遂げた。また，カナダの場合，デュポン社との合弁会社であったカナディアン・インダストリーズ社が，支配権を確立することにより，現地企業の買収やカナダ国内でのカルテル活動を通じて，従来の主流であった爆薬，化学製品に加えて，セロファンや重化学製品，電気化学製品といった，将来的に需要の増大が見込まれる事業分野への新規参入を図るなどして，成長への期待をのぞかせた。

　一方，「非公式帝国」たる南アメリカ諸国に目を向ければ，チリでは，デュポン社との合弁会社であった南アメリカ爆薬社が，世界大恐慌期にあっても，現地生産事業を促進しながら，他方で「国際爆薬カルテル」の制約により，デェナミート社に対して一定の譲歩を強いられる状況に陥っていた。また，アルゼンチンでは，当初から現地資本を導入することによって，現地生産事業を推進していたが，新規参入を企図した「盟友」デュポン社との衝突が懸念されるや，ICI社とデュポン社の連携を最優先として，あらたに合弁会社である

デュペリアル社を設立した。そして，ときには，執拗に攻勢をしかける現地有力企業を排除して対決色を深めつつ，他方で，国内協定や取引を通じて衝突を回避するなど，和戦両様の構えで現地生産体制の維持を図っていた。さらに，ブラジルでも，デュポン社との合弁により，デュペリアル社を設立することで，十分な成果こそ残せなかったものの，やはり現地生産を目論んでいた。

このように，とりわけ世界大恐慌を経過した1930年代，ICI社の子会社および合弁会社による現地生産体制＝多国籍事業展開は，イギリス帝国を中心に，諸地域が置かれた状況に鋭敏に対応しつつ——まさに「現地化」[1]である——，より強化され，その規模と範囲をいっそう拡大させるに至った。

2 研究の総括

いまあらためて，ICI社の設立から国内外にわたる事業展開を振り返ってみた。これを，「研究の方法」（序章3）であげた「国際事業展開の2形態」にそって整理してみよう。ICI社は，主要国化学企業との「競争」を回避して「協調」を図るために，広範な製品分野にわたって国際カルテルないし国際協定を締結した。これを基盤としてなされたICI社の輸出は，大不況下の1930年代にあって，帝国外市場でこそ後退したものの，帝国内市場ではその確保が功を奏して大幅に増大し，輸出全体の減少をある程度，食い止めることに成功した。しかし，ICI社の国際事業が依拠することになったイギリス帝国内外諸地域（「公式帝国」のみならず，アルゼンチン，ブラジルなどの「非公式帝国」諸地域を含む）では，図らずも保護主義が強化され，現地企業が顕著に台頭するなど，けっして安泰ではなく，ICI社の国際事業に対してさらなる展開を要請した。その結果，ICI社は，国際事業をより有利に導こうとして，イギリス本国からの輸出に加えて，帝国諸地域を中心に現地資本の導入や現地企業との連携を基盤とした直接投資（現地生産＝多国籍事業）を採用することで，「多国籍企業」として事業の範囲と規模の拡大を試みた。すなわち，ICI社の国際事業は，国際カルテルを基礎として，輸出から直接投資へと拡張したことになる。

このように，ICI社が最終的に選択した手段は，直接投資であった。こうした直接投資を促進するに至った「中心」，すなわちイギリス国内におけるICI社

の事業展開とはいかなるものであったのか。ICI社は，1920年代後半，アンモニア合成事業を中心に，きわめて大規模な設備投資を行っていたが，こうした生産設備は，1929年に発現した世界大恐慌によって一挙に過剰生産設備と化し，1930年代初頭におけるICI社の国内事業を圧迫した。しかし，比較的早期にイギリスの景気が回復し，さらには1930年代央以降，「再軍備計画」などによる政府との連携を含めて，有利な諸条件が追い風になったことで，その国内事業は順調に拡大へと向かった。そのさい，ICI社は，徹底的に過剰生産設備の整理を図り，さらには旧設備を有効に利用することで対応を果たした。その結果，一定の合理化投資や積極的な研究・開発などが行われたものの，ICI社の新規設備投資＝資本支出はきわめて抑制され，1920年代末に比較すれば，はるかに低い水準にとどまっていた[2]。

　ICI社は，イギリス国内において「独占」的支配を確立していた。換言するならば，生産財供給企業であるICI社にとって，景気の動向，あるいはそれに即した他産業の展開に依存しないかぎり，あるいはまた再軍備や戦時需要といった同時期に特有の要因でも重ならないかぎり，さらなる国内市場の拡大＝事業規模の拡大には，やはり限界があった――もっとも，化学産業の特質からすれば，研究・開発による多角化＝事業範囲の拡大には，十分な余地が残されていた――。なおかつ，内部留保により潤沢な資金（ここで，こうした「潤沢な資金」を，安易に「過剰資本」と呼ぶほどの根拠はない）を有してはいたが，国内市場それ自体の拡大に限界があった以上，国内においては，現実投資が抑制されるなどして，資金の有効な投資先にも制約があったといえる。したがって，ICI社にとっては，拡大が限界に達していた国内市場を基盤にしながらも，事業の外延的拡張として，おのずとより拡大の見込める海外に市場を求めることで，国際事業，とりわけ直接投資（現地生産＝多国籍事業）を積極的に拡大するしか，ほかに途は残されていなかったのである。

　とはいえ，帝国主義列強による保護主義とブロック化が推進されていた1930年代という時代背景を鑑みれば，こうした「中心」側の「プッシュ要因」をもってのみ，強引に直接投資を推進する――古典的帝国主義段階のように，ときには政治力，ときには軍事力をもって海外市場を拡張する――ことなど困

難であった。むしろ，帝国諸地域をはじめとした海外市場における「プル要因」が誘因となって，ICI社の直接投資を引き寄せることになった[3]のである。

では，いったい何が「プル要因」として，ICI社を直接投資（現地生産＝多国籍事業）に踏み切らせたのであろうか。この点，リーダーは，「〔オーストラリア，南アフリカ，カナダでの現地生産事業は〕自治領における経済ナショナリズム[4]への対応を象徴している。…〔こうした現地生産事業は〕ICI社の海外における成長戦略にとって主要な手段なのである。…なぜなら，海外におけるイギリスの利害というのは，現地労働者を雇用するために，現地投資家とともに設立された製造企業を通じて行使されるからである」（Reader [1975]：pp. 9-10）としている。すなわち，経済的には，恐慌後の世界貿易の縮小や金融的な混沌，政治的には，体制的危機や戦時体制に向けた準備により，1930年代に至って，「経済ナショナリズム」が，よりいっそう強まっていたということである（Reader [1975]：p. 198）。こうした状況に対応すべく，ICI社は，イギリス帝国諸地域において，現地生産体制を強化する——現地資本に投資機会を与え，現地労働者の雇用を創出し，現地企業に製品を供給する——ことで，帝国諸地域の国家・資本・国民との宥和を図ろうとしたのである。

こうした国際経営戦略としての直接投資の強化に込められた意図は，ICI社の株主総会報告からも読み取ることができる。1932年の第5回総会では，海外製造子会社に対する投資額や事業活動の内容に触れた程度にすぎなかった（*Statist*, 16 Apr. 1932, p. 618）。また，1934年の第7回総会でも，国際事業がきわめて好調に推移していることを賞賛しながら，従来の事業展開に大きな期待を懸けていた（*Statist*, 21 Apr. 1934, p. 637）。

ところが，1935年の第8回総会では，恐慌から立ち直った1934年を概観しつつ，「今日，多くの国々で台頭しつつある経済ナショナリズムの精神は，我々〔ICI社〕に対して数々の困難な課題を突き付けている。我々〔ICI社〕は，海外市場において数々の製品を生産するにあたって，その妥当性を広範な分野にわたってより綿密に検証せねばならない」（*Statist*, 4 May 1935, p. 754）と，一定の困惑を交えながらも，はじめて「経済ナショナリズム」に触れ，これに対応した事業の展開を示唆するようになった。そして，翌年の第9回総会では，

「経済ナショナリズムは，政治的状況から生じただけではなく，さらに政治的状況に対する不満がつづくかぎり，今後も執拗なまでに世界に蔓延することになる。…その結果，ICI社は，現地工場を設立するという基本方針をあえて維持しつづけなければならない。…現地市場の成長にともなって，イギリス本国からの製品輸入は，減少することになるであろう〔が〕…別の選択手段など存在しえない」(*Statist*, 2 May 1936, pp. 747-8) と，ICI社の事業活動において，たとえ経済的に不利であったとしても，「政治的判断」によって，現地生産体制を採用せねばならなくなった側面を率直に吐露していた。さらに，第2次世界大戦に突入しつつあった1939年の第12回総会では，アルゼンチンやオーストラリア，インドにおいて，政府に鼓舞された国民的感情 (national feeling) の高揚により，現地資本の導入政策が採用されたことで，外部株主の利害に支えられた，現地における化学産業の促進が求められるようになったと，「現地化」への強い要請についても触れていた (*Statist*, 13 May 1939, p. 619)。こうして，ICI社は，「経済ナショナリズム」を背景として，単なる現地生産事業にとどまらない，現地の政治的・経済的事情に即応した「現地化」を，1940年代以降も，ますます推進・強化することになったのである。

　こうしたリーダーの見解や株主総会報告によるかぎり，ICI社の現地生産体制＝多国籍事業展開は，世界大恐慌の発現とこれにともなう体制的な危機に直面して，イギリス帝国内外の諸地域に高揚する「経済ナショナリズム」――現地における雇用の確保・増大，現地資本家への投資機会の創出と経営参加，輸入代替化政策による工業的発展への要求など――に促されたものであった。とはいえ，こうしたICI社の現地生産体制強化への動きを，「経済ナショナリズム」に規定された受動的な対応[5]と捉えるべきではなかろう。

　前章でも触れたように（第6章 小括），現地市場では，一定の工業化が進展していたことで，事業の多角化を受容するに足る十分な需要が見込まれる「機会」とともに，現地有力企業も顕著に台頭していたことにより，現地市場を奪取される「危険」までもが潜んでいた。国際カルテル活動やイギリスの対外経済政策により，輸出市場として帝国諸地域を確保することは可能になったものの，イギリス本国のICI社による輸出に任せて国際事業を展開するだけでは，

現地市場において，こうした新規事業の「機会」を掌握し損ねるだけではなく，既存事業をもさらなる「危険」にさらすことになりかねなかった。すなわち，現地生産体制を強化するに足る「プル要因」，つまり「危険」と「機会」が併存していた進出先である，イギリス帝国諸地域（「非公式帝国」を含む）において，むしろ，ICI社が，「経済ナショナリズム」を利用する——現地政府との連携，現地資本の導入，現地労働者の雇用を通じた現地生産体制を採用する——ことによって，短期的には，ICI社にとって不経済ではあっても，長期的な利害に立脚するならば，積極的に現地生産体制を強化することによって，現地におけるさまざまな摩擦を回避し，現地に密着することで，事業を浸透させることのほうが，より望ましい方策であったといえる。

すなわち，帝国主義段階の基軸産業たる重工業部門——新産業として台頭しつつあった化学産業——において誕生した，巨大総合化学企業，ICI社は，イギリス国内市場を「独占」的に支配し，さらには国際的「寡占」体制のもとで，国際カルテルを通じて帝国諸地域をも確保することにより，輸出を維持しつづけていた。そして，最終的には，現地生産＝多国籍事業を推進・強化することで，とりわけ「帝国」を中心とした諸地域において，きわめて積極的な国際事業展開を企図した。それは，イギリス産業（製造業）の衰退を意味するどころか，むしろ金融・サーヴィス部門に劣らぬ，その積極的な「帝国への拡張」にほかならなかった。その誘因も，「中心」側の一方的な「経済的」利害にとどまらぬ，「周辺」としての帝国諸地域が置かれていた「経済的・政治的」状況にきわめて強く規定された[6]ものであった。

世界大恐慌を経た1930年代，イギリス資本主義は，帝国特恵体制＝帝国ブロックの形成をもって，「防衛」的な姿勢を採ることにより，一方で，帝国主義列強との積極的な「対立」関係を創出しつつも，他方で，イギリス帝国諸地域との「紐帯」を強化しようとした。こうした対応が，国家ないしは帝国としてのそれであるならば，むしろ主要国化学企業との「協調」を重視しつつ，イギリス帝国諸地域——「公式帝国」ならびに「非公式帝国」——において，現地生産体制＝多国籍事業展開を強化したことは，ICI社に迫られた個別企業としての対応にほかならなかった。

『ICI社年次報告書』は，1936年まで，自社の国際事業について，「海外取引」（Overseas Trade, ICI, *Ann. Rep.*, 1935, p. 15）ないし「海外企業」（Overseas Companies, ICI, *Ann. Rep.*, 1936, p. 15）と表記していた。だが，1937年には，一転して「帝国企業」（Empire Companies, ICI, *Ann. Rep.*, 1937, p. 15）と称するようになった[7]。まさに，ICI社が，自社の国際事業について，「帝国との一体感」を醸し出そうとしていたことの表れであった。ICI社は，生まれながらにして，まさしく「多国籍企業」——19世紀から諸地域で現地生産事業を展開していたノーベル・グループの一員としての出自をもち，さらにICI社の設立後も，イギリス帝国を中心とした諸地域における現地生産事業を積極的に展開していた——であった。もちろん，両大戦間期のICI社の場合，第2次世界大戦後に，グローバルな，あるいはワールドワイドな国際事業展開を追求するようになった，現代的な意味での「多国籍企業」からすれば，比較のしようもないほど水準の低いものであったかもしれないが，それでも，イギリス企業史にあっては，「多国籍企業の原初的形態」を形成していたことは確かであった。とはいえ，両大戦間期におけるICI社の現地生産体制＝多国籍事業展開について振り返るならば，「多国籍」とはいいつつも，その国際事業展開は，事実上，「帝国」（「非公式帝国」を含む）という諸地域に限定されており，その点を鑑みれば，ICI社は，まさに「帝国企業」——ここで，奇をてらった造語を提示する意図はなく，企業形態でいえば，ICI社は「多国籍企業」以外の何ものでもない——にほかならなかった。

ICI社は，1926年のその設立にあたって，「態様において帝国的であり，また名称においても帝国的」（モンドICI社会長＝マッガワンICI社社長，Reader [1975]: p. 8）でありたいと志向した。両大戦間期を通じたICI社の国際事業は，設立時に掲げた理想のように，まさに「帝国」を基盤として積極的な展開を遂げた。翻せば，世界大恐慌の発現にともなう体制の危機的状況下にあっては，「帝国」に向かって事業を拡張する以外に，ICI社がその活路を見出す途は残されていなかったのである。

註

1 安部は,「チャンドラー・モデル」(Chandlerian model) によりつつ,マイケル・ポーター (Michael Eugene Porter) などの議論も踏まえながら,企業の国際競争力を解明する一例として,多国籍企業の展開について論じている。とりわけ,両大戦間期の多国籍企業については,ナショナリズムや関税障壁によって,「マルチドメスティック戦略」(複数国に対して国ごとに分権的管理体制を採る戦略) を採用していたとしている (安部 [2009]：26頁)。たしかに,ICI 社の現地生産体制＝多国籍事業展開も,けっして一様ではなく,個々の進出先地域の状況に応じて,ある程度,事業の分権管理を行っており,1つとして同じ事例など見られなかった。

　本書の主たる課題ではないので,ここでは掘り下げた議論は避けるが,「経路依存性」(path dependence, 青木 [1995]；青木・奥野 [1996]) といった視点から見れば,ICI 社の進出先における事業展開が,各地域において異なる様相を呈していた事実については議論の余地すらなかろう。すなわち,1930年代に至るまでに,進出先の各地域が歩んだ歴史的な経路や制度の変遷などの相違を考慮すれば,1930年代においても,その差は拡大することすらあれ,収斂することなどなく,おのずと個々の地域の状況に即して,その事業も異なる展開を見せることになった。イギリス本国の事業に比較すれば,はるかに規模の小さい進出先諸地域の事業ですら,ICI 社本社による中央集権的かつ画一的な管理・運営など困難であったといわざるをえない。

2 宇野は,こうした「資本」,とりわけ「金融資本」の蓄積様式を,「積極的」と「消極的」という二面性を有するものと捉えている。「資本構成の高度化にともなう相対的過剰人口の形成は極度に促進される」が,その反面,「旧設備を利用し〔つつ,同時に〕…新しい方法を採用しながらもますます多くの労働者を使用する」(宇野 [1971]：183-4頁) と,相矛盾する側面を併記している。これに対して,森は,むしろ「『旧設備を利用しうる限り,利用』することは蓄積の停滞を意味し,失業の増大をもたら〔す〕」資本蓄積の消極的側面であり,他方で,「技術革新投資は投資需要を喚起し景気の拡大——雇用の増大をもたらす」(森 [1991]：11頁) ことは,その積極的側面であるとして,宇野説の不整合＊を突いている。さらに,積極的側面では,「広汎な金融的関連をもつ巨大株式会社〔は〕…巨大な資本調達力〔を有し〕…過剰資本＝過剰生産力の整理が,金融資本の資本力と広汎な生産の関連性を背景として計画的に大規模に行なわれうる」。一方,消極的側面では,「典型的な市場独占においては,それが有効であれば価格の吊上げないし高水準の維持を結果〔するが,それは〕…生産制限——投資制限を伴わざるをえず…資本蓄積のペースの抑制となり…未償却の多額の固定資本を擁しているとき…経済全体に停滞的影響を与える」(森 [1991]：17-8頁) としている。とはいえ,こうした金融資本の蓄積様式において,積極面ないし消極面のいずれの側面が強く現れるかは,歴史的・具体的に異なり,世界経済の構造を含めた諸条件との関連で確かめる以外にはないとも留意しており,そのさらなる解明の余地を,「段階論」ではなく,「現状

分析」(「現代資本主義論」)の課題としている (森 [1991]：18頁)。
* かりに，景気ないし生産水準が不変であれば，むろん宇野の叙述するように，旧設備の利用は雇用を拡大させ，資本構成の高度化をともなう新規投資は雇用を縮小させる。しかし，現実には，資本蓄積＝投資拡大は，景気を刺激して，生産＝雇用を増大させるものであり，宇野の議論には，森の指摘が含意するその波及効果についての認識が欠落している。したがって，宇野説に対する森の指摘は妥当といえよう。

3 こうした「中心」と「周辺」との関係については，従来，さまざまな議論が展開されてきた。たとえば，「資本輸出論」としては，ジョン・ホブソン (John Atkinson Hobson) やレーニンが，「過少消費説」(under-consumption theory) を基礎にして，国内で発生した過剰資本が，海外に向けて輸出されると説いているが (Hobson [1902]；Ленин [1917])，いずれも「中心」側の諸要因に規定された論理であった。この点，ルドルフ・ヒルファディング (Rudolf Hilferding) は，カルテル関税によって国内で特別利潤が発生し，さらに経済領域の局限による生産力拡大の阻害が経済領域を拡大させることで，資本を海外に向けて輸出すると説いており (Hilferding [1910])，より説得力はあるものの，やはり「中心」側の論理である。他方，「周辺」側に焦点を当てた議論としては，「従属理論」(dependency theory) の立場から，サミール・アミン (Samir Amin) やアンドレ・グンダー・フランク (Andre Gunder Frank) が，「周辺」の従属性を，「中心」側による支配との関係において説こうとしている (Amin [1970]；Frank [1967])。この点，イマニュエル・ウォーラーステイン (Immanuel Wallerstein) も，「世界システム論」(world-systems theory) という視点から，資本主義世界を「中心 (中核)」，「半周辺」，「周辺」という国際的分業体制からなる総体として捉えようとしているが (Wallerstein [1974]；Wallerstein [1980]；Wallerstein [1989]；Wallerstein [2011]，ただし，同シリーズでは，本書が対象としている両大戦間期以降に関する研究は未公刊である)，「従属理論」と同様に，個別の「国家」の存在，あるいは「一国資本主義」的な視角が排除され，宇野理論から派生した「世界資本主義」(岩田 [1964]) 的なアプローチとなっている。

4 本書では，掘り下げて議論をする余裕はないが，帝国諸地域が歩んできた歴史的展開や政治的構造，人種や宗教の構成などを考え合わせれば，その「ナショナリズム」がけっして一枚岩の単純なものではなく，複雑かつ多様な要素を含んでいることは想像できよう。この点は，木村 [2004]：第3節；藤川 [2004]；細川 [2004]；前川 [2004] を参照。

5 杉崎京太は，ICI社の「現地定着化…の大きな要因が，ナショナリズムの昂揚にあったことは否めない。しかし，企業の側の主体的選択があったこともまた確かである」(杉崎 [1984]：137頁) と，その両面を強調している。さらに，ICI社の現地生産体制の意義を，国際カルテルとしての「アメリカ・リンケージにおける〔デュポン社との〕協定を主軸に，部分的にはヨーロッパ・リンケージとしてのIG

ファルベン〔社〕との市場分割にも立脚して，帝国圏を防遏することにあった。これはまた同時に，帝国圏内に生成してくる企業や自治領政府の輸入代替政策に対抗して，現地化を進めることも意味している」(杉崎〔1991〕：97頁）としてはいるが，本書の課題のように，国際事業としての輸出と関連づけて議論しているわけではない。

6　ピーター・ケイン（Peter Joseph Cain）＝アントニー・ホプキンズ（Antony Gerald Hopkins）による「ジェントルマン資本主義（gentlemanly capitalism）論」では，イギリス産業（製造業）が衰退する一方で，金融・サーヴィス部門が躍進し，両大戦間期においては，1925年の金本位制の再建，1931年以降のスターリング・ブロックの形成によって，イギリスが「世界の銀行」としての役割を維持することで，「公式帝国」や「非公式帝国」に対して勢力を保持しようとする決意は弱まることがなかったとされる＊（Cain & Hopkins〔1993b〕：p. 308．訳書215頁）。すなわち，金融・サーヴィス部門を軸とした「帝国の拡張」が強調され，さらには「帝国の拡張」もまた，「中心」側の一方的な「経済的」利害によるものと捉えられている。

　なお，ここで，イギリス帝国経済史の性格をめぐって活発に展開されている議論を簡単に紹介しておくことにしよう。1950年代初頭，ジョン・ギャラハー（John Gallagher）＝ロナルド・ロビンソン（Ronald Robinson）によって，公式・非公式を含めた帝国の拡張が，「帝国主義」段階のみならず，すでに「自由貿易」段階から連続的になされていたとする「自由貿易帝国主義」（imperialism of free trade）が提起された。たとえば，Gallagher & Robinson〔1953〕；Robinson & Gallagher〔1981〕などである。

　これに対して，1980年代初頭になって脚光を浴びはじめたケイン＝ホプキンズは，17世紀以降の「地主」的性格が，19世紀後半には，非産業的な「金融・サーヴィス資本主義」的性格へと転化し，これを担う「ジェントルマン層」が，一貫して富・権力・地位を掌握していた（産業は副次的な存在にすぎない）とする「ジェントルマン資本主義論」を提起しており，「帝国の拡張」も，その秩序を海外に移植する過程として捉えられている。たとえば，Cain & Hopkins〔1980〕；Cain & Hopkins〔1986〕；Cain & Hopkins〔1987〕；Cain & Hopkins〔1993a〕；Cain & Hopkins〔1993b〕；Cain & Hopkins〔2002〕などであり，これらに先立つ，Hobson〔1902〕；Platt〔1968a〕；Platt〔1968b〕；Platt〔1973〕；Stokes〔1963〕；Stokes〔1969〕などもまた，同様の系譜に属しているといえる。

　しかし，こうした「ジェントルマン資本主義論」にも，当然ながらさまざまな反駁がなされている。アンドリュー・ポーター（Andrew Neil Porter）は，ギャラハー＝ロビンソンによりつつ，「中心」としての「本国」が，「ジェントルマン資本主義」にのみ支配されていたわけではなく，「周辺」としての「帝国諸地域」が，「本国」によらない独自の成長を遂げていたとも主張している。さらに，デイヴィッド・キャナダイン（David Cannadine）は，金融・サーヴィス業と製造業とが強い補完関係にあったことを指摘し，またマーティン・ドーントン（Martin James

Daunton) も，イギリス産業が従属的であったとする見解を強く批判している。たとえば，Cannadine [1995]；Daunton [1989]；Porter [1990]；Porter [1998a]；Porter [1998b] などである。

こうしたイギリス帝国経済史に関する議論については，Cain & Hopkins [1980] [1986] [1987]：訳書 解説；Cain & Hopkins [1993b]：訳書 解説；秋田 [2004]：総論 第1節；桑原 [2002]：IV；平田 [2000] が，より丁寧にサーヴェイしている。また，必ずしもこうした議論に乗じない，比較的最近のイギリス帝国経済史に関連する文献は多数にのぼるが，さしあたり，Haviden & Meredith [1993]；Hyam [1993]；Hyam [2006]；Kitchen [1994]；Lloyd [1996]；Stockwell [2008] などをあげておく。なお，列挙した文献のうち，本書が対象としている両大戦間期については，Cain & Hopkins [1993b]：Pt. III. 訳書 第III部；Haviden & Meredith [1993]：Chs. 6-9；Hyam [2006]：Ch. 3；Kitchen [1994]：Ch. 4；Lloyd [1996]：Ch. 11 を参照。

* 「オタワ協定」による帝国諸地域への譲歩ですら，イギリス金融業にとっては勝利であり，自治領にみずからの債務を返済する手段を確保させるために必要であったとさえ認識している（Cain & Hopkins [1993b]：p. 309. 訳書 215頁）。

7 もっとも，『ICI社年次報告書』での国際事業の取り扱いについては，1938年になると，「海外活動」（Overseas Activities, ICI, *Ann. Rep.,* 1938, p. 15）と表記されており，実のところあまり一貫性は見られない。

参考文献

1. いずれの文献も，著者，編者ないし作成者名に従って配列したが，定期刊行物については，そのタイトルに従って配列した．
2. 本書中で略記した著者，編者，作成者名（とくに企業，団体の場合）ないし定期刊行物名については，まず正式名称をあげ，これにつづいて（ ）内に，その略記名を示しておいた．
   例：Imperial Chemical Industries Ltd.（ICI）
   The Economist, Commercial History and Review（*Econ., Com. Hist. & Rev.*）

1 外国語文献

Aftalion, F.［1988］, *Histoire de la chimie,* Paris, Masson. 柳田博明監訳『国際化学産業史』日経サイエンス社，1993年．

――――［2001］, *Histoire de la chimie,* translated by O. T. Benfey, *A History of the International Chemical Industry: From the "Early Days" to 2000,* 2nd ed., Philadelphia, Chemical Heritage Foundation.

Albritton, R.［1991］, *A Japanese Approach to Stages of Capitalist Development,* London, Macmillan Academic & Professional. 永谷 清監訳／山本哲三・石橋貞男・星野富一・松崎 昇・吉井利眞訳『資本主義発展の段階論――欧米における宇野理論の一展開』社会評論社，1995年．

Aldcroft, D. H.［1970］, *The Inter-War Economy: Britain, 1919-1939,* London, B. T. Batsford.

――――［1986］, *The British Economy,* Vol. I, *The Years of Turmoil 1920-1951,* Brighton, Wheatsheaf Books.

Aldcroft, D. H. and Richardson, H. W.［1969］, *The British Economy 1870-1939,* London, Macmillan.

Alford, B. W. E.［1981］, 'New Industries for Old?: British Industries between the Wars', in R. C. Floud and D. N. McCloskey, eds., *The Economic History of Britain since 1700,* 1st ed., Vol. II, *1860 to the 1970s,* Cambridge, Eng., Cambridge University Press.

――――［1996］, *Britain in the World Economy since 1880,* London, Longman Group.

Amin, S.［1970］, *L'accumulation à l'échelle mondiale,* Paris, Anthropos. 野口 佑・他訳『世界資本蓄積論』（『世界的規模における資本蓄積論』第Ⅰ分冊）柘植書房，1979年；野口 佑・原田金一郎訳『周辺資本主義構成体論』（同上，第Ⅱ分冊）柘植書房，1979年；原田金一郎訳『中心＝周辺経済関係論』（同上，第Ⅲ分冊）柘植書房，

1981年。

Anderson, D. G. [1994], 'British Rearmament and the "Merchants of Death": The 1935-36 Royal Commission on the Manufacture of and Trade in Armaments', *Journal of Contemporary History,* Vol. XXIX, No. 1.

Arora, A., Landau, R. and Rosenberg, N., eds. [1998], *Chemicals and Long-Term Economic Growth: Insights from the Chemical Industry,* Philadelphia, Chemical Heritage Foundation; New York, Wiley-Interscience.

Arora, A. and Rosenberg, N. [1998], 'Chemicals: A U.S. Success Story', in A. Arora, R. Landau and N. Rosenberg, eds., *Chemicals and Long-Term Economic Growth: Insights from the Chemical Industry,* Philadelphia, Chemical Heritage Foundation; New York, Wiley-Interscience.

Ashe, A. W. and Boorman, H. G. T. [1924], *Chemicals,* London, Ernest Benn.

Association of British Chemical Manufacturers (ABCM) [1930], *The Dyestuffs Act: Views of the Chemical Industry,* London, Association of British Chemical Manufacturers.

——— [1931], *The Dyestuffs Act: Facts to Prevent Prejudice,* London, Association of British Chemical Manufacturers.

Baddiley, J. [1939], 'The Dyestuffs Industry: Post-War Developments', *The Journal of the Society of Dyers and Colourists,* Vol. LV, No. 5.

Baines, D. [1994a], 'The Onset of Depression', in P. Johnson, ed., *Twentieth-Century Britain: Economic, Social and Cultural Change,* London, Longman.

——— [1994b], 'Recovery from Depression', in P. Johnson, ed., *Twentieth-Century Britain: Economic, Social and Cultural Change,* London, Longman.

Beenstock, M., Capie, F. and Griffiths, B. [1984], 'Economic Recovery in the United Kingdom in the 1930s', in Bank of England, Panel of Academic Consultants, *The UK Economic Recovery in the 1930s,* papers presented at the twenty-third meeting of the Panel of Academic Consultants on 27 Jan. 1984, London, Bank of England, Economics Division.

Bertrams, K., Coupain, N. and Homburg, E. [2013], *Solvay: History of a Multinational Family Firm,* Cambridge, Eng., Cambridge University Press.

Blench, E. A. [1958], 'The Billingham Enterprise: A Short History of the Billingham Division of Imperial Chemical Industries Ltd. from 1920 to 1957', *Chemistry and Industry: Journal of the Society of Chemical Industry,* Jul. 26-Aug. 2 1958.

Boehm, E. A. [1971], *Twentieth Century Economic Development in Australia,* Camberwell, Vict., Longman Australia. 谷内　達訳『オーストラリアの経済発展』アジア経済研究所，1974年。

——— [1973], 'Australia's Economic Depression of the 1930s', *The Economic Record: Economic Society of Australia and New Zealand,* Vol. XLIX, No. 128.

Bowden, S. and Higgins, D. M. [2004], 'British Industry in the Interwar Years', in R. C. Floud and P. Johnson, eds., *The Cambridge Economic History of Modern Britain,* Vol. II,

Economic Maturity, 1860-1939, Cambridge, Eng., Cambridge University Press.

Boyce, R. W. D.［1987］, *British Capitalism at the Crossroads 1919-1932: A Study in Politics, Economics, and International Relations,* Cambridge, Eng., Cambridge University Press.

Braunholtz, J. T.［1982］,'Crop Protection: The Evolution of a Chemical Industry', in D. H. Sharp and T. F. West, eds., *The Chemical Industry,* Chichester, Ellis Horwood.

Brodie, P.［1990］, *Crescent over Cathay: China and ICI 1898-1956,* Hong Kong, Oxford University Press.

Buckley, P. J. and Casson, M.［1991］, *The Future of the Multinational Enterprise,* 2nd ed., London, Macmillan Press. 清水隆雄訳『多国籍企業の将来』(第2版) 文眞堂，1993年．

Butlin, N. G.［1962］, *Australian Domestic Product, Investment and Foreign Borrowing 1861-1938/39,* London, Cambridge University Press.

───［1970］,'Some Perspectives of Australian Economic Development, 1890-1965', in C. Forster, ed., *Australian Economic Development in the Twentieth Century,* London, George Allen & Unwin; Sydney, Australasian Publishing. 森　健訳「オーストラリア経済発展の展望，1890-1965年」琴野　孝監訳『20世紀のオーストラリア経済』紀伊國屋書店，1977年．

Buxton, N. K.［1967］,'Economic Progress in Britain in the 1920s: A Reappraisal', *Scottish Journal of Political Economy: The Journal of the Scottish Economic Society,* Vol. XIV.

───［1975］,'The Role of the "New" Industries in Britain during 1930s: A Reinterpretation', *Business History Review,* Vol. XLIX, No. 2.

Buyst, E. and Franaszek, P.［2010］,'Sectoral Development, 1914-1945', in S. N. Broadberry and K. H. O'Rourke, eds., *The Cambridge Economic History of Modern Europe,* Vol. II, *1870 to the Present,* Cambridge, Eng., Cambridge University Press.

Cain, P. J. and Hopkins, A. G.［1980］,'The Political Economy of British Expansion Overseas, 1750-1914', *The Economic History Review,* 2nd Ser., Vol. XXXIII, No. 4. 竹内幸雄訳「イギリス海外膨張の政治経済学　1750-1914」竹内幸雄・秋田　茂訳『ジェントルマン資本主義の大英帝国』岩波書店，1994年．

───［1986］,'Gentlemanly Capitalism and British Expansion Overseas, I: The Old Colonial System, 1688-1850', *The Economic History Review,* 2nd Ser., Vol. XXXIX, No. 4. 竹内幸雄訳「ジェントルマン資本主義とイギリス海外膨張1──旧植民地体制1688-1850年」竹内幸雄・秋田　茂訳『ジェントルマン資本主義の大英帝国』岩波書店，1994年．

───［1987］,'Gentlemanly Capitalism and British Expansion Overseas, II: New Imperialism, 1850-1945', *The Economic History Review,* 2nd Ser., Vol. XL, No. 1. 秋田　茂訳「ジェントルマン資本主義とイギリス海外膨張2──新帝国主義　1850-1914年」竹内幸雄・秋田　茂訳『ジェントルマン資本主義の大英帝国』岩波書店，1994年．

―――［1993a］, *British Imperialism: Innovation and Expansion 1688-1914,* London, Longman. 竹内幸雄・秋田　茂訳『ジェントルマン資本主義の帝国Ⅰ――創生と膨張　1688-1914』名古屋大学出版会，1997年．

―――［1993b］, *British Imperialism: Crisis and Deconstruction 1914-1990,* London, Longman. 木畑洋一・旦　佑介訳『ジェントルマン資本主義の帝国Ⅱ――危機と解体　1914-1990』名古屋大学出版会，1997年．

―――［2002］, *British Imperialism: 1688-2000,* 2nd ed., London, Longman.

Canadian Industries Ltd.（CIL）［1964］, History of C-I-L (to 1964), typescript, [n. p.], [Canadian Industries Ltd.]; North York, Ont., York University Libraries, Call No.: CPC 1964 0048.

―――［1966］, *The Chemical Industry in Canada and C-I-L,* [Montréal], Canadian Industries Ltd.

Cannadine, D.［1995］, 'The Empire Strikes Back', *Past and Present,* No. 147.

Cantwell, J. A.［1989］, 'The Changing Form of Multinational Enterprise Expansion in Twentieth Century', in A. Teichova, M. Lévy-Leboyer and H. Nussbaum, eds., *Historical Studies in International Corporate Business,* Cambridge, Eng., Cambridge University Press. 日高克平訳「20世紀における多国籍企業の事業展開の変化形態」浅野栄一・鮎沢成男・渋谷　将・竹村孝雄・徳重昌志・日高克平訳『続・歴史のなかの多国籍企業――国際事業活動研究の拡大と深化』中央大学出版部，1993年．

Capie, F.［1978］, 'The British Tariff and Industrial Protection in the 1930's', *The Economic History Review,* 2nd Ser., Vol. XXXI, No. 3.

Carr, E. H.［1945］, *Nationalism and After,* London, Macmillan. 大窪愿二訳『ナショナリズムの発展』（新版）みすず書房，2006年．

Cartwright, A. P.［1964］, *The Dynamite Company: The Story of African Explosives and Chemical Industries Limited,* Cape Town, Purnell.

Castner-Kellner Alkali Co. Ltd. [Imperial Chemical Industries Ltd., General Chemicals Division]［1947］, *Fifty Years of Progress: The Story of the Castner-Kellner Alkali Company Told to Celebrate the Fiftieth Anniversary of its Formation, 1895-1945,* Birmingham, Kynoch Press.

Chadeau, E.［1992］, 'International Cartels in the Interwar Period: Some Aspects of the French Case', in A. Kudo and T. Hara, eds., *International Cartels in Business History,* proceedings of the Fuji Conference, Tokyo, University of Tokyo Press.

Chandler, A. D., Jr.［1962］, *Strategy and Structure: Chapters in the History of the American Industrial Enterprise,* Cambridge, Mass., MIT Press. 有賀裕子訳『組織は戦略に従う』ダイヤモンド社，2004年．

―――［1977］, *The Visible Hand: The Managerial Revolution in American Business,* Cambridge, Mass., Belknap Press of Harvard University Press. 鳥羽欽一郎・小林袈裟治訳『経営者の時代――アメリカ産業における近代企業の成立』（上）（下）東洋経済

新報社,1979年.
―――― [1990], *Scale and Scope: The Dynamics of Industrial Capitalism*, Cambridge, Mass., Harvard University Press. 安部悦生・川辺信雄・工藤　章・西牟田祐二・日高千景・山口一臣訳『スケール・アンド・スコープ――経営力発展の国際比較』有斐閣, 1993年.
―――― [2005], *Shaping the Industrial Century: The Remarkable Story of the Evolution of the Modern Chemical and Pharmaceutical Industries*, Cambridge, Mass., Harvard University Press.
Chandler, A. D., Jr., Hikino, T. and Mowery, D. C. [1998], 'The Evolution of Corporate Capabilities and Corporate Strategy and Structure within the World's Largest Chemical Firms: The Twentieth Century in Perspective', in A. Arora, R. Landau and N. Rosenberg, eds., *Chemicals and Long-Term Economic Growth: Insights from the Chemical Industry*, Philadelphia, Chemical Heritage Foundation; New York, Wiley-Interscience.
Chapman, A. L. and Knight, R. [1953], *Wages and Salaries in the United Kingdom 1920-1938*, Cambridge, Eng., Cambridge University Press.
Chemical Institute of Canada (CIC) [1949], *A History of Chemistry in Canada*, compiled by C. J. S. Warrington and R. V. V. Nicholls for the Chemical Institute of Canada, Toronto, Sir Isaac Pitman (Canada).
Die Chemische Industrie: Zeitschrift für die Deutsche Chemiewirtschaft (*Chem. Ind.*), Düsseldorf, Verlag Handelsblatt.
Chemistry and Industry: Journal of the Society of Chemical Industry (*Chem. & Ind.*), London, Society of Chemical Industry.
Clarke, I. [1984], 'The Chemicals Industry and ICI: The Form and Impact of Global Corporations in Australia', in M. Taylor, ed., *The Geography of Australian Corporate Power*, Sydney, Croom Helm Australia.
Clavin, P. [2009], *The Great Depression in Europe, 1929-1939*, Basingstoke, Macmillan Press.
Cocroft, W. D [2006], 'First World War Explosives Manufacture: The British Experience', in R. MacLeod and J. A. Johnson, eds., *Frontline and Factory: Comparative Perspectives on the Chemical Industry at War, 1914-1924*, Dordrecht, Springer.
Coleman, K. [2005], *IG Farben and ICI, 1925-53: Strategies for Growth and Survival*, Basingstoke, Palgrave Macmillan.
Corley, T. A. B. [1989], 'The Nature of Multinationals, 1870-1939', in A. Teichova, M. Lévy-Leboyer and H. Nussbaum, eds., *Historical Studies in International Corporate Business*, Cambridge, Eng., Cambridge University Press. 日高克平訳「多国籍企業の特徴――1870-1939年」浅野栄一・鮎沢成男・渋谷　将・竹村孝雄・徳重昌志・日高克平訳『続・歴史のなかの多国籍企業――国際事業活動研究の拡大と深化』中央大学出版部, 1993年.

Cueva, A. [1980], *El desarrollo del capitalismo en América Latina: Ensayo de interpretación histórica,* 4a ed., Mexico, Sigro XXI de España Editores.

Daunton, M. J. [1989], '"Gentlemanly Capitalism" and British Industry 1820-1914', *Past and Present,* No. 122.

Devos, G. [1992], 'International Cartels in Belgium and the Netherlands during the Interwar Period: The Nitrogen Case', in A. Kudo and T. Hara, eds., *International Cartels in Business History,* proceedings of the Fuji Conference, Tokyo, University of Tokyo Press.

Dick, W. F. L. [1973], *A Hundred Years of Alkali in Cheshire,* [Runcorn], Imperial Chemical Industries Ltd., Mond Division.

Dintenfass, M. [1992], *The Decline of Industrial Britain 1870-1980,* London, Routledge.

Dowie, J. A. [1968], 'Growth in the Inter-War Period: Some More Arithmetic', *The Economic History Review,* 2nd Ser., Vol. XXI, No. 1.

Drummond, I. M. [1972], *British Economic Policy and the Empire, 1919-1939,* London, George Allen & Unwin.

——— [1974], *Imperial Economic Policy 1917-1939: Studies in Expansion and Protection,* London, George Allen & Unwin.

Du Pont de Nemours & Co., E. I. [1952], *Du Pont: The Autobiography of an American Enterprise,* the story of E. I. du Pont de Nemours & Company published in commemoration of the 150th anniversary of the founding of the company on July 19, 1802, Wilmington, DE, E. I. du Pont de Nemours & Co.; New York, Charles Scribner's.

Duncan, W. B. [1982], 'Lessons from Past, Challenge and Opportunity', in D. H. Sharp and T. F. West, eds., *The Chemical Industry,* Chichester, Ellis Horwood.

Dunning, J. H. [1981], *International Production and the Multinational Enterprise,* London, George Allen & Unwin.

Dunning, J. H., Cantwell, J. A. and Corley, T. A. B. [1986], 'The Theory of International Production: Some Historical Antecedents', in P. Hertner and G. Jones, eds., *Multinationals: Theory and History,* Aldershot, Gower Publishing.

Dutton, W. S. [1951], *Du Pont: One Hundred and Forty Years,* 3rd ed., New York, Charles Scribner's Sons.

The Economist, London, The Economist Office.

The Economist, Commercial History and Review (Econ., Com. Hist. & Rev.), London, The Economist Office.

Edgerton, D. [1996], *Science, Technology and the British Industrial 'Decline', 1870–1970,* Cambridge, Eng., Cambridge University Press.

——— [2012], *Britain's War Machine: Weapons, Resources and Experts in the Second World War,* London, Penguin Books.

Eichengreen, B. [1988], 'The Australian Recovery of the 1930s in International Comparative Perspective', in R. G. Gregory and N. G. Butlin, eds., *Recovery from the*

　　　　　 Depression: Australia and the World Economy in the 1930s, Cambridge, Eng., Cambridge University Press.
　　――――［2004］, 'The British Economy between the Wars', in R. C. Floud and P. Johnson, eds., *The Cambridge Economic History of Modern Britain,* Vol. II, *Economic Maturity, 1860-1939,* Cambridge, Eng., Cambridge University Press.
Federation of British Industries [R. G. Glenday]（FBI）［1931］, *The Passing of Free Trade,* London, Federation of British Industries.
　　――――［1932］, *Industry and the Empire,* London, Federation of British Industries.
　　――――［1936］, *British Tariff Policy,* report submitted to His Majesty's Government by the Federation of British Industries, London, Federation of British Industries.
Federation of British Industries and Empire Economic Union, a Joint Committee of the Federation of British Industries and the Empire Economic Union（FBI & EEU）［1931］, *Report on Empire Monetary and Financial Policy,* London, Federation of British Industries.
Feinstein, C. H.［1965］, *Domestic Capital Formation in the United Kingdom 1920-1938,* Cambridge, Eng., Cambridge University Press.
Feinstein, C. H., Temin, P. and Toniolo, G.［2008］, *The World Economy between the Wars,* New York, Oxford University Press.
Ferrer, A.［1963］, *La economía Argentina: Las etapas de su desarrollo y problemas actuales,* Mexico, Fundo de Cultura Económica. 松下　洋訳『アルゼンチン経済史』新世界社，1974年。
Fieldhouse, D. K.［1986］, 'The Multinational: A Critique of a Concept', in A. Teichova, M. Lévy-Leboyer and H. Nussbaum, eds.［1986］, *Multinational Enterprise in Historical Perspective,* Cambridge, Eng., Cambridge University Press. 渋谷　将訳「多国籍企業概念の検討」鮎沢成男・渋谷　将・竹村孝雄監訳『歴史のなかの多国籍企業――国際事業活動の展開と世界経済』中央大学出版部，1991年。
Fitzgerald, P.［1927］, *Industrial Combination in England,* 2nd ed., London, Sir Isaac Pitman.
Foreman-Peck, J. S.［1981］, 'The British Tariff and Industrial Protection in the 1930s: An Alternative Model', *The Economic History Review,* 2nd Ser., Vol. XXXIV, No. 1.
　　――――［1994］, 'Industry and Industrial Organisation in the Inter-War Years', in R. C. Floud and D. N. McCloskey, eds., *The Economic History of Britain since 1700,* 2nd ed., Vol. II, *1860-1939,* Cambridge, Eng., Cambridge University Press.
Forster, C.［1964］, *Industrial Development in Australia 1920-1930,* Canberra, Australian National University.
Fox, M. R.［1987］, *Dye-Makers of Great Britain 1856-1976: A History of Chemists, Companies, Products and Changes,* Manchester, Imperial Chemical Industries.
Fox, W. E.［1934］, *Imperial Chemical Industries Ltd.: One of the Biggest Trusts in Britain, with World Ramifications,* London, Martin Lawrence.
Frank, A. G.［1967］, *Capitalism and Underdevelopment in Latin America: Historical Studies of*

Chile and Brazil, New York, Monthly Review Press. 大崎正治・他訳『世界資本主義と低開発』柘植書房,1979年。

Franklin, N. N. [1954], *Economics in South Africa,* 2nd ed., Cape Town, Oxford University Press.

Franko, L. G. [1976], *The European Multinationals: A Renewed Challenge to American and British Big Business,* London, Harper & Row.

Gallagher, J. and Robinson, R. [1953], 'The Imperialism of Free Trade', *The Economic History Review,* 2nd Ser., Vol. VI, No. 1. 川上　肇訳「自由貿易帝国主義」川上肇・住田圭司・柴田敬二・橋本礼一郎訳『帝国主義と植民地主義』御茶の水書房,1983年。

Glynn, S. and Oxborrow, J. [1976], *Interwar Britain: A Social and Economic History,* London, George Allen & Unwin.

Gordon, K. [1935], 'The Development of Coal Hydrogenation by Imperial Chemical Industries, Ltd.', *Journal of the Institute of Fuel,* Vol. IX, No. 44.

Grant, W., Paterson, W. and Whitston, C. [1988], *Government and the Chemical Industry: A Comparative Study of Britain and West Germany,* Oxford, Clarendon Press.

Great Britain, Board of Trade, *Accounts Relating to Trade and Navigation of the United Kingdom* (GBBT, *Accounts*), London, His Majesty's Stationery Office.

―――, *Statistical Abstract for the United Kingdom, for each of the fifteen years* (GBBT, *Stat. Abstr.*), London, His Majesty's Stationery Office.

Great Britain, Board of Trade, [A. J. Balfour] Committee on Industry and Trade (GBBTCIT) [1927], *Factors in Industrial and Commercial Efficiency,* Being Part I of a Survey of Industries, London, His Majesty's Stationery Office.

Great Britain, Board of Trade, Department of Overseas Trade, Overseas Trade Development Council (GBBTDOT) [1930], British Economic Mission to the Far East: Imperial Chemical Industries (China) Ltd., a note prepared by Imperial Chemical Industries, Ltd. for information of the mission, London, National Archives, Ser. No.: BT 59/1/DC4.

Great Britain, Board of Trade, Industries and Manufactures Department (GBBTIMD) [1920-49], International Cartels (Chemicals): Dyestuffs, London, National Archives, Ser. No.: BT 64/366.

――― [1934-44], Anti Trust Laws: Complaint against Imperial Chemical Industries Ltd., in District Court of the United States for the Southern District of New York, Civil No. 24-13, United States of America, Plaintiff, v. Imperial Chemical Industries, Ltd., et al., Defendants, London, National Archives, Ser. No.: BT 64/321.

Great Britain, HM Treasury (GBT) [1935], Imperial Chemical industries Ltd.: Evidence, a note by the secretary, Royal Commission on the Private Manufacture of and Trading in Arms (Bankes Commission), Reports and Submissions, London, National Archives, Ser. No.: T 181/67.

──── [1936-42], Factories: Extension of the Imperial Chemical Industries' Cordite Factory at Ardeer and Provision of a New Factory at Bogside, Supply Department, registered files (S Series), London, National Archives, Ser. No.: T 161/1058/9.

Great Britain, Ministry of Aircraft Production (GBMAP) [1942-49], Factories: Shadow Factories (Code 25/5), Allocation of Overhead Charges on Agency and Shadow Factories, memorandum of agreement between Departments and I.C.I. Ltd., London, National Archives, Ser. No.: AVIA 15/3753.

Great Britain, Ministry of Aviation (GBMA) [1936-40], Ministry of Supply Factory, Mossend, Lanarks: Erection by Imperial Chemical Industries Ltd. for Production of Ammonia, London, National Archives, Ser. No.: AVIA 22/1888.

──── [1939-40], Agency Factories Erected by Imperial Chemical Industries Ltd.: Financial Arrangements, London, National Archives, Ser. No.: AVIA 22/2857.

──── [1939-41], Agency Factories Erected by Imperial Chemical industries Ltd.: Operation and Terms of Management, London, National Archives, Ser. No.: AVIA 22/2856.

Great Britain, Ministry of Supply (GBMS) [1944], History of Factory and Plant Construction by Imperial Chemical Industries on behalf of Ministry of Supply and Ministry of Aircraft Production: Randle, Springfields, Valley and Forward Filling Depots, London, National Archives, Ser. No.: SUPP 5/1003.

──── [1946], History of Factory and Plant Construction by Imperial Chemical Industries on behalf of Ministry of Supply and Ministry of Aircraft Production: Rock Savage, Wade, Roydmills and Lowerhouse, London, National Archives, Ser. No.: SUPP 5/1004.

Great Britain, Royal Commission on the Private Manufacture of and Trading in Arms (GBRCPMTA) [1936], Minutes of Evidence Taken before the Royal Commission on the Private Manufacture of and Trading in Arms, London, His Majesty's Stationary Office.

Great Britain, Statistical Office of the Customs and Excise Department, *Annual Statement of the Trade of the United Kingdom with British Countries and Foreign Countries* (GBSOCED, Ann. Stat.), London, His Majesty's Stationery Office.

Green, A. G. [1930], 'The Renaissance of the British Dyestuffs Industry', *The Journal of the Society of Dyers and Colourists*, Vol. XLVI, No. 10.

Green, A. G. and Sparks, G. R. [1988], 'A Macro Interpretation of Recovery: Australia and Canada', in R. G. Gregory and N. G. Butlin, eds., *Recovery from the Depression: Australia and the World Economy in the 1930s,* Cambridge, Eng., Cambridge University Press.

Haber, L. F. [1958], *The Chemical Industry during Nineteenth Century: A Study of the Economic Aspect of Applied Chemistry in European and North America*, Oxford, Clarendon Press. 水野五郎訳『近代化学工業の研究──その技術・経済史的分析』北海道大学図書刊行会，1977年。

――――［1971］, *The Chemical Industry 1900-1930: International Growth and Technological Change,* Oxford, Clarendon Press.　鈴木治雄監修／佐藤正弥・北村美都穂訳『世界巨大化学企業形成史』日本評論社，1984年。

Haig, B. D.［1975］, 'Manufacturing Output and Productivity, 1910 to 1948/9', *Australian Economic History Review,* Vol. XV, No. 2.

Hannah, L.［1983］, *The Rise of the Corporate Economy,* 2nd ed., London, Methuen.　湯沢威・後藤　伸訳『大企業経済の興隆』東洋経済新報社，1987年。

Hara, T. and Kudo, A.［1992］, 'International Cartels in Business History', in A. Kudo and T. Hara, eds., *International Cartels in Business History,* proceedings of the Fuji Conference, Tokyo, University of Tokyo Press.

Hara-Gopala, V.［1945］, *Scope of Chemical Industry in India,* Calcutta, Bengal Chemical & Pharmaceutical Works.

Hardie, D. W. F.［1950］, *A History of the Chemical Industry in Widnes,* Widnes, Imperial Chemical Industries Ltd., General Chemicals Division.

Hardie, D. W. F. and Pratt, J. D.［1966］, *A History of the Modern British Chemical Industry,* Oxford, Pergamon Press.

Harris, B.［1994］, 'Unemployment and the Dole in Interwar Britain', in P. Johnson, ed., *Twentieth-Century Britain: Economic, Social and Cultural Change,* London, Longman.

Hatton, T. J.［1994］, 'Unemployment and the Labour Market in Inter-War Britain', in R. C. Floud and D. N. McCloskey, eds., *The Economic History of Britain since 1700,* 2nd ed., Vol. II, *1860-1939,* Cambridge, Eng., Cambridge University Press.

Haviden, M. and Meredith, D.［1993］, *Colonialism and Development: British and its Tropical Colonies, 1850-1960,* London, Routledge.

Hay, I.［i.e. J. H. Beith］［1949］, *R.O.F.: The Story of the Royal Ordnance Factories, 1939-1948,* prepared by the Ministry of Supply, London, His Majesty's Stationary Office.

Hayes, P.［2001］, *Industry and Ideology: IG Farben in the Nazi Era,* new. ed., Cambridge, Eng., Cambridge University Press.

Hays, S.［1973］, *The Chemicals and Allied Industries,* London, Heinemann Educational Books.

Hertner, P. and Jones, G［1986］, *Multinationals: Theory and History,* Aldershot, Gower Publishing.

Hexner, E., with the collaboration of A. Walters［1945］, *International Cartels,* Chapel Hill, NC, University of North Carolina Press.

Hilferding, R.［1910］, *Das Finanzkapital: Eine Studie über die jüngste Entwicklung des Kapitalismus,* Wien, Verlag der Wiener Volksbuchhandlung Ignaz Brand & Co.　岡崎次郎訳『金融資本論』（上）（下）岩波文庫，1982年。

Hill, M. F.［1964］, *Magadi: The Story of Magadi Soda Company,* Birmingham, Kynoch Press.

Hirth, L.［2007］, *State, Cartels and Growth: The German Chemical Industry,* Munich, GRIN

Verlag.
Hobsbawm, E. J. [1968], *Industry and Empire: From 1750 to the Present Day*, London, Penguin Books. 浜林正夫・神武庸四郎・和田一夫訳『産業と帝国』未來社，1984年。
―――― [1990], *Nations and Nationalism since 1780: Programme, Myth, Reality*, Cambridge, Eng., Cambridge University Press. 浜林正夫・庄司　信・嶋田耕也訳『ナショナリズムの歴史と現在』大月書店，2001年。
Hobson, J. A., with an introduction by J. Townshend [1902], *Imperialism: A Study*, 3rd ed., London, Unwin Hyman, 1988. 矢内原忠雄訳『帝国主義論』岩波文庫，1951年。
Homburg, E., Travis, A. S. and Schröter, H. G., eds. [1998], *The Chemical Industry in Europe, 1850-1914: Industrial Growth, Pollution and Professionalization*, Dordrecht, Kluwer Academic Publishers.
Hornby, W. [1958], *Factories and Plant*, London, Her Majesty's Stationery Office; Longmans Green.
Horstmeyer, M. [1998], 'The Industry Evolves within a Political, Social, and Public Policy Content: A Brief Look at Britain, Germany, Japan, and the United States', in A. Arora, R. Landau and N. Rosenberg, eds., *Chemicals and Long-Term Economic Growth: Insights from the Chemical Industry*, Philadelphia, Chemical Heritage Foundation; New York, Wiley-Interscience.
Houghton, D. H. [1967], *The South Africa Economy*, 2nd ed., Cape Town, Oxford University Press. 林　晃史訳『南アフリカ経済論』アジア経済研究所，1970年。
Hounshell, D. A. and Smith, J. K., Jr. [1988], *Science and Corporate Strategy: Du Pont R & D, 1902-1980*, Cambridge, Eng., Cambridge University Press.
Hutchinson, H. J. [1965], *Tariff-Making and Industrial Reconstruction: An Account of the Work of Import Duties Advisory Committee 1932-39*, London, George G. Harrap.
Hyam, R. [1993], *Britain's Imperial Century, 1815-1914: A Study of Empire and Expansion*, 2nd ed., London, Macmillan Press.
―――― [2006], *Britain's Declining Empire: The Road to Decolonisation, 1918-1968*, Cambridge, Eng., Cambridge University Press.
Imperial Chemical Industries Ltd.（ICI）[1927a], *Imperial Chemical Industries Limited: A Short Account of the Activities of the Company*, London, Imperial Chemical Industries Ltd.
―――― [1927b], *Imperial Chemical Industries Ltd.: A History of Each Constituent Company and a List of their Products*, [London], [Imperial Chemical Industries Ltd.]; Chester, Cheshire Archives and Local Studies, Ref. No.: DIC/X 8.
―――― [R. H. Dardson] [1932], United Alkali Co.: Short History, typescript, [Liverpool], [Imperial Chemical Industries Ltd., General Chemical Division, Records Department]; Chester, Cheshire Archives and Local Studies, Ref. No.: DIC/X 10/339.
―――― [1934], The Early History and Present Organisation of the General Chemicals

Group of Imperial Chemical Industries, typescript, [Liverpool], [Imperial Chemical Industries Ltd., General Chemicals Group]; Chester, Cheshire Archives and Local Studies, Ref. No.: DIC/X 10/74.

———— [1937], *Chapters in the Development of Industrial Organic Chemistry,* London, Imperial Chemical Industries Ltd.

———— [1948], *Celebrating Seventy Five Year: Ardeer 1873-1948,* [n. p.].

———— [1955], *This is our Concern,* London, Imperial Chemical Industries Ltd.

———— [1957], *Pharmaceutical Research in ICI, 1936-57,* [Alderley Park, Cheshire], Imperial Chemical Industries Ltd., Pharmaceuticals Division.

———— [A. S. Irvine] [1958], The History of the Alkali Division: Formerly Brunner, Mond & Co., Ltd., a booklet for newly-joined managerial staff, typescript, Northwich, Imperial Chemical Industries Ltd., Alkali Division, Information Service; Chester, Cheshire Archives and Local Studies, Ref. No.: DIC/X 9/3.

————, *Annual Report of the Directors of Imperial Chemical Industries Limited to the Members* (ICI, *Ann. Rep.*), London, Imperial Chemical Industries Ltd.

————, *The Magazine of Imperial Chemical Industries Limited* (ICI, *Magazine*), London, Imperial Chemical Industries Ltd.

Imperial Chemical Industries of Australia and New Zealand Ltd. (ICIANZ) [1939], *Imperial Chemical Industries of Australia and New Zealand Limited: A Short Account of the Activities of the Company, its Subsidiary Companies and Associated Interests,* Melbourne, Imperial Chemical Industries of Australia and New Zealand Ltd.

———— [1953], *This is your Concern: Supplement to 25th Annual Report, Imperial Chemical Industries of Australia and New Zealand Limited,* [Melbourne], Imperial Chemical Industries of Australia and New Zealand Ltd.

Johnson, J. A. [2004], 'The Power of Synthesis (1900-1925)', in W. Abelshauser, W. von Hippel, J. A. Johnson and R. G. Stokes, *German Industry and Global Enterprise: BASF: The History of a Company,* Cambridge, Eng., Cambridge University Press.

Jones, G. [1984], 'The Expansion of British Multinational Manufacturing, 1890-1939', in A. Okochi and T. Inoue, eds., *Overseas Business Activities,* proceedings of the Fuji Conference, Tokyo, University of Tokyo Press.

————, ed. [1986a], *British Multinationals: Origins, Management and Performance,* Aldershot, Gower Publishing.

———— [1986b], 'The Performance of British Multinational Enterprise, 1890-1945', in P. Hertner and G. Jones, eds., *Multinationals: Theory and History,* Aldershot, Gower Publishing.

———— [1994], 'British Multinationals and British Business since 1850', in M. W. Kirby and M. B. Rose, eds., *Business Enterprise in Modern Britain: From the Eighteenth to the Twentieth Century,* London, Routledge.

―――［1996］, *The Evolution of International Business: An Introduction,* London, Routledge. 桑原哲也・安室憲一・川辺信雄・榎本　悟・梅野巨利訳『国際ビジネスの進化』有斐閣，1998年．

―――［2005］, *Multinationals and Global Capitalism: From the Nineteenth to the Twenty-First Century,* Oxford, Oxford University Press. 安室憲一・梅野巨利訳『国際経営講義――多国籍企業とグローバル資本主義』有斐閣，2007年．

Kennedy, C. [1993], *ICI: The Company that Changed our Lives,* 2nd ed., London, Paul Chapman Publishing.

de Kiewiet, C. W. [1941], *A History of South Africa: Social and Economic,* London, Oxford University Press. 野口健彦・野口智彦訳『南アフリカ社会経済史』文眞堂，2010年．

Kindleberger, C. P. [1973], *The World in Depression 1929-1939,* Berkeley, University of California Press. 石崎昭彦・木村一朗訳『大不況下の世界　1929-1939』東京大学出版会，1982年．

Kitchen, M. [1994], *The British Empire and Commonwealth: A Short History,* London, Macmillan Press.

Knight, A. [1999], 'Latin America', in J. M. Brown and Wm. R. Louis, eds., *The Oxford History of the British Empire,* Vol. IV, *The Twentieth Century,* Oxford, Oxford University Press.

Kudo, A. and Hara, T., eds. [1992], *International Cartels in Business History,* proceedings of the Fuji Conference, Tokyo, University of Tokyo Press.

Kudo, Y. [1980], 'Strategy and Structure of United Alkali Co. Ltd.: A Case Study on the Rise of Big Business in Great Britain', 南山大学編『アカデミア　経済経営編』第66号．

Kwan, M. B. [2005], 'Market and Network Capitalism: Yongli Chemical Co., Ltd. and Imperial Chemical Industries, Ltd., 1917-1937', 中央研究院近代史研究所編『中央研究院近代史研究所集刊』第49期．

League of Nations, Economic, Financial and Transit Department [F. Hilgerdt] (LN) [1945], *Industrialization and Foreign Trade,* Genève, League of Nations. 山口和男・吾郷健二・本山美彦訳『工業化の世界史――1870～1940年までの世界経済の動態』ミネルヴァ書房，1979年．

League of Nations, Secretariat, Economic and Financial Section, *International Statistical Year-Book of the League of Nations* (LN, *Int. Stat. Year-Book*), Genève, League of Nations.

League of Nations, Secretariat, Financial Section and Economic Intelligence Service, *Statistical Year-Book of the League of Nations* (LN, *Stat. Year-Book*), Genève, League of Nations.

Ленин, В. И. [1917],《Империализм, как высшая сталия капитализма: популярный очерк》, Москва, Издательство Политческой Литературы, 1980. 宇高基輔訳『帝国主義論』岩波文庫，1956年．

Lesch, J. E., ed. [2000], *The German Chemical Industry in the Twentieth Century,* Dordrecht,

Kluwer Academic Publishers.

Lewis, W. A. [1949], *Economic Survey, 1919-1939,* London, George Allen & Unwin. 石崎昭彦・森　恒夫・馬場宏二訳『世界経済論——両大戦間期の分析』新評論，1969年。

Lindner, S. H. [2008], *Inside IG Farben: Hoechst during the Third Reich,* Cambridge, Eng., Cambridge University Press.

Lischka, J. R. [1970], *Ludwig Mond and the British Alkali Industry,* diss., Duke University, rpt., New York, Garland Publishing, 1985.

Lloyd, T. O. [1993], *Empire, Welfare State, Europe: English History 1906-1992,* 4th ed., Oxford, Oxford University Press.

―――― [1996], *The British Empire 1558-1995,* 2nd ed., Oxford, Oxford University Press.

Lomax, K. S. [1959], 'Production and Productivity Movements in the United Kingdom since 1900', *Journal of Royal Statistical Society,* Ser. A (General), Vol. 122.

London and Cambridge Economic Service (LCES) [1971], *The British Economy Key Statistics 1900-1970,* London, Times Newspapers.

Longinotti, E. [2012], 'Going Beyond Social Savings: How would the British Economy Have Developed in the Absence of the Railways? A Case Study of Brunner Mond 1882-1914', London School of Economics and Political Science, Department of Economic History, Working Papers No. 166/12.

Lucas, A. F. [1937], *Industrial Reconstruction and the Control of Competition: The British Experiments,* London, Longmans Green.

McGowan, Lord [1954], 'One Hundred Years of Chemistry', as delivered at the seventh Dalton Lecture, Town Hall, Manchester, 27 Sep. 1954, [n. p.]; Chester, Cheshire Archives and Local Studies, Ref. No.: DIC/X 10/153.

McIntyre, W. D. [1999], 'Australia, New Zealand, and the Pacific Islands', in J. M. Brown and Wm. R. Louis, eds., *The Oxford History of the British Empire,* Vol. IV, *The Twentieth Century,* Oxford, Oxford University Press.

MacKenzie, D. [1999], 'Canada, the North Atlantic Triangle, and the Empire', in J. M. Brown and Wm. R. Louis, eds., *The Oxford History of the British Empire,* Vol. IV, *The Twentieth Century,* Oxford, Oxford University Press.

Magadi Soda Co. Ltd., *Proceedings at the Annual General Meeting of the Magadi Soda Company Ltd.* (Magadi, *Proceedings*), London, Magadi Soda Co. Ltd.

Marks, S. [1999], 'Southern Africa', in J. M. Brown and Wm. R. Louis, eds., *The Oxford History of the British Empire,* Vol. IV, *The Twentieth Century,* Oxford, Oxford University Press.

ter Meer, F. [1953], *Die I.G. Farbenindustrie Aktiengesellschaft: Ihre Entstehung, Entwicklung und Bedeutung,* Düsseldorf, Econ-Verlag.

Miall, S. [1931], *A History of the British Chemical Industry,* written for the Society of

Chemical Industry on the occasion of the fiftieth anniversary of its foundation, London, Ernest Benn.

Mitchell, B. R. and Deane, P. [1962], *Abstract of British Historical Statistics,* Cambridge, Eng., Cambridge University Press.

Mitchell, H. J. [1938], 'Relationship between Headquarters' Departments and the Operating Groups of Imperial Chemical Industries Limited', a paper to seventh International Management Congress, Washington, DC, Sep. 19 to 23 1938, sponsored by the National Management Council of the USA, Baltimore, Waverly Press.

Morgan, G. T. [1939], *Achievements of British Chemical Industry in the Last Twenty-Five Years,* London, Royal Society of Arts.

Morton, J. [1929], *History of the Development of Fast Dyeing and Dyers,* a lecture delivered before the Royal Society of Art on Wednesday, 20 Feb. 1929, [Edinburgh], [T. & A. Constable].

Murmann, J. P. and Landau, R. [1998], 'On the Making of Competitive Advantage: The Development of the Chemical Industries in Britain and Germany since 1850', in A. Arora, R. Landau and N. Rosenberg, eds., *Chemicals and Long-Term Economic Growth: Insights from the Chemical Industry,* Philadelphia, Chemical Heritage Foundation; New York, Wiley-Interscience.

Nevell, M., Roberts, J. and Smith, J. [1999], *A History of the Royal Ordnance Factory Chorley,* Lancaster, Carnegie Pub.

Nicholas, S. J. [1982], 'British Multinational Investment before 1939', *The Journal of European Economic History,* Vol. XI, No. 3.

Nussbaum, H. [1986], 'International Cartels and Multinational Enterprises', in A. Teichova, M. Lévy-Leboyer and H. Nussbaum, eds., *Multinational Enterprise in Historical Perspective,* Cambridge, Eng., Cambridge University Press. 加治敏雄訳「国際カルテルと多国籍企業」鮎沢成男・渋谷　将・竹村孝雄監訳『歴史のなかの多国籍企業――国際事業活動の展開と世界経済』中央大学出版部，1991年。

Oshio, T. [1992], 'Conflict and Cooperation between the International Nitrogen Cartel and Japan's Ammonium Sulfate Industry', in A. Kudo and T. Hara, eds., *International Cartels in Business History,* proceedings of the Fuji Conference, Tokyo, University of Tokyo Press.

Osterhammel, J. [1984], 'Imperialism and Transition: British Business and the Chinese Authorities, 1931-37', *The China Quarterly: An International Journal for the Study of China,* No. 98.

――― [1989], 'British Business in China, 1860s-1950s', in R. P. T. Davenport-Hines and G. Jones, eds., *British Business in Asia since 1860,* Cambridge, Eng., Cambridge University Press.

Parke, V. E. [1957], *Billingham: The First Ten Years,* Billingham, Co., Durham, Eng., Imperial Chemical Industries Ltd., Billingham Division.

Peacock, F. C. [1978], 'Introduction', in F. C. Peacock, ed., *Jeallot's Hill: Fifty Years of Agricultural Research, 1928-1978,* Bracknell, Imperial Chemical Industries Ltd., Plant Protection Division, Jeallot's Hill Research Station.

Pearcy, J. [2001], *Recording an Empire: An Accounting History of Imperial Chemical Industries Ltd 1926-1976,* Edinburgh, Institute of Chartered Accountants of Scotland.

Pettigrew, A. M. [1985], *The Awakening Giant: Continuity and Change in Imperial Chemical Industries,* rpt., Oxon, Routledge, 2011.

Pier, M., with introduction by K. Gordon [1935], 'The Hydrogenation of Bituminous', *Chemistry and Industry: Journal of the Society of Chemical Industry,* 29 Mar. 1935.

Platt, D. C. M. [1968a], *Finance, Trade and Politics in British Foreign Policy 1815-1914,* Oxford, Oxford University Press.

―――― [1968b], 'The Imperialism of Free Trade: Some Reservations', *The Economic History Review,* 2nd Ser., Vol. XXI, No. 2.

―――― [1973], 'Further Objections to an "Imperialism of Free Trade", 1830-60', *The Economic History Review,* 2nd Ser., Vol. XXVI, No. 1.

Plummer, A. [1937], *New British Industries in the Twentieth Century: A Survey of Development and Structure,* London, Sir Isaac Pitman.

―――― [1951], *International Combines in Modern Industry,* 3rd ed., London. Sir Isaac Pitman.

Plumpe, G. [1990], *Die I.G. Farbenindustrie AG: Wirtschaft, Technik und Politik 1904-1945,* Berlin, Duncker & Humblot.

Political and Economic Planning (PEP) [1937], *Report on International Trade: A Survey of Problems Affecting the Expansion of International Trade, with Proposals for the Development of British Commercial Policy and Export Mechanism,* London, Political and Economic Planning.

Pollard, S. [1992], *The Development of British Economy 1914-1990,* 4th ed., London, Edward Arnold.

Pomfret, R. W. T. [1981], *The Economic Development of Canada,* Toronto, Methuen Publications. 加勢田博・梶本元信・鈴木 満・山田道夫訳『カナダ経済史』昭和堂，1991年。

Porter, A. N. [1990], '"Gentlemanly Capitalism" and Empire: The British Experience since 1750?', *The Journal of Imperial and Commonwealth History,* Vol. XVIII, No. 3.

―――― [1998a], '"Gentlemanly Capitalism" and the British Empire-Commonwealth in the 19th and 20th Centuries', a paper for the lecture at Meiji University, Tokyo, 16 Nov. 1998.

―――― [1998b], 'The Imperial Economy and Free Trade, *c.* 1830-1914', a paper for the lecture at Meiji University, Tokyo, 18 Nov. 1998.

Ray, R. K. [1979], *Industrialization in India: Growth and Conflict in the Private Corporate Sector, 1914-47,* pbk. ed., Delhi, Oxford University Press, 1982.

Reader, W. J. [1970], *Imperial Chemical Industries: A History,* Vol. I, *The Forerunners 1860-1926,* London, Oxford University Press.

―――― [1975], *Imperial Chemical Industries: A History,* Vol. II, *The First Quarter-Century 1926-1952,* London, Oxford University Press.

―――― [1976], 'Personality, Strategy and Structure: Some Consequences of Strong Minds', in L. Hannah, ed., *Management Strategy and Business Development: An Historical and Comparative Study,* London, Macmillan Press.

―――― [1977], 'Imperial Chemical Industries and the State 1926-1945', in B. Supple, ed., *Essays in British Business History,* London, Oxford University Press.

―――― [1979], 'The Chemical Industry', in N. K. Buxton and D. H. Aldcroft, eds., *British Industry between the Wars: Instability and Industrial Development 1919-1939,* London, Scolar Press.

Reardon-Anderson, J. [1991], *The Study of Change: Chemistry in China, 1840-1949,* Cambridge, Eng., Cambridge University Press.

Rees, J. M. [1923], *Trusts in British Industry, 1914-1921: A Study of Recent Developments in Business Organisation,* London, P. S. King.

Reuben, B. G. and Burstall, M. L. [1973], *The Chemical Economy: A Guide to the Technology and Economics of the Chemical Industry,* London, Longman Group.

Richardson, H. W. [1962], 'The Development of the British Dyestuffs Industry before 1939', *Scottish Journal of Political Economy: The Journal of the Scottish Economic Society,* Vol. IX, No. 2.

―――― [1967], *Economic Recovery in Britain 1932-9,* London, Weidenfield & Nicolson.

―――― [1968], 'Chemicals', in D. H. Aldcroft, ed., *The Development of British Industry and Foreign Competition, 1875-1914: Studies in Industrial Enterprise,* London, George Allen & Unwin.

Ritschl, A. and Straumann, T. [2010], 'Business Cycles and Economic Policy, 1914-1945', in S. N. Broadberry and K. H. O'Rourke, eds., *The Cambridge Economic History of Modern Europe,* Vol. II, *1870 to the Present,* Cambridge, Eng., Cambridge University Press.

Robinson, R. and Gallagher, J., with A. Denny [1981], *Africa and the Victorians: The Official Mind of Imperialism,* 2nd ed., London, Macmillan Press.

Rosenbluth, G. [1957], *Concentration in Canadian Manufacturing Industries,* Princeton, NJ, Princeton University Press.

Royal Institute of International Affairs (RIIA) [1944], *The Economic Lessons of the Nineteen-Thirties,* a report drafted by H. W. Arndt, rpt., London, Frank Cass, 1963. 馬場宏二解題／小沢健二・長部重康・小林襄治・工藤　章・鈴木直次・石見　徹訳『世界大不況の教訓』日本評論社，1978年．

Rugman, A. M. [1981], *Inside the Multinationals: The Economics of Internal Markets,* London, Croom Helm. 江夏健一・中島　潤・有沢孝義・藤沢武史訳『多国籍企業

と内部化理論』ミネルヴァ書房，1983年。

Sasuly, R. [1947], *IG Farben,* New York, Boni & Gaer.

Schedvin, C. B. [1970], *Australia and the Great Depression: A Study of Economic Development and Policy in the 1920s and 1930s,* rpt., Sydney, Sydney University Press; South Melbourne, Oxford University Press Australia, 1988.

Schröter, H. G. [1990], 'Cartels as a Form of Concentration in Industry: The Example of the International Dyestuffs Cartel from 1927 to 1939', German Society for Business History, ed., in cooperation with Institute for Bank-Historical Research, *German Yearbook on Business History,* 1988, Berlin, Springer-Verlag.

―――― [1992], 'The International Dyestuffs Cartel, 1927-39, with Special Reference to the Developing Areas of Europe and Japan', in A. Kudo and T. Hara, eds., *International Cartels in Business History,* proceedings of the Fuji Conference, Tokyo, University of Tokyo Press.

―――― [1994], 'Foreign Direct Investment by the German Chemical Industry from 1870 to 1930', German Society for Business History, ed., in cooperation with Institute for Bank-Historical Research, *German Yearbook on Business History,* 1993, München, K. G. Saur.

Schröter, H. G. and Travis, A. S. [1998], 'An Issue of Different Mentalities: National Approaches to the Development of the Chemical Industry in Britain and Germany before 1914', in E. Homburg, A. S. Travis and H. G. Schröter, eds., *The Chemical Industry in Europe, 1850-1914: Industrial Growth, Pollution and Professionalization,* Dordrecht, Kluwer Academic Publishers.

Sedgwick, P. N. [1984], 'Economic Recovery in the 1930s', in Bank of England, Panel of Academic Consultants, *The UK Economic Recovery in the 1930s,* papers presented at the twenty-third meeting of the Panel of Academic Consultants on 27 Jan. 1984, London, Bank of England, Economics Division.

Shay, R. P. [1977], *British Rearmament in the Thirties: Politics and Profits,* Princeton, NJ Princeton University Press.

Smith, J. K., Jr. [1992], 'National Goals, Industry Structure, and Corporate Strategies: Chemical Cartels between the Wars', in A. Kudo and T. Hara, eds., *International Cartels in Business History,* proceedings of the Fuji Conference, Tokyo, University of Tokyo Press.

―――― [2006], 'Organizing for Total War: DuPont and Smokeless Powder in World War I', in R. MacLeod and J. A. Johnson, eds., *Frontline and Factory: Comparative Perspectives on the Chemical Industry at War, 1914-1924,* Dordrecht, Springer.

Solomou, S. [1996], *Themes in Macroeconomic History: The UK Economy, 1919-1939,* Cambridge, Eng., Cambridge University Press.

The Statist, London, The Statist Office.

Steen, K. [2006], 'Technical Expertise and U.S. Mobilization, 1917-18: High Explosives and War Gases', in R. MacLeod and J. A. Johnson, eds., *Frontline and Factory: Comparative*

Perspectives on the Chemical Industry at War, 1914-1924, Dordrecht, Springer.

Stevenson, J. and Cook, C. [1994], *Britain in the Depression: Society and Politics 1929-1939,* 2nd ed., London, Longman Group UK.

Stocking, G. W. and Watkins, M. W. [1946], *Cartels in Action: Case Studies in International Business Diplomacy,* New York, Twentieth Century Fund.

―――― [1948], *Cartels or Competition?: The Economics of International Controls by Business and Government,* New York, Twentieth Century Fund.

Stockwell, S., ed. [2008], *The British Empire: Themes and Perspectives,* Oxford, Blackwell Publishing.

Stokes, E. [1963], 'Imperialism and the Scramble for Africa: The New View', rpt., in Wm. R. Louis, ed., *Imperialism: The Robinson and Gallagher Controversy,* New York, New Viewpoints, 1976.

―――― [1969], 'Late Nineteenth-Century Colonial Expansion and the Attack on the Theory of Economic Imperialism: A Case of Mistaken Identity?', *The Historical Journal,* Vol. XII, No. 2.

Stokes, R. G. [2004], 'From the IG Farben Fusion to the Establishment of BASF AG (1925-1952)', in W. Abelshauser, W. von Hippel, J. A. Johnson and R. G. Stokes, *German Industry and Global Enterprise: BASF: The History of a Company,* Cambridge, Eng., Cambridge University Press.

Stopford, J. M. [1974], 'The Origins of British-Based Multinational Manufacturing Enterprises', *Business History Review,* Vol. XLVIII, No. 3.

Stranges, A. [2000], 'Germany's Synthetic Fuel Industry, 1927-1945', in J. E. Lesch, ed., *The German Chemical Industry in the Twentieth Century,* Dordrecht, Kluwer Academic Publishers.

Svennilson, I. [1954], *Growth and Stagnation in the European Economy,* Genève, United Nations, Economic Commission for Europe.

Taylor, G. D. [1981], 'Management Relations in a Multinational Enterprise: The Case of Canadian Industries Limited, 1928-1948', rpt., in G. Jones, ed., *Transnational Corporation: A Historical Perspective,* London, Routledge, 1993.

Taylor, G. D. and Baskerville, P. A. [1994], *A Concise History of Business in Canada,* Don Mills, Ont., Oxford University Press.

Taylor, G. D. and Sudnik, P. E. [1984], *Du Pont and the International Chemical Industry,* Boston, Twayne Publishers.

Teichova, A. [1974], *An Economic Background to Munich: International Business and Czechoslovakia 1918–1938,* Cambridge, Eng., Cambridge University Press.

Teichova, A., Lévy-Leboyer, M. and Nussbaum, H., eds. [1986], *Multinational Enterprise in Historical Perspective,* Cambridge, Eng., Cambridge University Press. 鮎沢成男・渋谷将・竹村孝雄監訳『歴史のなかの多国籍企業――国際事業活動の展開と世界経済』

中央大学出版部，1991年。

―――, eds. [1989], *Historical Studies in International Corporate Business,* Cambridge, Eng., Cambridge University Press. 浅野栄一・鮎沢成男・渋谷　将・竹村孝雄・徳重昌志・日高克平訳『続・歴史のなかの多国籍企業――国際事業活動研究の拡大と深化』中央大学出版部，1993年。

Temin, P. [1991], *Lessons from the Great Depression,* Cambridge, Mass., MIT Press. 猪木武徳・山本貴之・鳩澤　歩訳『大恐慌の教訓』東洋経済新報社，1994年。

Thomas, M. [1983], 'Rearmament and Economic Recovery in the Late 1930s', *The Economic History Review,* 2nd Ser., Vol. XXXVI, No. 4.

――― [1988], 'Manufacturing and Economic Recovery in Australia, 1932-1937', in R. G. Gregory and N. G. Butlin, eds., *Recovery from the Depression: Australia and the World Economy in the 1930s,* Cambridge, Eng., Cambridge University Press.

――― [1992], 'Institutional Rigidity in the British Labour Market 1870-1939: A Comparative Perspective', in S. N. Broadberry and N. F. R. Crafts, eds., *Britain in the International Economy 1870-1939,* Cambridge, Eng., Cambridge University Press.

――― [1994], 'The Macro-Economics of the Inter-War Years', in R. C. Floud and D. N. McCloskey, eds., *The Economic History of Britain since 1700,* 2nd ed., Vol. II, *1860-1939,* Cambridge, Eng., Cambridge University Press.

Thorpe, A. [1992], *Britain in the 1930s: A Deceptive Decade,* Oxford, Blackwell Publishers.

The Times [1962], *Imperial Chemical Industries,* compiled from a survey by *The Times,* May 30 1961, London, The Times Co.

Tomlinson, B. R. [1986], 'Continuities and Discontinuities in Indo-British Economic Relations: British Multinational Corporations in India, 1920-1970', in W. J. Mommsen and J. Osterhammel, eds., *Imperialism and After: Continuities and Discontinuities,* London, German Historical Institute; Allen & Unwin.

――― [1989], 'British Business in India, 1860-1970', in R. P. T. Davenport-Hines and G. Jones, eds., *British Business in Asia since 1860,* Cambridge, Eng., Cambridge University Press.

Travis, A. S. [2010], 'Modernizing Industrial Organic Chemistry: Great Britain between Two World Wars', in A. S. Travis, H. G. Schröter, E. Homburg and P. J. T. Morris, eds., *Determinants in the Evolution of the European Chemical Industry, 1900-1939: New Technologies, Political Frameworks, Markets and Companies,* Dordrecht, Kluwer Academic Publishers.

Travis, A. S., Schröter, H. G., Homburg, E. and Morris, P. J. T., eds. [2010], *Determinants in the Evolution of the European Chemical Industry, 1900-1939: New Technologies, Political Frameworks, Markets and Companies,* Dordrecht, Kluwer Academic Publishers.

Tyabji, N. [1995], *Colonialism, Chemical Technology and Industry in Southern India,* Delhi, Oxford University Press.

United Nations, Department of Economic Affairs（UN）［1947］, *International Cartels,* a League of Nations memorandum, prepared by G. Lovasy, New York, Lake Success. 長谷川幸生・入江成雄・森田　憲訳『国際連合報告書　国際カルテル』文眞堂，1980年．
United States, Federal Trade Commission（USFTC）［1950］, *Report of the Federal Trade Commission on International Cartels in the Alkali Industry,* rpt., American Industry in the Inter-War Period, VII, Tokyo, Gozando Books, 1983.
United States, Tariff Commission（USTC）［1937］, *Chemical Nitrogen: A Survey of Processes, Organization, and International Trade, Stressing Factors Essential to Tariff Consideration,* rpt., The United States in World Trade during the Inter-War Period, Ser. III, Major Commodities in World Trade, Vol. II, Tokyo, Gozando Books, 1992.
Universität Kiel, Institut für Weltwirtschaft und Seeverkehr（UKIWS）［1932］, *Der deutsche Außenhandel unter der Einwirkung weltwirtschaftlicher Strukturwandlungen,* Ausschuß zur Untersuchung der Erzeugungs= und Absatzbedingungen der deutschen Wirtschaft, I. Unterausschuß, 5. Arbeitsgruppe, Bd. 20, rpt., Berlin, Verlegt bei E. S. Mittler & Sohn.
Walker, E. A.［1941］, *Britain and South Africa,* London, Longmans Green.
Wallerstein, I.［1974］, *The Modern World-System,* Vol. I, *Capitalist Agriculture and the Origins of the European World-Economy in the Sixteenth Century,* rpt., Oakland, CA, University of California Press, 2011. 川北　稔訳『近代世界システムI ——農業資本主義と「ヨーロッパ世界経済」の成立』名古屋大学出版会，2013年．
——— ［1980］, *The Modern World-System,* Vol. II, *Mercantilism and the Consolidation of the European World-Economy, 1600-1750,* rpt., Oakland, CA, University of California Press, 2011. 川北　稔訳『近代世界システムII——重商主義と「ヨーロッパ世界経済」の凝集　1600-1750』名古屋大学出版会，2013年．
——— ［1989］, *The Modern World-System,* Vol. III, *The Second Era of Great Expansion of the Capitalist World-Economy,* 1730s-1840s, rpt., Oakland, CA, University of California Press, 2011. 川北　稔訳『近代世界システムIII——「資本主義的世界経済」の再拡大　1730s-1840s』名古屋大学出版会，2013年．
——— ［2011］, *The Modern World-System,* Vol. IV, *Centrist Liberalism Triumphant, 1789–1914,* Oakland, CA, University of California Press. 川北　稔訳『近代世界システムIV——中道自由主義の勝利　1789-1914』名古屋大学出版会，2013年．
Warren, K.［1980］, *Chemical Foundations: The Alkali Industry in Britain to 1926,* Oxford, Clarendon Press.
Wilkins, M.［1970］, *The Emergence of Multinational Enterprise: American Business Abroad from the Colonial Era to 1914,* Cambridge, Mass., Harvard University Press. 江夏健一・米倉昭夫訳『多国籍企業の史的展開——植民地時代から1914年まで』ミネルヴァ書房，1973年．
——— ［1974］, *The Maturing of Multinational Enterprise: American Business Abroad from*

1914 to 1970, Cambridge, Mass., Harvard University Press. 江夏健一・米倉昭夫訳『多国籍企業の成熟』（上）（下）ミネルヴァ書房，1976，1978年．
Williams, T. I.［1953］, *The Chemical Industry: Past and Present,* London, Penguin Books.
Williamson, M., ed.［2008］, *Life at the ICI: Memories of Working at ICI Billingham,* Hartlepool, Printability Publishing.
Wilson, J. F.［1995］, *British Business History, 1720-1994,* Manchester, Manchester University Press. 萩本眞一郎訳『英国ビジネスの進化——その実証的研究，1720-1994』文眞堂，2008年．
Worswick, G. D. N.［1984］, 'The Recovery in Britain in the 1930s', in Bank of England, Panel of Academic Consultants, *The UK Economic Recovery in the 1930s,* papers presented at the twenty-third meeting of the Panel of Academic Consultants on 27 Jan. 1984, London, Bank of England, Economics Division.
Wurm, C. A.［1989］, 'International Industrial Cartels, the State and Politics: Great Britain between the Wars', in A. Teichova, M. Lévy-Leboyer and H. Nussbaum, eds., *Historical Studies in International Corporate Business,* Cambridge, Eng., Cambridge University Press. 浅野栄一訳「国際的産業カルテル，国家と政策——両大戦間期のイギリス」浅野栄一・鮎沢成男・渋谷 将・竹村孝雄・德重昌志・日高克平訳『続・歴史のなかの多国籍企業——国際事業活動研究の拡大と深化』中央大学出版部，1993年．
Zilk, G. C.［1974］, *Du Pont: Behind the Nylon Curtain,* Englowood Cliffs, NJ Prentice-Hall.

2　日本語文献

青木昌彦［1995］『経済システムの進化と多元性——比較制度分析序説』東洋経済新報社．
青木昌彦・奥野正寛編［1996］『経済システムの比較制度分析』東京大学出版会．
赤坂道俊［1995］「第1次大戦期イギリスの産業保護政策と染料工業の再編」八戸大学研究委員会編『八戸大学紀要』第14号．
―――［1996］「第1次大戦後ブリティッシュ・ダイスタッフス社の経営不振と危機克服の試み」八戸大学研究委員会編『八戸大学紀要』第15号．
秋田 茂［2004］「パクス・ブリタニカとイギリス帝国」秋田 茂編『パクス・ブリタニカとイギリス帝国』（イギリス帝国と20世紀，第1巻）ミネルヴァ書房．
安部悦生［1990］「イギリスにおける持株会社と管理——20世紀初頭から第2次世界大戦まで」明治大学経営学研究所編『経営論集』第37巻，第2号．
―――［1997］「イギリス企業の戦略と組織」安部悦生・岡山礼子・岩内亮一・湯沢 威『イギリス企業経営の歴史的展開』勁草書房．
―――［2009］「国際競争とチャンドラー・モデル——チャンドラーは国際競争をどのように見ていたか」湯沢 威・橘川武郎・佐々木聡・鈴木恒夫編『国際競争力の経営史』有斐閣．
阿部吉紹［1938］『石炭液化』（ダイヤモンド産業全書，第2巻）ダイヤモンド社．

天川潤次郎［1974］「南米におけるイギリスの『非公式帝国』」矢口孝次郎編『イギリス帝国経済史の研究』東洋経済新報社。
有澤廣巳・脇村義太郎／鈴木鴻一郎解題［1977］『カルテル・トラスト・コンツェルン』御茶の水書房。
石崎昭彦［1979］『新経済ナショナリズム』東京大学出版会。
伊藤裕人［1978］「IG Farbenの国際経営戦略」大阪市立大学商学部経営研究会編『経営研究』第29巻，第3号。
───［2009］『国際化学産業経営史』八朔社。
伊藤正直［1987］「資本蓄積（1）──重化学工業」大石嘉一郎編『日本帝国主義史2──世界大恐慌期』東京大学出版会。
岩田　弘［1964］『世界資本主義──その歴史的展開とマルクス経済学』未来社。
内田勝敏［1985a］「1920年代のヨーロッパの関税政策──イギリス関税政策との関連から」内田勝敏編『貿易政策論──イギリス貿易政策研究』晃洋書房。
───［1985b］「イギリス保護貿易政策の成立──1930年代のイギリス関税」内田勝敏編『貿易政策論──イギリス貿易政策研究』晃洋書房。
宇野弘蔵［1944］「『糖業より見たる広域経済の研究』序論・結語」『宇野弘蔵著作集』第8巻，岩波書店，1974年，再録。
───［1946］「資本主義の組織化と民主主義」『宇野弘蔵著作集』第8巻，岩波書店，1974年，再録。
───［1950］「世界経済論の方法と目標」『宇野弘蔵著作集』第9巻，岩波書店，1974年，再録。
───［1962］『経済学方法論』（経済学大系，第1巻）東京大学出版会。
───［1971］『経済政策論』（改訂版）弘文堂。
江夏美千穂編［1961］『現代の国際カルテル』日本評論新社。
遠藤湘吉［1965］「自由主義段階のイギリス経済」遠藤湘吉編『帝国主義論』（下）（経済学大系，第5巻）東京大学出版会。
大内　力［1970］『国家独占資本主義』東京大学出版会。
───［1985］『帝国主義論』（下）（大内力経済学体系，第5巻）東京大学出版会。
───［1991］『世界経済論』（大内力経済学体系，第6巻）東京大学出版会。
大島　清編［1965］『世界経済論──世界恐慌を中心として』勁草書房。
───［1976］「現代の資本主義経済」大島　清編『現代経済入門』東京大学出版会。
小澤勝之［1986］『デュポン経営史』日本評論社。
鬼塚豊吉［1968-69］「ICIの発展とイギリス化学工業」（1）～（13）化学経済研究所編『化学経済』第15巻，第10号～第16巻，第12号。
加来祥男［1986］『ドイツ化学工業史序説』ミネルヴァ書房。
楫西光速・加藤俊彦・大島　清・大内　力［1963］『日本資本主義の没落』III（双書・日本における資本主義の発達，第8巻）東京大学出版会。

加藤榮一［1973］『ワイマル体制の経済構造』東京大学出版会．
―――――［1974］「現代資本主義の歴史的位置――『反革命』体制の成功とその代価」『経済セミナー』1974年2月号．
―――――［1995］「福祉国家と資本主義」工藤　章編『20世紀資本主義II――覇権の変容と福祉国家』東京大学出版会．
川田　侃［1961］「通商政策」楊井克巳編『世界経済論』（経済学大系，第6巻）東京大学出版会．
河村哲二編［1996］『制度と組織の経済学』日本評論社．
北川勝彦［2001］『南部アフリカ社会経済史研究』関西大学出版部．
木村一朗［1979］「世界経済の解体――ブロック経済の進展と結末」「経済学批判」編集委員会編『経済学批判』第5号．
木村和男［2004］「世紀転換期のイギリス帝国」木村和男編『世紀転換期のイギリス帝国』（イギリス帝国と20世紀，第2巻）ミネルヴァ書房．
工藤　章［1976］「相対的安定期のドイツ化学工業」東京大学社会科学研究所編『社会科学研究』第28巻，第1号．
―――――［1978］「IGファルベンの成立と展開」（1）（2）東京大学社会科学研究所編『社会科学研究』第29巻，第5, 6号．
―――――［1988］「大恐慌とドイツの産業合理化」平田喜彦・侘美光彦編『世界大恐慌の分析』有斐閣．
―――――［1992］『イー・ゲー・ファルベンの対日戦略――戦間期日独企業関係史』東京大学出版会．
―――――［1999a］『現代ドイツ化学企業史――IGファルベンの成立・展開・解体』ミネルヴァ書房．
―――――［1999b］『20世紀ドイツ資本主義――国際定位と大企業体制』東京大学出版会．
桑原莞爾［2002］『イギリス近代史点景―― 一つの書評集』九州大学出版会．
慶應義塾各国経済研究会編［1936］『大英ブロック経済及経済政策』改造社．
神野璋一郎［1951］「イギリスにおける化学工業トラストの成立――ICIの概観」立教大学経済学研究会編『立教経済学研究』第4巻，第2号．
小林襄治［1974］「第1次大戦前，イギリス海外投資の一側面――独占企業の海外直接投資」日本証券経済研究所編『証券研究』第39巻．
佐伯　尤［1974］「インペリアル・ケミカル・インダストリーズ社とオタワ体制」一橋大学一橋学会編『一橋論叢』第72巻，第5号．
―――――［2003］『南アフリカ金鉱業史――ラント金鉱発見から第2次世界大戦勃発まで』新評論．
作道　潤［1995］『フランス化学工業史研究――国家と企業』有斐閣．
佐野　誠［1986］『現代資本主義と中進国問題の発生――両大戦間期のアルゼンチン』批評社．

柴田德太郎［1996］『大恐慌と現代資本主義──進化論的アプローチによる段階論の試み』東洋経済新報社．
─────編［2007］『制度と組織──理論・歴史・現状』桜井書店．
庄司　務［1942］『曹達と工業』河出書房．
杉浦克己［1980］「現代資本主義論」桜井　毅・山口重克・侘美光彦・伊藤　誠編『経済学II──資本主義経済の発展』有斐閣．
杉浦克己・柴田德太郎・丸山真人編［2001］『多元的経済社会の構想』日本評論社．
杉崎京太［1984］「世界恐慌下のICIの発展──多角化と『多国籍』化に関連して」白鷗女子短期大学編『白鷗女子短大論集』第10巻，第1号．
─────［1991］「世界恐慌下のイギリス系『多国籍』企業の展開と国際カルテル──ユニリーバ，コートルズ，ICIの事例から」白鷗女子短期大学編『白鷗女子短大論集』第16巻，第1号．
鈴木治雄［1968］『化学産業論』東洋経済新報社．
大東英祐［1974］「企業間交渉の展開過程──Ｉ・Ｇ・ファルベンとスタンダード・オイル（Ｎ・Ｊ）の10年間」経営史学編『経営史学』第8巻，第2号．
高橋武雄［1973］『化学工業史』産業図書．
侘美光彦［1994］『世界大恐慌──1929年恐慌の過程と原因』御茶の水書房．
田中壽一［1930］『窒素工業問題』［大日本人造肥料株式會社・窒素部］．
窒素協議会編［1936］『世界窒素固定工場表』窒素協議会．
角山　栄［1985］「経済史」経営史学会編『経営史学の20年──回顧と展望』東京大学出版会．
東洋経済新報社編［1950］『昭和産業史』第1〜3巻，東洋経済新報社．
戸原四郎［2006］『ドイツ資本主義──戦間期の研究』桜井書店．
長尾克子［1990］「現代資本主義論争──現状分析をめぐる理論と方法」降旗節雄編『クリティーク経済学論争──天皇制国家からハイテク社会まで』社会評論社．
中川敬一郎［1981a］『比較経営史序説』（比較経営史研究，第1巻）東京大学出版会．
─────［1981b］「経営史学における国際比較と国際関係」土屋守章・森川英正編『企業者活動の史的研究──中川敬一郎先生還暦記念』日本経済新聞社．
─────［1986］「国際関係経営史への問題提起」『経営史学会第22回大会報告集』経営史学会．
中川文雄・松下　洋・遲野井茂雄［1985］『ラテンアメリカ現代史II──アンデス・ラプラタ地域』（世界現代史，第34巻）山川出版社．
長沢不二男［1967］「IGファルベン──その歴史と教訓」(1)〜(11)化学経済研究所編『化学経済』第14巻，第1〜11号．
中西直行［1961］「崩壊期」楊井克巳編『世界経済論』（経済学大系，第6巻）東京大学出版会．
永岑三千輝［1985］「イ・ゲ・ファルベン社とナチ体制──私的独占体と国家の諸関係」立正大学経済学会編『経済学季報』第34巻，3・4合併号．

─── ［1988］「ドイツ第三帝国とイ・ゲ・ファルベン──企業史に関する最近の研究の批判的検討」立正大学経済学会編『経済学季報』第37巻，第4号．

中村通義［1973］「ニューディール期のアメリカ資本主義」鎌田正三・森　呆・中村通義『アメリカ資本主義』（講座・帝国主義の研究──両大戦間におけるその再編成，第3巻）青木書店．

日本学術振興会第12小委員会［染料問題］［1935］『染料年報』第1巻，共立出版．

日本経済再建協会・日本勧業銀行調査部共編［1948］『硫安工業の現状及び将来』（日本勧業銀行調査彙報，第10号）日本勧業銀行調査部．

橋本寿朗［1984］『大恐慌期の日本資本主義』東京大学出版会．

─── ［2004］『戦間期の産業発展と産業組織II──重化学工業化と独占』東京大学出版会．

馬場宏二［1961］「貿易」楊井克巳編『世界経済論』（経済学大系，第6巻）東京大学出版会．

─── ［1986］『富裕化と金融資本』ミネルヴァ書房．

─── ［1997］『新資本主義論──視角転換の経済学』名古屋大学出版会．

林　健久・山崎広明・柴垣和夫［1973］『日本資本主義』（講座・帝国主義の研究──両大戦間におけるその再編成，第6巻）青木書店．

原田聖二［1995］『両大戦間イギリス経済史の研究』関西大学出版部．

原田石四郎［1938］『染料』（ダイヤモンド産業全書，第3巻）ダイヤモンド社．

平田雅博［2000］『イギリス帝国と世界システム』晃洋書房．

廣田　襄［2013］『現代化学史──原子・分子の科学の発展』京都大学学術出版会．

藤井　洋［1952］「国家独占資本主義としてのニューディール」降旗節雄編『現代資本主義の原型』こぶし書房，1997年，再録．

藤川隆男［2004］「オーストラリア連邦の成立」木村和男編『世紀転換期のイギリス帝国』（イギリス帝国と20世紀，第2巻）ミネルヴァ書房．

藤村幸雄［1961］「関税政策」武田隆夫編『帝国主義論』（上）（経済学大系，第4巻）東京大学出版会．

降旗節雄編［1983］『現代資本主義論──方法と分析』（宇野理論の現段階，第3巻）社会評論社．

星　昭・林　晃史［1978］『アフリカ現代史I──総説・南部アフリカ』（世界現代史，第13巻）山川出版社．

細川道久［2004］「『ブリティッシュ』カナダの生成と展開──19世紀カナダ社会とイギリス系移民」秋田　茂編『パクス・ブリタニカとイギリス帝国』（イギリス帝国と20世紀，第1巻）ミネルヴァ書房．

細野昭雄［1983］『ラテンアメリカの経済』東京大学出版会．

堀　一郎［1983］「現代資本主義分析の方法」清水正徳・降旗節雄編『宇野弘蔵の世界──マルクス経済学の現代的再生』有斐閣．

前川一郎［2004］「南アフリカ連邦の形成」木村和男編『世紀転換期のイギリス帝国』

（イギリス帝国と20世紀，第2巻）ミネルヴァ書房．
水野五郎［1968］「E. I. デュポン社における生産の多角化——第1次大戦より1920年代末までを中心として」大塚久雄・安藤良雄・松田智雄・関口尚志編『資本主義の形成と発展——山口和雄博士還暦記念論文集』東京大学出版会．
宮崎犀一・奥村茂次・森田桐郎編［1981］『近代国際経済要覧』東京大学出版会．
三和良一［2003］『戦間期日本の経済政策史的研究』東京大学出版会．
─────［2004］「資本主義の発展段階——経済史学からの接近」加藤榮一・馬場宏二・三和良一編『資本主義はどこに行くのか——20世紀資本主義の終焉』東京大学出版会．
森　杲［1973］「第1次大戦～1920年代のアメリカ資本主義」鎌田正三・森　杲・中村通義『アメリカ資本主義』（講座・帝国主義の研究——両大戦間におけるその再編成，第3巻）青木書店．
森　杲・中村通義［1973］「大恐慌の過程—— 1929～1933年」鎌田正三・森　杲・中村通義『アメリカ資本主義』（講座・帝国主義の研究——両大戦間におけるその再編成，第3巻）青木書店．
森　恒夫［1975］『イギリス資本主義』（講座・帝国主義の研究——両大戦間におけるその再編成，第4巻）青木書店．
─────［1980］「イギリス」入江節次郎・高橋哲雄責任編集『大恐慌前後』（講座・西洋経済史，第Ⅳ巻）同文舘出版．
─────［1988］「大恐慌前後のイギリス資本主義」平田喜彦・侘美光彦編『世界大恐慌の分析』有斐閣．
─────［1991］「宇野『金融資本論』（『経済政策論』改訂版〔弘文堂，1971年〕第3編第1章）の再吟味」明治大学経営学研究所編『経営論集』第38巻，第1号．
楊井克巳編［1961］『世界経済論』（経済学大系，第6巻）東京大学出版会．
柳澤　治［2013］『ナチス・ドイツと資本主義——日本のモデルへ』日本経済評論社．
山下幸夫［1968］「第1次世界大戦期のE. I. デュポン社と染料工業——経営多角化との関連において」中央大学商学研究会編『商学論纂』第10巻，第1・2・3合併号．
山田　清［1950］『塩・ソーダ』（ダイヤモンド産業全書，第14巻）ダイヤモンド社．
湯沢　威［2009］「イギリス化学企業の盛衰——ICIによる『選択と集中戦略』の末路」湯沢　威・橘川武郎・佐々木聡・鈴木恒夫編『国際競争力の経営史』有斐閣．
横井勝彦［1997］『大英帝国の〈死の商人〉』講談社．
横川信治・野口　真・伊藤　誠編［1999］『進化する資本主義』日本評論社．
吉田輝夫［1977］「ナチ『第三帝国』」林　健太郎編『ドイツ史』（新版）（世界各国史，第3巻）山川出版社．
米川伸一［1970a］「『イギリス染料』の成立と問題点——ICI成立史序説」（1）一橋大学一橋学会編『一橋論叢』第64巻，第3号．
─────［1970b］「ドイツ染料工業と『イー・ゲー染料株式会社』の成立過程」一橋大学一橋学会編『一橋論叢』第64巻，第5号．

─────［1984］「比較経済史」社会経済史学会編『社会経済史学の課題と展望』有斐閣。

渡瀬完三［1938］『硫安』（ダイヤモンド産業全書，第5巻）ダイヤモンド社。

渡辺　寬［1975］「世界農業問題」加藤栄一・馬場宏二・渡辺　寬・中山弘正『世界経済』（講座・帝国主義の研究──両大戦間におけるその再編成，第2巻）青木書店。

あとがき

　本書,『イギリス化学産業の国際展開——両大戦間期におけるICI社の多国籍化過程』は, 以下の論文を基にしている。
(1)「両大戦間期におけるインペリアル・ケミカル・インダストリーズ社の国際事業展開——国内的独占・国際的寡占体制下におけるその多国籍化過程」(博士論文, 明治大学大学院経営学研究科, 2000年3月)。
(2)「1930年代央以降のイギリス再軍備とICI社——代理工場の経営を視点として」(川口短期大学編『川口短大紀要』第19号, 2005年12月)。
　また, 博士論文のうち, いくつかの節を取り上げ, 個別にテーマを与えて, 以下の論文として発表した。
(1)「イギリス化学産業の史的展開——1920年代央に至るその盛衰」(明治大学経営学研究所編『経営論集』第47巻, 第2・3合併号, 2000年3月)。
(2)「両大戦間期における世界化学産業の展開——アメリカおよびドイツ化学産業を事例として」(川口短期大学編『川口短大紀要』第20号, 2006年12月)。
(3)「両大戦間期のカナダ化学産業——カナディアン・インダストリーズ社による多角化を事例として」(川口短期大学編『川口短大紀要』第21号, 2007年12月)。
(4)「南アフリカにおけるイギリス多国籍企業の成長戦略——AE＆I社の成長・拡大を事例として」(川口短期大学編『川口短大紀要』第22号, 2008年12月)。
(5)「両大戦間期の南アメリカにおけるイギリス化学企業の国際合弁事業」(川口短期大学編『川口短大紀要』第25号, 2011年12月)。
(6)「両大戦間期のオーストラリアにおけるイギリス多国籍企業の国際経営戦略」(川口短期大学編『川口短大紀要』第26号, 2012年12月)。
(7)「世界大恐慌下におけるイギリス化学製品輸出——国際カルテルと保護主義が及ぼす影響」(川口短期大学編『川口短大紀要』第27号, 2013年12月)。
　ただし, いずれの論文にも字数制限があったために, 結果としては削除に削

除を重ねた「縮小再生産」でしかなく，十分に議論を尽くせたかどうかは疑わしい。今回，これまでの論文を1冊の研究書としてまとめるにあたり，博士論文をベースにこそしつつも，その章立てを変更し，大幅に加筆・修正するなど，「質的」な点はいざ知らず，「量的」には少なくとも博士論文の1.5倍ほどになった。さらに，これまでの論文の単純な誤りや根本的な理解不足なども正して，事実上，新たな研究成果として世に問うことにした。

　ここで，あらためて，本書の執筆に至る経緯について記しておこう。私が「多国籍企業」に興味をもちはじめたのは，もう30年以上も前，まだ明治大学政治経済学部に在学していたころのことであった。そのきっかけはもう覚えていないが，おそらく一国の経済あるいは個別の産業や企業が国境を越えて海外に展開するさいに，いったい何を動機とするのか，また進出先でどのような展開を遂げるのか，そんな疑問から出発したに違いない。もっとも，記憶こそおぼろげではあるが，その基本的な問題意識は，今も変わることなく，そして本書を執筆するにあたっても，しっかりと根底に横たわっている。

　こうした学部生としての拙い問題意識をゼミ論文（卒業論文に相当）としてまとめあげて学部を卒業し，いったんは社会に出た。だが，研究に対する思いを断ち切ることができず，あらためて明治大学大学院経営学研究科に進学し，学部生時代からお世話になっていた森恒夫先生のもとで，研究者としての人生をスタートさせた。いざ，修士論文に着手しようとしたさい，森先生は，「あまり歴史にこだわらず，戦後について研究をした方がよい」と示唆されたのだが，森先生の著書，『イギリス資本主義』（講座・帝国主義の研究――両大戦間におけるその再編成，第4巻，青木書店，1975年）に影響を受けていた世代としては，やはり「両大戦間期のイギリス資本主義」について研究したいと，あえてその時代と国を選択した。だが，問題は，どうテーマを絞り込んでいくか，どうアプローチするかであった。森先生は，「イギリスにはもう事例として取り上げるほどの企業が残ってない」とおっしゃりつつも，いくつかの企業名をあげられた。そのなかに聞き覚えのない「ICI社」という企業名があった。恥ずかしながら，イギリスといえば，せいぜい自動車や石油などの企業しか知らなかった私にとって，その企業名はとても新鮮であった。おそらく何気なくおっしゃっ

た企業名であったに違いないが，結果としてそれが私のその後の研究を方向づけることになった。

　だが，そこからが大変であった。目の前に積まれたのは，ウィリアム・リーダー（William Joseph Reader）氏のICI社社史，*Imperial Chemical Industries: A History*, 2 vols. (London, Oxford University Press, 1970, 1975) であった。博士前期課程の大学院生にとって，2巻併せて1100ページに及ぶ大部の原書にいきなり手を着けることなど至難の業であった。そこで大きな助けとなったのが，鬼塚豊吉先生の論文，「ICIの発展とイギリス化学工業」(1) 〜 (13)（化学経済研究所編『化学経済』第15巻，第10号〜第16巻，第12号，1968〜1969年）であった。鬼塚先生の論文は，まだリーダー氏の社史が公刊される以前に，2次資料によりつつも，ICI社の歴史的展開や国内外にわたる広範な事業展開をバランスよくまとめられた，現在においてもきわめて水準の高いものである。私のICI社研究は，実のところ鬼塚先生の理解に基づいており，今も鬼塚先生の掌の上で悪戦苦闘しているというのが現実である。

　もっとも，修士論文が鬼塚論文の「焼き直し」であっては意味がない。「多国籍企業」の研究が私の本来の課題であった。そこで道筋をつけてくれたのが，佐伯尤先生の「インペリアル・ケミカル・インダストリーズ社とオタワ体制」（一橋大学一橋学会編『一橋論叢』第72巻，第5号，1974年），杉崎京太先生の「世界恐慌下のICIの発展——多角化と『多国籍』化に関連して」（白鷗女子短期大学編『白鷗女子短大論集』第10巻，第1号，1984年）という2論文であった。ともに，ICI社の国際事業として，その国際カルテルや輸出，直接投資＝多国籍事業が取り上げられており，まさに私が一貫して追究しつづけることになった研究テーマを与えてくれた論文といってよい。こうした先生方の優れた業績の跡を追うようにして，私もICI社の研究に着手し，今となっては恥ずかしいかぎりの業績の1つにすぎない「両大戦間期におけるインペリアル・ケミカル・インダストリーズ社の対外活動——1930年代を通じた現地生産体制強化の意義」（修士論文，明治大学大学院経営学研究科，1994年3月）をようやく提出して博士後期課程に進むことができた。

　博士後期課程に進学後，博士論文を執筆するにあたって研究テーマを設定す

るうえで重要な役割を果たしたのが，多国籍企業研究で知られるレディング学派との出会いであった。後述するように，1997年から1998年にかけてイギリスのロンドン・スクール・オヴ・エコノミクス経営史ユニット（London School of Economics and Political Science, Business History Unit）で学ぶ機会を得た。イギリスでは，資料収集にあたりつつ，同ユニットで経営史について学び，さらにはレディング大学国際経営史センター（University of Reading, Centre for International Business History）が主催する研究会への参加も許されたことで，多国籍企業史研究のメッカで最新の研究に触れて大きな刺激を受けることもできた。くわえて，同時期に，本書が対象とするICI社と因縁深からぬ関係にあったIGファルベン社について，レディング学派が提唱する諸理論を援用しつつ執筆された工藤章先生の著書，『イー・ゲー・ファルベンの対日戦略――戦間期日独企業関係史』（東京大学出版会，1992年），『現代ドイツ化学企業史―― IGファルベンの成立・展開・解体』（ミネルヴァ書房，1999年）が出版されたことにも大きな影響を受けた。本書では，あえて「批判の対象」として，先生の著書を紹介させていただいたが，私にとっては，化学企業の歴史や国際展開を研究するうえで，学ぶことばかりの卓越した「お手本」であった。ここであらためて先生とその業績に対して敬意を表したいと思う。

　さらに，この博士論文をベースとして本書を執筆するにあたって，強く背中を押してくれたのが，両大戦間期を中心とした欧米化学産業・企業に関する研究書の相次ぐ出版であった。この分野に関する研究はけっして多いとは言えない。そんな状況のなか，1990年代から2000年代にかけて，工藤先生の2著に加えて，作道潤先生の『フランス化学工業史研究――国家と企業』（有斐閣，1995年），伊藤裕人先生の『国際化学工業経営史研究』（八朔社，2002年），『国際化学産業経営史』（八朔社，2009年）がつぎつぎと出版されたのである。こうして列挙してみると，ドイツ，フランス，アメリカの化学産業・企業に関する研究書はそろったことになる。そうなると，両大戦間期にこれら主要国の化学産業・企業と競合する関係にありながらも，日本語によるまとまった研究書が出版されていないのは，本書が対象とするイギリス化学産業ないしICI社だけということになった。したがって，本書を出版する意義の1つは，両大戦間期

を中心とした欧米化学産業・企業に関する研究の欠落を補うということである。もっとも，拙著が，先生方の優れた業績と並び称されるほどの存在であるとは言いがたいかもしれない。それでも，1つだけ空いた穴をなんとか埋めることで，欧米化学産業・企業の全容を解明する役割を多少なりとも果たしてくれればと期待する。

　さて，こうして，ようやく出版にこぎつけた本書ではあるが，ICI社が所蔵する1次資料へのアクセスが困難を極めたこともあり，率直なところいくつか心残りな点がある。1つは，ICI社の化学製品輸出に関するデータが得られなかったことである。この点は，リーダー氏もずいぶん苦労したようで，やはり両大戦間期のICI社による化学製品輸出の品目別地域構成に関する詳細なデータをそろえることには限界があった。それでも，イギリス政府の完璧な貿易統計が，私の心残りを払拭し，ある程度，ICI社の化学製品輸出の「推移」を推し量る役割を担ってくれたものと確信している。もう1点は，まさに本書の主題となるICI社の海外諸地域における事業展開に関する資料の不足である。研究対象とする地域は，南部アフリカ，オーストラレイシア，南北アメリカ大陸と広域にわたり，さらに使用される言語も，英語のみならず，フランス語やスペイン語，ポルトガル語といった多言語に及ぶなど，資料の収集や分析には苦労した。より時間をかけて，さらに掘り下げた研究をしたいとは思いつつも，そこから先に深入りすれば，それはもう「カナディアン・インダストリーズ社研究」であったり，「南アフリカ化学産業研究」であったりと，本書の基本的な課題を超えた研究になってしまう。「両大戦間期におけるICI社の多国籍化過程」を全般的に捉えることを課題としている本書としては，このレベルでお許し願えればと乞うばかりである。もし，個別地域の化学産業・企業に関する立ち入った研究を志す若き研究者がいるのならば，私の至らない研究をぜひ補ってほしいと思っている。

　まさに，拙いばかりの私の研究であるが，ここに至るまでには，多くの先生方，先輩方，友人たちの支えがあったからこそ，どうにかやってこられたといっても過言ではない。お世話になったすべての方々を列挙して謝辞を述べることなどかなわないが，代表的な先生方のお名前だけでもあげさせていただき

たい。

　とりわけ，博士前期・後期課程を過ごした明治大学大学院では，多くの先生方にご指導を賜った。大学院入学以来，経済学的なアプローチに執着する私に，経営史的なアプローチ（とくにチャンドラー的なアプローチ）について，根気強くご指導くださったのは，安部悦生先生であった。先生は，先述したイギリス留学の機会を与えてくださるなど，私の研究の大きな支えとなってくださった。また，私のイギリス留学と時期を同じくして，レディング大学での在外研究に就いておられ，同大学国際経営史センターの研究会に招待してくださったのは，坂本恒夫先生であった。同センターでは，先生のご紹介により，本書でも言及したジェフリー・ジョーンズ（Geoffrey Jones）先生やマティアス・キッピング（Matthias Kipping）先生などから刺激的なレクチャーを受けることもできた。それ以上に，ロンドン西部のヒリンドン（Hillingdon）にあった先生のご自宅にたびたびご招待いただき，奥さまの手料理に舌鼓を打ったことは，今も忘れることのできないいい思い出である。ロンドンでの研究生活に安らぎの時間を提供してくださったことに対して，先生はじめ，ご家族のみなさまにも感謝申し上げたい。なお，先生には，博士論文の副査までお願いするなど，何から何までお世話になった。また，副査という点では，佐々木聡先生にも大変お世話になった。日本経営史という異なる視点からのご指導・ご指摘により，自分自身の勉強不足を痛感させられるばかりであった。さらに，イギリス留学から戻って以降は，商学研究科の横井勝彦先生のゼミにも出席させていただいた。先生には，イギリス帝国史や軍需産業史に関する研究を行ううえで，必要となる資料の収集方法や新しい研究成果を紹介していただくなど，多方面でご支援をいただいた。今思うと，もっと早い時期から先生のご指導を受けていればよかったのにと後悔するばかりである。

　また，公私にわたってお世話になった先輩たちも，私にとって大きな支えとなってくれた。経営学研究科にあって，経済学（宇野理論）を学ぼうとする私は，「絶対的少数派」であった。そんな孤立する，できの悪い後輩である私に対して，秋草学園短期大学の吉井利眞先生，青森大学の赤坂道俊先生，岩手県立大学の植田眞弘先生は，宇野理論の奥深さをことあるごとに教えてくれた。

先輩方の導きがあったからこそ，今も宇野理論から離れることなく研究しつづけることができているものと心から感謝している。こうしたいい「兄貴分」がいるのなら，いい「姉貴分」もいる。明治大学経営学部の加藤志津子先生には，2010年度の特別研修の受入れをお願いした。それ以外にも，大学院生のころから，さまざまなことでご相談に乗っていただいたり，お力添えをいただいたりと，お世話になるばかりであった。あらためてこの場をお借りして，「姉貴分」にも謝意を述べたいと思う。

さらに，一人ひとりの名前をあげてお礼を申し述べることはできないものの，友人たちの存在も大きかった。私が在籍していたころの明治大学大学院には，経営史や経済史の研究を志す多くの大学院生がいた。彼ら，彼女らとの何気ない会話が研究のヒントになったことも数知れない。今はもうかつてのように長々と議論をする時間などなくなってしまったが，刺激的な友人でいてくれたことに感謝している。

最後になったが，学部以来，30年近くにわたってご指導くださった森恒夫先生には，言葉では言い尽くせないほどの感謝の気持ちでいっぱいである。残念ながら，先生は2012年3月18日に逝去された。先生のご存命中から，本研究の出版についてご相談を申し上げ，いくつかの出版社を紹介していただいたりもしたが，厳しい出版事情のなかでは，なかなか具体化しないまま時間だけが過ぎていった。このたび，遅まきながらもようやく本書を出版する運びとなったものの，先生に拙著をお読みいただき，学生時代のようにご批判いただけないことだけが心残りでならない。あらためて，先生への感謝の気持ちを込めて本書を捧げたいと思う。

本書の出版にあたっては，「化学産業史・企業史」という堅く地味な分野の研究書であるにもかかわらず，出版を快く引き受けてくださった論創社代表者の森下紀夫氏，編集部長の松永裕衣子氏，さらに同社をご紹介くださった川口短期大学の蜂巣泉先生にも，この場をお借りして感謝申し上げたい。

2015年10月　松田　淳

人名索引

ア行

アーント，ハインツ（Heinz Wolfgang Arndt）280
アイザックス，ラファス（Rufus Daniel Isaacs）166
アトリー，クレメント（Clement Richard Attlee）151
安部悦生　166, 364
アポロニオ，サミュエル（Samuel T. Apollonio）241
アミン，サミール（Samir Amin）365
有澤廣巳　178
アルブリトン，ロバート（Robert Albritton）9-10
伊藤裕人　50
ヴァルガス，ジェトゥリオ（Getúlio Dorneles Vargas）352
ウィアー，ウィリアム（William Douglas Weir）155, 163, 166
ウィアー子爵［初代］（the first Viscount Weir）→ ウィアー
ウィルキンス，マイラ（Mira Wilkins）340
ウォーラーステイン，イマニュエル（Immanuel Wallerstein）365
ウォーレン，ケネス（Kenneth Warren）94
宇野弘蔵　2, 8-10, 43, 364-365
ヴルム，クレメンス（Clemens A. Wurm）280
榎本正敏　10
大内　力　10
オールドクロフト，デレク（Derek Howard Aldcroft）95
オールフォード，バーナード（Bernard W. E. Alford）95

カ行

カー，エドワード（Edward Hallett Carr）350
ガーシェンクロン，アレクサンダー（Alexander Gerschenkron）11
カソン，マーク（Mark Casson）11
加藤榮一　9-10
カローザス，ウォーレス（Wallace Hume Carothers）27, 29
キャナダイン，デイヴィッド（David Cannadine）366
キャピー，フォレスト（Forrest Capie）175
ギャラハー，ジョン（John Gallagher）366
工藤　章　6-7, 11-12, 47, 53
ケイン，ピーター（Peter Joseph Cain）366
コールマン，キム（Kim Coleman）174

サ行

ジョーンズ，ジェフリー（Geoffrey Jones）281, 338-339
スウィフト，ウェンデル（Wendell Swift）352
杉崎京太　365
ソルヴェー，エルネスト（Ernest Solvay）89-90

タ行

ダウィー，J.（J. A. Dowie）95
ダニング，ジョン（John Harry Dunning）6, 11
チャンドラー，アルフレッド（Alfred Dupont Chandler, Jr.）9-11, 166
デュポン，アルフレッド（Alfred Irénée du Pont）49
デュポン，イレネー（Éleuthère Irénée du Pont）21
デュポン，コールマン（Thomas Coleman du Pont）49
デュポン，ピエール（Pierre Samuel du Pont）49
デュポン，ユージン（Eugene du Pont）49
デュポン，ラモー（Lammot du Pont）317
ドーントン，マーティン（Martin James Daunton）366
トッドハンター，ベンジャミン（Benjamin Edward Todhunter）297

ナ行

中川敬一郎　11
ノーベル，アルフレッド（Alfred Bernhard Nobel）　75

ハ行

パーヴィス，アーサー（Arthur Blaikie Purvis）　321
パーキン，ウィリアム（William Henry Perkin）　89
ハーバー，ルートヴィヒ（Ludwig Fritz Haber）　48, 94
バクストン，ネイル（Neil Keith Buxton）　95
橋本寿朗　279
バックレイ，ピーター（Peter Jennings Buckley）　11
馬場宏二　9-10
バルフォア，アーサー（Arthur James Balfour）　155
パルマ，アルトゥーロ（Arturo Alessandri Palma）　328
ハンキー，モーリス（Maurice Pascal Alers Hankey）　151
ハンナ，レスリー（Leslie Hannah）　166
ヒトラー，アドルフ（Adolf Hitler）　2, 174, 350
ヒルファディング，ルドルフ（Rudolf Hilferding）　365
フォアマン=ペック，ジェイムズ（James Foreman-Peck）　175
フォックス，モーリス（Maurice Rayner Fox）　171
藤井洋　10
ブラナー，ジョン（John Tomlinson Brunner）　70
フランク，アンドレ・グンダー（Andre Gunder Frank）　365
フランコ，ローレンス（Lawrence George Franko）　339
ヘクスナー，アーヴィン（Ervin Hexner）　201
ポーター，アンドリュー（Andrew Neil Porter）　366
ポーター，マイケル（Michael Eugene Porter）　364
ホプキンス，アントニー（Antony Gerald Hopkins）　366

ホブソン，ジョン（John Atkinson Hobson）　365

マ行

マーマン，ヨハン（Johann Peter Murmann）　89
マクドナルド，ラムゼイ（James Ramsay MacDonald）　150, 170
マッガワン，ハリー（Harry Duncan McGowan）　98-99, 166, 170, 173, 203-204, 301, 306, 310, 341, 363
マッガワン卿（Lord McGowan）　→　マッガワン［ハリー］
マッケナ，レジナルド（Reginald McKenna）　98
三和良一　9
メルチェット卿［初代］（the first Lord Melchett）　→　モンド［アルフレッド］
メルチェット卿［第2代］（the second Lord Melchett）　→　モンド［ヘンリー］
森恒夫　10, 95, 275, 364-365
モンド，アルフレッド（Alfred Moritz Mond）　98-99, 165-166, 169, 171, 204, 243, 363
モンド，ヘンリー（Henry Mond）　166, 204, 247
モンド，ルートヴィッヒ（Ludwig Mond）　70, 171

ラ行

ラグマン，アラン（Alan M. Rugman）　11
ランドー，ラルフ（Ralph Landau）　89
リーダー，ウィリアム（William Joseph Reader）　5, 91, 163, 166, 171, 174, 239, 345, 360-361
リチャードソン，ハリー（Harry Ward Richardson）　95, 168
リスゴウ，ジェイムズ（James Lithgow）　155
レーニン，ウラジミル（Владимир Ильич Ленин）　43, 365
レディング卿［初代］（the first Lord Reading）　→　アイザックス
ローズ，セシル（Cecil John Rhodes）　344
ロビンソン，ロナルド（Ronald Robinson）　366

ワ行

脇村義太郎　178
渡辺寛　10, 244

企業名索引

アルファベット

AE & C社 → オーストラリアン・エクスプローシヴズ・アンド・ケミカル社
AE & I社 → アフリカン・エクスプローシヴズ・アンド・インダストリーズ社
AGFA社 → アニリン工業社
BASF社 → バーディッシュ・アニリン・ソーダ工業社
BSAE社 → ブリティッシュ・サウス・アフリカン・エクスプローシヴズ社
CIBA社 → バーゼル化学工業社
CM & R社 → クーパー・マクドゥーガル・アンド・ロバートソン社
E. I. デュポン・ド・ヌムール社 (E. I. du Pont de Nemours & Co. Inc.) 4-5, 8, 21-30, 43, 45-51, 75, 79, 92, 97, 103, 105, 114-116, 131, 143, 165, 177, 181-183, 195-206, 209, 220, 227, 237, 241-243, 284-285, 296-297, 299, 313-317, 319-322, 324, 326-329, 332-339, 343, 347-349, 352-358, 365
GM社 → ゼネラル・モーターズ社
ICI社 → インペリアル・ケミカル・インダストリーズ社
ICI (〜) 社 → インペリアル・ケミカル・インダストリーズ社子会社
ICIANZ社 → インペリアル・ケミカル・インダストリーズ・オヴ・オーストラリア・アンド・ニュージーランド社
IGファルベン社 → 利益共同体染料工業社
IGファルベン社日本販売部 → ドイツ染料合名会社
IHP社 → インターナショナル・ハイドロジェネーション・パテンツ社
J. R. ガイギー社 (J. R. Geigy AG) 246
L. B. ホリデー社 (L. B. Holliday & Co. Ltd.) 61, 139, 228-229
R. C. ジェイミソン社 (R. C. Jamieson & Co. Ltd.) 323
SA & N社 → シンセティック・アンモニア・アンド・ナイトレーツ社
SAI社 → スコティッシュ・アグリカチャラル・インダストリーズ社
SBSA → サウス・アフリカ・スタンダード銀行

ア行

アウシッヒ連合社 (Aussiger Verein) → オーストリア帝国化学・金属製造連合社
アクゾ・ノーベル社 (Akzo Nobel NV) 1, 165
旭硝子社 279
アツェヴェド・ソアレス・ニトロセルロース製造社 (Cia. Productos Nitrocellulose Azevedo Soares) 336-337
アトラス・パウダー社 (Atlas Powder Co. Inc.) 198, 242, 316, 327, 329, 348
アニリン工業社 (AG für Anilin=Fabrikation) 31, 34
アフリカン・エクスプローシヴズ・アンド・インダストリーズ社 (African Explosives & Industries Ltd.) 76, 114, 284, 286, 302, 306-312, 318, 345-347, 357
アーリントン社 (Arlington Co.) 24
アライド・ケミカル・アンド・ダイ社 (Allied Chemical and Dye Corp. Inc.) 21, 48, 105, 165, 182, 185, 189, 204-205, 220, 222, 243-244, 285, 315, 317
アルカリ・アンド・ケミカル・オヴ・インディア社 (The Alkali and Chemical Corp. of India Ltd.) 292
アルゼンチン・オルベア弾薬社 (Cartucheria Orbea Argentina SA) 331, 333
アルゼンチン・セルロース社 (La Celulosa Argentina SA) 334-335
アルゼンチン電解塩素社 (Electroclor SA Argentina) 335
アルフレッド・ノーベル社 (Alfred Nobel & Co.) 75
アルフレッド・ノーベル・デュナミート社 (Dynamit AG vorm. Alfred Nobel & Co.)

75, 92, 115, 131, 167, 182, 195, 199-201, 241-243, 285, 295, 328-330, 345, 349-350, 355
アレン・エヴェリット社（Allen Everitt & Sons Ltd.）　106, 110
アングロ＝アメリカン・オイル社（Anglo-American Oil Co.）　170
アングロ＝チリアン・コンソリデーティド・ナイトレート社（The Anglo-Chilean Consolidated Nitrate Corp.）　209, 222
アンモニア・オヴ・オーストラリア社（The Ammonia Co. of Australia Ltd.）　284, 296
インターナショナル・ニッケル・オヴ・カナダ社（International Nickel Co. of Canada Ltd.）　285, 318
インターナショナル・ハイドロジェネーション・エンジニアリング・アンド・ケミカル社（International Hydrogenation Engineering and Chemical Co.）　236, 285
インターナショナル・ハイドロジェネーション・パテンツ社（International Hydrogenation Patents Co. Ltd.）　136, 169, 235-236
インターナショナル・ペーパー社（International Paper Co.）　324
インペリアル・ケミカル・インダストリーズ社（Imperial Chemical Industries Ltd.）　1-2, 4-8, 10-11, 21, 30-31, 43, 45-46, 50, 55, 58-60, 70-73, 82, 97-123, 125-150, 152-153, 155-174, 177, 181-183, 186-192, 194, 197-207, 212-213, 216-217, 220-223, 225, 227-230, 234-238, 240-243, 245-247, 249-250, 253-256, 260-261, 265, 268-271, 274-294, 296-304, 307-313, 315-322, 324, 326-341, 343-345, 347-348, 351-365, 367
――グループ：
アルカリ・グループ（Alkali Group）　107-109, 121, 127-130, 142, 145, 157, 330
一般化学製品グループ（General Chemicals Group）　107-109, 121, 127, 129-130, 142, 155-158, 164, 172
金属グループ（Metals Group）　107-108, 110, 127, 132, 142, 146, 148, 155-157, 164, 299
石灰グループ（Lime Group）　107-108, 110, 121, 127, 142
染料グループ（Dyestuffs Group）　107-109, 121, 127, 141-144, 156-157, 170, 172, 270, 319
塗料・人造皮革グループ（Paints and Leather Cloth Group）　107-108, 110, 127, 142, 157
爆薬グループ（Explosives Group）　107-108, 111, 122, 127, 131-132, 142, 147, 153, 155-158
肥料・合成製品グループ（Fertilizer and Synthetic Products Group）　107-108, 110, 117, 125, 127, 135, 142, 146, 156-157, 167
ビリンガム・グループ（Billingham Group）　107-108, 121, 125, 127-128, 135
プラスチック・グループ（Plastics Group）　107, 142, 145, 157, 172
――子会社［ICI（〜）社］：
ICI（アルゼンチン）社（ICI (Argentine) Ltd. ／ ICI SA Comercial e Industrial）　282, 331
ICI（インディア）社（ICI (India) Ltd.）　282-283, 291-292
ICI（エジプト）社（ICI (Egypt) SA）　283, 293-294
ICI（オーストラレイシア）社（ICI (Australasia) Ltd.）　297
ICI（チャイナ）社（ICI (China) Ltd.）　282-283, 287-290
ICI（チリ）社（ICI (Chile) Ltd. ／ Cia. Imperial de Industrias Químicas de Chile）　282-283, 330
ICI（ファーマシューティカルズ）社（ICI (Pharmaceuticals) Ltd.）　172
ICI（ブラジル）社（ICI (Brazil) Ltd. ／ Cia. Imperial de Industrias Químicas do Brasil）　282-283, 336, 352
ICI（プラスチックス）社（ICI (Plastics) Ltd.）　107, 145
ICI（ペルー）社（ICI (Peru) Ltd. ／ ICI SA Peruna）　283, 340
ICI（マラヤ）社（ICI (Malaya) Ltd.）　283, 292

企業名索引　409

ICI（レヴァント）社（ICI (Levant) Ltd.）　283, 293
——事業部／事業部門：
　金属事業部（Metals Division）　121, 132, 146, 148
　染料事業部（Dyestuffs Division）　121, 141-142
　農業事業部（Agricultural Division）　121, 146
　ノーベル事業部（Nobel Division）　121, 132, 147
　プラスチック事業部［1970年代］（Plastics Division）　121
　プラスチック事業部門［1930年代］（Plastics Division）　144-145, 171-172
　モンド事業部（Mond Division）　121, 129-130, 146, 194
インペリアル・ケミカル・インダストリーズ・オヴ・オーストラリア・アンド・ニュージーランド社（Imperial Chemical Industries of Australia and New Zealand Ltd.）　114, 264, 283-284, 286, 294-302, 318, 343-344, 357
インペリアル・タバコ社（Imperial Tobacco Co. Ltd.）　103-104
ヴァイラー＝テル・メール化学工業社（Chemische Fabriken vorm. Weiler-ter Meer AG）　32, 34
ヴィクトリア・アンモニア社（Victoria Ammonia Co. Pty. Ltd.）　284, 296
エイジアティック・ペトローリアム社（The Asiatic Petroleum Co. Ltd.）　90
永利化学工業股份有限公司（The Yongli Chemical Industries Co. Ltd.）　278
永利製鹼股份有限公司（The Yung Lee Soda Co. Ltd.）　278
エクスプローシヴズ・インダストリーズ社（Explosives Industries Ltd.）　200, 285, 336
エクスプローシヴズ・トレーズ社（Explosives Trades Ltd.）　77, 295, 305-306, 342
エトナ・パウダー社（Aetna Powder Co.）　196
エムコ・ダイスタッフズ社（Emco Dyestuffs Ltd.）　109, 139
エリオッツ・メタル社（Elliott's Metal Co. Ltd.）　106, 110

エレクトロ＝ブリーチ・アンド・バイプロダクツ社（Electro-Bleach and By-Products Ltd.）　70
エンジニアリング・オヴ・パレスティナ社（The Engineering Corp. of Palestine Ltd.）　293
オーストラリアン・エクスプローシヴズ・アンド・ケミカル社（Australian Explosives and Chemical Co. Ltd.）　92, 295
オーストリア帝国化学・金属製造連合社（Oesterreichischer Verein für Chemische und Metallurgische Produktion AG）　182, 184, 239
オリヴァー・ウィルキンス社（Oliver Wilkins & Co. Ltd.）　109, 139

カ行

カーティシズ・アンド・ハーヴェイ社（Curtis's and Harvey Ltd.）　92, 111, 295, 342
ガーディノル・オヴ・カナダ社（The Gardinol Corp. of Canada Ltd.）　323
ガイギー社　→　J. R. ガイギー社
カッセル・サイアナイド社［イギリス］（Cassel Cyanide Co. Ltd.）　106-107, 109
カッセル・サイアナイド社［カナダ］（Cassel Cyanide Co. Ltd.）　316
カナディアン・アンモニア社（The Canadian Ammonia Co. Ltd.）　316-317
カナディアン・インターナショナル・ペーパー社（The Canadian International Paper Co. Ltd.）　324
カナディアン・インダストリーズ社（Canadian Industries Ltd.）　75, 114, 197, 205, 284, 286, 313, 315-326, 347-349, 357
カナディアン・エクスプローシヴズ社（Canadian Explosives Ltd.）　75, 114, 197, 203, 205, 313-315, 347-348
カナディアン・ソルト社（The Canadian Salt Co. Ltd.）　317
カナディアン・チタニウム・ピグメンツ社（Canadian Titanium Pigments Ltd.）　323
カミング・スミス社（Cuming Smith & Co. Pty. Ltd.）　343
カレ社（Kalle & Co. AG）　31, 226
キノッチ社（Kynoch Ltd.）　92, 295, 304-306, 342, 345
喜望峰フランス・ダイヤモンド鉱山社（Cie.

Française des Mines de Diamont du Cap de Bon Esperance) 344
キャストナー・アルカリ社（The Castner Alkali Co.） 240
キャストナー＝ケルナー・アルカリ社（The Castner-Kellner Alkali Co. Ltd.） 71, 107, 109, 114, 240
キュールマン社（Établissements Kuhlmann SA） 45, 220, 226, 334
キンバリー・セントラル・ダイヤモンド・マイニング社（Kimberley Central Diamond Mining Co.） 344
クーパー・マクドゥーガル・アンド・ロバートソン社（Cooper, MacDougall and Robertson Ltd.） 307, 312
グラッセリ・ケミカル社（The Grasselli Chemical Co. Ltd.） 24, 28, 316-317
グリースハイム＝エレクトロン化学工業社（Chemische Fabrik Griesheim Elektron AG） 32, 34
クレイトン・アニリン社（The Clayton Aniline Co.） 90, 139
クロイドン・モウルドライト社（Croydon Mouldrite Ltd.） 107, 144, 171-172
ケープ・エクスプローシヴズ・ワークス社（Cape Explosives Works Ltd.） 304-306
ケルン＝ロットヴァイル爆薬連合社（Vereinignte Köln-Rottweiler Pulverfabriken） 182, 196, 199, 241-242
コートールズ社（Courtaulds Ltd.） 104, 169, 324
コーンウォール・プロダクツ社（Cornwall Products Ltd.） 323
国際窒素工業社（Internationale Gesellschaft der Stickstoffindustrie ／ Cie. Internationale de l'Industrie de l'Azote SA） 220-222, 285
国際窒素連合社（International Nitrogen Association Ltd.） 221-222
国民染料・化学製品社（Cie. Nationale des Matières Colorantes et de Produits Chimiques） 226, 228, 246
コモンウェルス・エアクラフト社（The Commonwealth Aircraft Corp. Pty. Ltd.） 302

サ行

サウス・アフリカ・スタンダード銀行（The Standard Bank of South Africa Ltd.） 346-347
サウス・メトロポリタン・ガス社（The South Metropolitan Gas Co.） 61
サン・ゴバン社（Cie. de Saint-Gobain） 45, 105
サンド化学工業社（Chemische Fabrik vorm. Sandoz AG） 246
サントラル・ドゥ・ディナミット社（Soc. Centrale de Dynamite） 91, 304
ジェイミソン社 → R. C. ジェイミソン社
シェル＝メックス・B. P. 社（Shell-Mex B. P. Co.） 170
シャウィニガン・ウォーター・アンド・パワー社（Shawinigan Water and Power Co.） 324
シャウィニガン・ケミカルズ社（Shawinigan Chemicals Co. Ltd.） 324
シンセティック・アンモニア・アンド・ナイトレーツ社（Synthetic Ammonia and Nitrates Ltd.） 71-72, 107, 117
人造繊維コントワール（Comptoir des Textiles Artificiels） 25, 182, 334, 352
スコットランド・ユニオン銀行（Union Bank of Scotland Ltd.） 101-102
スコティッシュ・アグリカルチュラル・インダストリーズ社（Scottish Agricultural Industries Ltd.） 112, 118, 167
スコティッシュ・ダイズ社（Scottish Dyes Ltd.） 94, 106, 109, 139
スタンダード・エクスプローシヴズ社（Standard Explosives Co.） 195, 241
スタンダード・オイル・オヴ・ニュージャージー社（The Standard Oil Co. of New Jersey） 136, 169, 182, 235-236, 247, 356
スタンダード・オイル・トラスト（The Standard Oil Trust） 136, 235
ストーファー・ケミカル社（The Stauffer Chemical Co.） 323
石炭ベルギン社（Steinkohlen Bergin AG） 247
石油石炭利用社（Erdöl- und Kohlenverwertung AG） 247
ゼネラル・モーターズ社（General Motors Corp. Inc.） 26, 29, 50, 93, 167, 285
ゼネラル・モーターズ＝ホールデンズ社（General Motors-Holdens Ltd.） 302
セロファン社（La Cellophane SA） 25, 182, 352

企業名索引

ソルヴェー社（Solvay et Cie.） 72, 89-91, 101-103, 165, 169, 181-185, 187-190, 239-241, 243, 331, 334-335, 355
ソルヴェー・プロセス社（The Solvay Process Co. Inc.） 48, 90, 184-185, 239, 315

タ行

ダイスタッフズ・アメリカ社（The Dyestuffs Corp. of America） 206
ダウ・ケミカル社（The Dow Chemical Co. Inc.） 47, 49
ダンロップ・タイヤ・アンド・ラバー・グッズ社（Dunlop Tire and Rubber Goods Co. Ltd.） 349
ダンロップ・ラバー社（The Dunlop Rubber Co. Ltd.） 93, 104
チャンス・アンド・ハント社（Chance and Hunt Ltd.） 70, 107, 109
デビアス・コンソリデーティッド・マインズ社（De Beers Consolidated Mines Ltd.） 285, 302, 304-306, 312, 344-345, 357
デビアス・マイニング社（De Beers Mining Co. Ltd.） 344
デュシロ社（Ducilo SA） 334, 352
デュタルコ社（SA Industrial y Comercial 'Dutarco'） 335
デュナミート社 → アルフレッド・ノーベル・デュナミート社
デュペリアル社（Duperial） 200, 284, 358
デュペリアル・アルゼンチン化学工業社（Industrias Químicas Argentinas 'Duperial' SA Industrial y Comercial） 284, 332-335
デュペリアル・ブラジル化学工業社（Industrias Químicas Brasileiras 'Duperial' SA） 337-338
デュポン社 → E. I. デュポン・ド・ヌムール社
デュポン・セロファン社（Du Pont Cellophane Co.） 25
デュポン・ド・ブラジル社（SA du Pont do Brasil） 337, 352
デュポン・ファイバーシルク社（Du Pont Fibersilk Co.） 25
デュポン・ファブリコイド・オヴ・カナダ社（The Du Pont Fabrikoid of Canada Co.） 347
デュポン・レーヨン社（Du Pont Rayon Co.） 25

ドイツ染料合名会社 280
ドイツ・ソルヴェー社（Deutsche Solvay Werke） 90, 185, 240
ドミニオン・カートリッジ社（The Dominion Cartridge Co.） 314
トラッフォード・ケミカル社（Trafford Chemical Co.） 229-230

ナ行

ナショナル・アニリン・アンド・ケミカル社（The National Aniline and Chemical Co. Inc.） 49
ナショナル・プロヴィンシャル銀行（The National Provincial Bank） 166
ナイトレート・オヴ・チリ社（The Nitrate Co. of Chile／Cia. de Salitre de Chile） 245
日本曹達社 279
ネイラー・ブラザース（ロンドン）社（Naylor Brothers (London) Ltd.） 307
ノーザン・ジャイアント・エクスプローシヴズ社（Northern Giant Explosives Ltd.） 348
ノーベル・インダストリーズ社（Nobel Industries Ltd.） 55, 60, 70, 74-80, 86, 89, 92-93, 98, 100-101, 106-108, 115, 122, 131, 165, 167, 181, 183, 194, 197-200, 202-203, 236, 242-243, 282, 294-296, 302, 306, 312, 314-315, 327-328, 331, 338, 345-346, 348, 354-355
ノーベル（オーストラレイシア）社（Nobel (Australasia) Ltd.） 108, 283-284, 295-297, 343
ノーベル・ケミカル・フィニッシュイズ社（Nobel Chemical Finishes Ltd.） 79, 107, 113-114, 203, 206
ノーベル・ケミカル・フィニッシュイズ（オーストラレイシア）社（Nobel Chemical Finishes Ltd. (Australasia)） 203
ノーベルズ・エクスプローシヴズ社（Nobel's Explosives Co. Ltd.） 60, 75-78, 90, 92-93, 195-197, 241, 294-295, 304-305, 313-314, 345, 347
ノーベル＝ダイナマイト・トラスト社（Nobel-Dynamite Trust Co. Ltd.） 75, 79, 91-92, 111, 167, 195-197, 241-242, 295, 303-305, 313-314, 345, 347
ノルウェー水力発電・窒素社（Norsk Hydro-Elektrisk Kvælstof A/S） 125, 168, 212,

216-217, 220-222, 245, 328-330

ハ行

ハーキュリーズ・パウダー社（Hercules Powder Co. Inc.）　242
バークレイズ銀行（Barclay's Bank）　166
バーゼル化学工業社（Gesellschaft für Chemische Industrie Basel）　246
バーディッシュ・アニリン・ソーダ工業社（Badische Anilin= und Soda=Fabrik AG）　31-32, 34, 185, 188, 226, 245, 247
バイエル社　→　フリードリッヒ・バイエル染料工業社
バクストン・ライム・ファームズ社（Buxton Lime Firms Ltd.）　72
ハミルトン・パウダー社（The Hamilton Powder Co. Inc.）　313-314
ハリソン・ブラザーズ・ペイント社（Harrison Brothers Paint Co.）　24, 50
ファブリコイド社（Fabrikoido Co.）　21
フェアフィールド・ラバー社（Fairfield Rubber Co.）　24
ブラジル弾薬社（Cia. Brasileira de Cartuchos SA）　336-337
ブラナー・モンド社［イギリス］（Brunner, Mond & Co. Ltd.）　55, 58, 60-61, 70-74, 81, 86, 88-91, 93, 98, 100-101, 106-108, 115, 117, 122, 165-167, 171, 181, 183-186, 188-189, 204, 209, 236, 239-240, 244, 253, 282, 284, 289-291, 294-296, 300, 312, 315, 327, 330, 335, 342, 354-355
ブラナー・モンド社［オーストラリア］（Brunner, Mond & Co. Ltd.）　301
ブラナー・モンド（インディア）社（Brunner Mond & Co. (India) Ltd.）　73, 291
ブラナー・モンド（オーストラレイシア）社（Brunner Mond & Co. (Australasia) Pty. Ltd.）　73, 282, 295, 297, 343
ブラナー・モンド（カナダ）社（Brunner Mond (Canada) Ltd.）　239, 315
ブラナー・モンド（ジャパン）社（Brunner Mond & Co. (Japan) Ltd.）　73, 282-283, 290, 341
ブラナー・モンド（チャイナ）社（Brunner Mond & Co. (China) Ltd.）　73, 289, 340
ブリティッシュ・アリザリン社（The British Alizarine Co. Ltd.）　94, 109, 139
ブリティッシュ・アンド・レヴァント・エイジェンシーズ社（British and Levant Agencies Ltd.）　283, 293
ブリティッシュ・オーストラリアン・リード・マニュファクチャラーズ社（British Australian Lead Manufacturers Ltd.）　297
ブリティッシュ・カパー・マニュファクチャラーズ社（British Copper Manufacturers Co. Ltd.）　106, 110
ブリティッシュ・サウス・アフリカン・エクスプローシヴズ社（The British South African Explosives Co. Ltd.）　304-306, 345
ブリティッシュ・セラニーズ社（British Celanese Co. Ltd.）　93
ブリティッシュ・ダイズ社（British Dyes Ltd.）　61, 83-84, 94, 246
ブリティッシュ・ダイスタッフズ社（The British Dyestuffs Corp. Ltd.）　55, 70, 82, 84-86, 94-95, 98, 100-101, 106-107, 109, 139, 165, 246, 340, 354
ブリティッシュ・ダイナマイト社（The British Dynamite Co. Ltd.）　75, 195
ブリティッシュ・レザー・クロス・マニュファクチャリング社（The British Leather Cloth Manufacturing Co. Ltd.）　78
フリードリッヒ・バイエル染料工業社（Farbenfabriken vorm. Friedr. Bayer & Co. AG）　31-32, 34, 226
プリミティヴァ・ガス会社（Cia. Primitiva de Gas）　333
フリント・ヴァニッシュ・アンド・カラー・ワークス・オヴ・カナダ社（The Flint Vanish and Colour Works of Canada Ltd.）　347
ブロークン・ヒル社（Broken Hill Pty. Ltd.）　301
ブロークン・ヒル・アソシエーティッド・スメルターズ社（Broken Hill Associated Smelters Pty. Ltd.）　301
プロクター・アンド・ギャンブル社（The Procter and Gamble Co's.）　323
ブンゲ・イ・ボルン社（Bunge y Born Limitada SA Comercial, Financiera e Industrial）　182, 331-332, 334-335
ヘキスト社（Höchst a. M.）　→　マイスター・ルシウス・ウント・ブリューニング染料社
ペンシルヴァニア・ソルト社（Pennsylvania Salt Co.）　240

企業名索引　413

マ行

マイスター・ルシウス・ウント・ブリューニング染料工業社（Farbwerke vorm. Meister Lucius und Brüning AG）　31, 34, 94, 226
マウント・ライアル・マイニング・アンド・レイルウェイ社（The Mount Lyell Mining and Railway Co. Ltd.）　343
マガディ・ソーダ社（Magadi Soda Co. Ltd.）　73, 115, 188, 279, 284, 300, 340, 344
マシスン・アルカリ社（Mathieson Alkali Co.）　317
ミシガン・アルカリ社（Michigan Alkali Co.）　240
ミッドランド銀行（The Midland Bank）　98, 165-166
南アフリカ爆薬社（Cie. Zuid Afrikaansche Maatschappij van Ontplofbare Stoffen Beperket）　303
南アフリカ爆薬工業社（De Zuid Afrikaansche Fabrieken voor Ontplofbare Stoffen Beperket）　303, 345
南アメリカ爆薬社（Cia. Sud-Americana de Explosivos）　76, 114, 198, 200, 242-243, 284, 327-330, 351, 357

ヤ行

ユナイテッド・アルカリ社（The United Alkali Co. Ltd.）　55, 59-61, 70, 73, 80-82, 86, 90-91, 93-94, 98, 100-101, 107, 165, 186, 189, 240, 327, 330, 340-341, 354
ユニオン・カーバイド・アンド・カーボン社（Union Carbide and Carbon Corp.）　48
ユニリーヴァ社（Unilever Ltd.）　103-104, 169

ラ行

ライン＝ヴェストファーレン爆薬社（Rheinisch-Westphälische Sprengstoff AG）　182, 196, 241-242
リード・ホリデー社（Read, Holliday & Sons Co. Ltd.）　83, 94
リヴァダヴィア社（SA Industrial y Comercial Rivadavia）　331, 333
利益共同体染料工業社（Interessengemeinschaft Farben-industrie AG）　4-8, 11, 18, 30-31, 34-43, 45-46, 52, 95, 97-99, 103, 105, 115, 123, 125, 131, 136, 140, 165, 167-169, 171, 173, 177, 182, 185, 188-189, 199, 201-202, 204, 212-213, 216-217, 220-222, 225-230, 234-237, 240, 242-243, 245-247, 279-280, 323, 328-330, 334-335, 338, 353-356
レヴィンシュタイン社（Levinstein Ltd.）　83-84, 89, 94, 340
レオポルト・カッセラ社（Leopold Cassella & Co. GmbH）　31
レザークロス社（Leathercloth Pty. Ltd.）　203, 206, 296, 299-300
レスラー・アンド・ハスラッハー・ケミカル社（Roessler and Hasslacher Chemical Co.）　24
レポーノ・ケミカル社（Repauno Chemical Co.）　241
レミントン・アームズ社（Remington Arms Co. Inc.）　25, 49, 286, 336, 352
ロイズ銀行（Lloyds Bank）　166
ローデシア・ファーティライザー社（The Rhodesia Fertilizer Co. Ltd.）　307
ローヌ・プーランク化学工場社（Soc. des Usines Chimique Rhône-Poulenc）　45

事項索引

数字

2者カルテル（Two-Party Cartel）　226, 246
3者カルテル（Three-Party Cartel）　227-229, 233, 246
3社協定（Tripartite Agreement）［ICI社＝デュポン社＝カナディアン・インダストリーズ社］　321
3社協定（Tripartite Agreement）［ソルヴェー社＝ブラナー・モンド社＝アライド・ケミカル社］　185
3社結合（Dreiverband）　→　資本結合契約
3社同盟（Dreibund）［BASF社＝バイエル社＝AGFA社］　→　利益共同体契約
3社同盟（Triple Alliance）［ブラナー・モンド社＝IGファルベン社＝アライド・ケミカル社］　204
4ヵ年計画（Vierjahresplan）　41
4ヵ年計画［第2次］　276
4者カルテル（Four-Party Cartel）　228-231, 233-234, 246, 271
20世紀資本主義　9
1888年アメリカ協約（American Convention of 1888）　195, 313
1897年協定（1897 Agreement）　196, 242
1907年協定（1907 Agreement）　197, 242

アルファベット

ALKASSO　→　合衆国アルカリ輸出連合
CALKEX　→　カリフォルニア・アルカリ輸出連合
CIA　→　国際窒素協定
DENグループ（DEN Group）　→　ドイツ＝イギリス＝ノルウェー・グループ
GC社法　→　ゼネラル・ケミカル社法
ICI社グループ　264
ICI社＝デュナミート社協定（ICI-DAG Agreement）　199
『ICI社年次報告書』　172, 363, 367
ICI社法（ICI Ltd. process）　126, 207, 210
IG社法（IG process）　236

NEC法　→　ニトロジェン・エンジニアリング社法
PMMA　144
PVC　172
TNT　46, 49, 59-60, 76, 81, 90, 152-153, 199, 242, 311, 314, 347

ア行

アーディア（Ardeer）工場　76-77, 147, 153, 172-173
アウタルキー（Autarkie）／アウタルキー化　42, 276
アキタニア合意（Aquitania Agreement）　165
アマトール（amatol）　60-61, 90
アメリカ化学産業　16, 19-21, 47, 206
アメリカ協定（American Agreement）　→　1897年協定
アメリカ市場　190-191, 227, 260
アメリカ法（American process）　209, 211
アルカリ／アルカリ製品　14, 42, 48, 56-57, 63, 66, 72-73, 80, 86, 88, 108, 115, 120, 128-130, 146, 168, 182-185, 189-192, 194, 237, 240-241, 243, 253-261, 264, 270-271, 274, 276-279, 289, 292, 295-296, 300-302, 315, 331-334, 336, 340, 348, 355-357　→　ソーダ，ナトリウム化合物
アルカリ工業　56, 87-88, 147, 168, 192, 194
アルカリ事業　181, 194, 261, 276, 279
アルカリ市場／アルカリ製品市場　82, 185, 190, 194, 300
アルゼンチン工業連盟（Unión Industrial Argentina）　351
アルゼンチン農牧協会（Sociedad Rural Argentina）　351
アングロ＝ジャーマン・グループ（Anglo-German Group）　195, 242, 345
アンモニア合成事業　30, 35, 40, 48, 51, 69, 71, 82, 91, 100, 116-118, 120, 125-126, 128, 134-135, 137, 139, 163, 167, 173, 181, 207, 234, 245, 269, 298, 300, 309-310, 318, 355-356, 359　→　窒素肥料事業

事項索引　415

アンモニア酸化法（ammonia-oxidation method）　318
アンモニア・ソーダ／アンモニア・ソーダ製品　184, 189, 240, 279
アンモニア・ソーダ工場　70, 107, 184
アンモニア・ソーダ製品市場　184-185
アンモニア・ソーダ法（ammonia-soda process）／アンモニア・ソーダ製法　58, 89, 183
イギリス化学工業／イギリス化学産業　1, 4, 8, 13, 16-17, 19, 42-43, 55-56, 58-59, 61-63, 67, 69-70, 86-88, 97-99, 103, 134, 143, 149, 163, 261, 265, 274, 281, 353-354
イギリス産業　1, 55, 73, 151, 250, 280, 362, 366-367
イギリス産業連盟（Federation of British Industries）　151, 275
イギリス市場　229, 271, 275　→　国内市場
イギリス資本主義　1, 3-4, 9-10, 55-56, 84, 87, 95, 122, 133, 163-164, 237, 249-251, 281, 353, 362
イギリス製造業／イギリスの製造業　4, 64-65, 86, 103-104
イギリス政府　8, 122, 137, 150, 157, 159, 250, 253, 274, 303, 356
イギリス炭化水素石油製造法（British Hydrocarbon Oils Production Act）　137, 236
イギリス窒素製品委員会（British Nitrogen Products Committee）　244
イギリス帝国（British Empire）／イギリス帝国諸地域　3-4, 8, 11, 72, 75, 91-92, 103, 108, 114-116, 119, 122, 136, 169, 177, 184-187, 190, 200, 203, 205, 234-237, 249-250, 253, 274, 281-282, 291, 326, 339, 354-355, 358, 360-363
イギリス帝国経済史　366-367
イギリス帝国市場　73, 131, 140, 164, 203, 233, 237, 256, 338-339, 355-357　→　帝国内市場
イギリス硫酸アンモニア連盟（British Sulphate of Ammonia Federation Ltd.）　167, 222, 245
異常輸入（関税）法（Abnormal Importations (Customs Duties) Act）　351
一般協定（general agreement）　186-188, 219
一般準備金（General Reserve）　119, 133, 149, 164, 169, 355

一般爆薬協定（General Explosives Agreement）　→　1920年特許・製法協定
医薬品　24, 35, 88, 130-131, 155, 172, 206, 238, 277, 317
医療化学製品課（Medical Chemicals Section）　172
ヴァイマル体制　33, 51
ヴィスコース・レーヨン　25-26, 323　→　レーヨン
ウィットン（Witton）工場　148, 299
ウィドネス（Widnes）工場　60, 80-82, 126, 146
ウェッブ＝ポマーリン法（Webb-Pomerene Act）　241
ヴェルサイユ条約（traité de Versailles）　174
ヴェルサイユ体制　33
宇野学派　9-10
宇野現代資本主義論　10
宇野段階論　9
ウムボギントゥウィニ（Umbogintwini）工場　304, 306-307, 309, 345
「永遠の繁栄」（Eternal Prosperity）　20, 353
液体塩素　88, 156, 317, 323
園芸品（緊急関税）法（Horticultural Products (Emergency Customs Duties) Act）　251
塩酸　44, 88, 108, 297, 325, 331, 341
塩素／塩素製品　44, 80, 88, 108, 129, 146, 152, 156, 182, 206, 292, 325, 331, 333, 336
王立炭鉱安全委員会（Royal Commission on Safe in Coal Mines）　147
オタワ協定（Ottawa Agreement）　122, 251-252, 256, 274-276, 298, 319, 338, 343, 349, 367
オレウム（oleum）　60

カ行

ガーシェンクロン・モデル（Gerschenkron model）　11
海外企業（Overseas Companies）　363
海外市場　3-4, 18, 55, 59, 72-73, 119, 122, 127, 129, 147, 177, 231, 234, 238, 253, 256, 274, 281, 287-288, 338-339, 359-360　→　帝国外市場
海外投資　3, 9-10, 43, 91-93, 283-285　→　対外直接投資
海外取引（Overseas Trade）　286-287, 363
海外販売部門（Overseas Sales Department）　288

会社資本再編計画（the scheme for the reorganisation of the Company's Capital）　149
改良ハーバー＝ボッシュ法（modified Haber-Bosch process）　126, 207
価格維持連合（price-fixing associations）　76
価格協定　6, 178-180, 238, 246
化学グループ（Chemical Group）　315, 348
化学工業／化学産業（chemical industry）　1, 3-4, 6, 13-16, 20-21, 42-45, 47, 50-51, 56, 59, 62-65, 69, 82, 86-88, 93-95, 103, 118, 134, 144, 149, 163, 173, 175, 177-181, 225, 238, 240, 254, 265, 330, 340-344, 353-354, 359, 361-362　→　アメリカ化学産業，イギリス化学工業，ドイツ化学工業
化学製品（chemicals）　8, 14-19, 39, 44-45, 47, 49-50, 52, 57, 61-63, 77, 115, 130-131, 154, 165-166, 168, 174, 177, 181-182, 197, 203, 205, 238, 247, 249, 253-256, 260-261, 265, 270-271, 274, 277-278, 281-282, 286, 292, 294, 296-297, 301-302, 307-308, 314, 324-325, 330-333, 337-338, 340-341, 349, 354, 356-359
価格抑制政策　175
拡大利益共同体（Erweiterte I.G.）　→　ドイツ・タール染料製造所利益共同体協約
「影の軍需産業」（shadow munition industry）　155
「影の工場」（shadow factory）　154
カザーレ法（Casale process）　82, 126, 207, 210
過剰資本　134, 150, 359, 364-365
過少消費説（under-consumption theory）　365
過剰生産設備／過剰生産能力　16, 55, 62, 85, 87, 97, 124-125, 129, 134, 149, 163-164, 177, 180-181, 192, 212-213, 216-217, 223, 225, 237-238, 265, 269, 354-355, 359
苛性ソーダ　44, 57, 66, 88, 93, 108, 186, 189, 192-194, 240, 278-279, 293, 297, 300, 317, 323-325, 334, 341
寡占／寡占化／寡占体制　4-5, 7-8, 43, 105, 237, 249, 304, 353-354, 362
合衆国アルカリ輸出連合（United States Alkali Export Association）　72, 115, 129, 182, 186-191, 240-241, 260
合併　1, 4, 8, 48, 77, 80, 84, 87, 97-100, 103, 106, 115, 163, 165, 185, 226, 237, 345, 353-354

稼働率　124, 213, 329, 348
株式会社／株式会社制度　3, 9-10, 163, 364
株式所有　50, 100-101, 103, 167
火薬　13-14, 21, 23-24, 26, 46, 77, 92, 116, 341　→　黒色火薬，コルダイト火薬，ニトログリセリン火薬，ニトロセルロース火薬，発射火薬，無煙火薬，綿火薬
カリフォルニア・アルカリ輸出連合（California Alkali Export Association）　190, 241
過燐酸石灰／過燐酸肥料　44, 57, 68-69, 82, 116, 119, 279, 296, 307, 309, 317-318, 325, 345
カルテル　3, 9, 49, 180, 240, 319, 322, 357
カルテル協定（cartel arrangement）　49, 181, 217
カロデント（Kallodent）　144
為替管理／為替制限　330, 335-336, 350　→　平価切下げ
関税・間接税庁統計局（Statistical Office of the Customs and Excise Department）　253
関税障壁　180, 251, 329, 364
関税率　36, 52, 275, 296, 342
完全雇用　42, 51, 53
管理報酬（management fees）　156, 159-161
関連会社（associated company）　107, 108-114, 167, 240, 246, 285, 349
企業規模　7, 45, 100
企業買収　23-26, 43, 129, 163, 297, 307, 317, 323, 326, 353
基軸産業　1, 4, 8, 13, 56, 362
技術革新　81, 86, 93, 364
技術協力協定　136, 234-237, 247
技術情報　116, 183, 185, 189, 204-206, 240, 243-244, 356
ギブス式隔膜電解槽法（Gibbs diaphragm cell process）　80
キャストナー＝ケルナー法（Castner-Kellner process）　240
旧産業（old industries）　3, 55, 86, 95, 97, 277
供給・開発省（Supply and Development Department）　302
供給省（Ministry of Supply）　153-155, 157-158
競合／競合関係　6, 13, 43, 46, 88, 123, 177, 188, 243, 305, 330, 332, 334, 338, 342, 351
競争力　7, 16-17, 20-21, 26, 30-31, 35, 42-43, 45, 56, 59, 67, 69, 84, 87, 105, 143, 163-164,

177, 209, 274-275, 280, 341, 354　→　対外競争力

協調／協調関係／協調体制　13, 20, 34, 40, 46, 72, 75, 99, 115, 125, 177, 185, 188-189, 197, 199, 217, 219, 225, 227-230, 237, 246, 249, 281, 294, 296, 299, 305, 313, 327, 330, 335, 354, 356, 358, 362

協定外市場　221, 256, 274, 356

協定販売機関　217, 220, 222

共同基金　218, 221, 245-246

極東市場　115, 127, 129, 147, 168, 229, 234, 260, 264-265, 271, 274, 341

金鉱業　261, 264, 298, 309, 344, 346, 357

金属／金属製品　49, 77, 93, 132, 168, 238, 342-343

金属事業／金属製品事業　79, 128, 132-133, 148

金本位制　87, 97, 122, 250-251, 308-309, 346, 366

金融資本（Finanzkapital）　2-3, 8-10, 43, 163, 364

空中窒素固定法（fixation of atmospheric nitrogen）　207, 209, 244

グッゲンハイム・グループ（Guggenheim Group）　209

グッゲンハイム法（Guggenheim process）　209

グループ（Group）　106　→　ICI社

クレオソート油　130, 138-139, 169, 277

クレイトン反トラスト法（Clayton Antitrust Acts）　240

グローヴァー塔（Glover tower）　58

クロード法（Claude process）　50, 207, 210

軍工廠（Royal Ordnance Factory）　151-155, 157, 174

軍事物資局（War Supplies Board）　311

軍需産業　151, 270

「軍需産業のプロ」（professional armaments industry）　148

軍需省（Ministry of Munitions）　71, 151, 244

軍需製品　76, 147-148, 152-155, 157-161, 163-164, 173, 301, 311

軍事用爆薬　21, 198-199, 201, 244, 327

経営委員会（Executive Committee）　23

経営戦略　5, 11, 23, 106, 166, 177, 181, 281, 319, 322-323, 332, 355　→　国際経営戦略

景気振興政策　168, 261

経済政策　8, 10, 42, 53, 168, 238, 250, 291, 319

経済ナショナリズム（economic nationalism）　328, 330, 332, 336, 339, 341, 350, 360-362

ゲイ＝リュサック塔（Gay-Lussac tower）　58

経路依存性（path dependence）　364

原IG（Ur-I.G.）　→　利益共同体契約

減価償却　119, 133, 149, 164, 169, 355

研究・開発／研究・開発体制　23, 26-27, 29-30, 36, 43, 48, 50, 70, 86, 89, 97, 142, 143-145, 164, 170-172, 206-207, 209, 226, 353, 359

研究・開発費　23, 26-28, 149, 164, 355

研究施設（research complex）　143

研究部門（Research Department）　143

現状分析　2, 10, 364　→　現代資本主義論

建設報酬（construction fees）　156, 158-161

現代資本主義論　10, 365　→　現状分析

現地化　282, 284, 301, 338, 358, 361, 366

現地企業　11, 275, 282, 290, 296, 302, 317, 322, 332-333, 338-339, 343, 357-358, 360

現地市場　282, 286, 361-362

現地資本　282, 284, 293-294, 298, 302, 332, 338-339, 343, 357-358, 360-362

現地生産／現地生産事業／現地生産体制　4-5, 7-8, 76, 108, 115, 132, 177, 181, 196, 202, 206, 229, 261, 264-265, 274-275, 281-283, 287, 292, 294-298, 300, 302-304, 307, 313, 315, 326-327, 330-334, 336-339, 344, 352, 355, 357-365

現地投資家　360

現地販売／現地販売事業　287, 327, 333, 336

現地労働者　282, 284, 338, 360, 362

広域経済圏（Großraumwirtschaft）　2, 19, 276

鉱業　296, 303, 308, 310-311, 313, 315, 327, 346, 357　→　金鉱業

工業化　11, 291, 295, 317, 328, 330-331, 339, 342, 350-351, 361

公共事業　131, 261, 315

工業保護育成政策　275

工業用窒素／工業用窒素化合物　46, 48

工業用爆薬　152, 303

航空機製造省（Ministry of Aircraft Production）　154

航空機燃料　138, 152, 344

公式帝国（formal empire）　92, 251, 282, 338-339, 357-358, 362, 366

合成アンモニア／合成アンモニア製品　14,
　26, 44, 50, 71-72, 108, 116-117, 125, 128,
　205, 207, 209, 212-213, 222, 244, 279, 297,
　300-302, 308, 318, 324, 348, 357　→　合
　成窒素，窒素，硫酸アンモニウム
合成化学製品　　20, 44, 144
合成ガソリン（synthetic petrol）　41, 135,
　137　→　合成燃料．人造石油
合成樹脂　36, 44, 144-145, 170, 206　→
　プラスチック
合成染料　13, 38, 42, 46, 57-58, 83, 89, 170,
　231-232, 254-256, 270-273　→　タール
　染料
合成染料工業　　82, 94
合成窒素　116-117, 208-209, 217, 245　→
　合成アンモニア，窒素，硫酸アンモニウム
合成燃料　36, 44　→　合成ガソリン．人
　造石油
高性能爆薬　　21, 49, 59-60, 76, 130, 132, 147,
　153, 201, 254-256, 261-263, 265, 277, 303,
　314, 325, 351　→　爆薬
公的通商協定（official trade agreements）　280
合弁会社　25, 75, 108, 200, 202, 205, 230,
　239, 255, 257, 265, 282-284, 286, 302, 313,
　318, 323, 338, 343, 349, 357-358
合弁事業　23, 25-26, 43, 99, 116, 185, 188,
　198, 203, 229, 297, 299, 313, 315, 317, 323,
　327, 335-337, 348, 352, 355-356
合理化　35, 77, 80, 82, 87, 93, 97, 99-100,
　106, 121, 129, 131-132, 134, 147-150,
　163-165, 177, 226, 279-280, 345, 354-355,
　359　→　産業合理化
子会社（subsidiary company）　25, 50, 71, 75,
　77, 104, 106-115, 117, 136, 139, 166-169,
　184-185, 200, 228, 235-236, 239-240, 246,
　257, 265, 279, 282-283, 286, 293-297, 307,
　313-314, 316, 323-324, 332, 335, 337-340,
　342, 344-345, 347, 352, 358　→　ICI社．
　製造子会社，販売子会社
顧客センター　　291
国際アルカリ・カルテル（World Alkali Cartel）
　72, 91, 115, 129, 181, 183-185, 190, 194,
　236, 239, 241, 256-257, 260, 355
　　——1924年協定　　186, 189, 241
　　——1929年協定　　186, 189
国際カルテル（international cartel）　5-8, 11,
　20, 40, 75, 89, 99, 115, 125, 143, 164-165,
　168, 175, 177-183, 202, 225-228, 234,

237-239, 249-250, 256, 265, 274-275, 278,
　280-281, 338, 341, 354, 356, 358, 362, 365
　→　国際協定
国際カルテル活動　　5, 46, 73, 115, 181,
　237-238, 249, 253, 274, 281, 338, 355-357,
　361
国際関係企業史　　6-7, 11
国際関係経営史　　6, 11
国際協定（international agreement）　5, 7-8,
　11, 20, 177, 181, 183, 202, 227, 234-235,
　237-239, 358　→　国際カルテル
国際経営戦略　5, 8, 115, 177, 181, 183, 202,
　206-207, 243, 249, 281, 338, 360
国際産業史研究　　1
国際事業　4-5, 7-8, 43, 48, 51, 80, 108, 115,
　174, 177, 237-238, 250, 265, 274-275, 282,
　286-288, 322, 338, 340, 355, 358-361, 363,
　366-367
国際事業活動／国際事業展開　5-6, 275, 281,
　327, 339, 353, 360, 362-363
国際事業展開の3形態　　6
国際事業展開の2形態　　7, 358
国際水素添加特許協定（International
　Hydrogenation Patents Agreement）　181,
　202, 234-237, 247, 356
国際染料カルテル（International Dyestuffs
　Cartel）　140-141, 170, 179, 181, 202,
　225, 230-231, 234, 236, 239, 246, 270-271,
　320, 356
国際窒素カルテル（International Nitrogen
　Cartel）　181-182, 202, 207, 217,
　221-222, 225, 236, 239, 244, 265, 269, 356
国際窒素協定（Convention Internationale
　[Européen] de l'Industrie l'Azote／
　International [European] Nitrogen Cartel：
　CIA）　126, 218-219, 221-223, 225,
　245-246, 269
国際爆薬カルテル（Explosives Cartel）　75,
　115, 131, 181, 183, 194, 197, 199-202, 236,
　239, 241-243, 261, 264-265, 313, 355, 357
国際連合（United Nations）　178, 180
国策会社　　83, 98, 246
国策事業　　140, 181, 204
黒色火薬　　21, 49, 76, 156, 262-263, 313-314,
　325
国内事業　5, 7, 43, 97, 106, 108, 177,
　286-287, 356, 359
国内市場　3, 16, 25, 42, 72, 118-119, 122,

事項索引　419

129, 131-132, 164, 175, 177, 181, 194, 221, 237, 249, 251, 276, 279, 281, 287, 322, 350-351, 355, 359, 362　→　イギリス市場
互恵通商協定　2, 251, 276
国家　2, 20, 63, 68, 150-151, 163-164, 246, 350, 353, 355, 360, 362, 365
国家独占資本主義／国家独占資本主義政策　3, 10
国家と産業　137, 141, 147
古典的帝国主義段階　3, 283, 358
個別補足協定（separate supplementary agreement）　219, 221
雇用者数　30, 63, 65, 86, 95, 103, 105, 118, 134, 149, 173, 308, 312, 346, 349
コルダイト／コルダイト火薬／コルダイト・ペースト　46, 76-77, 108, 152-153, 156, 158, 311, 314, 325
コンシュマリズム段階（stage of consumerism）　9-10
コントワール（comptoir）　49

サ行

再軍備　16, 135, 150, 152, 154-155, 161, 173-174, 201, 254, 299, 301, 310, 359
再軍備期　150, 155, 161-163, 173-174
再軍備計画（re-armament programme）　147-148, 150-151, 153, 163-164, 173, 355, 359
「最初の工業国」（first industrial nation）　3, 56
財政法（Financial Act）　138, 250
再編　31, 49, 62, 75, 83-84, 87, 93, 97, 99, 106, 108, 115, 146, 166, 168, 183, 195, 200, 291, 315, 321, 347-348, 354　→　事業再編，組織再編
サマセット・ウェスト（Somerset West）工場　304, 306, 308-311, 346-347
晒粉　44, 56-57, 88-89, 325
酸／酸製品　14, 42, 86, 129, 146, 205, 308, 336　→　硫酸
「サンキー判決」（judgment by Mr. Justice Sankey）　84
産業企業　10, 101
産業合理化　18, 34, 52
産業振興法（Trade Facilities Act）　72
産業政策　128
「産業の軍需化」　150-151, 163, 174
産業保護法（Safeguarding of Industries Act）

94, 168, 250
シェル・ケミカル社法（Shell Chemical Co. process）　207
ジェロッツ・ヒル農業研究所（Jealott's Hill Agricultural Research Station）　117, 167
ジェントルマン資本主義（gentlemanly capitalism）／ジェントルマン資本主義論　366
事業規模／事業の規模　43, 48-49, 73, 82, 84, 164, 264, 282, 286, 291, 308, 317-318, 326, 338-339, 353-354, 358-359
事業再編／事業の再編　81-82, 87, 97-99, 106-107, 116, 133, 163-164, 166, 316
事業範囲／事業の範囲　21-22, 25-26, 43, 48-49, 70-71, 86, 164, 181, 282, 292-293, 308, 317-318, 326, 338-339, 353-354, 358-359
事業部（Division）／事業部門　28, 49, 106, 120-121, 152, 171-172, 261, 315　→　ICI社
事業部制　120, 166, 172
自己金融体制　164, 355
資産抹消／資産抹消政策　128, 134, 149, 164, 173-174
市場協定　185, 234, 246
市場性投資（marketable investment）　167, 285
市場分割／市場の分割　126, 181, 185, 190, 195, 197, 202, 204-206, 237, 243, 274, 329, 366
市場分割協定　6, 182
市場割当　190, 196
自治領　3, 92, 197, 251-252, 275, 294, 302, 312-313, 326, 345, 360, 367
資本結合（Kapitalverflechtung）契約　31
資本構成　100-101
資本参加　185, 189, 298, 334
資本の集中／資本の集中・集積　31, 43, 164, 349
資本主義の組織化　2, 10, 353
資本輸出論　365
シャーマン反トラスト法（Sherman Antitrust Act）　196, 240
重化学工業　24, 42, 44-45, 317
重化学製品（heavy chemicals）　44-45, 86, 90, 120, 128, 168, 270, 296, 302, 315, 317, 332, 337, 357
重化学製品事業／重化学製品事業部門

121-122, 128-130, 146, 316, 337
従業員持株計画（Workers' Shareholding Scheme）　166
集権化／中央集権的　166, 364
重工業／重工業部門　1, 4, 8-9, 13, 43, 45, 362
自由主義段階　8, 10, 56
重商主義段階　8
従属理論（dependency theory）　365
重炭酸ソーダ　57, 66, 88, 93
集中／集中計画／集中政策　99, 106, 131-132, 147-148, 164, 174, 354
周辺（periphery）　7-8, 12, 362, 365-366
自由貿易体制　3, 35, 250, 275, 281, 328
自由貿易帝国主義（imperialism of free trade）　366
純固定資本形成　62-64, 118, 149
商業用爆薬　198-199, 314, 327-329
硝酸　21, 24, 31, 44, 46, 49, 51, 59, 108, 116, 300, 308, 318, 325, 331, 341, 345
硝酸アンモニウム　46, 49, 52, 60-61, 70, 90-91, 108, 126, 152, 156, 300
硝酸ナトリウム　14, 46, 51-52, 61, 108, 124, 209
常設諮問委員会　306, 346
商品協定（commodity control agreements）　280
新計画（Neuer Plan）　276
新産業（new industries）　1, 3-4, 55, 86-87, 94-95, 132-133, 168-169, 250, 253-254, 277, 299, 315, 354, 362
シンジケート　3, 9, 49
人造石油（oil-from-coal）　36, 41, 108, 120, 135-139, 149, 164, 169-170, 234-237, 247, 343, 353　→　合成ガソリン，合成燃料
人造石油事業／人造石油製造事業　41, 120, 135-139, 165, 170-171, 174, 181, 204, 227, 234-236, 243, 247, 344, 356
人造繊維　23　→　ヴィスコース・レーヨン，レーヨン
人造皮革／人造皮革製品　23-24, 26, 93, 108, 202-203, 297, 299, 332, 343　→　ファブリコイド，ファブレックス
人造皮革事業　21, 78, 203
スイスIG（Swiss IG）　227-228, 246
水素添加法（hydrogenation process）　135, 169, 235
スターリング・ブロック（Sterling Bloc）

163, 251, 256, 274, 355-356, 366
スポーツ用弾薬　148, 343
スポーツ用弾薬事業　299
スポーツ用薬莢　298, 301, 333, 339
スムート＝ホーリー関税法（Smoot-Hawley Tariff Act）　276
スルファメタジン（Sulphamethazine）　172
生産協定　6, 179-180
生産財供給企業　169, 359
生産事業　115, 287, 306, 327, 337-338　→　現地生産事業
生産制限　217, 364
生産力　18, 35, 41, 43, 77, 132, 180, 209, 212, 217, 223, 226, 269, 354, 365
精製化学工業　44
精製化学製品（fine chemicals）　42, 44, 95, 120, 270
製造子会社　48, 99, 114, 255, 283-284, 294, 307, 315, 343, 357, 360
生存圏（Lebensraum）　276
製品別事業部（Product Division）　49
製品保管施設　103, 291, 311, 341, 347
政府　11, 20, 32 ,41, 50, 59, 61, 72, 77, 81, 83-85, 90-91, 94, 137-138, 140-141, 147-148, 150-155, 157-161, 165, 170, 173-175, 199, 204, 207, 209, 225, 236, 244, 249, 274, 280-281, 289, 291, 294, 301-303, 309-311, 314, 319, 321, 336, 339, 346-347, 357, 359, 361-362, 366
政府工場　60, 153
世界化学産業　4, 13-14, 21, 30, 43, 45, 56, 93, 105, 183, 353
世界経済　2-3, 5, 13, 17, 20, 46, 56, 135, 252, 350, 353, 364
世界経済論　2, 10
世界システム論（world-systems theory）　365
世界資本主義　365
世界大恐慌　2, 16, 19, 40, 50, 120, 122-123, 163-164, 168, 181, 200-202, 207, 210, 225, 227, 237, 239, 249, 251, 265, 281, 298, 308, 311, 318, 328, 335-336, 338, 350-359, 361, 363
世界窒素協定（World Nitrogen Agreement）　221
世界農業問題　2, 10, 207, 244
石炭　36, 40, 88, 131, 135-138, 169, 234, 277
石炭産業　3, 49, 55, 95, 131, 137, 147
石油　16, 47-48, 60, 88, 135, 236

事項索引　421

石灰窒素法（cyanamide process）　32, 209, 244
接触法（contact process）　48, 58-59, 80
折衷理論（eclectic theory）　6, 11
ゼネラル・ケミカル社法（General Chemical Co. Process）　209, 211
ゼネラル・ストライキ　62, 69, 97
セルロイド　23, 26, 36, 202
セルロース　36, 107, 203, 205, 325
セルロース・グループ（Cellulose Group）　315, 325, 348
セロファン　25-26, 50, 182, 243, 322-323, 325, 352, 357
セロファン事業　25-26, 322
繊維工業／繊維産業　3, 83-84, 104, 128, 146, 180, 230, 270, 280, 342, 344
戦時課税（wartime taxation）　163, 175
戦時期　62, 82, 135, 155, 161-163, 175, 311
戦時需要　16, 22, 32, 61, 81, 260, 314, 359
戦時報酬（wartime fees）　158-159
戦争経済　53
染料／染料製品　13-14, 23-24, 26, 35-41, 45-46, 48-49, 52, 58, 61, 67, 83-85, 88-89, 94, 108, 115, 120, 139-141, 143, 168, 170, 172, 180, 182, 202, 205, 225-234, 237, 243, 246, 253, 256, 261, 270-274, 277, 280, 292-294, 300, 316, 319-321, 325, 340-341, 348-349, 352, 353, 356　→　合成染料, タール染料, 有機合成染料
染料組合（Centrale des Matières Colorantes）　226-228, 246
染料工業　35, 45, 58, 61-62, 68, 83-84, 86, 94, 139-140, 170, 226, 231, 233-234, 250, 270-271, 280
染料工業振興委員会（Dyestuffs Industry Development Committee）　170
染料事業　24, 26, 33, 35, 82, 106, 139, 141-143, 165, 181, 204, 206, 227-228, 235
染料市場　24, 35-36, 41, 58, 84, 140-141, 170, 227, 229-230, 234, 349
染料使用業者組合（Colour Users' Association）　170
染料（輸入規制）法（Dyestuffs (Import Regulation) Act）　35, 84, 94, 140, 168, 227, 237, 250
総合化学企業　1, 4, 8, 21, 34, 43, 97-98, 114, 163, 307, 314-315, 326, 353, 362
総固定資本形成　62-64, 118, 149, 343

相対的安定／相対的安定期　15-16, 52, 55, 230, 250
ソーダ／ソーダ製品　42, 44, 56-57, 59, 63, 70, 72-73, 86-91, 130, 183-185, 189-190, 192-193, 240-241, 256, 279, 300　→　アルカリ, アンモニア・ソーダ, 苛性ソーダ, ソーダ灰, 重炭酸ソーダ, 炭酸ソーダ, ナトリウム化合物
ソーダ工業　44, 56-59, 67, 147, 191, 194, 260, 278-279
ソーダ灰　44, 57, 59, 66-67, 88-90, 93, 146, 184, 186, 189, 191-194, 240, 278-279, 293, 300, 327, 341, 344
組織化　100, 143, 216
組織再編　77, 80, 106, 120, 314
ソルヴェー・グループ（Solvay Group）　90, 185, 240, 243
ソルヴェー式回転炉　279
ソルヴェー・シンジケート（Solvay Syndicate）　90, 184
ソルヴェー塔　279
ソルヴェー法（Solvay process）　48, 58-59, 61, 70, 72, 80, 89, 183-184, 189, 240

タ行

タール／タール製品　45-46, 48, 138
タール染料　35, 38-39, 46, 67, 83-84, 140, 225-226, 230-233, 254-256, 270, 272-273, 349　→　合成染料
タール油　60, 130, 137, 169, 277
ダイアコン（Diakon）　144
第1階級（first class）　167
第1次世界大戦　2, 9, 13-14, 20-23, 30-31, 42-44, 55, 59, 80, 163, 177, 180-181, 207, 249-250, 295, 305, 314, 353-354, 356
対外関係部門（Foreign Relations Department）　352
対外競争力　3, 17-20, 42-43, 57, 232, 237
対外経済政策　8, 168, 238, 249-251, 253, 256-257, 270, 274, 280-281, 338, 356, 361
対外直接投資　8, 206, 281, 338
大企業経済（corporate economy）　4
第3階級（third class）　167
「大同盟」（Grand Alliance）　116, 201-202, 205-206, 356
ダイナマイト（Dynamite）　21, 49, 75, 195-196, 241, 303-304, 347
第2階級（second class）　167

第 2 次世界大戦　2, 9, 13, 16, 138, 152-154, 243, 292, 329, 337
大利益共同体 (Große I.G.) → ドイツ・タール染料製造所利益共同体協約
大陸染料カルテル (Continental Dyestuffs Cartel)　140, 227
代理工場 (agency factory)　152-161, 164, 174, 349
多角化　4, 11, 20-21, 23, 25, 30, 43, 47-48, 79-80, 83, 97, 177, 296-297, 299, 301, 307-308, 314, 317, 319, 322-323, 326, 330, 333, 347, 357, 359, 361
多国籍化／多国籍化過程　1-2, 5-6, 11, 340
多国籍企業 (multinational enterprise)　4, 75, 89, 108, 282, 338, 340, 358, 363-364
多国籍企業史研究　1
多国籍企業論　11
多国籍事業／多国籍事業展開　7-8, 281-282, 338-339, 358-364
多国籍同盟 (multinational alliance)　90
段階論　2, 8, 10, 364
弾薬　26, 77, 93, 108, 148, 152, 154-157, 174, 299, 301-302, 311, 314, 333
地域支社 (Divisional Office)　289
地区支社 (District Office)　289
窒素／窒素化合物／窒素製品　14, 30-37, 40, 44, 46, 48, 52, 68-69, 91, 116, 123-126, 128, 168, 180, 182, 206-214, 216-221, 223-225, 237, 243-245, 253-256, 261, 265-271, 274, 277, 309, 340-341, 343, 348, 353, 356 → 合成アンモニア，合成窒素，硫酸アンモニウム
窒素工業　44, 46, 125-126, 207, 209-210, 216-217, 220, 225, 244, 268, 298
窒素市場　127, 218, 221, 225, 269
窒素 10 年協定 (Nitrogen Ten-Years Agreement)　217, 220
窒素肥料　40, 44, 48, 108, 115-119, 123, 221, 253, 256, 297-298, 317
窒素肥料工業　123, 207, 279
窒素肥料事業　35, 71, 116, 167, 181, 310, 318 → アンモニア合成事業
窒素問題 (nitrogen problem)　46
チャンドラー・モデル (Chandlerian model)　364
中国市場　278, 290
中心 (centre)　7-8, 12, 358-359, 362, 365-366

調停委員会 (Board of Arbitration)　221-222
直接液化法 (direct liquefaction process)　135
直接投資　4, 6-8, 11, 280, 357-360 → 対外直接投資
チリ硝石 (Chilean nitrate)　14, 31, 46, 91, 116, 123, 208-209, 213, 218-219, 244-245, 265, 328, 345
チリ生産者連合 (Chilean Producer's Association)　217
陳腐化・減価償却本社基金 (Central Obsolescence and Depreciation Fund)　119, 133, 149, 164, 169, 355
通常事業／通常の事業　152, 155, 160-161, 173, 310-311
ディア・パーク (Deer Park) 工場　295-297, 299, 301
帝国外市場　252, 255-257, 260, 264-265, 269, 271, 274, 277, 281, 354, 356, 358 → 海外市場
帝国外輸出　260, 269, 271
帝国企業 (Empire Companies)　363
帝国市場　→ イギリス帝国市場，帝国内市場
帝国主義戦争　13, 43, 345
帝国主義段階　1, 4, 8-9, 13, 56, 275, 362
帝国主義列強　2-3, 13, 19, 42, 122, 252, 359, 362
帝国特恵関税 (Imperial Preference Duties)　3, 163, 251, 319, 355-356
帝国内市場　251-252, 254-256, 260, 264-265, 268-269, 274, 278, 281, 338, 356, 358 → イギリス帝国市場
帝国内輸出　252, 255, 257, 261, 264, 268, 271, 274, 276-277, 356-357
「帝国の拡張」　366
帝国ブロック　3, 249, 251, 362
帝国防衛委員会 (Committee of Imperial Defence)　151, 155
テトリル　49, 152-153
デュコ (Duco)　27, 29, 79, 202-203, 297
デュプレン (Du Prene)　27, 29
デュポン社＝デュナミート社協定 (Du Pont-DAG Agreement)　199
電解法 (electrolytic process)　58, 72, 93, 240, 334
電気化学／電気化学製品　26, 357
電気化学事業　24, 322, 324
電弧法 (arc process)　208, 244

事項索引　423

ドイツ＝イギリス＝ノルウェー・グループ
　（Deutsch-Englisch-Norwegische Gruppen／
　German-English-Norwegian Group）
　125-126, 168, 213, 216-219, 221-223, 225,
　245, 265, 268-269, 356
ドイツ化学工業／ドイツ化学産業　13, 16,
　18-19, 30-32, 34, 38, 42-43, 52, 55-56, 163,
　206, 353
ドイツ金融資本　10, 100, 166
ドイツ・タール染料製造所利益共同体
　（Interessengemeinschaft der deutschen
　Teerfarbenfabriken）協約　32
ドイツ窒素シンジケート（Deutsche Stickstoff
　Syndikat GmbH／German Nitrogen
　Syndicate）　222, 245
ドイツ連合（German Union）　241
東京工業試験所法（Tokyo Kogyo Shiken-jo
　process）　209
ドーズ案（Dawes Plan）　30
毒ガス　45, 83, 152, 158, 174　→　マス
　タード・ガス
独占／独占体制　1, 4-5, 7-8, 10, 34-35, 50,
　55, 58, 72, 76, 83, 108, 118, 131-133, 141,
　157, 163, 166, 170, 174, 178, 196, 226, 230,
　237, 240, 245, 249, 253, 303-304, 353-355,
　359, 362, 364
独占機関／独占体　3, 31-32, 42, 49
特許権供与協定（patent licensing agreement）
　181
特許使用権　89, 181, 183, 204, 206, 230
特許・製法協定　6, 182
特許・製法協定（Patents and Process Agreement）
　［ICI社＝IGファルベン社］　229
特許・製法協定（Patents and Processes
　Agreement）［ICI社＝デュポン社］　183,
　202-203, 206, 234, 236-237, 299, 356
　1920年——　198, 200, 204, 327
　1929年——　116, 202, 205-206, 227,
　　243, 316-317, 321, 327, 332, 348
　1939年——　206
特許・秘密製法　198, 205
特恵関税　250, 275
トラスト　3, 9, 31
取締役会　100, 288, 306, 345
トリニトロトルエン　→　TNT
トリニトロフェノール　→　ピクリン酸
塗料　23-24, 44, 49, 120, 130-131, 205, 261,
　277, 292-293, 302, 308, 323, 325, 343, 348,
　352
トルエン　46, 49, 59-60, 90

ナ行

内部化理論（internalisation theory）　11
内部資金　133-134, 149, 164, 355
内部留保　149, 164, 359
ナイロン（Nylon）　29, 206
ナトリウム化合物　87, 108, 129-131, 146,
　254-256, 258-261, 277, 340　→　アルカ
　リ，ソーダ
ナチス／ナチス政権　2, 41-42, 52-53, 150
ナチス体制／ナチス統制経済　42, 276
南北問題　10
ニトログリセリン／ニトログリセリン火薬／ニ
　トログリセリン爆薬　46, 199, 303
ニトロジェン・エンジニアリング社法
　（Nitrogen Engineering Corp. process）
　209, 211
ニトロセルロース　23, 26, 172, 343
ニトロセルロース火薬　199, 242
ニトロセルロース・ラッカー　26
ニトロ・チョーク（Nitro-Chalk）　117
日本市場　233, 290-291
ニューディール／ニューディール政策　2,
　10, 50
ネオプレン（Neoprene）　29, 206
熱間加工工程（hot-worked processes）　106
農業　68, 119, 123, 209, 289, 293, 296,
　308-310, 331, 357
農業恐慌／農業不況　82, 244, 298, 318, 328,
　355
農業指導部門（Agricultural Advisory
　Department）　292
農産物　123, 207, 210, 244, 278, 309
ノーベル・グループ　363

ハ行

パースペクス（Perspex）　144, 172
ハーバー＝ボッシュ法（Haber-Bosch process）
　32, 51, 71, 91, 116, 126, 135, 207, 210, 244
賠償問題（Reparationsfrage）　30
排他的市場　115-116, 184, 186-188, 236, 242
排他的使用権　25, 136, 169, 184, 199-200,
　203, 205, 236, 321, 323, 332
パウダー・グループ（Powder Group）　241
パクス・アメリカーナ（Pax Americana）　20
爆薬／爆薬製品　13-14, 40, 45-46, 49, 59-61,

75-77, 83, 92-93, 108, 116, 120, 131-132, 147, 152-155, 157-158, 168, 174, 182, 195-197, 201-202, 204-205, 237, 253-256, 261-265, 271, 274, 290, 292, 294-296, 301-315, 326-329, 333, 336, 343, 345-346, 348, 356-357　→　アマトール，軍事用爆薬，工業用爆薬，高性能爆薬，商業用爆薬，ニトログリセリン爆薬

爆薬グループ（Explosives Group）［カナディアン・インダストリーズ社］　315, 325, 348

爆薬グループ（Explosives Group）［ノーベル＝ダイナマイト・トラスト社］　241

爆薬事業　28, 122, 128, 131-132, 147, 181, 194, 198, 201-202, 205, 265, 298, 306, 309-311, 355

爆薬市場　75, 195-201, 243, 261, 295, 304-307, 329

発射火薬　21-22, 76, 108, 152-155, 157, 302

パルドリン（Paludrine）　172

販売協定　6, 136, 178-180, 182, 222, 278, 304

販売子会社　73, 99, 115, 174, 253, 255, 282-283, 286-288, 290-293, 330, 336, 340, 342

販売事業　282, 288, 292, 307, 340

販売支店　289-291

販売代理店　188, 206, 221, 241, 288, 290, 292, 301, 306, 330, 336

販売割当　126, 199, 217, 221, 236, 320

販路協定　6, 179-180, 234, 237

悲観派（the Pessimist）　95

非排他的市場　256, 274, 356

非排他的使用権　197, 200, 314

ピクリン酸　46, 49, 61, 70, 80

非公式帝国（informal empire）　92, 114, 251, 282, 326, 338-339, 357-358, 362-363, 366

非鉄金属事業　106

費用逓減産業　174

肥料　14, 32, 46, 59, 68, 72, 76, 116-118, 168, 182, 205, 292-294, 298, 302, 304-310, 312, 318, 331-333, 346, 348　→　過燐酸石灰，窒素肥料

肥料事業　40, 72, 137, 294, 296-298, 309, 319, 346

肥料事業部門（Fertilizer Division）　318

ビリンガム（Billingham）工場　71, 91, 100, 117, 120, 126, 128, 135-139, 144, 146, 167,

170, 172-173, 220, 234-235, 244, 269

ファウザー法（Fauser process）　207, 210

ファブリコイド　23, 49, 203　→　人造皮革

ファブレックス（Fabrex）　297, 299　→　人造皮革

フェノール／フェノール製品／フェノール樹脂　46, 61, 91, 169, 171-172

武器輸出禁止令（Arms Export Prohibition Order）　150

副生アンモニア　31, 209

フタロシアニン顔料　143, 171

プッシュ要因　359

富裕化　10

プラスチック（plastics）／プラスチック製品／プラスチック素材　14, 44, 144-145, 170, 172, 182, 205-206　→　合成樹脂

プラスチック事業　28, 350

ブリティッシュ・ベルギウス・シンジケート（The British Bergius Syndicate）　136

プル要因　360, 362

ブロークン・ヒル・グループ（Broken Hill Group）　343

ブロック化　3, 19, 122, 251-252, 350, 359

分権化／分権管理／分権的　7, 166, 364

平価切下げ／平価の切下げ　122, 278, 280, 350-351　→　為替管理

「陛下の硝酸工場」（H.M. Nitrate Factory）　71

兵器　13, 151, 173-174

兵器製造企業　→　民間兵器製造企業

「兵器製造企業的性格」　163, 173

兵器の民間製造と貿易に関する王立調査委員会（Royal Committee on the Private Manufacture of and Trading in Arms）　151

ベルギウス法（Bergius process）　135-136, 234-236, 247

ベルーユ（Beloeil）工場　314, 318

ベンジン協定（Benzinvertrag）　41

ボーア戦争（Boer Wars）　303, 345

『防衛白書』（Statement Relating to Defence）　150

『貿易年次報告書』　253

保護関税／保護主義的関税　3, 122, 140, 143, 163, 175, 250-251, 281, 351, 355

保護主義化　35, 237, 276

保護主義的政策　250-251, 275, 342

補助部門（Auxiliary Departments）　49

事項索引　425

ポリエチレン　145, 172
ポリ塩化ビニル　→　PVC
ポリメタクリル酸メチル　→　PMMA
本社　52, 106, 166, 169, 288-291, 293-294, 300, 304, 306, 330-331, 340, 343, 345, 364
本社基金　→　陳腐化・減価償却本社基金

マ行

『マガディ・ソーダ社年次報告書』　279
マスタード・ガス　174
マッケナ関税（McKenna Duties）　250
マルチドメスティック戦略　364
南アメリカ・プール協定（South American Pooling Agreement）　198, 200, 327-329
民間非兵器製造企業　155, 157
民間兵器産業調査委員会（Committee on the Private Armaments Industry）　151
民間兵器製造企業　151-152
無煙火薬　21-22, 46, 242
無機化学工業　44, 82
無機化学製品（inorganic chemicals）　23-24
無機重化学工業　44, 56, 58, 63, 69-70, 72-73, 80, 87, 297, 354
無機重化学製品（heavy inorganic chemicals）　44, 48, 59
綿火薬　46, 301
持株会社　60, 75, 77, 91, 100, 106, 118, 166, 195, 295, 305, 313, 315
モッダーフォンテイン（Modderfontein）工場　303-304, 306, 308-311, 345-346
モナストラル・ファスト・ブルー・B. S.（Monastral Fast Blue B.S.）　143, 171
モン・スニ法（Mont Cenis process）　207, 210

ヤ行

薬莢　148, 154, 156, 299, 314
有機化学工業　44, 58, 67, 82
有機化学製品（organic chemicals）　13, 23-24, 33, 42, 44, 46, 86, 95, 108, 205, 325
有機化学部門（Organic Chemicals Department）　27
有機合成化学製品　94, 168
有機合成染料　45, 353
有機精製化学（fine organic chemicals）工業　44
輸出　4, 6-8, 11, 15-20, 30, 35, 39, 41, 44-45, 47, 52, 57, 59, 67, 73, 80, 88, 90, 93, 115, 119, 122-124, 128-132, 140-141, 146-147, 168, 175, 186, 188-194, 196, 201, 209, 218-219, 221-227, 229, 231-234, 238, 241, 245, 249, 251-282, 287-288, 290-291, 293-295, 298-299, 304-305, 309, 313, 316, 319-321, 329-331, 336, 338-340, 344, 347, 350-352, 355-358, 361-362, 365-366
輸出産業　192, 253
輸出市場　41-42, 72, 92, 181, 217, 221, 232-233, 237, 274, 281, 294, 296, 327, 356, 361
輸出事業　5, 245, 253, 261, 282, 287, 321
輸出補助金政策　209
輸出割当　190, 217-218, 221, 241, 350
輸入　14, 31, 36, 39, 44, 47, 58, 60-61, 67, 83-84, 91, 94, 123, 129, 131, 140, 170, 193, 216, 226, 233, 250-252, 255-256, 275-276, 279-280, 288, 290-293, 296, 300, 302-303, 307, 319-320, 322, 329, 331, 338-340, 342, 345, 350-351, 361
輸入関税　94, 168, 280
輸入関税法（Import Duties Act）　122, 129, 230, 237, 249, 251, 275
輸入代替工業化／輸入代替工業化政策　328, 339, 342, 350-351, 357

ラ行・ワ行

ライセンシング　6-7, 11, 169
楽観派（the Optimist）　95
ラテン・グループ（Latin Group）　92, 242, 303-304, 345
ラバークロス　297, 299, 302, 343
ランコーン（Runcorn）工場　71, 126, 146, 172
利益共同体（Interessengemeinschaft）契約　31
陸軍省（War Office）　153, 155, 158
硫酸　21, 24, 42, 44, 48-49, 56, 58-60, 63, 66, 80-82, 86, 88, 318, 324-325, 331, 333-334, 341　→　酸
硫酸アムモニヤ輸入許可規則　279
硫酸アンモニウム　32, 44, 46, 51-52, 57, 61, 91, 108, 116-117, 123-126, 130, 209, 212-213, 245, 254-256, 265-269, 277, 279, 298, 340-341　→　合成アンモニア，合成窒素，窒素
硫酸工業　44, 57-59, 87
流通業者　291, 341

両大戦間期　　1, 2, 5, 6, 8, 10, 14, 21, 30, 35, 45, 95, 103, 121, 161, 177-178, 180, 194, 202, 225, 237, 280-281, 330, 340, 350, 353, 363-364, 366
ルブラン法（Leblanc process）　　56, 59, 80, 89
冷間加工工程（cold-worked processes）　　106
レーヨン　　3, 14, 23, 44, 50, 55, 86-87, 95, 146, 182, 243, 324, 334, 352　→　ヴィスコース・レーヨン
レーヨン工業／レーヨン産業　　104, 145, 323, 326
「レーヨンズ」（Rayons）　　184
レザークロス　　301-302, 325, 343, 352
連合国　　13, 21-22, 191
レントナー国家　　3
ロイナ（Leuna）工場　　32, 41, 220
ロイヤル・ダッチ・シェル・グループ（The Royal Dutch Shell Group）　　90, 136, 182, 235-236, 247, 356
労資同権化　　10
ロカ＝ランシマン協定（Roca-Runciman Agreement）　　351
割当協定　　328

松田　淳（まつだ・じゅん）
1960年　長崎県に生まれる。
1986年　明治大学政治経済学部卒業。
2000年　明治大学大学院経営学研究科博士後期課程修了。
　　　　博士（経営学）取得。
　　　　明治大学経営学部兼任講師，日本大学法学部非常勤講師などを経て，
現　在　川口短期大学ビジネス実務学科教授。

著訳書　『外国経営史の基礎知識』（経営史学会編，共著），有斐閣，2005年。
　　　　『イギリス多国籍銀行史　1830〜2000年』（ジェフリー・ジョーンズ著，共訳），
　　　　　日本経済評論社，2007年。
　　　　『イギリス多国籍商社史　19・20世紀』（ジェフリー・ジョーンズ著，共訳），日
　　　　本経済評論社，2009年。

イギリス化学産業の国際展開
両大戦間期におけるICI社の多国籍化過程

2015年12月 1 日　　初版第 1 刷印刷
2015年12月10日　　初版第 1 刷発行

著　者　松田　淳
発行者　森下紀夫
発売所　論　創　社
　　　　〒 101-0051 東京都千代田区神田神保町 2-23　北井ビル
　　　　tel. 03 (3264) 5254　fax. 03 (3264) 5232
　　　　振替口座 00160-1-155266　web. http://www.ronso.co.jp/

装　幀　奥定泰之
印刷・製本／中央精版印刷
ISBN978-4-8460-1475-9　©2015 Printed in Japan
落丁・乱丁本はお取り替えいたします。